Fundamentos Matemáticos para Geofísica I
Funções de uma Variável

Blucher

Rodrigo S. Portugal

Pesquisador Sênior
Schlumberger

Fundamentos Matemáticos para Geofísica I
Funções de uma Variável

Fundamentos matemáticos para geofísica I: funções de uma variável

©2012 Rodrigo de Souza Portugal

Editora Edgard Blücher Ltda.

Blucher

Rua Pedroso Alvarenga, 1245, 4º andar
04531-012 – São Paulo, SP – Brasil
Tel.: 55 11 3078-5366
editora@blucher.com.br
www.blucher.com.br

Segundo o Novo Acordo Ortográfico, conforme
5. ed. do *Vocabulário Ortográfico da Língua
Portuguesa*, Academia Brasileira de Letras,
março de 2009.

É proibida a reprodução total ou parcial por
quaisquer meios sem a autorização escrita da
editora

Todos os direitos reservados pela Editora Edgard
Blücher Ltda.

Ficha catalográfica

Fundamentos matemáticos para geofísica / drigo S. Portugal. – São Paulo: Blucher, 2(Bibliografia

ISBN 978-85-212-0484-8

1. Geografia física 2. Matemática I. Título.

08-10656   CDD-

Índices para catálogo sistemático: 1. Geofís Fundamentos matemáticos 515

Nota do Autor

Podemos chamar de Geofísica a ciência aplicada que tem como base o conjunto das teorias que tratam quantidades físicas e os fenômenos que as relacionam, tais como campos gravitacionais, campos elétricos, perturbações mecânicas, ondas elásticas e acústicas, entre outros, com o objetivo final de obter informações qualitativas e quantitativas sobre a Terra.

As teorias e técnicas geofísicas são derivadas das próprias teorias físicas, usualmente lecionadas nas universidades, as quais, em geral, são descritas por meio de leis e equações matemáticas. O objetivo deste livro é, portanto, prover fundamentação matemática aos estudantes de geofísica, geoengenharia, geologia, entre outros, para que construam uma base teórica minimamente suficiente para a compreensão de tais teorias e técnicas geofísicas.

Como o objetivo principal é atingir uma grande variedade de tópicos e não a profundidade de cada um, infelizmente o leitor ávido por demonstrações e rigor matemático vai encontrar somente uma boa variedade de tópicos, os quais possuem aprofundamento em referências citadas ao longo do texto. Um material mais completo e aprofundado das teorias descritas neste texto pode ser encontrado nas referências listadas ao final desta edição.

Neste livro, é adotada a postura preconizada pelo matemático George Pólya, de que a base para o aprendizado de matemática é a resolução de exercícios. Por isso mesmo este volume contém 380 exercícios, dentre os quais podem ser encontrados alguns mais aplicados, outros mais técnicos e também mais teóricos. Alguns exercícios, considerados mais difíceis pelo autor, são marcados com o símbolo ($\sharp$), para alertar ao leitor que a tarefa será trabalhosa.

O material abordado neste trabalho, incluindo a teoria, exemplos, aplicações e exercícios, está relacionado essencialmente ao conceito de função de uma variável. Em geral, os dez capítulos possuem grau crescente de dependência dos anteriores, de modo que eles devem ser lidos ou apreciados de maneira sequencial. Com a finalidade de dar um sabor mais palatável a todo o ferramental matemático apresentado, ao longo de todo o texto foram inseridas seções especiais de aplicação em Geofísica, marcadas com asterisco ($*$), sempre após a apresentação da teoria minimamente necessária para o seu desenvolvimento.

Os oito primeiros capítulos formam a base do se chama curso de cálculo, e o

v

seu objetivo é trazer uma revisão de cálculo diferencial e integral. Para um material mais detalhado, o leitor deve procurar outras obras mais completas, tais como, por exemplo, Apostol (1967b) e Guidorizzi (2002) e obras com caráter mais abrangente, tal como Spiegel (1972) e Wrede & Spiegel (2002).

No Capítulo 1, é apresentado o conceito de função, que, em geral, é uma regra que estabelece uma conexão entre dois conjuntos, fazendo com que o comportamento da variável de um conjunto seja vinculado ao comportamento da variável do outro conjunto. No começo, são fornecidas definições básicas e intuitivas para, em seguida, apresentar as funções elementares, que são os tipos de funções mais comuns que aparecem na modelagem de fenômenos naturais, em particular nas geociências. Por fim, introduzimos o conceito de limite para, em seguida, definirmos uma classe de função largamente utilizada, chamada função contínua.

No Capítulo 2, são apresentadas as técnicas mais básicas de se construir novas funções a partir de funções previamente definidas, fazendo uso de operações tais como combinação e composição de funções. Em princípio, tais operações podem ser aplicadas a quaisquer funções, incluindo as próprias funções recém-construídas, de modo que este processo de montagem de funções pode ser realizado indefinidamente, criando-se uma grande variedade de funções. Um caso particular de composição de funções que dá origem à definição de função inversa. Além disso, apresentaremos as operações morfológicas sobre funções, que basicamente são a composição de uma função qualquer com funções afim. Por fim, é apresentado o conceito da periodicidade de funções, como também o da simetria de funções em relação aos eixos coordenados, por meio da definição de funções pares e ímpares. A partir de ambos conceitos, mais duas maneiras de se construir novas funções são apresentadas, chamadas, respectivamente, de extensões periódicas e extensões par e ímpar.

No Capítulo 3, apresentamos alguns exemplos de funções utilizadas em geofísica e geociências. Certamente não é uma coleção vasta de exemplos, porém o principal intuito é ilustrar a utilização de funções elementares em problemas aplicados, familiarizando o leitor com algumas aplicações do ramo de geociências. Mais especificamente são tratados os seguintes temas: a função gaussiana, as ondaletas de Ricker e Gabor, a função seno-cardinal sinc, a curva de Hubbert para o pico da produção de petróleo, a lei de Faust para velocidades sísmicas, a relação de Gardner para a porosidade, a lei do decaimento radioativo, o modelo de gravidade normal para o globo terrestre e o tempo de trânsito para o raio sísmico refletido. Ao longo

Nota do Autor

do capítulo são apresentadas referências para tais aplicações, caso haja o interesse para um maior aprofundamento.

No Capítulo 4 é apresentada uma outra maneira de criar novas funções a partir de outras já existentes, por meio de uma operação matemática bem definida chamada *diferenciação*, também conhecida por *derivação*. Apresentaremos, portanto, a definição da função derivada, bem como suas propriedades geométricas e algébricas, tais como as regras de derivação para somas, produtos e quocientes de funções e a regra da cadeia, utilizada para a derivação de funções compostas.

No Capítulo 5 é apresentado o estudo de funções, em que se realiza análise dos intervalos de crescimento e decrescimento de funções, bem como se determina e se classifica seus pontos críticos. Por meio deste estudo, obtemos um conhecimento mais profundo e completo da função, o que, claramente, é importante para quaisquer tipos de aplicações que se servem de funções de uma variável. Para exemplificar o estudo de funções, mostramos o princípio de Fermat e a lei de Snell-Descartes, ambos aplicados em problema de geofísica.

No Capítulo 6, são apresentados os polinômios de Taylor, que visam aproximar uma função segundo o critério bem estabelecido de que os valores das derivadas até certa ordem do polinômio e da função dada sejam iguais em um ponto dado. Certamente, o maior impacto do uso de polinômios de Taylor reside no fato de que podemos aproximar funções complicadas, que sejam composições e combinações complexas de funções elementares, por funções bem mais simples, no caso os polinômios de Taylor. Ao longo deste capítulo apresentamos aplicações do estudo de funções e dos polinômios de Taylor a problemas geofísicos, tais como as aproximações para o tempo de trânsito de ondas sísmicas refletidas em meios multicamadas e as aproximações para coeficientes de reflexão acústicos, entre outros.

No Capítulo 7 a motivação é gerada pelo desejo de se de responder à seguinte questão: qual é a função original cuja derivada é uma função qualquer dada? A resposta a essa pergunta é regulamentada pelo Teorema Fundamental do Cálculo, o qual surpreendentemente também trata de outra questão: como calcular a área sob uma curva definida por uma função em um intervalo. São apresentados também algumas das técnicas elementares de integração, especialmente os método da substituição e integração por partes.

No Capítulo 8 são mostradas algumas simples aplicações da operação da integral. É discutido como a integral definida pode ser utilizada para se definir uma nova função e como o grau de suavidade pode ser aumentado, constituindo-se como uma espécie de efeito colateral qualitativo da integração. Ao fim do capítulo é apresentado um exemplo da integração aplicada em um problema da geofísica, especialmente de sísmica e sismologia, em que a trajetória de um raio de onda sísmica é computada.

No Capítulo 9 são abordadas as integrais impróprias, bem como alguns desdobramentos teóricos e aplicações. Tais impróprias aparecem no estudo de problemas cujos intervalos de integração são ilimitados ou quando o integrando possui algum tipo de singularidade, ou ambos os casos. Apresentamos a operação da convolução que se serve da integração imprópria, como também algumas aplicações, notadamente as transformadas convolucionais que são amplamente utilizadas em vários campos da matemática aplicada, tais como equações diferenciais, problemas inversos e análise matemática. Ao longo do capítulo, apresentamos algumas aplicações de tais integrais, tais como o estudo de funções ondaletas, largamente utilizadas em processamento de sinais e imagens, transformadas convolucionais. Em particular, são introduzidas noções de uma teoria peculiar denominada cálculo fracionário, cuja fórmula básica pode ser definida com auxílio da operação da convolução e da diferenciação convencional. Especialmente, são tratados os casos da derivada e integral de meia ordem, chamados semiderivada e semi-integral.

No Capítulo 10 é abordado o assunto das equações diferenciais ordinárias (EDO) de primeira ordem, que genericamente trata do problema da existência, unicidade e construção da função (ou funções) que seja solução de uma equação que envolve a própria função e sua derivada. É apresentado um teorema que, sob determinadas condições, garante a existência e unicidade de solução de problemas de valor inicial, compostos por uma EDO e uma condição inicial. São apresentados os principais métodos algébricos para sua obtenção de soluções de EDO, os quais são baseados nas seguintes classificações de equações: separáveis, homogêneas, lineares, de Bernoulli e de Riccati. Por fim apresentamos alguns exemplos de aplicação clássicos, tais como, a lei de Malthus, a lei do resfriamento de Newton, a lei do decaimento radioativo e modelo logístico. Além disso, apresentamos uma equação diferencial que rege a evolução da curvatura de frente de onda para um meio verticalmente estratificado como um exemplo de equação de Bernoulli.

No Capítulo 11, são mostrados resultados básicos sobre séries de potências, bem como algumas de suas aplicações. Em geral, sua maior utilização é a capacidade de construir novas funções que não possuem forma analítica expressa em termos de

Nota do Autor

funções elementares. Além disso, tal ferramenta é capaz de proporcionar representações alternativas para funções já conhecidas. São apresentados conceitos básicos sobre sequências e séries numéricas, levando em conta principalmente os critérios de convergência. Por fim, são descritos três exemplos de aplicações distintas de séries de potências. Em primeiro lugar é mostrado como podem ser aplicadas diretamente para o cálculo de integrais definidas, cujos integrandos não possuem antiderivadas. Em seguida, as séries são utilizadas para se buscar soluções de equações diferenciais, especialmente para equações que não possuem solução em termos de funções usuais. Finalmente, é apresentado um simples exemplo de como uma série de potência pode auxiliar na modelagem de um problema geofísico.

No Capítulo 12, é apresentada a teoria elementar sobre séries de Fourier, que são um tipo de série trigonométrica, que constitui uma forma alternativa de representar funções periódicas. Há uma associação entre sequências numéricas e funções periódicas que cumprem condições específicas, de modo que tais funções passem a ser representadas alternativamente por tais sequências. A transformação das sequências numéricas em funções periódicas e vice-versa são operações intimamente ligadas e são denominadas síntese e análise harmônica, respectivamente. Mostraremos também bém quais condições específicas uma função periódica deve satisfazer para ter uma representação em série de Fourier. Além disso, apresentaremos exemplos de séries de Fourier, em que avaliamos empiricamente a relação entre o grau de continuidade de uma função e o decaimento da sequência numérica associada. Por fim, apresentaremos mos um exemplo de aplicação das séries de Fourier no problema genericamente denominado descritores de Fourier, em que se usa os coeficientes de uma série de Fourier para classificar o formato do contorno de um grão.

No Capítulo 13, são abordados resultados que mostram como uma função que cumpre determinadas condições pode ser representada por uma integral imprópria, conhecida por integral de Fourier. Embora seja muito similar a uma série trigonométrica, suas propriedades e resultados enquadram-se em uma teoria que possui escopo mais geral, chamada de transformada de Fourier. Ao longo do capítulo são apresentados algumas das principais propriedades da transformada de Fourier e as condições para a sua existência, bem como alguns exemplos básicos. Por fim, são mostradas algumas aplicações, especialmente para o cálculo de convoluções, incluindo as transformadas convolucionais, tais como transformada de Hilbert e a integral/derivada fracionária.

Agradecimentos

Este trabalho, assim como qualquer um que lida com um tema altamente multidisciplinar, não seria realizado sem o apoio e a ajuda de várias pessoas das mais variadas formações e especialidades. Neste pequeno espaço, quero prestar o meu agradecimento a todos que estiveram envolvidos direta ou indiretamente com o desenvolvimento deste trabalho.

Em primeiro lugar quero agradecer não somente à minha esposa e filhas, Denise, Juliana, Juliene e Jessica, como também a todos familiares, que sempre me motivaram, apoiaram e, principalmente, tiveram paciência quando estive ausente no seu convívios para produzir esta obra.

Pelo apoio e ajuda na correção do texto, quero agradecer aos meus alunos de pós-graduação José Nayro, Ariathemis Moreno, Daniel Macedo, Luis Fernando Cypriano e Maria Cecília Sodero Vinhas. Aos professores Luiz Antonio Ribeiro de Santana, Maria Amélia Novais Schleicher e Ricardo Biloti e aos geofísicos Armando Vicentini e Marcelo Bianchi presto um grande agradecimento por terem ajudado a corrigir o texto e pelas valiosas sugestões.

Pelo incentivo, apoio em geral e exemplo de dedicação ao ensino agradeço às professoras Margarida Pinheiro Melo, Sandra Augusta dos Santos e Vera Lúcia Lopes, que serviu de inspiração e motivação para a criação deste texto, cuja gênese deu-se nas épocas do tutoria pelo projeto PROEX durante os anos 1999 e 2000.

Presto um agradecimento com mesma intensidade aos professores Martin Tygel, Lúcio Tunes dos Santos e Jörg Schleicher por terem gentilmente aberto as portas do mundo da geofísica matemática e computacional. Aos geofísicos da Petrobras Alcides Aggio, Álvaro Gomes, Eduardo Ferreira Filpo da Silva, Neiva Zago, Paulo Carvalho, Ricardo Rosa e Ronaldo Jaegher e aos professores Alexandre Vidal e Armando Zaupa Remacre vai um grande agradecimento pelas discussões e sugestões relacionadas ao mundo da Geofísica/Geologia de Exploração.

Por fim, pelo apoio e suporte em geral durante o período de elaboração deste trabalho, gostaria de agradecer à Schlumberger, à Fundação de Amparo à Pesquisa do Estado de São Paulo (FAPESP) e à Sociedade Brasileira de Geofísica (SBGf).

Dedicado à memória de

Antonio Carlos Buginga Ramos e Saul Barisnik Suslick;

o primeiro, geofísico; o segundo, geólogo;
ambos grandes entusiastas pela matemática.

Notação

$\in$	Pertence ao conjunto
$\notin$	Não pertence ao conjunto
$\forall$	Para todo
$\exists$	Existe
$\nexists$	Não existe
$\varnothing$	Conjunto vazio
$\mathbb{N}$	Conjunto dos números Naturais $\{0, 1, 2, 3, \ldots\}$
$\mathbb{Z}$	Conjunto dos números Inteiros $\{\ldots, -3, -2, -1, 0, 1, 2, 3, \ldots\}$
$\mathbb{Q}$	Conjunto dos números Racionais
$\mathbb{R}$	Conjunto dos números Reais
$\mathbb{C}$	Conjunto dos números Complexos
A^n	Conjunto das n-uplas $\{(a_1, a_2, \ldots, a_n) | a_k \in A\}$
(a, b)	Intervalo finito aberto $\{x \in \mathbb{R} : a < x < b\}$
$[a, b]$	Intervalo finito fechado $\{x \in \mathbb{R} : a \leq x \leq b\}$
$(a, b]$	Intervalo finito semiaberto $\{x \in \mathbb{R} : a < x \leq b\}$
$[a, b)$	Intervalo finito semiaberto $\{x \in \mathbb{R} : a \leq x < b\}$
$(a, +\infty)$	Intervalo infinito aberto $\{x \in \mathbb{R} : x > a\}$
$(-\infty, a]$	Intervalo infinito fechado $\{x \in \mathbb{R} : x \leq a\}$
(a_n)	Sequência numérica $a_1, a_2, \ldots, a_n, \ldots$
$\maltese$	Símbolo para indicar exercício mais difícil
$*$	Convolução
$'$	Símbolo para indicar função derivada
$\displaystyle\sum_{k=1}^{n} a_k$	Somatório de n números $a_1 + a_2 + \cdots + a_{n-1} + a_n$
$\displaystyle\prod_{k=1}^{n} a_k$	Produtório de n números $a_1 \cdot a_2 \cdots a_{n-1} \cdot a_n$
$\displaystyle\int$	Símbolo de integral, usado em variados contextos
$\displaystyle\fint$	Valor Principal de Cauchy

Conteúdo

Nota do Autor   v

Agradecimentos   x

Notação   xiii

1   Funções   1

   1.1   Definições e propriedades.   2

   1.2   Funções elementares   4

       1.2.1   Função polinomial   4

       1.2.2   Função afim   8

       1.2.3   Função quadrática 10

       1.2.4   Função potência 14

       1.2.5   Função racional 16

       1.2.6   Função exponencial. 17

       1.2.7   Função logarítmica 18

       1.2.8   Funções trigonométricas 20

   1.3   Funções definidas por partes 23

       1.3.1   Função de Heaviside 23

       1.3.2   Função sinal 23

       1.3.3   Funções módulo, caixa e indicadora 24

   1.4   Limite e continuidade 26

       1.4.1   Limites laterais 26

       1.4.2   Função contínua 29

       Exercícios adicionais 31

2   Operações sobre funções   35

   2.1   Combinação de funções 36

Conteúdo xv

2.2 Composição de funções 37

2.3 Função inversa 38

2.4 Operações morfológicas sobre funções 40

    2.4.1 Translação 40

    2.4.2 Compressão/dilatação 41

    2.4.3 Reflexão 42

2.5 Funções periódicas 44

2.6 Extensões periódicas 45

2.7 Funções pares e ímpares 46

2.8 Extensões pares e ímpares 49

2.9∗ Remoção de descontinuidade de salto 50

2.10∗ Função causal 51

    2.10.1∗ Construção de uma função causal 52

    2.10.2∗ Relações entre extensões par e ímpar de função causal 53

    Exercícios adicionais 54

3 Exemplos de funções em geofísica 57

3.1∗ A função gaussiana 58

3.2∗ A ondaleta de Ricker 60

3.3∗ A ondaleta de Gabor 62

3.4∗ A função seno-cardinal sinc 64

3.5∗ A curva de Hubbert para o pico da produção de petróleo 66

3.6∗ A lei de Faust para velocidades sísmicas 69

3.7∗ A relação de Gardner para a densidade 70

3.8∗ Decaimento radioativo 72

3.9∗ O modelo da gravidade normal para o globo terrestre 74

3.10∗ Tempo de trânsito para o raio sísmico refletido 77

3.11∗ Estudo de simetria em dado sísmico de fonte comum 78

    Exercícios adicionais 84

4 Derivada – definições e propriedades 91

4.1 Derivada de uma função 92

    4.1.1 Interpretação geométrica da derivada 93

    4.1.2 Construção de reta tangente 94

xvi Conteúdo

4.2	Derivadas de funções elementares e propriedades	96
	4.2.1 Propriedades	96
	4.2.2 Derivadas de ordens superiores.	97
4.3	Regra da cadeia	99
4.4	Derivadas de funções inversas	101
	Exercícios adicionais	103

5 Aplicações da derivada I - estudo de funções   107

5.1	Estudo de funções	108
	5.1.1 Monotonicidade	108
	5.1.2 Pontos críticos de uma função	109
5.2*	Determinação do mergulho de uma interface refletora	111
5.3*	Cálculo dos pontos de reflexão de um raio sísmico	114
5.4*	Lei de Snell-Descartes	116
	5.4.1* Lei de Snell-Descartes para o raio refletido	116
	5.4.2* Lei de Snell-Descartes para o raio transmitido	118
	Exercícios adicionais	120

6 Aplicações da derivada II - aproximação de Taylor   125

6.1	Aproximação de Taylor	126
	6.1.1 Condições de interpolação	126
	6.1.2 Polinômio de Taylor	129
6.2*	Método do pêndulo para medição da gravidade residual	131
6.3*	Campo elétrico de um dipolo	133
6.4*	Tempo de reflexão de ondas sísmicas em meios multicamadas	135
	6.4.1* Aproximação pelo método da composição gráfica	139
	6.4.2* Aproximação parabólica	141
	6.4.3* Aproximação hiperbólica	143
	6.4.4* Comparação entre as aproximações dos tempos de trânsito	145
6.5*	Aproximação para o coeficiente de reflexão acústico	147
6.6*	Dados sísmicos sintéticos de reflexão para meios multicamadas	153
	Exercícios adicionais	155

7 Integral – definições e propriedades   157

7.1	Integral indefinida – o problema da antiderivada	158
	7.1.1 Integrais indefinidas de funções elementares	159

Conteúdo xvii

7.2	Integral definida – o problema da área	161
7.3	Teorema Fundamental do Cálculo – conexão entre os dois problemas	163
7.4	Propriedades básicas	164
7.5	Técnicas de integração.	166
	7.5.1 Método da substituição	166
	7.5.2 Integral por partes	168
	7.5.3 Método das frações parciais	170
	7.5.4 Exemplo completo: antiderivada da secante	173
	7.5.5 Método da substituição trigonométrica.	174
	Exercícios adicionais	178

8 Aplicações da integral — 181

8.1	Funções definidas por integrais	182
8.2*	Velocidades RMS e intervalares	183
8.3	Grau de suavidade de uma função	185
	8.3.1 Alterando o grau de suavidade.	186
8.4*	Cálculo da trajetória de raio de onda sísmica.	187
	8.4.1* Meio homogêneo.	188
	8.4.2* Meio com velocidade afim na profundidade	189
	Exercícios adicionais	192

9 Integral imprópria — 195

9.1	Integral imprópria	196
	9.1.1 Convergência de integrais impróprias	199
	9.1.2 A área sob a curva da gaussiana	199
9.2	Valor principal de Cauchy	203
9.3	Convolução	204
9.4	Transformada de Hilbert	212
9.5	Introdução ao cálculo fracionário	215
	9.5.1 Integral de ordem fracionária	216
	9.5.2 Derivada de ordem fracionária	220
	9.5.3 Calculo fracionário de ordem meia	222
9.6	Função delta de Dirac	224
9.7*	O modelo convolucional para geração de dados sísmicos sintéticos	226
	9.7.1* Refletividade	228
	Exercícios adicionais	233

10 Equações diferenciais de primeira ordem · 239

10.1 Definições e propriedades. 240

10.2 Equações separáveis. 243

    10.2.1 Equações homogêneas 245

10.3 Equações lineares. 246

    10.3.1 Equações de Bernoulli 248

10.4 Equações de Riccati. 250

10.5∗ Exemplos clássicos de aplicação 252

    10.5.1∗ Lei de Malthus 252

    10.5.2∗ Lei do decaimento radioativo 253

    10.5.3∗ Lei do resfriamento de Newton. 254

    10.5.4∗ O modelo logístico 256

10.6∗ A curva de Hubbert – previsão do pico de produção de petróleo . . 259

10.7∗ Evolução de curvatura de frente de onda em meios verticalmente estratificados 262

    10.7.1∗ Evolução do raio de curvatura 264

    10.7.2∗ Evolução da curvatura. 265

    Exercícios adicionais 266

11 Série de potências · 269

11.1 Sequências numéricas 270

11.2 Séries numéricas 274

11.3 Tipos de séries 277

    11.3.1 Série geométrica 277

    11.3.2 Série alternada 277

11.4 Testes de convergência. 278

    11.4.1 Teste da comparação 279

    11.4.2 Teste da razão de d'Alembert 280

    11.4.3 Teste da raiz de Cauchy 281

    11.4.4 Teste da integral de Cauchy. 282

11.5 Séries de potências 284

    11.5.1 Séries de Taylor 285

    11.5.2 Exemplos 286

11.6∗ Cálculo de integrais definidas 288

11.7∗ Solução de EDO por séries de potências. 291

    11.7.1∗ Método dos coeficientes indeterminados 291

Conteúdo | xix

11.7.2∗ Método da série de Taylor 293

11.8∗ O potencial elétrico total de uma camada 295

Exercícios adicionais 298

12 Série de Fourier — 303

12.1 Séries trigonométricas 304

    12.1.1 O núcleo de Poisson 306

12.2 Séries de Fourier 309

    12.2.1 Análise de Fourier 310

    12.2.2 Periodização 312

12.3 Exemplos 313

    12.3.1 Função onda quadrada 315

    12.3.2 Função onda triangular 317

    12.3.3 Função parabólica truncada 320

12.4 Séries de senos e de cossenos de Fourier 323

12.5 Estudo da convergência de séries de Fourier 325

    12.5.1 Estudo empírico 326

    12.5.2 Ordem de convergência 331

12.6∗ Análise granulométrica via série de Fourier 332

    12.6.1∗ Descritores de forma 336

Exercícios adicionais 338

13 Transformada de Fourier — 341

13.1 Transformada de Fourier 342

    13.1.1 Motivação: da série à integral de Fourier 342

    13.1.2 Síntese de Fourier 345

    13.1.3 Transformada de Fourier 348

    13.1.4 Transformada de Fourier na forma complexa 348

    13.1.5 Transformadas seno e cosseno de Fourier 351

13.2 Exemplos de transformada de Fourier 354

    13.2.1 Função caixa 354

    13.2.2 Função dente-de-serra truncada 355

    13.2.3 Função triângulo 357

    13.2.4 Função parabólica truncada 358

    13.2.5 Função gaussiana 360

13.3 Propriedades 362

    13.3.1 Linearidade 362

13.3.2	Dualidade	364
13.3.3	Mudança de escala	365
13.3.4	Translação	366
13.3.5	Modulação da amplitude	367
13.3.6	Transformada da derivada	367

13.4∗ Transformada de Fourier da ondaleta de Gabor 369

13.5∗ Transformada de Fourier da ondaleta de Ricker 371

13.6 Teorema da convolução 373

13.7 Transformada de Fourier de funções generalizadas 376

13.7.1	Delta de Dirac	377
13.7.2	Função constante	378
13.7.3	Função sinal	380
13.7.4	Função de Heaviside	380
13.7.5	Funções seno e cosseno	381
	Exercícios adicionais	383

Apêndice 387

A	Identidades trigonométricas	389
B	Análise do erro da aproximação de Taylor	391
B.1	Exemplos de aproximação	393
C	Funções gama e beta	396
C.1	Função gama	396
C.2	Função beta	398
C.3	Cálculo de $\Gamma(1/2)$	398
D	Números complexos	401
D.1	Definições e propriedades	401
D.2	Forma polar	402
D.3	Forma exponencial	403
D.4	Representação geométrica	404
D.5	Potências	405
D.6	Raízes	406

Referências Bibliográficas 411

Índice Remissivo 415

Capítulo 1

Funções

Função é indubitavelmente o objeto matemático mais importante dentre todos abordados neste texto. Em geral, uma função é uma regra que estabelece uma conexão entre dois conjuntos, fazendo com que o comportamento da variável de um conjunto seja vinculado ao comportamento da variável do outro conjunto.

Este tipo de conexão, muito similar com o paradigma de causa e efeito, pode nos ajudar a compreender o comportamento de certas variáveis difíceis de serem medidas por meio de variáveis mais fáceis de serem medidas. Sem sombra de dúvida, esta é a motivação básica dos estudos geofísicos, que procuram inferir propriedades importantes, porém inacessíveis, da Terra, que estejam associadas por meio de funções a propriedades mais facilmente medidas. Um exemplo emblemático dessa metodologia é a descoberta de que o núcleo externo da Terra é fluido, por meio de registros sismológicos realizados na superfície.

Começaremos fornecendo definições básicas e intuitivas para, em seguida, apresentar as funções elementares, que são os tipos de funções mais comuns que aparecem na modelagem de fenômenos naturais, em particular nas geociências. Por fim, introduzimos o conceito de limite para, em seguida, definirmos uma classe de função largamente utilizada, chamada função contínua.

1.1 Definições e propriedades

Dados dois conjuntos, chamados de *domínio* e *contradomínio*, uma função é a própria associação de todos os elementos do domínio a alguns elementos do contradomínio. Esta associação deve respeitar a seguinte *regra*: cada elemento do domínio pode ser usado somente uma única vez. A notação para uma função f é

$$f : A \to B,$$

significando que a função f relaciona os pontos do domínio A aos pontos do contradomínio B. Além disso, a notação

$$y = f(x)$$

nos diz que um elemento x do domínio está associado ao elemento y do contradomínio, por meio da função f.

Observe que a regra nada diz se todos os pontos do contradomínio devem ser utilizados ou não. O subconjunto do contradomínio que contém todos os pontos associados a pontos do domínio é chamado de *imagem* da função e denotado por Im(f). Além disso, a regra permite que mais de um ponto do domínio esteja associado a um ponto do contradomínio. A Figura 1.1 ilustra um exemplo de função definida graficamente, que mostra as situações permitidas pela regra da definição de função.

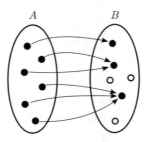

Figura 1.1: Esquema ilustrativo de uma função. Observe que os pontos do contradomínio B podem ser utilizados uma, nenhuma ou até mais de uma vez. A imagem de f é o subconjunto de B que contém todos os pontos utilizados (círculos cheios).

Definições e propriedades 3

Observamos, portanto, que uma função é definida por três elementos: a regra de associação, o domínio e o contradomínio. Mesmo que a regra de associação seja a mesma, o fato de considerarmos dois domínios distintos faz com que tenhamos duas funções distintas. Por exemplo, se a regra é "elevar ao quadrado", mas um domínio é composto por números positivos e o outro domínio por números negativos, temos em mãos duas funções distintas.

Em geral, a regra de associação da função pode estar descrita verbalmente, numericamente, visualmente ou algebricamente. Esse último caso é o objeto de estudo mais intenso do curso de Cálculo e também do presente livro. Observe os exemplos contidos na Tabela 1.1.

Tabela 1.1: Alguns exemplos de associações, descritas algebricamente, com seus domínios e imagens.

Associação	Dom(f)	Im(f)
$y = x^2$	$[0, \infty)$	$[0, \infty)$
$y = x^2$	$(-\infty, 0)$	$[0, \infty)$
$y = 1/x$	$(-\infty, 0) \cup (0, \infty)$	$(-\infty, 0) \cup (0, \infty)$
$y = \sqrt{1 - x^2}$	$[-1, 1]$	$[0, 1]$
$y = \operatorname{arcsen}(x)$	$-1 \leq x \leq 1$	$-\dfrac{\pi}{2} \leq y \leq \dfrac{\pi}{2}$

Porém, não devemos esquecer que basta que uma associação exista, mesmo aleatória, e respeite a regra, para que exista uma função.

Vale salientar que as funções utilizadas para modelar fenômenos observados pela Geofísica são tais que as seguintes regras são usualmente válidas:

(i) Em geral, o domínio e o contradomínio são intervalos que podem ser abertos, fechados, limitados e ilimitados. Além disso, pode acontecer de o domínio ser a união de intervalos.

(ii) Em geral, a relação que define a função é descrita por meio de fórmulas, contendo termos trigonométricos, logarítmicos, exponenciais, polinomiais e quocientes, entre outros.

4   *Capítulo 1. Funções*

Exercícios

1.1   Considere as funções: $f(x) = x$, para $x \in [-1,1]$; $g(x) = x$, para $x \in (-1,1)$; $h(x) = x$, para $x \in [0,1]$; e responda às seguintes questões: (a) f e g são iguais? Por quê? (b) g e h são iguais? Por quê? (c) f e h são iguais? Por quê?

1.2   Encontre o domínio máximo e o contradomínio para as seguintes relações:

(a) $f(x) = \sqrt{x}$ (c) $f(x) = \sqrt{\text{sen}(x)}$ (e) $f(x) = \sqrt{\ln(x)}$

(b) $f(x) = \dfrac{1}{x}$ (d) $f(x) = \dfrac{1}{\sqrt{\text{sen}(x)}}$ (f) $f(x) = \dfrac{1}{1+x^2}$

1.2 Funções elementares

Apesar de a definição de função ser extremamente genérica, existem tipos ou famílias de funções que se apresentam com muita frequência nas modelagens de fenômenos da natureza, incluindo os geofísicos. Nesta seção veremos as funções mais comuns do cálculo, como funções polinomiais, potência, racionais, exponenciais, logarítmicas e trigonométricas.

1.2.1   Função polinomial

A função polinomial é a mais simples de todas e, de fato, é a única que pode ser verdadeiramente calculada numericamente, pois é composta pelas duas operações mais elementares: adição e multiplicação (subtração e divisão são casos particulares).

Existem várias maneiras equivalentes de representar uma mesma função polinomial, cada qual apresentando vantagens dependendo do tipo de estudo ou aplicação. No que se segue, apresentaremos as quatro mais comuns:

Forma canônica

A forma canônica é a forma mais comum de se representar uma função polinomial e é dada pela expressão

$$p(x) = a_0 + a_1 x + a_2 x^2 + \cdots + a_n x^n, \tag{1.1}$$

onde os coeficientes a_k, para $k = 1, \ldots, n$, são todos constantes. A partir da forma canônica existe outra forma interessante que vale a pena ser mencionada, a chamada

Funções elementares 5

forma dos parênteses encaixantes:

$$p(x) = a_0 + x(a_1 + x(a_2 + x(a_3 + \cdots + x(a_{n-1} + a_n x) \cdots))), \qquad (1.2)$$

que pode ser convertida em um método de avaliação de função polinomial, chamado *método de Horner* (Figura 1.2). Aqui, s é o resultado da avaliação, x é o valor da abscissa em que se deseja avaliar a função e a(n) são os coeficientes (supostamente dados) da função polinomial.

```
entrada(x, a)
s = a(n)
faça k = 1 até n
        s = a(n-k) + s × x
fim
saída(s)
```

Figura 1.2: Método de Horner para a avaliação de uma função polinomial.

Para exemplificar o uso do método de Horner, vamos avaliar $f(x) = 2 + 3x + x^2 - 4x^3$ em $x = -2$. Neste caso, os dados de entrada são a = (2,3,1,-4) e x = -2, e, após a aplicação do algoritmo (Figura 1.3), obtemos s = 32, isto é $f(-2) = 32$.

```
Entrada: x = -2; a = (2,3,1,-4)

  s = a(3) = -4

  k = 1
          s = a(2) + s × x = 1 + (-4) × (-2) = 9

  k = 2
          s = a(1) + s × x = 3 + 9 × (-2) = -15

  k = 3
          s = a(0) + s × x = 2 + (-15) × (-2) = 32

Saída: s = 32
```

Figura 1.3: Exemplo de aplicação do algoritmo dos parênteses encaixantes para a avaliação de $f(x) = 2 + 3x + x^2 - 4x^3$ em $x = -2$. O resultado é $f(-2) = 32$.

Forma canônica "centrada em um ponto"

A forma canônica centrada em um ponto, que é uma generalização da forma canônica em que se introduz um deslocamento na variável x, é dada pela expressão

$$p(x) = a_0 + a_1(x - c) + a_2(x - c)^2 + \cdots + a_n(x - c)^n, \qquad (1.3)$$

onde c é um ponto qualquer da reta e os coeficientes a_k, para $k = 1, \ldots, n$, são todos constantes.

Forma "explícita"

A forma explícita é uma forma de representação de função polinomial não tão comum quanto a forma canônica, pois, dependendo da aplicação, muitas vezes sua representação é difícil (ou até impossível) de ser obtida. É dada pela seguinte expressão:

$$p(x) = a_0(x - r_1)(x - r_2)(x - r_3) \cdots (x - r_n), \qquad (1.4)$$

onde o coeficiente a_0 é constante e os números r_k, para $k = 1, \ldots, n$, são as raízes do polinômio (admitindo a possibilidade de raízes complexas).

Forma de Newton

A forma da Newton é a forma menos conhecida, pois suas aplicações mais importantes estão ligadas a problemas mais específicos de análise numérica e computação científica. Sua expressão é a mais complexa de todas apresentadas aqui e é dada por

$$p(x) = a_0 + a_1(x - c_1) + a_2(x - c_1)(x - c_2) + \cdots + a_n(x - c_1) \cdots (x - c_n), \quad (1.5)$$

onde c_k são pontos quaisquer na reta e cada coeficiente a_k depende de c_j, para $j = 0, \ldots, k - 1$ e $k = 1, \ldots, n$.

Algumas vezes, é possível reescrever um polinômio de uma forma para outra, no entanto, esta tarefa pode ser bem difícil (ou até mesmo impossível). Por exemplo, para representar o polinômio $f(x) = x^2$ na forma canônica centrada em $c = 1$, uma maneira é somar e subtrair $c = 1$ de x:

$$x^2 = (x - 1 + 1)^2 = [(x - 1) + 1]^2 = (x - 1)^2 + 2(x - 1) + 1.$$

Funções elementares 7

Para a forma explícita, basta observar que a raiz de $f(x)$ é $r = 0$, com dupla multiplicidade, sendo assim,

$$x^2 = (x - 0)(x - 0).$$

Por fim, podemos representar $f(x)$ na forma de Newton, com $c_1 = -1$ e $c_2 = 2$, da seguinte maneira: escrevemos a identidade polinomial

$$x^2 = a_0 + a_1(x + 1) + a_2(x + 1)(x - 2),$$

onde a_0, a_1 e a_2 são os coeficientes a serem determinados. Como é uma identidade polinomial, ela deve valer para todos os valores de x, e usamos esse fato para descobrirmos os coeficientes, bastando usar valores convenientes. Quando escolhemos $x = -1$, $x = 2$ e $x = 0$, obtemos as seguintes identidades

$$\begin{cases} 1 &=& a_0\,, \\ 4 &=& a_0 + 3a_1\,, \\ 0 &=& a_0 + a_1 - 2a_2\,, \end{cases}$$

cuja solução é $a_0 = 1$, $a_1 = 1$ e $a_2 = 1$, isto é,

$$x^2 = 1 + (x + 1) + (x + 1)(x - 2).$$

Resumindo, podemos afirmar que as funções polinomiais

$$f_1(x) = x^2$$
$$f_2(x) = (x - 0)(x - 0)$$
$$f_3(x) = 1 + 2(x - 1) + (x - 1)^2$$
$$f_4(x) = 1 + (x + 1) + (x + 1)(x - 2)$$

são, de fato, a mesma função, onde f_1 está na forma padrão, f_2 na forma explícita, f_3 na forma padrão centrada em $c = 1$ e f_4 na forma de Newton com $c_1 = -1$ e $c_2 = 2$.

Exercícios

1.3 Para cada função polinomial indicada na forma a seguir, faça a representação nas três outras formas, escolhendo $c = 1$ para a forma padrão centrada e $c_1 = -1$ e $c_2 = 2$ para a forma de Newton:

(a) $f(x) = x^2 - 2$, na forma padrão;

(b) $g(x) = (x-1)(x-3)$, na forma explícita;

(c) $h(x) = 1 + 2(x-1) + (x-1)^2$, na forma padrão centrada em $c = 1$;

(d) $i(x) = -2 + 3(x+1) + (x+1)(x+2)$, na forma de Newton com $c_1 = -1$ e $c_2 = -2$.

1.4 Use o método de Horner para avaliar as seguintes funções polinomiais nos pontos dados

(a) $f(x) = -4 + 11x - 2x^2 - x^3 + x^4$ em $x = -2$;

(b) $g(x) = 2 + 4x^2 - x^3 + 2x^5$ em $x = 3/2$;

(c) $h(x) = -1 + x - x^2 - x^3 + x^4 + x^5$ em $x = -1$.

1.2.2 Função afim

Uma *função afim* é uma função polinomial de primeiro grau (na forma padrão)

$$y = f(x) = ax + b, \tag{1.6}$$

onde coeficientes a e b são chamados de *coeficiente angular* e *intercepto*, respectivamente. O seu gráfico é uma linha reta e o intercepto é a coordenada no eixo y que intercepta a reta. A coordenada do eixo x que intercepta a reta, chamada de *raiz* ou *zero de f*, é igual a $r = -b/a$, para $a \neq 0$. Se $a = 0$, isso significa que a reta é paralela ao eixo x e que não há raiz neste caso, quando $b \neq 0$. Um caso particular da função afim é quando $b = 0$, caso em que a denominamos como *função linear*:

$$y = f(x) = ax.$$

Os gráficos das funções afim $f(x) = 3x/2 + 6$ e $g(x) = -x/2 + 2$ podem ser observados na Figura 1.4.

Admitindo que o coeficiente angular é diferente de zero $(a \neq 0)$, é sempre possível transformar uma equação da reta em uma função afim e vice-versa, isto é,

$$\underbrace{c_0(x - x_0) + c_1(y - y_0) = 0}_{\text{eq. da reta}} \longleftrightarrow \underbrace{y = ax + b \quad \text{ou} \quad x = cy + d}_{\text{funções afim}} \tag{1.7}$$

Neste caso, há uma relação entre os coeficientes da equação da reta e os coeficientes das funções afim para que a transformação de uma representação para a outra aconteça.

Funções elementares

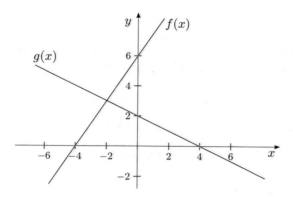

Figura 1.4: Exemplo de duas funções afim.

Uma função afim é completamente determinada por dois pontos distintos no plano com coordenadas horizontais distintas. Isso quer dizer que, dados dois pontos distintos no plano, $P_1 = (x_1, y_1)$ e $P_2 = (x_2, y_2)$, com $x_1 \neq x_2$, é sempre possível calcular os coeficientes a e b de uma função afim. Neste caso, devemos resolver o seguinte sistema linear (2×2), para os coeficientes a e b,

$$\begin{cases} y_1 = b + a\,x_1, \\ y_2 = b + a\,x_2. \end{cases}$$

Por exemplo, sabendo que uma reta passa pelos pontos $P_1 = (2, 3)$ e $P_2 = (-2, -1)$, desejamos saber qual a função afim $f(x) = ax + b$ que representa tal reta. Para isso, devemos resolver o seguinte sistema linear (2×2):

$$\begin{cases} 3 = 2a + b, \\ -1 = -2a + b, \end{cases}$$

cuja solução é $a = 1$ e $b = 1$. Sendo assim, a função afim procurada é

$$f(x) = x + 1.$$

Para esboçar um gráfico de uma função afim, basta determinar dois pontos quaisquer que pertençam à reta definida pela função e desenhar a linha reta que passe por estes dois pontos.

10   *Capítulo 1. Funções*

Exercícios

1.5 Encontre as relações entre os coeficientes de uma função afim e de uma equação da reta que representam a mesma linha reta no plano. Isto é, dada a equação de uma reta

$$c(x - x_0) + d(y - y_0) = 0,$$

determine a e b em função de c, d, x_0 e y_0, tal que

$$y = a + bx.$$

1.6 Para os itens a seguir, dados os pontos P_1 e P_2, descubra a função afim que representa a reta que passa por eles.

(a) $P_1 = (2, 3)$ e $P_2 = (-2, 1)$ (c) $P_1 = (1, -3)$ e $P_2 = (-2, 4)$

(b) $P_1 = (-2, -1)$ e $P_2 = (5, 1)$ (d) $P_1 = (2, 3)$ e $P_2 = (3, 3)$

1.2.3   Função quadrática

Uma *função quadrática* é uma função polinomial de segundo grau (na forma padrão)

$$y = f(x) = c + bx + ax^2, \qquad (1.8)$$

onde $a \neq 0$. O seu gráfico é uma curva chamada *parábola* e o coeficiente a é às vezes chamado de *curvatura*. Muitos fenômenos da natureza podem ser modelados por uma função quadrática, por exemplo, a fórmula horária para um movimento retilíneo uniformemente acelerado é dada por

$$x(t) = x_0 + v_0 t + \frac{a}{2} t^2,$$

onde $x(t)$ é a posição da partícula no instante t, x_0 é a posição inicial, v_0 é a velocidade inicial e a é a aceleração (constante).

Uma função quadrática possui alguns elementos geométricos notáveis que a caracterizam por completo. Começamos pelas raízes (r_1, r_2) de uma função quadrática, que são as coordenadas horizontais dos pontos da parábola que interceptam o eixo horizontal. Podem ser calculadas com a *fórmula de Báskara*:

$$r_{1,2} = \frac{-b \pm \sqrt{\Delta}}{2a}, \qquad (1.9)$$

onde $\Delta = b^2 - 4ac$ é chamado de *discriminante*. Observe que, se $\Delta < 0$, não existem raízes reais, e se $\Delta = 0$, a raiz tem multiplicidade dupla, isto é, as raízes são iguais, $r_1 = r_2 = -b/2a$. A *concavidade* de uma parábola é determinada pelo coeficiente a: se $a > 0$ a concavidade é voltada para cima, por outro lado, se $a < 0$, a concavidade é voltada para baixo[1]. O *vértice* (x_v, y_v) de uma parábola é o ponto que é um ponto de máximo, no caso de a concavidade estar voltada para baixo, ou de mínimo, no caso de a concavidade estar voltada para cima. As suas coordenadas são dadas por

$$x_v = -\frac{b}{2a}, \qquad (1.10)$$

$$y_v = -\frac{\Delta}{4a}, \qquad (1.11)$$

onde Δ é o discriminante da parábola. Observe que as parábolas não degeneradas sempre têm vértices, mas nem sempre possuem raízes reais. Todos estes elementos podem ser observados com o auxílio da Figura 1.5.

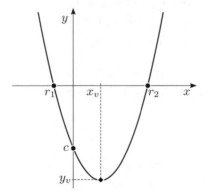

Figura 1.5: Elementos de uma função quadrática. Os círculos indicam a interseção da quadrática com os eixos, onde r_1 e r_2 são as raízes e c é o intercepto. O losango indica o vértice (x_v, y_v). Observe que neste exemplo a concavidade está para cima, implicando que $a > 0$.

Uma função quadrática é completamente determinada por três pontos coplanares $P_1 = (x_1, y_1)$, $P_2 = (x_2, y_2)$ e $P_3 = (x_3, y_3)$, desde que sejam não colineares e suas coordenadas horizontais sejam distintas (veja a Figura 1.6). Para descobrirmos

---
[1] Caso $a = 0$, então a parábola se degenera em uma reta.

os valores dos coeficientes da função quadrática, em primeiro lugar assumimos que a parábola esteja descrita na forma padrão

$$y = c + bx + ax^2,$$

e, em seguida, como cada ponto P_k pertence à parábola, suas coordenadas devem satisfazer a igualdade acima. Portanto, devemos resolver o seguinte sistema linear (3×3) para determinarmos os coeficientes a, b e c:

$$\begin{cases} y_1 &=& c + b\,x_1 + a\,x_1^2, \\ y_2 &=& c + b\,x_2 + a\,x_2^2, \\ y_3 &=& c + b\,x_3 + a\,x_3^2. \end{cases}$$

Por exemplo, sabendo que a parábola passa pelos pontos $(-1, -1)$, $(1, -3)$ e $(3, -1)$ (veja a Figura 1.6), o sistema linear que define os coeficientes é

$$\begin{cases} -1 &=& c + b\,(-1) + a\,(-1)^2 &=& c - b + a, \\ -3 &=& c + b\,(1) + a\,(1)^2 &=& c + b + a, \\ -1 &=& c + b\,(3) + a\,(3)^2 &=& c + 3b + 9a, \end{cases}$$

cuja solução é $c = -5/2$, $b = -1$ e $a = 1/2$. Portanto a parábola pode ser descrita por meio da seguinte expressão (forma padrão)

$$y = -\frac{5}{2} - x + \frac{1}{2}x^2, \tag{1.12}$$

cujo gráfico pode ser observado com auxílio da Figura 1.6

Por outro lado, assumindo que a parábola esteja descrita na forma de Newton

$$y = c + b(x - c_1) + a(x - c_1)(x - c_2),$$

basta resolvermos o sistema linear (3×3) a seguir para determinarmos os coeficientes a, b e c:

$$\begin{cases} y_1 &=& c + b\,(x_1 - c_1) + a\,(x_1 - c_1)(x_1 - c_2), \\ y_2 &=& c + b\,(x_2 - c_1) + a\,(x_2 - c_1)(x_2 - c_2), \\ y_3 &=& c + b\,(x_3 - c_1) + a\,(x_3 - c_1)(x_3 - c_2). \end{cases}$$

Se c_0 e c_1 são escolhidos convenientemente como sendo duas das abscissas dos pontos, isto é, por exemplo, $c_1 = x_1$ e $c_2 = x_3$, então o sistema linear para determinar os coeficientes da forma de Newton é

$$\begin{cases} y_1 &= c + b\,, \\ y_2 &= c + b\,(x_2 - c_1) + a\,(x_2 - c_1)(x_2 - c_2)\,, \\ y_3 &= c + b\,(x_3 - c_1)\,, \end{cases}$$

que é um sistema mais fácil de resolver do que o sistema decorrente da forma padrão.

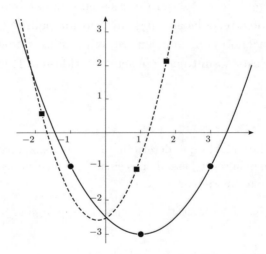

Figura 1.6: Três pontos não-colineares no plano definem uma parábola. Para a parábola tracejada, foram escolhidos três pontos (quadrados) ao acaso, e, para a parábola em linha cheia, foram escolhidos os pontos $(-1, -1)$, $(1, -3)$ e $(3, -1)$ (círculos), os mesmos utilizados no exemplo do texto.

Voltando ao exemplo dos três pontos, $(-1, -1)$, $(1, -3)$ e $(3, -1)$, se escolhermos $c_1 = x_1$ e $c_2 = x_3$ para a representação na forma de Newton

$$y = c + b(x+1) + a(x+1)(x-3)\,,$$

então o sistema linear resultante que define os coeficientes, para esta forma, é

$$\begin{cases} -1 &= c + b\,(-1+1) + a\,(-1+1)(-1-3) &= c\,, \\ -3 &= c + b\,(1+1) + a\,(1+1)(1-3) &= c + 2b - 4a\,, \\ -1 &= c + b\,(3+1) + a\,(3+1)(3-3) &= c + 4b\,, \end{cases}$$

cuja solução é $c = -1$, $b = 0$ e $a = 1/2$. Portanto, a parábola descrita na forma padrão por (1.12), também pode ser descrita na forma de Newton com da seguinte expressão:

$$y = -1 + \frac{1}{2}(x + 1)(x - 3).$$

Como podemos perceber, comparando as formas escolhidas para a resolução do problema de determinação da parábola a partir de três pontos dados, a forma de Newton tem a vantagem de ter gerado um sistema linear bem mais simples. Com efeito, em problemas de interpolação em geral, a forma padrão gera um sistema linear altamente instável, fazendo com que seu uso em análise numérica seja descartado. Mais discussões sobre este assunto podem ser conferidas em Ruggiero & Lopes (1997) e Cunha (2003).

Exercícios

1.7 A partir da fórmula (1.11) que determina a coordenada vertical do vértice de uma parábola, elabore uma regra baseada nos sinais y_v e da concavidade a para determinar se a parábola possui raízes reais ou não.

1.8 Ache as interseções das quadráticas $f(x) = x^2 - 1$ e $g(x) = -x^2 + x$ e interprete graficamente.

1.9 Sabendo-se que uma parábola passa pelos pontos $(-1, 1), (1, -2), (2, 4)$,

(a) encontre a quadrática, na forma padrão, que descreve esta curva;

(b) encontre a quadrática, na forma de Newton, utilizando $c_1 = -1$ e $c_2 = 1$;

(c) encontre a quadrática, na forma de Newton, utilizando $c_1 = 1$ e $c_2 = 2$.

1.2.4   Função potência

A função potência pode ser escrita como

$$f(x) = x^a, \quad a \in \mathbb{R}. \tag{1.13}$$

Para a positivo, o domínio de f é $[0, \infty)$, porém, se a for negativo, o número zero não pertence ao domínio. Para o caso especial em que a seja um número racional do tipo p/q, $p \in \mathbb{Z}$, e $q \in \mathbb{N}$, então definimos a potência como sendo

$$x^{p/q} = (x^p)^{1/q},$$

Funções elementares

isto é, primeiro elevamos x^p e depois calculamos a raiz. Caso q seja ímpar, então o domínio se estende por todos os reais, porém se q é par, então o domínio é restrito a todos os reais não negativos.

Vale observar que, no caso em que o expoente a é um número natural, a função potência é também uma função polinomial, como, por exemplo, $f(x) = x^2$. Além disso, uma função raiz é uma função potência para o caso em que $a = 1/n$, para $n \in \mathbb{N}$. Tome como exemplo a função raiz quadrada $f(x) = x^{1/2} = \sqrt{x}$. As funções a seguir são exemplos de funções potência.

(a) $f(x) = x^2$,   (b) $f(x) = x^{-1}$,   (c) $f(x) = x^{1/2}$,

cujos gráficos podem ser observados na Figura 1.7.

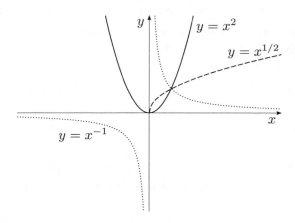

Figura 1.7: Gráficos de alguns exemplos de funções potência: $f(x) = x^2$ (linha cheia), $f(x) = x^{-1}$ (linha pontilhada) e $f(x) = x^{1/2}$ (linha tracejada).

Exercícios

1.10 Mostre algebricamente que as funções potência $f(x) = x^2$ e $g(x) = \sqrt{x}$ se interceptam em $x = 0$ e $x = 1$ (veja a Figura 1.7).

1.11 Mostre algebricamente que as funções potência $f(x) = x^{3/2}$ e $g(x) = \sqrt{x}$ se interceptam em $x = 0$ e $x = 1$.

1.12 Considere duas funções potência $f(x) = x^{2p}$ e $g(x) = x^{2q}$, onde p e q são inteiros tais que $q > p > 1$. Mostre que $f(x) > g(x)$ para todo $x \in (-1,1)$ e $g(x) < f(x)$ para todo $x \in (-\infty, 1) \cup (1, \infty)$ e interprete graficamente.

1.2.5 Função racional

Uma função racional é definida como sendo

$$r(x) = \frac{p(x)}{q(x)}, \qquad (1.14)$$

onde $p(x)$ e $q(x)$ são funções polinomiais. Uma função racional pode ser classificada como própria ou imprópria, dependendo dos graus dos polinômios $p(x)$ e $q(x)$. Uma função racional é classificada como *própria* quando o grau da função polinomial $p(x)$ é menor do que o grau de $q(x)$, caso contrário, dizemos que a função é *imprópria*.

As funções enumeradas a seguir são exemplos de funções racionais, cujos gráficos podem ser observados na Figura 1.8.

(a) $f(x) = \dfrac{x^2 + 4}{x^3 - 1}$,

(b) $f(x) = \dfrac{5}{x^2 - 1}$,

(c) $f(x) = \dfrac{x^4}{4x^2 - 16}$ e

(d) $f(x) = \dfrac{2x^3 - 5x + 1}{x^2 + 1}$.

Além disso, observamos que as funções dos exemplos (a) e (b) são racionais próprias, enquanto (c) e (d) são exemplos de funções racionais impróprias.

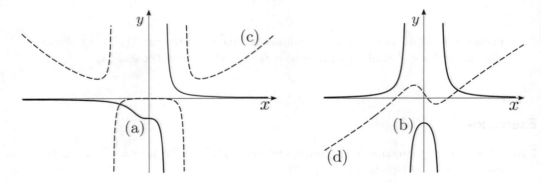

Figura 1.8: Gráficos de alguns exemplos de funções racionais.

Funções elementares

Exercícios

1.13 Mostre que função racional imprópria $r(x) = (ax + b)/(cx + d)$, com $c \neq 0$, pode ser reescrita como

$$r(x) = \alpha + \frac{\beta}{cx + d},$$

isto é, $r(x)$ é uma soma de um polinômio (de grau zero) e uma função racional própria. Ache as constantes em função de a, b, c e d.

1.14 Considere a função racional $f(x) = 1/(ax + b)$. Sabendo que f tem uma assíntota em $x = 1$ e que $f(0) = 1$, determine os coeficientes a e b.

1.2.6 Função exponencial

Uma função exponencial é uma função do tipo

$$f(x) = a^x, \tag{1.15}$$

onde a é um número real, positivo e constante.

A constante a pode assumir um valor especial chamado *número de Euler* (ou *número neperiano*), denotado pela letra e. Este valor pode ser definido como um limite de sequência ou por meio de uma equação diferencial. Neste caso, com a base e, a função exponencial passa a ter outras propriedades interessantes e, por isso, é denotada alternativamente como

$$\exp(x) = \mathrm{e}^x. \tag{1.16}$$

O valor da constante de Euler e com a precisão de doze casas decimais é

$$2{,}718281828459.$$

Como a função exponencial é de fato uma constante elevada a um expoente (variável), ela herda todas as propriedades da operação da exponenciação:

$$\textbf{P1)} \qquad f(x + y) = f(x)f(y), \qquad \text{pois } a^{x+y} = a^x\, a^y \tag{1.17a}$$

$$\textbf{P2)} \qquad f(-x) = 1/f(x), \qquad \text{pois } a^{-x} = 1/a^x \tag{1.17b}$$

$$\textbf{P3)} \qquad f(x)^y = f(xy), \qquad \text{pois } (a^x)^y = a^{xy} \tag{1.17c}$$

As funções a seguir dois são exemplos de funções exponenciais. Os seus gráficos podem ser observados na Figura 1.9.

(a) $f(x) = 2^x$;

(b) $f(x) = \left(\dfrac{1}{2}\right)^x$.

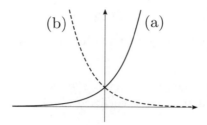

Figura 1.9: Gráficos de exemplos de funções exponenciais.

Exercícios

1.15 Mostre as seguintes afirmações e as interprete graficamente:

(a) toda função exponencial possui somente $x = 1$ como intercepto;

(b) nenhuma função exponencial possui raiz.

1.16 Considere duas funções exponenciais $f(x) = a^x$ e $g(x) = b^x$, onde $b > a > 1$. Mostre que $g(x) > f(x)$ para todo $x > 0$ e $g(x) < f(x)$ para todo $x < 0$ e interprete graficamente.

1.2.7 Função logarítmica

O logaritmo em uma base $a > 0$ é definida como a função inversa da função exponencial na base a, isto é,

$$y = \log_a(x) \quad \text{se, e somente se,} \quad x = a^y. \tag{1.18}$$

Vale lembrar que o logaritmo, para qualquer base, só é definido para números positivos, isto é, o domínio de $\log_a(x)$ é $(0, \infty)$. O logaritmo possui as seguintes propriedades algébricas:

P1) $\qquad \log_a(xy) = \log_a(x) + \log_a(y);$ \hfill (1.19a)

P2) $\qquad \log_a(x/y) = \log_a(x) - \log_a(y);$ \hfill (1.19b)

P3) $\qquad \log_a(x^b) = b\log_a(x);$ \hfill (1.19c)

P4) $\qquad \log_a(x) = \dfrac{\log_b(x)}{\log_b(a)};$ \hfill (1.19d)

as quais podem ser demonstradas a partir da definição (1.18) e das propriedades da exponenciação (1.17a)–(1.17c) (fica como exercício).

A partir de (1.18), definimos a função logarítmica como sendo

$$f(x) = \log_a(x),\qquad(1.20)$$

para alguma constante $a > 0$. Para o caso especial em que $a = e$, isto é, quando a é igual à constante de Euler, denominamos o logaritmo como *logaritmo natural* e o denotamos por $\ln(x)$.

As funções a seguir são exemplos de funções logarítmicas e seus gráficos podem ser observados na Figura 1.10.

(a) $\quad f(x) = \log_2(x);$ \hfill (b) $\quad f(x) = \ln(x) = \log_e(x)$.

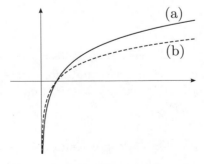

Figura 1.10: Gráficos de dois exemplos de funções logarítmicas.

Exercícios

1.17 Demonstre as propriedades do logaritmo (1.19a)–(1.19d), a partir da definição (1.18).

1.18 Verifique que $\log_a(a^b) = b$.

1.19 Mostre as seguintes afirmações e as interprete graficamente:

(a) toda função logarítmica possui somente $x = 1$ como raiz;
(b) nenhuma função logarítmica possui intercepto.

1.2.8 Funções trigonométricas

Uma função trigonométrica é toda função que é definida com auxílio do círculo do trigonométrico, que pode ser visto com auxílio da Figura 1.11. Dado um ângulo

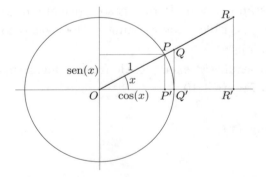

Figura 1.11: Definição das funções trigonométricas. Dado um ângulo x e considerando a circunferência de raio unitário, temos as seguintes relações trigonométricas: $\text{sen}(x) = PP'$, $\cos(x) = OP$, $\tan(x) = QQ'$, $\csc(x) = OR$, $\sec(x) = OQ$ e $\cot(x) = OR'$.

x em radianos, a função seno, denotada por $\text{sen}(x)$, é a projeção ortogonal do ponto P sobre o eixo y e a função cosseno, denotada por $\cos(x)$, é a projeção ortogonal do ponto P sobre o eixo x. O gráfico de ambas funções pode ser observado com auxílio da Figura 1.12.

Funções elementares

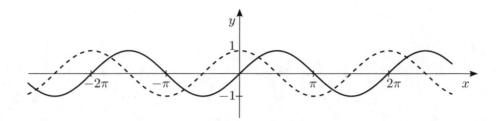

Figura 1.12: Os gráficos das funções seno (linha cheia) e cosseno (linha tracejada).

As outras funções trigonométricas, a tangente, cotangente, secante e cossecante, podem ser definidas algebricamente usando as funções seno e/ou cosseno da seguinte forma

(a) Tangente: $\tan(x) = \dfrac{\text{sen}(x)}{\cos(x)}$ (1.21)

(b) Cotangente: $\cot(x) = \dfrac{\cos(x)}{\text{sen}(x)} = \dfrac{1}{\tan(x)}$ (1.22)

(c) Secante: $\sec(x) = \dfrac{1}{\cos(x)}$ (1.23)

(d) Cossecante: $\csc(x) = \dfrac{1}{\text{sen}(x)}$ (1.24)

e seus gráficos podem ser vistos com auxílio da Figura 1.13. Observe que todas estas funções trigonométricas possuem raízes ou assíntotas (dependendo do caso) nas abscissas múltiplas inteiras de π, isto é, em $x = k\pi$, para $k \in \mathbb{N}$.

Além disso, a funções seno e cosseno são relacionadas por meio da *identidade trigonométrica fundamental*

$$\text{sen}^2(x) + \cos^2(x) = 1,\qquad(1.25)$$

que, dentre outras utilidades, pode ser usada para calcular um cosseno a partir de um seno e vice-versa, do seguinte modo

$$\cos(x) = \sqrt{1 - \text{sen}^2(x)},\qquad(1.26)$$
$$\text{sen}(x) = \sqrt{1 - \cos^2(x)}.\qquad(1.27)$$

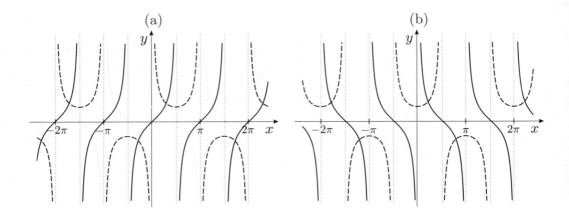

Figura 1.13: Em (a) os gráficos das funções tangente (linha cheia) e cossecante (linha tracejada) e em (b) os gráficos das funções co tangente (linha cheia) e secante (linha tracejada).

Além da identidade fundamental, as funções trigonométricas possuem uma grande quantidade de outras propriedades, das quais as mais comuns estão relacionadas no Apêndice A.

Exercícios

1.20 Sabe-se que basta somente a função seno (ou cosseno) para gerar todas outras as funções trigonométricas.

(a) Usando a identidade trigonométrica fundamental, mostre uma expressão para a tangente que dependa somente do seno.

(b) Similarmente, mostre uma outra expressão para a tangente que dependa somente da função cosseno;

(c) Repita os dois itens anteriores para a cotangente;

1.21 Usando a identidade trigonométrica fundamental, escreva as funções trigonométricas em função da função seno.

1.3 Funções definidas por partes

Funções definidas por partes são funções que têm expressões diferentes em intervalos disjuntos, como, por exemplo, uma função que é polinomial em um intervalo e exponencial em outro. As funções definidas por partes descritas a seguir são as mais básicas, porém essenciais na criação e no estudo de funções por partes mais complexas.

1.3.1 Função de Heaviside

A *função de Heaviside*, também conhecida por função degrau, tem o propósito de indicar se a variável é não negativa, retornando o valor 1 para este caso e 0 caso contrário. Pode ser definida como

$$h(x) = \begin{cases} 0, & \text{se } x < 0, \\ 1/2, & \text{se } x = 0, \\ 1, & \text{se } x > 0, \end{cases} \quad (1.28)$$

e seu gráfico pode ser visto com auxílio da Figura 1.14. Vale mencionar que a

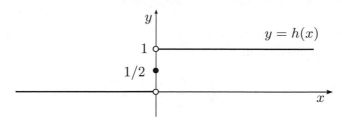

Figura 1.14: Gráfico da função de Heaviside.

definição de que em $x = 0$ a função vale $1/2$ é completamente arbitrária. Com efeito em $x = 0$, a função de Heaviside pode assumir qualquer valor, incluindo 0 ou 1, que são os valores mais comuns encontrados na literatura.

1.3.2 Função sinal

A função sinal é uma função que tem o propósito de extrair o sinal de um número x, isto é, indica se x é positivo ou negativo, retornando 1 ou -1, respectivamente. Pode ser definida como

$$\operatorname{sgn}(x) = \begin{cases} -1, & \text{se } x < 0, \\ 0, & \text{se } x = 0, \\ 1, & \text{se } x > 0, \end{cases} \qquad (1.29)$$

e seu gráfico pode ser conferido pela Figura 1.15.

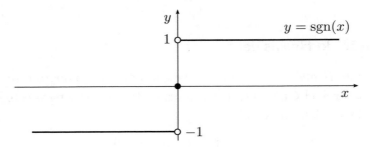

Figura 1.15: Gráfico da função sinal.

1.3.3 Funções módulo, caixa e indicadora

A *função módulo*, denotada por $|x|$, também conhecida como *função valor absoluto*, pode ser definida como

$$|x| = \begin{cases} -x, & \text{se } x < 0, \\ x, & \text{se } x \geq 0. \end{cases} \qquad (1.30)$$

A *função indicadora* é uma função auxiliar que indica se um número pertence a um conjunto A ou não. Para um conjunto qualquer A, a sua função indicadora pode ser definida como

$$\mathbb{I}_A(x) = \begin{cases} 1, & \text{se } x \in A, \\ 0, & \text{se } x \notin A. \end{cases} \qquad (1.31)$$

Vale observar que, para $x \neq 0$, podemos relacionar a função de Heaviside e a função indicadora da seguinte maneira:

$$h(x) = \mathbb{I}_{(0,\infty)}(x).$$

Funções definidas por partes

A *função caixa* indica se a variável pertence ou não a um intervalo simétrico, retornando o valor 1 para este caso e 0 para caso contrário. Pode ser definida como

$$b_a(x) = \begin{cases} 0, & \text{se } x < -a, \\ 1, & \text{se } -a \leq x \leq a, \\ 0, & \text{se } x > a. \end{cases} \quad (1.32)$$

É interessante notar que podemos definir a função caixa com auxílio da função indicadora da seguinte forma:

$$b_a(x) = \mathbb{1}_{[-a,a]}(x).$$

Um caso especial da função caixa é a função retângulo, denotada por $\text{rect}(x)$, cuja definição é dada por $\text{rect}(x) = b_{1/2}(x)$, isto é,

$$\text{rect}(x) = \begin{cases} 0, & \text{se } x < -1/2, \\ 1, & \text{se } -1/2 \leq x \leq 1/2, \\ 0, & \text{se } x > 1/2. \end{cases} \quad (1.33)$$

Na Figura 1.16 são dispostos os gráficos as funções módulo, indicadora e caixa.

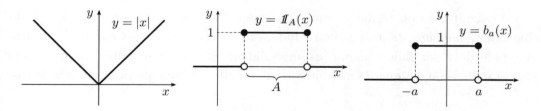

Figura 1.16: Da esquerda para direita, os gráficos das funções módulo, indicadora e caixa.

Exercícios

1.22 Resolva os itens a seguir

(a) mostre que $h(x) = x \, \text{sgn}(x)$, onde $h(x)$ é a função de Heaviside;

(b) desenvolva algebricamente a função $g(x) = [\text{sgn}(x)]^2$ e esboce seu gráfico;

26   *Capítulo 1. Funções*

  (c) desenvolva algebricamente a função $\ell(x) = \mathrm{sgn}(x^2)$ e esboce seu gráfico.

  (d) desenvolva algebricamente a função $m(x) = \mathrm{sgn}(4 - x^2)$ e esboce seu gráfico.

1.23 Resolva os seguintes itens:

  (a) mostre que $\mathrm{sgn}(x) = 2h(x) - 1$, onde $h(x)$ é a função de Heaviside;

  (b) desenvolva algebricamente a função $g(x) = [h(x)]^2$ e esboce seu gráfico;

  (c) desenvolva algebricamente a função $\ell(x) = h(\mathrm{sgn}(x))$ e esboce seu gráfico.

1.4 Limite e continuidade

O limite de uma função em um ponto é uma operação simbolizada pela seguinte expressão

$$\lim_{x \to a} f(x)\,, \tag{1.34}$$

que pode ser lida intuitivamente como a seguinte pergunta:

O que acontece com o valor de $f(x)$
à medida que x se aproxima de a?

O significado do termo *se aproxima* é um tanto vago, ele quer dizer algo do tipo *infinitesimalmente próximo* ou, ainda, *tão próximo quanto se queira*. Esta proximidade deve ser independente da lateralidade, isto é, x se aproxima de a não importando se pela esquerda ou pela direita, ou alternadamente por ambos os lados.

1.4.1 Limites laterais

Para responder à pergunta é necessária a introdução de mais outro conceito, chamado *limite lateral*, que é uma operação que tem o significado igual ao do limite, no entanto restrito pela lateralidade. O *limite lateral à esquerda* é quando a operação do limite está restrita à condição de que a variável x sempre seja menor do que a. Sua notação é similar à do limite, porém com o sinal $-$ ao lado do argumento a, para indicar a lateralidade, isto é

$$\lim_{x \to a-} f(x)\,. \tag{1.35}$$

Limite e continuidade 27

Respectivamente, o *limite lateral à direita* considera que a variável x seja sempre maior do que a e é denotado similarmente por

$$\lim_{x \to a+} f(x), \tag{1.36}$$

onde o sinal $+$ indica a lateralidade.

Para um limite lateral (tanto à esquerda quanto à direita), podem acontecer três resultados:

   (i)   o limite converge a um valor finito;

   (ii)   o limite "tende" a infinito (positivo ou negativo);

   (iii)   o limite não existe[2].

Para o primeiro caso, dizemos que há convergência lateral, e, para os outros dois, dizemos que há divergência. O terceiro caso representa uma divergência mais patológica, porém não incomum. Para uma melhor compreensão dos possíveis resultados, na Tabela 1.2 apresentamos cinco exemplos seguidos por uma breve análise.

Tabela 1.2: Exemplos de convergência e não convergência de limites de funções.

Exemplo	Análise
$\lim\limits_{x \to 0+} 1/x = +\infty$	A função diverge para o infinito positivo, quando x se aproxima de 0 pela direita;
$\lim\limits_{x \to 0-} 1/x = -\infty$	A função diverge para o infinito negativo, quando x se aproxima de 0 pela esquerda;
$\lim\limits_{x \to 0+} \operatorname{sen}(1/x) = \nexists$	O limite não existe, pois quando x se aproxima de 0 pela direita, $1/x$ tende a infinito (positivo), causando uma indefinição na função seno, cujos valores ficam oscilando entre -1 e 1;
$\lim\limits_{x \to 0+} x^2 = \lim\limits_{x \to 0-} x^2 = 0$	O limite é zero, pois ambos limites laterais apresentam o mesmo valor finito (zero).
$\lim\limits_{x \to 0} \dfrac{x^2}{x} = \lim\limits_{x \to 0} x = 0$	O limite é zero, pois ambos limites laterais apresentam o mesmo valor finito (zero).

---

[2]O símbolo matemático para não existência é $\nexists$.

Para se computar limites que envolvam expressões mais complicadas, existem limites de expressões previamente computados, chamados *limites fundamentais*, dos quais apresentamos os quatro principais na Tabela 1.3.

Tabela 1.3: Limites fundamentais.

Limite	Comentário
$\lim\limits_{x \to 0} \dfrac{\operatorname{sen}(ax)}{x} = a,$	Tal limite é utilizado para se calcular a derivada da função seno;
$\lim\limits_{x \to \infty} \left(1 + \dfrac{b}{x}\right)^x = \mathrm{e}^b,$	Este limite é uma das definições do número de Euler e; está associado ao problema de juros compostos para intervalo de tempo infinitesimal;
$\lim\limits_{x \to 0} \dfrac{c^x - 1}{x} = \ln(c),$	Tal limite é utilizado para se calcular a derivada da função exponencial;
$\lim\limits_{x \to \infty} \dfrac{x^n}{\mathrm{e}^x} = 0$	Este limite mostra que a função exponencial sempre cresce mais depressa que qualquer função polinomial;

Observação: $a \neq 0$, $b \neq 0$ e $c > 0$.

Por exemplo, para avaliarmos o limite

$$\lim_{x \to 0} \frac{\operatorname{sen}(\mathrm{e}x)}{\mathrm{e}^x - 1},$$

podemos reescrevê-lo como

$$\lim_{x \to 0} \frac{\operatorname{sen}(\mathrm{e}x)}{x} \frac{x}{\mathrm{e}^x - 1}$$

e usar os limites fundamentais da Tabela 1.3, obtendo

$$\lim_{x \to 0} \frac{\operatorname{sen}(\mathrm{e}x)}{\mathrm{e}^x - 1} = \lim_{x \to 0} \frac{\operatorname{sen}(\mathrm{e}x)}{x} \lim_{x \to 0} \frac{x}{\mathrm{e}^x - 1} = \mathrm{e}\frac{1}{\mathrm{e}} = 1 \,.$$

Limite e continuidade   29

1.4.2 Função contínua

Intuitivamente, podemos dizer que uma função é contínua quando, ao desenhar o gráfico da função com um lápis sobre um papel, o lápis fica em contato com o papel o tempo todo.

A continuidade de uma função é uma propriedade local, isto é, dado um ponto do domínio, podemos avaliar se a função é contínua ali ou não. Com efeito, uma função é *contínua* em um ponto $x = a$ se ambos limites laterais e a própria função possuem o mesmo valor finito. Por conveniência, caso a função seja contínua em todos os pontos de um intervalo I, então ela é chamada simplesmente de função contínua em I.

Quando a função não é contínua em um ponto, dizemos que ali há uma *descontinuidade* que pode ser classificada em três tipos:

(i) Se os limites laterais são iguais e finitos, porém a função possui um outro valor, ou não é definida, dizemos que a função tem uma *descontinuidade removível*.

(ii) No caso em que os valores dos limites laterais são números finitos, porém distintos, dizemos que a função apresenta uma *descontinuidade de salto*.

(iii) Quando pelo menos um limite lateral tende ao infinito, ou não existe, dizemos que a função tem uma *descontinuidade essencial*.

Por exemplo, a função

$$f(x) = \frac{x^2 - 1}{x + 1}$$

não é definida para $x = -1$, sendo, portanto, descontínua. No entanto, quando $x \neq -1$, podemos simplificar a função, observando que $x^2 - 1 = (x + 1)(x - 1)$, fazendo com que

$$\frac{x^2 - 1}{x + 1} = \frac{(x - 1)(x + 1)}{x + 1} = x - 1, \qquad \text{para } x \neq -1.$$

Sendo assim, a função $f(x)$ é igual a $x + 1$ para todos os reais x, com exceção de $x = -1$. Como $f(x)$ tende a -2 quando x tende a -1, tanto pela esquerda quanto pela direita, concluímos que $x = -1$ é um ponto de descontinuidade removível. Com base na função $f(x)$, podemos construir uma função contínua $\tilde{f}(x)$, bastando incluir o valor -2 no ponto de descontinuidade, isto é,

$$\tilde{f}(x) = \begin{cases} \dfrac{x^2 - 1}{x + 1}, & \text{para } x \neq -1, \\ -2, & \text{para } x = -1. \end{cases}$$

Neste caso, observamos que a função $\tilde{f}(x)$ é igual a $x - 1$.

Se considerarmos a seguinte função

$$g(x) = \begin{cases} x + 1, & \text{para } x > 0, \\ x - 1, & \text{para } x < 0, \end{cases}$$

observamos que em $x = 0$ há uma descontinuidade de salto, pois os limites laterais são finitos e distintos, como podemos comprovar:

$$\lim_{x \to 0-} g(x) = \lim_{x \to 0-} (x - 1) = -1 \neq \lim_{x \to 0+} g(x) = \lim_{x \to 0+} (x + 1) = +1.$$

Finalmente, a função $h(x) = x^{-1}$ tem descontinuidade essencial em $x = 0$, pois

$$\lim_{x \to 0-} \frac{1}{x} = -\infty \qquad \text{e} \qquad \lim_{x \to 0+} \frac{1}{x} = +\infty.$$

Exercícios

1.24 Usando os limites fundamentais, manipule as expressões dos seguintes limites, para calculá-los.

(a) $\displaystyle \lim_{x \to \infty} x \operatorname{sen}(1/x) = 1$

(b) $\displaystyle \lim_{x \to \infty} (1 + x)^{1/x} = e$

(c) $\displaystyle \lim_{x \to \infty} \frac{\tan(x)}{x} = 1$

(d) $\displaystyle \lim_{x \to 0} \frac{\ln(1 + x)}{x} = 1$

1.25 Encontre o valor de a para que as funções definidas a seguir sejam contínuas. Em seguida, esboce o gráfico das funções.

(a) $f(x) = \begin{cases} 6 + x, & \text{se } x \in (-\infty; -2], \\ 3x^2 + xa, & \text{se } x \in (-2; +\infty). \end{cases}$

(b) $g(x) = \begin{cases} x^2 - 1, & \text{se } x > 0, \\ a + x, & \text{se } x \leq 0. \end{cases}$

(c) $h(x) = \begin{cases} \dfrac{x^2 - 1}{x - 1}, & \text{se } x \neq 1, \\ a, & \text{se } x = 1. \end{cases}$

Exercícios adicionais

1.26 Encontre o domínio máximo e o contradomínio para as seguintes funções:

(a) $f(x) = \sqrt{x-3}$
(b) $f(x) = \sqrt{x^2-1}$
(c) $f(x) = \ln[(x-2)(x+3)]$

1.27 Encontre as expressões das funções afim que representam as retas indicadas no gráfico mostrado na Figura 1.17.

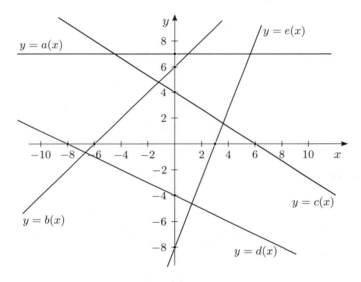

Figura 1.17: Retas usadas no Exercício 1.27: encontrar as expressões das funções afim que as representam.

1.28 Esboce o gráfico das retas representadas pelas seguintes funções afim:

(a) $y = 2x - 1$
(b) $y = 2x/3 + 2/3$
(c) $y = x/3 + 1$
(d) $y = -2x/3 + 2$
(e) $y = -2x$
(f) $y = -x/3 - 3$

1.29 Dada a função quadrática na forma padrão: $f(x) = 6 - 7x + x^2$, então:

(a) calcule as suas raízes, usando a fórmula de Báskara;
(b) reescreva-a na forma explícita;
(c) reescreva-a na forma de Newton, com $c_1 = 1$ e $c_2 = 3$;

(d) reescreva-a na forma padrão centrada no ponto $c = 2$.

1.30 Usando a identidade trigonométrica fundamental, mostre as seguintes identidades trigonométricas

$$\sec^2(x) - \tan^2(x) = 1 \qquad (1.37)$$
$$\csc^2(x) - \cot^2(x) = 1 \qquad (1.38)$$

1.31 Considere as seguintes funções:

$$f(x) = \text{máx}\{x, 0\} \quad \text{e} \quad g(x) = \text{máx}\{-x, 0\}$$

e resolva as seguintes questões:

(a) esboce os gráficos de f e g;
(b) mostre que qualquer número x pode ser escrito como $x = f(x) - g(x)$;
(c) expresse a função módulo como uma combinação das funções $f(x)$ e $g(x)$;
(d) esboce o gráfico da função $f(\cos(x))$.

1.32 Dada a curva mostrada na Figura 1.18, representá-la com o auxílio de funções indicadoras.

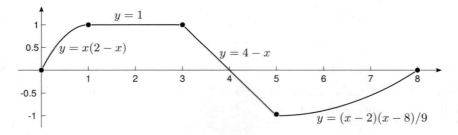

Figura 1.18: Curva do Exercício 1.32.

1.33 Esboce o gráfico das seguintes funções:

(a) $f(x) = |\text{sen}(x)|$
(b) $q(x) = \text{sgn}(\text{sen}(x))$
(c) $r(x) = x^2 \, h(x)$
(d) $s(x) = x \, \text{sgn}(\text{sen}(x))$
(e) $t(x) = \cos(x) \, \text{sgn}(\text{sen}(x))$

1.34 Seja $g(x)$ uma função definida por partes da seguinte forma:

$$g(x) = \begin{cases} \dfrac{1}{x}, & \text{para } x \in (-\infty, -1), \\ |x|, & \text{para } x \in [-1, 1], \\ 1 + 2x, & \text{para } x \in (1, +\infty). \end{cases}$$

Esboce o seu gráfico e calcule os seguintes limites (caso existam):

(a) $\lim\limits_{x \to -\infty} g(x)$ (c) $\lim\limits_{x \to -1+} g(x)$ (e) $\lim\limits_{x \to 0} g(x)$ (g) $\lim\limits_{x \to 1+} g(x)$

(b) $\lim\limits_{x \to -1-} g(x)$ (d) $\lim\limits_{x \to -1} g(x)$ (f) $\lim\limits_{x \to 1-} g(x)$ (h) $\lim\limits_{x \to +\infty} g(x)$

1.35 (Bracewell, 2000) Mostre que

$$h(ax + b) = \begin{cases} h(x + b/a), & \text{se } a > 0, \\ h(-x - b/a), & \text{se } a < 0, \end{cases}$$

o que leva à seguinte expressão

$$h(ax + b) = h(x + b/a)h(a) + h(-x - b/a)h(-a),$$

onde $h(x)$ é a função de Heaviside.

1.36 Dada a seguinte função $v = f(z)$ mostrada na Figura 1.19, representá-la com o auxílio de funções de Heaviside.

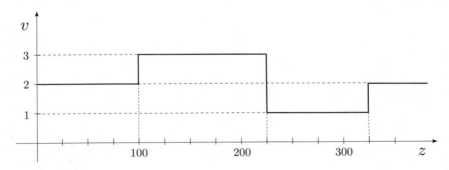

Figura 1.19: Função $v = f(z)$ do Exercício 1.36.

Capítulo 2

Operações sobre funções

Neste capítulo, apresentaremos as técnicas mais básicas de se construir novas funções a partir de funções previamente definidas, fazendo uso de operações tais como combinação e composição de funções. Em princípio, tais operações são aplicadas às funções elementares apresentadas no Capítulo 1, porém também podem ser aplicadas às próprias funções recém-construídas, de modo que este processo de montagem de funções pode ser realizado indefinidamente, criando-se uma grande variedade de funções.

Em especial, damos atenção a um caso particular de composição de funções que dá origem à definição de função inversa. Além disso, apresentaremos as operações morfológicas sobre funções, que basicamente são a composição de uma função qualquer com funções afim.

Por fim, introduzimos o estudo do conceito da periodicidade de funções, como também o conceito da simetria de funções em relação aos eixos coordenados, por meio da definição de funções pares e ímpares. A partir de ambos conceitos, introduzimos mais duas maneiras de se construir novas funções, chamadas, respectivamente, extensões periódicas e extensões pares e ímpares.

2.1 Combinação de funções

Com o intuito de criar novas funções, pode-se combinar "à vontade" todas as funções apresentadas, usando as quatro operações algébricas. Mais especificamente, dadas as funções f e g, novas funções podem ser criadas por meio de:

(i) Soma: $h_1(x) = f(x) + g(x)$;
(ii) Substração: $h_2(x) = f(x) - g(x)$;
(iii) Produto: $h_3(x) = f(x)g(x)$;
(iv) Quociente: $h_4(x) = f(x)/g(x)$.

Observe que o domínio das novas funções é a intersecção dos domínios de f e g. Adicionalmente, o domínio da função gerada pelo quociente não contém as raízes (os zeros) de g.

As funções a seguir são exemplos de funções que são criadas a partir de outras funções já conhecidas, usando-se somente operações algébricas. Os seus gráficos podem ser conferidos na Figura 2.1.

$$a(x) = x^{5/7} + \frac{x^3}{6} - x - 1; \quad b(x) = \frac{x^3}{x^2+4} - \frac{x}{2}; \quad c(x) = x^{2/3} + \frac{x}{2};$$

$$d(x) = 10\frac{x^{1/3}}{x^4 + 3/2}; \quad g(x) = -\operatorname{sen}(x) - \frac{x}{2}; \quad h(x) = \frac{e^x}{x^2 + 1/2} - 2.$$

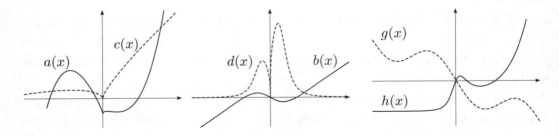

Figura 2.1: Gráficos de combinações algébricas de funções.

Exercícios

2.1 Considere as funções $f(x) = 2x + 1$ e $g(x) = \sqrt{x}$. Construa quatro funções que sejam combinações algébricas de f e g.

2.2 Dadas duas funções $f_1(x)$ e $f_2(x)$, com domínios de validade D_1 e D_2, analise o domínio das combinações de funções $f_3(x) = f_1(x) + f_2(x)$ e $f_4(x) = f_1(x)f_2(x)$, quando

(a) $f_1(x) = \sqrt{x}$ e $f_2(x) = 1/x$; (b) $f_1(x) = \sqrt{x-2}$ e $f_2(x) = \sqrt{x+2}$.

2.2 Composição de funções

A composição de funções é uma operação mais sofisticada que a combinação. Dadas duas funções $f(x)$ e $g(y)$, a função composta h de f e g é definida por

$$h(x) = g(f(x)), \tag{2.1}$$

isto é, primeiro calcula-se $y = f(x)$ e depois calcula-se $z = g(y)$. A única restrição para a composição é que $f(x)$ deve pertencer ao domínio de g. Este processo pode ser realizado tantas vezes quanto se queira desde que tal restrição seja respeitada.

As funções a seguir são exemplos de funções compostas, as quais são criadas a partir da composição de outras funções já conhecidas. Os seus gráficos podem ser conferidos pela Figura 2.2.

$$a(x) = e^{-x/2} + 2\,e^{x^{1/3}} - 2e; \qquad b(x) = \frac{2x}{\sqrt{x^2+4}};$$
$$c(x) = 2\,\text{sen}(2\,e^{1-2x/5}); \qquad d(x) = 500\,x\,e^{-x^2-4}.$$

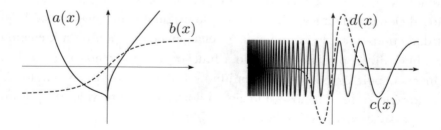

Figura 2.2: Gráficos de exemplos de funções compostas.

Exercícios

2.3 Considere a função $g(x) = 2x + 1$ e as funções compostas $h_1(x) = f_1(g(x))$ e $h_2(x) = g(f_2(x))$. Sabendo que $h_1(x) = 4x^2 - x$ e $h_2(x) = 4x$, calcule $f_1(x)$ e $f_2(x)$.

2.4 Dadas as seguintes funções:

$$p(x) = 2 + x + x^2 \quad \text{e} \quad q(x) = x - 2,$$

descreva explicitamente as funções compostas

$$g(x) = p(q(x)), \quad m(y) = p(y^3), \quad h(x) = q(p(x)) \quad \text{e} \quad n(a) = q(a+2).$$

2.3 Função inversa

Dada uma função f, a sua *função inversa* g é tal que as funções compostas $f(g(x))$ e $g(f(x))$ são iguais à função identidade, isto é

$$h(x) = g(f(x)) = f(g(x)) = x, \qquad (2.2)$$

para todo $x \in I \subset \mathbb{R}$. Isto é, a função h é igual à identidade. Por ser tão especial e intimamente ligada à função original, a função inversa de f recebe a denotação f^{-1}.

Para que haja a inversa de uma função no conjunto $I \subset \mathbb{R}$, duas condições devem ser respeitadas: (a) todos os pontos de I devem estar relacionados a algum ponto da imagem de f e (b) a cada ponto y da imagem de f só pode haver um ponto no domínio x que seja relacionado a y. Repare a segunda condição representa uma restrição adicional à definição de função, que originalmente não impõe limite sobre a quantidade de pontos do domínio de f relacionados ao ponto da imagem de f.

Isso quer dizer, por exemplo, que a função $f(x) = x^2$ no intervalo $[-1, 1]$ não possui inversa, pois os pontos dos conjuntos $[-1, 0)$ e $(0, 1]$ são levados à mesma imagem. Porém, se limitarmos a função ao domínio no intervalo $[0, 1]$, a inversa de $f(x) = x^2$ passa a existir, valendo $g(y) = \sqrt{y}$.

Vale observar, portanto, que, caso a função f possua inversa f^{-1}, então a imagem de f passa a ser o domínio de f^{-1} e vice-versa, isto é

$$\text{Im}(f) = \text{Dom}(f^{-1}) \quad \text{e} \quad \text{Dom}(f) = \text{Im}(f^{-1}).$$

Observe a segunda coluna da Tabela 2.1, que mostra alguns exemplos usuais de função inversa.

Função inversa 39

Função inversa versus inverso de função

Não devemos confundir o inverso de uma função com a sua função inversa, por se tratarem de conceitos completamente diferentes, apesar da nomenclatura similar. A função inversa é definida com base em composição de funções, enquanto o inverso de uma função é uma operação algébrica aplicada à função.

Apresentamos um exemplo que mostra a distinção entre os dois conceitos. Dada a função $f(x) = 3x + 1$, vamos computar a sua função inversa e o inverso da função. Em primeiro lugar, a *função inversa* de $f(x)$ é $g_1(x) = (x - 1)/3$, pois

$$f(g_1(x)) = 3g_1(x) + 1 = 3((x - 1)/3) + 1 = x$$
$$g_1(f(x)) = (f(x) - 1)/3 = (3x)/3 = x$$

Isto é, $f(g_1(x)) = g_1(f(x)) = x$ para todo x. Por outro lado, a função $g_2(x) = \dfrac{1}{3x + 1}$, que é o *inverso de* $f(x)$, não é a função inversa de $f(x)$, pois

$$f(g_2(x)) = 3g_2(x) + 1 = \frac{3}{3x + 1} + 1 \neq x$$
$$g_2(f(x)) = \frac{1}{3f(x) + 1} = \frac{1}{9x + 4} \neq x.$$

A Tabela 2.1 mostra exemplos da distinção entre a função inversa e o inverso da função.

Tabela 2.1: Exemplos da distinção entre a função inversa e o inverso da função.

Função original	Função inversa	O inverso da função
função afim $f(x) = ax + b$	função afim $g(y) = (y - b)/a$	função racional $h(x) = \dfrac{1}{ax + b}$
função exponencial $f(x) = a^x$	função logarítmica $g(y) = \log_a(y)$	função exponencial $h(x) = a^{-x}$
função potência $f(x) = x^a$	função potência $g(y) = y^{1/a}$	função potência $h(x) = x^{-a}$

Exercícios

2.5 Mostre que as funções das duas primeiras colunas da Tabela 2.1 são inversas entre si.

2.6 Ache a função inversa de $f(x) = a + \sqrt{b - x}$, onde $a > 0$ e $b > 0$. Determine o domínio de validade de f e f^{-1}.

2.4 Operações morfológicas sobre funções

A partir de uma função qualquer, é possível criar novas funções, porém semelhantes à original, por meio de operações morfológicas, que são um tipo especial de composição. Mais especificamente, uma operação morfológica pode ser definida de duas maneiras, $\hat{f} = f(a_1 x + b_1)$ ou ainda $\hat{f} = a_2 f(x) + b_2$. Dependendo dos valores das constantes a_1, b_1, a_2 e b_2, temos tipos distintos de operações, a saber: translação, compressão/dilatação e reflexão.

2.4.1 Translação

Considere uma função $y = f(x)$ dada. O efeito da soma de uma constante em x ou y é chamado *translação*. Os resultados da translação aplicada à função f são

$$z = g(x) = f(x + c) \qquad e \qquad w = h(x) = f(x) + c.$$

No primeiro caso, a translação é na direção horizontal, e, no segundo caso, a translação ocorre na direção vertical. Confira pela Figura 2.3 os efeitos das translações aplicadas à função $y = 3\,\mathrm{sen}(x) + x$, que dependem do sinal da constante c, conforme descrito na Tabela 2.2.

Tabela 2.2: Relação entre o sinal de c e o sentido da translação.

Sinal de c	Direção horizontal $f(x + c)$	Direção vertical $f(x) + c$
positivo	deslocamento para esquerda	deslocamento para cima
negativo	deslocamento para direita	deslocamento para baixo

Operações morfológicas sobre funções

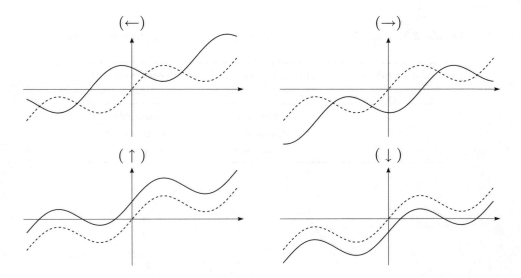

Figura 2.3: Exemplo das operações de translação aplicada à função $y = 3\operatorname{sen}(x) + x$ (linha tracejada): translações horizontais para esquerda ($\leftarrow$) e para direita ($\rightarrow$) nos dois gráficos superiores e translações verticais para cima ($\uparrow$) e para baixo ($\downarrow$) nos dois gráficos inferiores.

2.4.2 Compressão/dilatação

Considere uma função $y = f(x)$ dada. O efeito da multiplicação de x ou y por uma constante positiva é chamado *compressão/dilatação*. As duas novas funções, que são o resultado desta operação aplicada à função original, são

$$z = g(x) = f(cx),$$
$$w = h(x) = cf(x).$$

No primeiro caso, a compressão/dilatação ocorre na direção horizontal, e, no segundo caso, na direção vertical. O efeito desta operação depende se a constante $c > 0$ é maior do que um ou não, conforme descrito na Tabela 2.3. Os gráficos da Figura 2.4 mostram exemplo das operações de compressão/dilatação aplicadas à função $y = 3\operatorname{sen}(x) + x$ nas direções horizontal e vertical.

Tabela 2.3: Relação entre a magnitude de c e o efeito da compressão.

Magnitude de c	Direção horizontal $f(cx)$	Direção vertical $cf(x)$
$c > 1$	compressão	dilatação
$c < 1$	dilatação	compressão
$c = 1$	sem efeito	sem efeito

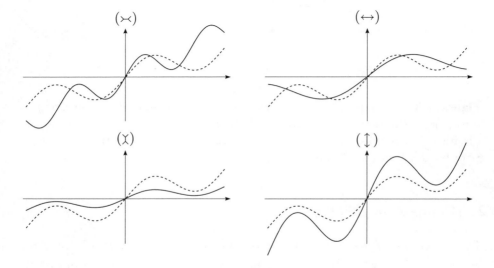

Figura 2.4: Exemplo das operações de compressão/dilatação aplicadas à função $y = 3\,\text{sen}(x) + x$ (linha tracejada). As linhas cheias representam o resultado da compressão (⋈) e dilatação (↔) horizontais nos dois gráficos superiores e compressão (⋎) e dilatação (↕) verticais nos dois gráficos inferiores.

2.4.3 Reflexão

A partir de uma função $y = f(x)$ dada, é possível construir duas novas funções a partir da operação denominada *reflexão*. A primeira, cuja reflexão é feita com relação ao eixo y, é dada por

$$g(x) = f(-x),$$

e a segunda, que é feita com relação ao eixo x, é dada por

$$h(x) = -f(x).$$

Confira o efeito gráfico de ambas as reflexões pela Figura 2.5.

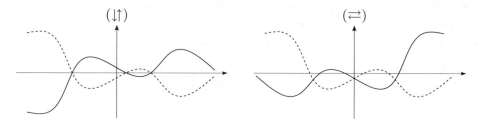

Figura 2.5: Exemplo das operações de reflexão aplicada a uma função (linha tracejada). À esquerda (↓↑), a linha cheia representa o resultado da reflexão vertical (em relação ao eixo x) e, à direita (⇄), representa o resultado da reflexão horizontal (em relação ao eixo y).

Exercícios

2.7 Sabendo que $f(x) = \text{sen}(x)$, com auxílio das operações morfológicas esboce o gráfico das seguintes funções

(a) $p(x) = f(x + \pi/2)$ (c) $r(x) = (f(x) + 1)/2$ (e) $t(x) = 2f(x) + 1$
(b) $q(x) = f(2x)$ (d) $s(x) = 1 - f(x)$ (f) $u(x) = -f(x/4)$

2.8 Mostre ou forneça um contraexemplo para as seguintes afirmações:

(a) A compressão de uma função par (ou ímpar) também é uma função par (ou ímpar). Isto é, a compressão não altera a paridade de uma função.
(b) Compressão horizonal comuta com translação horizontal. Isto é, não importa a ordem que estas operações sejam feitas, pois o resultado sempre é o mesmo;
(c) Se uma função é igual à sua reflexão horizontal, então ela é par;
(d) Se uma função é igual à sua reflexão vertical, então ela é ímpar.

2.5 Funções periódicas

O estudo de periodicidade aparece em várias áreas aplicadas ligadas à geociências, tais como, por exemplo, em todos os tipos de fenômenos ondulatórios, padrões ciclo-estratigráficos em estratigrafia, entre outros. Especialmente para a geofísica, a periodicidade pode aparecer como indesejável artefato em dados adquiridos em campo, devido à própria instrumentação, como o caso de fantasmas ou da influência da rede elétrica, ou até mesmo pela própria natureza do fenômeno físico estudado, como é o caso das múltiplas de reflexão, que aparecem em dados sísmicos/sismológicos e dados eletromagnéticos de radar de penetração no solo.

Uma função f é periódica quando existe algum número $p > 0$ tal que

$$f(x + p) = f(x), \qquad (2.3)$$

para todo x do domínio da função. O menor número $p > 0$, caso exista, tal que a propriedade acima seja verdadeira é definido como o *período fundamental*, ou simplesmente *período* da função f. Veja, com auxílio da Figura 2.6, um exemplo de função periódica.

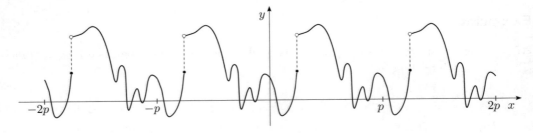

Figura 2.6: Exemplo de uma função periódica com período p.

Vale ressaltar que todas as funções trigonométricas são periódicas, uma vez que suas definições são baseadas no círculo trigonométrico. Por exemplo, a função seno, $f(x) = \text{sen}(x)$, é periódica pois

$$\text{sen}(x + 2\pi) = \text{sen}(x),$$

para todo $x \in \mathbb{R}$ (veja Figura 1.12). Observe que as constantes $4\pi, 6\pi, \ldots, 2n\pi$ são todas períodos da função seno, no entanto somente 2π é seu período fundamental.

Extensões periódicas 45

Exercícios

2.9 Dadas duas funções periódicas com períodos iguais, mostre que sua soma e seu produto também são funções periódicas com o mesmo período.

2.10 Considere a função que mede a distância entre um número real e o seu inteiro mais próximo, isto é,

$$f(x) = \min_{n \in \mathbb{Q}} |x - n|,$$

onde $\mathbb{Q}$ é o conjunto dos números inteiros. Faça um esboço do seu gráfico, mostre analiticamente que é periódica e ache seu período fundamental.

2.6 Extensões periódicas

Mesmo que uma função não seja periódica, podemos criar uma nova função que seja periódica, com a condição de que seja igual à função original em pelo menos um subintervalo finito contido no seu domínio.

Não existe uma única maneira de se fazer isso, mas apresentamos uma maneira padrão que chamamos de *extensão periódica*. Assumindo que o nosso interesse é estudar a função f próxima à origem, podemos considerar a função periódica[1]

$$\tilde{f}(x) = f(x - 2kL), \quad \text{para } x \in [(2k-1)L, (2k+1)L] \tag{2.4}$$

para k inteiro, de modo que $\tilde{f}$ fique definida para todo x em $\mathbb{R}$. Por exemplo, dada a função não periódica $f(x) = x/\pi + 2\,\mathrm{sen}(x)$, para $x \in \mathbb{R}$, e assumindo que $L = \pi$, construímos a função periódica $\tilde{f}(x)$, cujo gráfico pode ser visto na Figura 2.7.

Exercícios

2.11 Para as seguintes funções, construa a extensão periódica usando o método dado pela equação (2.4), a partir limite L indicado e, em seguida, esboce ambas as funções

(a) $f(x) = x$, com $L = 1$;

(b) $f(x) = |x|$, com $L = 1$;

(c) $f(x) = \mathrm{sgn}(x)$, com $L = 2$;

(d) $f(x) = \mathrm{sen}(x)$, com $L = \pi/2$;

---

[1]Vale lembrar que existem outras maneiras de se construir uma função periódica que represente a função em um determinado intervalo de interesse.

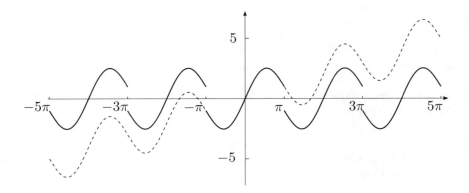

Figura 2.7: Os gráficos da função original $f(x) = x/\pi + 2\,\text{sen}(x)$ em linha tracejada e da sua extensão periódica $\tilde{f}(x)$ em linha cheia. Observe que no intervalo $(-\pi, \pi)$ as duas funções são iguais.

2.12 Usando um intervalo não necessariamente simétrico, resolva os seguintes itens

(a) Construa extensões periódicas das funções $f(x) = x$ e $g(x) = |x|$, de modo que sejam funções iguais, isto é, $\tilde{f}(x) = \tilde{g}(x)$, para todo $x \in \mathbb{R}$;

(b) Construa uma extensão periódica da função seno, de modo seja uma função par, isto é, $\tilde{f}(x) = \tilde{f}(-x)$.

2.7 Funções pares e ímpares

Uma função f é *par* quando

$$f(x) = f(-x)\,, \tag{2.5}$$

para todo x do domínio da função. Por outro lado, uma função f é *ímpar* quando

$$f(x) = -f(-x)\,, \tag{2.6}$$

para todo x do domínio da função. Podemos interpretar as funções pares e ímpares à luz das operações morfológicas sobre funções. Com efeito, podemos dizer que uma função par é aquela que não se altera quando sofre uma operação de reflexão horizontal. Por outro lado, uma função ímpar permanece inalterada quando sofre uma reflexão horizontal seguida de uma reflexão vertical. Veja a Figura 2.8.

Funções pares e ímpares

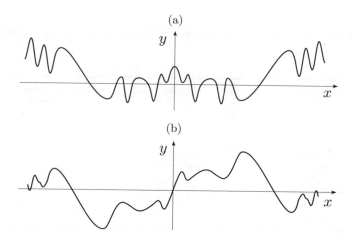

Figura 2.8: Em (a) o gráfico de uma função par e em (b) o gráfico de uma função ímpar.

Um exemplo simples de função par é a função $f(x) = x^2$, pois $f(x) = x^2 = (-x)^2 = f(-x)$, por outro lado, a função $g(x) = x$ é ímpar, pois $g(x) = x = -(-x) = -f(-x)$. Existem outros exemplos clássicos de funções pares e ímpares, os quais estão na Tabela 2.4

As funções que resultam de operações algébricas sobre funções pares e ímpares também possuem simetria de paridade, como podemos destacar por meio das seguintes propriedades (cujas demonstrações ficam como exercício):

(a) A soma de duas funções pares também é uma função par.

(b) A soma de duas funções ímpares também é uma função ímpar.

(c) O produto de duas funções pares também é uma função par.

(d) O produto de duas funções ímpares é uma função par.

(e) O produto de uma função par por uma função ímpar é uma função ímpar.

(f) O inverso de uma função par é uma função par.

(g) O inverso de uma função ímpar é uma função ímpar.

Deve-se tomar cuidado com a terminologia "par/ímpar", pois ela apresenta um significado bem distinto para números inteiros. Se um número inteiro é par, então certamente ele não é ímpar, e vice-versa. Além disso, qualquer número inteiro ou é

48   *Capítulo 2. Operações sobre funções*

Tabela 2.4: Alguns exemplos de funções pares, ímpares e nem pares nem ímpares.

Função	Par	Ímpar	Nem par nem ímpar
x^{2n}	sim	–	–
x^{2n+1}	–	sim	–
$\cos(x)$	sim	–	–
$\text{sen}(x)$	–	sim	–
$\sqrt{x}$	–	–	sim
e^x	–	–	sim
$\ln(x)$	–	–	sim

par ou é ímpar, não existindo uma terceira alternativa. Vale ressaltar, entretanto, que esse raciocínio não funciona de maneira igual para funções. Com efeito, existem funções que não são classificadas nem como par nem como ímpar, o que constitui uma terceira classificação. Neste caso, a função simplesmente não possui simetria alguma. Isto quer dizer que se uma função f não é par, não significa necessariamente que seja ímpar nem o contrário, isto é, se f não é ímpar não significa que ela seja obrigatoriamente par.

Em geral, as funções não são nem par nem ímpar, como, por exemplo, $f(x) = 5x + 1$. Além disso, existe somente uma única função que é par e ímpar ao mesmo tempo; trata-se da função nula $f(x) = 0$ (a demonstração fica como exercício).

Exercícios

2.13 Classifique as funções a seguir como par, ímpar ou nenhuma das duas, justificando matematicamente:

(a) $a(x) = \dfrac{x^3}{x^2 + 1}$ (c) $c(x) = \dfrac{|x|}{x^2 + 1}$

(b) $b(x) = |x| + 2$ (d) $d(x) = |x + 2|$

2.14 Mostre que a soma de duas funções periódicas com períodos inteiros e diferentes também é uma função periódica. O que se pode afirmar se os períodos forem racionais?

2.8 Extensões pares e ímpares

Apesar de existirem funções que não são nem par nem ímpar, podemos dizer que elas "contêm" uma parte par e outra parte ímpar. De fato, o resultado interessante é que qualquer função definida em um intervalo do tipo $[-a, a]$, incluindo o caso $(-\infty, \infty)$, pode ser decomposta exatamente em uma soma de uma função par e uma função ímpar, isto é,

$$f(x) = f_p(x) + f_i(x), \tag{2.7}$$

onde f_p e f_i são as extensões *par* e *ímpar*, respectivamente, obtidas com as seguintes fórmulas:

$$f_p(x) \overset{\text{def}}{=} \frac{f(x) + f(-x)}{2}, \tag{2.8}$$

$$f_i(x) \overset{\text{def}}{=} \frac{f(x) - f(-x)}{2}. \tag{2.9}$$

Por exemplo, para a função afim $f(x) = -2x + 1$, as funções

$$f_p(x) = \frac{f(x) + f(-x)}{2} = \frac{\left(-2x + 1\right) + \left(-2(-x) + 1\right)}{2} = 1,$$

$$f_i(x) = \frac{f(x) - f(-x)}{2} = \frac{\left(-2x + 1\right) - \left(-2(-x) + 1\right)}{2} = -2x$$

são as suas extensões par e ímpar, respectivamente. Um outro exemplo, mais complexo, é para a função racional $g(x) = (x^2 + 4)/(x - 1)$. Para este caso, as extensões são

$$g_p(x) = \frac{g(x) + g(-x)}{2} = \frac{1}{2}\left(\frac{x^2 + 4}{x - 1} + \frac{(-x)^2 + 4}{-x - 1}\right),$$

$$g_i(x) = \frac{g(x) - g(-x)}{2} = \frac{1}{2}\left(\frac{x^2 + 4}{x - 1} - \frac{(-x)^2 + 4}{-x - 1}\right),$$

que, após desenvolvimento, tornam-se

$$g_p(x) = \frac{x^2 + 4}{x^2 - 1} = 1 + \frac{5}{x^2 - 1},$$

$$g_i(x) = \frac{x^3 + 4x}{x^2 - 1} = x + \frac{5x}{x^2 - 1}.$$

50 Capítulo 2. Operações sobre funções

Conforme será abordado no Capítulo 13, as extensões pares e ímpares têm um papel relevante no contexto da transformada de Fourier. Além disso, na Seção 3.11 faremos uso das extensões para computar a inclinação de uma interface geológica a partir de um dado sísmico de reflexão gerado por tal interface.

Exercícios

2.15 Dadas as funções a seguir, calcule e esboce as suas extensões par e ímpar.

(a) $f(x) = 2x - 4$

(c) $g(x) = x^2 - 5x + 6$

(b) $h(x) = \dfrac{2x^3 - 5x + 1}{x^2 + 1}$

(d) $i(x) = \dfrac{e^x}{x^2 + 1}$

2.16 Resolva os itens a seguir:

(a) mostre que a função nula é a única que é par e ímpar ao mesmo tempo;

(b) calcule a extensão ímpar de uma função par;

(c) calcule a extensão par de uma função ímpar.

2.9 Remoção de descontinuidade de salto

A função de Heaviside possui a peculiar propriedade de auxiliar na construção de funções contínuas a partir de funções com descontinuidades de salto. Sem perda de generalidade, suponha que a função $g(x)$ tenha uma descontinuidade de salto em $x = a$, onde o salto é igual a b, isto é, $\lim\limits_{x \to a+} g(x) - \lim\limits_{x \to a-} g(x) = b$. Portanto, com auxílio da função de Heaviside podemos construir a função $g_c(x)$,

$$g_c(x) = g(x) - b\, h(x - a)\,,$$

que é contínua em $x = a$, pois

$$\lim_{x \to a+} g_c(x) - \lim_{x \to a-} g_c(x) = 0\,.$$

Observe a construção gráfica de g_c com auxílio da Figura 2.9:

Função causal

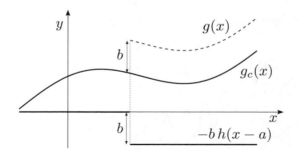

Figura 2.9: Construção de uma função contínua $g_c(x)$ (linha cheia) a partir de uma função $g(x)$ com descontinuidade de salto (linha tracejada) e a função de Heaviside, deslocada e reescalada.

Exercícios

2.17 Usando a função de Heaviside, remova as descontinuidades de salto das seguintes funções.

(a) $f(x) = \begin{cases} 6+x, & x < -2, \\ x^2+x, & x \geq -2. \end{cases}$
(b) $g(x) = \begin{cases} x+1, & x < 0, \\ x^2-1, & x \geq 0. \end{cases}$

2.18 Crie um salto na função $f(x) = x^2 + 1$ em $x = 0$, de modo que a nova função passe pelo ponto $(1, 1)$.

2.10 Função causal

Causalidade é um conceito presente em muitos sistemas físicos que pode ser resumido pela observação de que toda resposta produzida por tais sistemas acontece depois da sua causa. Com base neste conceito, dizemos que uma função é *causal* quando vale zero para todo x negativo, isto é

$$f_c(x) = 0 \quad \text{para } x < 0. \tag{2.10}$$

Para x não negativo, a função pode valer qualquer valor, incluindo até mesmo o valor nulo. Por exemplo, a função

$$e(x) = \begin{cases} e^{-x} + \text{sen}(10x)/5 & \text{para } x \geq 0 \\ 0 & \text{para } x < 0 \end{cases} \tag{2.11}$$

é causal e pode ser observada com auxílio da Figura 2.10.

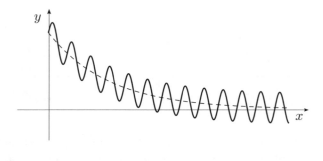

Figura 2.10: Os gráficos da função causal $e(x)$ definida em (2.11) em linha cheia e de e^{-x} em linha tracejada.

2.10.1 Construção de uma função causal

É sempre possível se gerar uma função causal a partir de uma função qualquer f, computando-se o produto desta função pela função de Heaviside. Isto é, dada f, a função f_c definida como

$$f_c(x) = h(x)f(x) \tag{2.12}$$

é causal. Confira tal construção pelo gráfico da Figura 2.11.

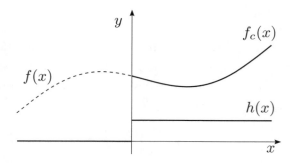

Figura 2.11: Ilustração do processo de construção de uma função causal $f_c(x)$ (linha cheia) a partir de multiplicação da função original $f(x)$ (linha tracejada) e a função de Heaviside.

2.10.2 Relações entre extensões par e ímpar de função causal

A causalidade também é uma propriedade importante que é explorada nas transformadas de Hilbert e de Fourier, bem como na relação entre ambas. Tal propriedade é explorada por meio das relações entre extensões par e ímpar das funções causais.

Em primeiro lugar, observe que, com a exceção da função nula, uma função causal não pode ser par nem ímpar, implicando que suas extensões par e ímpar são não nulas. Como veremos a seguir, uma interessante propriedade das funções causais é que é possível obter a sua extensão par a partir da sua extensão ímpar e vice-versa.

Com efeito, suponha que g_p seja a extensão par da função causal g, portanto, fica como exercício mostrar que a extensão ímpar é dada por

$$g_i(x) = \begin{cases} g_p(x), & \text{para } x > 0 \\ -g_p(x), & \text{para } x < 0 \end{cases} \tag{2.13}$$

Por outro lado, suponha que se tenha somente a extensão ímpar g_i da função causal g, então fica como exercício mostrar que a extensão par é dada por

$$g_p(x) = \begin{cases} g_i(x), & \text{para } x > 0 \\ -g_i(x), & \text{para } x < 0 \end{cases} \tag{2.14}$$

Em ambos os casos, usando a função sinal, as relações (2.13) e (2.14) podem ser resumidas como

$$g_i(x) = \text{sgn}(x)g_p(x)\,, \tag{2.15}$$
$$g_p(x) = \text{sgn}(x)g_i(x)\,, \tag{2.16}$$

onde $\text{sgn}(x)$ é a função sinal, definida em (1.29).

Exercícios

2.19 Seja f uma função par e g a função causal criada a partir de f, isto é,

$$g(x) = h(x)f(x)\,,$$

onde h é a função de Heaviside. Mostre que a extensão par de g é tal que $g_p(x) = f(x)/2$. Elabore um exemplo desta propriedade.

54   *Capítulo 2. Operações sobre funções*

2.20   Mostre as seguintes propriedades

    (a)   A soma de duas funções causais é uma função causal;

    (b)   O produto de duas funções causais é uma função causal.

2.21   Mostre que as equações (2.13) e (2.14) são válidas.

Exercícios adicionais

2.22   Considere as seguintes funções:

$$f(\diamondsuit) = \diamondsuit^2, \qquad g(\heartsuit) = e^{-\heartsuit}, \qquad h(\spadesuit) = \cos(\spadesuit) \quad e \quad i(\clubsuit) = \clubsuit - 2.$$

Escreva explicitamente as seguintes funções:

(a) $a(x) = f(g(x))$ (d) $d(x) = h(i(x))$ (g) $n(t) = f(h(t))$

(b) $b(x) = g(f(x))$ (e) $e(y) = g(i(y))$ (h) $o(s) = h(i(s)h(s))$

(c) $c(x) = f(g(x) - 1)$ (f) $m(y) = h(f(y))$ (i) $p(x) = g(i(x)/f(x))$

2.23   Considere as seguintes funções:

$$f(\diamondsuit) = \diamondsuit^3, \qquad g(\heartsuit) = e^{-\heartsuit^2} \quad e \quad h(\clubsuit) = \cos(\clubsuit).$$

Escreva explicitamente as seguintes funções:

(a) $m(x) = f(g(h(x)))$ (d) $q(x) = h(h(f(x)))$ (g) $t(x) = f(h(g(x)))$

(b) $n(y) = f(g(f(y)))$ (e) $r(y) = h(f(g(y)))$ (h) $u(y) = h(g(h(y)))$

(c) $p(z) = g(h(f(z)))$ (f) $s(z) = f(h(h(z)))$ (i) $v(z) = h(h(g(z)))$

2.24   Para as funções a seguir, determine as funções $g(x)$ e $h(x)$, tais que $g(f(x)) = x$ (função inversa) e $h(x) = 1/f(x)$ (inverso da função), e verifique que não são iguais.

    (a) $f(x) = x/2 + 1$ (b) $f(x) = \dfrac{1}{2x + 1}$ (c) $f(x) = e^x + e^{-x}$

2.25   Existe alguma função cuja função inversa e o seu inverso sejam iguais? Isto é, existe f tal que

$$f^{-1}(x) = \frac{1}{f(x)}$$

para todo x? Caso exista, forneça um exemplo.

2.26   Sabendo que $f(x) = x^2$, com auxílio das operações morfológicas, esboce o gráfico das seguintes funções:

Exercícios adicionais

55

(a) $p(x) = f(x/100)$ (c) $r(x) = f(-x)$ (e) $t(x) = f(x-4)+2$

(b) $q(x) = f(x) - 4$ (d) $s(x) = -f(x)+4$ (f) $u(x) = 2f(x-1)+1$

2.27 Considere a função que mede a distância entre um número real e o seu inteiro mais próximo, isto é,

$$f(x) = \min_{n \in \mathbb{Q}} |x - n|,$$

onde $\mathbb{Q}$ é o conjunto dos números inteiros. Faça um esboço do seu gráfico, mostre analiticamente que é periódica e ache seu período fundamental.

2.28 Uma função constante $f(x) = c$ é periódica? Se sim, qual é o seu período fundamental?

2.29 Mostre que uma função $f(t)$ que satisfaz a equação

$$f(t+1) = \frac{1}{2} + \sqrt{f(t) - [f(t)]^2}$$

tem período $p = 2$. (dica: desenvolva $f(t+2)$).

2.30 Mostre que $h(x) = \operatorname{sen}(3x) + \operatorname{sen}(4x)$ é uma função periódica e encontre seu período fundamental.

2.31 Uma função é *antiperiódica* quando existe algum número $p > 0$ tal que

$$f(x+p) = -f(x),$$

para todo x pertencente ao domínio da função. O menor número p é chamado de antiperíodo fundamental. Mostre que uma função antiperiódica com antiperíodo fundamental p também é uma função periódica com período fundamental $2p$.

2.32 Mostre que $h(x) = \operatorname{sen}(3x) + \operatorname{sen}(4x)$ é uma função periódica e encontre seu período fundamental.

2.33 Se $f(x)$ é periódica e $g(x)$ é não periódica, então prove ou forneça um contraexemplo para as seguintes afirmações:

(a) A função composta $h(x) = g(f(x))$ é periódica;

(b) A função composta $m(x) = f(g(x))$ é periódica.

2.34 Demonstre as propriedades (a) a (g) da página 47 sobre as funções pares e ímpares.

2.35 Determine se f é par, ímpar ou nem par nem ímpar.

(a) $f(x) = x(x-3)$ (c) $h(x) = |x| + 4$ (e) $m(x) = \sqrt{x^2 - x - 1}$

(b) $g(x) = (x^3 - 3x^2)^5$ (d) $\ell(x) = |x+4|$ (f) $n(x) = \sqrt{x^2 - 2x + 1}$

2.36 Considere as seguintes funções

$$c(x) \;=\; \frac{e^x + e^{-x}}{2}\,, \tag{2.17}$$

$$s(x) \;=\; \frac{e^x - e^{-x}}{2}\,. \tag{2.18}$$

Responda aos seguintes itens:

(a) Verifique que $c(x)^2 - s(x)^2 = 1$.

(b) A função $c(x)$ é conhecida como *cosseno hiperbólico*, sendo denotada por $\cosh(x)$. Mostre que $\cosh(x)$ é uma função par e esboce o seu gráfico.

(c) A função $s(x)$ é conhecida como *seno hiperbólico*, sendo denotada por $\operatorname{senh}(x)$. Mostre que $\operatorname{senh}(x)$ é uma função ímpar e esboce seu gráfico.

2.37 Mostre que as extensões par e ímpar da função exponencial $f(x) = e^x$ são as funções cosseno hiperbólico e seno hiperbólico, definidas no exercício anterior.

2.38 Encontre e esboce o gráfico das extensões par f_p e ímpar f_i destas funções:

(a) $f(x) = e^{-x}$ (d) $\ell(x) = \operatorname{sen}(x + \pi/3)$

(b) $g(x) = x(x-1)$ (e) $m(x) = x\,h(x)$

(c) $j(x) = e^{-x^2 + x}$ (f) $n(x) = x\,h(x) - x\,h(x-1)$

onde $h(x)$ é a função de Heaviside.

2.39 Sabendo que a extensão par de uma função causal f é dada por $f_p(x) = x^2$, calcule a sua extensão ímpar e, em seguida, descubra a função.

Capítulo 3

Exemplos de funções em geofísica

Neste capítulo, apresentamos de maneira muito simplificada alguns exemplos de funções utilizadas em geofísica e geociências. Tais exemplos são geralmente conhecidos como leis, relações e fórmulas e se utilizam das funções elementares apresentadas na Seção 1.2, como também das operações sobre funções apresentadas no Capítulo 2.

Certamente não é uma relação completa de exemplos, porém o principal intuito é ilustrar a utilização de funções elementares em problemas aplicados, familiarizando o leitor com algumas aplicações do ramo de geociências. Mais especificamente são tratados os seguintes temas: a função gaussiana, as ondaletas de Ricker e Gabor, a função seno-cardinal sinc, a curva de Hubbert para o pico da produção de petróleo, a lei de Faust para velocidades sísmicas, a relação de Gardner para a porosidade, a lei do decaimento radioativo, o modelo de gravidade normal para o globo terrestre e o tempo de trânsito do raio sísmico refletido. Ao longo do capítulo, são apresentadas referências para tais aplicações, caso haja o interesse para um maior aprofundamento.

Por fim, na última seção, apresentamos um exemplo que usa o estudo da simetria de funções para prover uma solução ao problema inverso da determinação do mergulho (inclinação) de uma interface geológica a partir da sua resposta sísmica.

3.1 A função gaussiana

A função *gaussiana*, também conhecida como *normal*, é amplamente utilizada nas ciências aplicadas, pois aparecem naturalmente não somente na distribuição dos valores numéricos de propriedades adquiridas em campo, mas principalmente no estudo do comportamento de erros obtidos em medidas experimentais. Nestes casos, os valores tendem a variar em torno de um valor médio, de modo que valores próximos à média existem em quantidade muito maior do que a quantidade de valores distantes da média, seguindo o padrão da função gaussiana. Tal função recebeu este nome em homenagem ao matemático Gauss, que a utilizou para analisar dados astronômicos.

A gaussiana faz parte de uma classe de funções chamada funções em *forma de sino*, pois seus gráficos se assemelham a um sino com a boca voltada para baixo. A sua definição mais completa, com dois parâmetros que permitem alterar sua forma, é dada por

$$\phi(x) = \beta\, e^{-(x-c)^2/2\sigma^2}, \tag{3.1}$$

onde $x = c$ é o ponto central e $\sigma > 0$ é a medida da largura da gaussiana (veja a Figura 3.1). Observe que no ponto central a gaussiana assume o valor β, que é o máximo ou mínimo da gaussiana a depender do seu sinal.

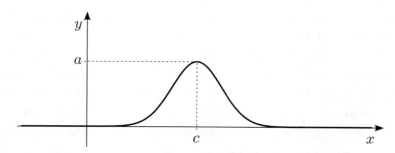

Figura 3.1: Gráfico de uma função gaussiana, com ponto central em $x = c$, máximo em $y = \beta$ e medida de largura σ.

No contexto de estatística e probabilidade, a função gaussiana recebe o nome *normal* e é uma função densidade de probabilidade. Nesse caso, os parâmetros são $\beta = 1/\sqrt{2\pi}\,\sigma$, $c = \mu$, denominado média, e σ é denominado desvio padrão da

A função gaussiana 59

distribuição normal. Sendo assim, a normal tem a seguinte expressão

$$n(x) = \frac{1}{\sqrt{2\pi}\,\sigma}\, e^{-(x-\mu)^2/(2\sigma^2)}\,. \qquad (3.2)$$

Um caso particular de (3.2) é a chamada *normal padrão*, dada por

$$n_p(x) = \frac{1}{\sqrt{2\pi}} e^{-x^2/2}\,, \qquad (3.3)$$

em que, neste caso, observamos que a média é nula e o desvio padrão vale um.

A função gaussiana padrão possui diversas propriedades interessantes, das quais apresentamos algumas divididas em dois grupos: básicas, que são relativas aos conceitos apresentados nos Capítulos 1 e 2, e avançadas, que necessitam de conceitos apresentados nos capítulos posteriores.

1. Propriedades básicas da gaussiana

   (a) É uma função positiva, isto é $\phi(x) > 0$ para todo $x \in \mathbb{R}$, o que implica que não possui raízes;

   (b) É uma função que tende a zero no infinito, isto é, $\lim\limits_{x \to \pm\infty} \phi(x) = 0$;

   (c) É uma função simétrica em torno de $x = c$; em particular, para $c = 0$, é uma função par.

2. Propriedades avançadas da gaussiana

   (a) Seu ponto crítico é $x = c$ e seus pontos de inflexão são: $x = \mu - \sigma$ e $x = \mu + \sigma$ (veja Exercício 5.10 na página 121);

   (b) A função normal padrão satisfaz às seguintes equações diferenciais:

   $$n'_p(x) - x n_p(x) = 0\,,$$
   $$n''_p(x) - (x^2 - 1)n_p(x) = 0\,,$$

   onde $n'_p(x)$ e $n''_p(x)$ são as derivadas de primeira e segunda ordem de $n_p(x)$ (veja Exercício 4.25 na página 106);

60   *Capítulo 3. Exemplos de funções em geofísica*

(c) A área sob curva da gaussiana vale $\beta\sqrt{\pi/\sigma}$, isto é

$$\int_{-\infty}^{\infty} \phi(x)\,dx = \beta\sqrt{\pi/\sigma}\,.$$

Para a demonstração deste resultado, veja a Seção 9.1.2;

(d) A convolução de duas funções gaussianas também é uma função gaussiana (veja Exercício 9.6 na página 212).

Por fim, vale comentar que surpreendentemente a função gaussiana não possui antiderivada em termos de funções elementares, o que mostra que funções relativamente simples, descritas por meio de funções elementares, podem não ter antiderivadas. Para mais detalhes sobre a função gaussiana, consulte obras sobre probabilidade e estatística, tais como, por exemplo, Feller (1976) e Gnedenko (1962).

Exercícios

3.1   A função que descreve a gaussiana (3.1) pode ser definida como a composição de duas funções

$$f(x) = e(p(x))\,,$$

onde $e(x)$ é uma função exponencial e $p(x)$ é uma função polinomial. Encontre $e(x)$ e $p(x)$.

3.2   Mostre que a gaussiana é uma função simétrica em relação à média, isto é, mostre que $f(\mu + h) = f(\mu - h)$ para todo $h \geq 0$.

3.2   A ondaleta de Ricker

As funções ondaletas, também conhecidas por seu termo em inglês *wavelets*, são muito utilizadas em teoria de sinais, processamento de imagens e no processamento de dados geofísicos. Em particular, no estudo da sísmica de reflexão é comum utilizarmos tais funções, que representam a forma básica da uma onda transiente (não periódica).

A ondaleta de Ricker, também conhecida como *chapéu mexicano*, é muito utilizada em geofísica, teoria de sinais e processamento de imagens. A sua definição é baseada na derivada de segunda ordem da função gaussiana (veja Seção 13.5) e sua

A ondaleta de Ricker

expressão é dada pelo produto de uma função polinomial de segundo grau e uma função gaussiana, dada por

$$r(t) = \left(1 - 2\pi^2 f_m^2 t^2\right) e^{-\pi^2 f_m^2 t^2}, \qquad (3.4)$$

cujo gráfico pode ser observado na Figura 3.2.

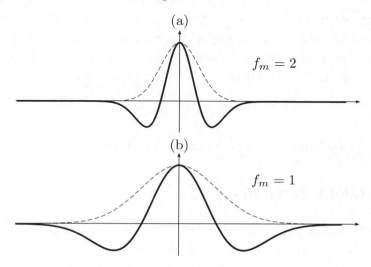

Figura 3.2: O gráfico das ondaletas de Ricker em linha cheia e das gaussianas que lhes dão origem (a menos de um fator de escala) em linha tracejada. Em (a) a ondaleta está parametrizada com $f_m = 2$ e em (b) com $f_m = 1$.

O formato desta ondaleta é similar ao da gaussiana, porém com dois vales simétricos à origem, causados pela presença do polinômio de segunda grau na expressão. Algumas das suas principais propriedades são:

(a) A ondaleta de Ricker é uma função par, pois $r(t) = r(-t)$;

(b) Suas raízes são:

$$t = \pm \frac{\sqrt{2}}{2\pi f_m};$$

(c) alternativamente a ondaleta de Ricker também pode ser definida por

$$r(t) = \left(1 - t^2/\tau^2\right) e^{-t^2/2\tau^2}, \qquad (3.5)$$

onde $\pm \tau$ são as raízes da ondaleta;

62   *Capítulo 3. Exemplos de funções em geofísica*

(d)   A área sob a curva da ondaleta de Ricker é nula, isto é

$$\int_{-\infty}^{\infty} r(t)\, dt = 0\,. \tag{3.6}$$

Para a demonstração desta propriedade, veja o Exercício 9.2 na página 202.

É importante frisar que o parâmetro f_m faz o papel de controlar o estiramento da ondaleta. Com efeito, quanto maior o parâmetro f_m, mais comprimida será a ondaleta de Ricker, como pode ser observado na Figura 3.2. Este fato é consolidado com o estudo espectral da ondaleta de Ricker, realizado na Seção 13.5.

Exercícios

3.3   Mostre as propriedades (a) e (b) da ondaleta de Ricker.

3.3   A ondaleta de Gabor

Em seu trabalho publicado em 1946, o engenheiro Dennis Gabor propôs que sinais sonoros poderiam ser descritos pela superposição de sinais elementares com diferentes frequências e duração finita (Gabor, 1946). A ondaleta de Gabor é largamente utilizada em processamento de sinais relacionados a uma grande variedade de aplicações: problemas acústicos e de percepção sonora, problemas em sinais eletromagnéticos relacionados a transmissão de dados, problemas biofísicos relacionados à transmissão de sinais no sistema nervoso e percepção visual e em problemas de processamento de imagens, tais como reconhecimento de impressões digitais e classificação de expressões faciais.

A base desta teoria de superposição é uma função chamada *sinal elementar*, ou átomo de Gabor, que é basicamente a multiplicação de uma função harmônica (seno ou cosseno) por uma gaussiana. Mais especificamente, os sinais elementares do tipo cosseno e seno podem ser definidos, respectivamente, por

$$g_c(t) = \cos(m\pi t)\, \mathrm{e}^{-t^2/2\sigma^2}\,, \tag{3.7}$$

$$g_s(t) = \operatorname{sen}(m\pi t)\, \mathrm{e}^{-t^2/2\sigma^2}\,, \tag{3.8}$$

onde m e σ são parâmetros que controlam a forma de ambos os sinais.

A ondaleta de Gabor

Atualmente, tal sinal elementar, quer seja do tipo cosseno ou do tipo seno, é denominado *ondaleta de Gabor*[1], que possui as seguintes propriedades básicas:

(a) A ondaleta de Gabor do tipo cosseno é par e a do tipo seno é ímpar;
(b) A função $g(x) = \sqrt{g_c(x)^2 + g_s(x)^2}$ é uma gaussiana;
(c) As raízes da ondaleta de Gabor são: $k\pi$ para o tipo seno e $(k+1/2)\pi$ para o tipo cosseno, para $k \in \mathbb{Z}$;

A Figura 3.3 mostra três exemplos da ondaleta de Gabor do tipo cosseno.

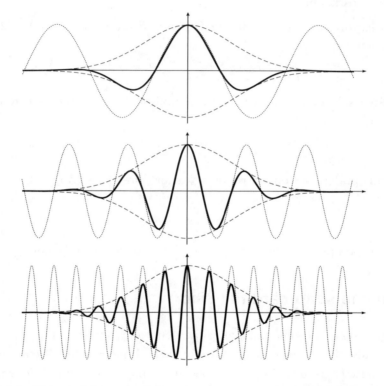

Figura 3.3: Três ondaletas de Gabor do tipo cosseno (linhas cheias), compostas por uma mesma gaussiana com parâmetro parâmetro σ (linhas tracejadas) e por cossenos com os parâmetros m em ordem crescente de cima para baixo (linhas pontilhadas).

---

[1] Do inglês, *Gabor wavelet*.

64   *Capítulo 3. Exemplos de funções em geofísica*

Observe pela Figura 3.3 que as gaussianas $f(x) = \pm\exp(-x^2/2\sigma^2)$ são um envelope para a ondaleta de Gabor. Além disso, observe que se o parâmetro m for muito elevado em comparação a σ, a função ficará similar a um cosseno atenuado, com muitos vales e picos, e, por outro lado, para m menores, a ondaleta de Gabor se parecerá com uma ondaleta de Ricker. Em um caso extremo, quando m é muito pequeno, a ondaleta de Gabor terá a aparência de uma gaussiana.

Além das suas propriedades elementares, a ondaleta de Gabor possui outras mais avançadas, que requerem métodos apresentados em capítulos posteriores. Dentre as quais se destacam:

(i)   A área sob a curva da ondaleta de Gabor do tipo cosseno vale $\sqrt{2\pi}\,\sigma e^{-2\pi m\sigma^2}$, isto é

$$\int_{-\infty}^{\infty} \cos(m\pi t)\, e^{-t^2/2\sigma^2}\, dt = \sqrt{2\pi}\,\sigma e^{-2\pi m\sigma^2}\,;$$

(ii) A área sob a curva da ondaleta de Gabor do tipo seno vale zero, isto é

$$\int_{-\infty}^{\infty} \operatorname{sen}(m\pi t)\, e^{-t^2/2\sigma^2}\, dt = 0\,.$$

Tais resultados podem ser encontrados nos exercícios da Seção 9.1.2.

Exercícios

3.4   Mostre as propriedades básicas (a), (b) e (c) da ondaleta de Gabor.

3.4 A função seno-cardinal sinc

A função *seno-cardinal* normalizada, denotada por $\operatorname{sinc}(x)$, aparece naturalmente no estudo de processamento de sinais e equações diferenciais e é definida como o quociente entre uma função seno e uma função polinomial de primeiro grau, dada por

$$\operatorname{sinc}(x) = \begin{cases} \dfrac{\operatorname{sen}(\pi x)}{\pi x}, & x \neq 0\,, \\ 1, & x = 0\,. \end{cases} \tag{3.9}$$

A função sinc é relacionada ao limite trigonométrico fundamental (veja a primeira linha da Tabela 1.3, na página 28), que nos diz que a função seno e a

A função seno-cardinal sinc 65

função polinomial de primeiro grau tem o mesmo comportamento bem próximo à origem.

Segundo o matemático francês François Viète (Gearhart & Shultz, 1990) a função sinc(x) pode ser escrita como

$$\text{sinc}(x) = \prod_{k=1}^{\infty} \cos\left(\pi x/2^k\right),\tag{3.10}$$

cuja demonstração pode ser obtida por meio do limite aplicado à formula do seno do arco duplo repetidas vezes em conjunto com o resultado do limite trigonométrico fundamental (veja Exercício 3.6).

É interessante notar que a função sinc é par e que suas raízes são todos os inteiros com exceção do zero (as demonstrações ficam como exercício). Além disso, valem algumas propriedades mais avançadas, a saber:

(a) A área sob a curva da função sinc vale um, isto é

$$\int_{-\infty}^{\infty} \text{sinc}(x)\, dx \;=\; 1\,.$$

A demonstração desta propriedade pode ser feita de diversas maneiras, das quais apresentamos aquela que usa transformada de Fourier da função caixa (veja as páginas 354 a 355).

(b) A função sinc é tal que a equação

$$x\,\text{sinc}''(x) + 2\,\text{sinc}'(x) + \pi^2 x\,\text{sinc}(x) = 0$$

é válida para todo x, onde sinc$'$ e sinc$''$ são as derivadas de primeira e segunda ordem de sinc(x) (Veja o exercício 5.11 da página 121).

Observe que, próximo à origem, a função sinc assume o formato da função cosseno e, quanto mais afastada da origem, ela tem um um comportamento oscilatório com a amplitude dominada pela influência da função $1/\pi x$.

Exercícios

3.5 Mostre as seguintes propriedades:

(a) a função sinc é par;

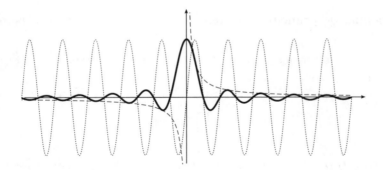

Figura 3.4: A função seno-cardinal sinc(x) (linha cheia) e as funções $1/x$ (linha tracejada) e sen(x) (linha pontilhada). Observe que a linha tracejada ($1/x$) é um envelope para a função sinc(x).

(b) as raízes da função sinc são todos os inteiros com exceção do zero.

♭3.6 Para demonstrar a identidade de Viète, resolva pela ordem os seguintes itens:

(a) Mostre que sen(πx) = 2 sen($\pi x/2$) cos($\pi x/2$) e que, em geral,

$$\operatorname{sen}(\pi x) = 2^n \operatorname{sen}(\pi x/2^n) \prod_{k=1}^{n} \cos(\pi x/2^n); \qquad (3.11)$$

(b) Divida ambos os lados de (3.11) por πx e conclua que

$$\frac{\operatorname{sen}(\pi x)}{\pi x} = \frac{\operatorname{sen}(\pi x/2^n)}{\pi x/2^n} \prod_{k=1}^{n} \cos(\pi x/2^n); \qquad (3.12)$$

(c) Tome o limite quando $n \to \infty$ de ambos os lados de (3.12), utilize o limite trigonométrico fundamental e deduza a identidade de Viète (3.10).

3.5 A curva de Hubbert para o pico da produção de petróleo

O petróleo vem sendo utilizado pelo mundo ocidental, seguido pelo restante, desde a segunda metade do século XIX, mas cerca de cinquenta anos depois, a dependência deste bem se tornou extrema, situação que perdura até a atualidade. Graças a essa dependência e ao fato de o petróleo não ser um recurso renovável e,

A curva de Hubbert para o pico da produção de petróleo 67

portanto, finito, há um interesse por parte da comunidade científica e da população em geral sobre a disponibilidade dos recursos petrolíferos nos anos vindouros.

Um estudo realizado em 1956 por M. King Hubbert procurou estimar quantitativamente o pico da produção de petróleo em território estadunidense. Seu autor propôs um curva em forma de sino e, a partir do estudo analítico da curva, obteve uma estimativa para o pico de produção anual para algum ano entre 1965 (previsão pessimista) e 1972 (previsão otimista), cerca de 10 a 15 anos após a publicação do estudo. Além disso, usando a mesma metodologia, previu que o pico da produção mundial ocorreria em torno de 2008.

Segundo Deffeys (2001), somente em 1982, quase 30 anos após a publicação do trabalho, Hubbert explicou os detalhes matemáticos para a obtenção de sua curva, que melhor aproximava, segundo a técnica de aproximação por quadrados mínimos, os dados de produção anual do petróleo em função dos valores da produção acumulada de petróleo.

De fato, a curva de Hubbert é definida pela função $p(t)$ que é a derivada da solução da equação diferencial do modelo logístico (veja Seção 10.5.4), o qual está relacionado ao estudo do crescimento populacional. Sua expressão é dada por

$$p(t) = \frac{p_0 k r^2 (r - p_0) e^{-kr(t-t_0)}}{\left[p_0 + (r - p_0) e^{-kr(t-t_0)} \right]^2} , \tag{3.13}$$

onde $p(t)$ é a produção anual de petróleo em bilhões de barris, t é o tempo em anos, p_0 é a produção no primeiro ano de medição t_0, r é total das reservas de petróleo, provadas e recuperáveis[2] e k é a taxa de crescimento intrínseca. Na Figura 3.5 veja o gráfico da curva de Hubbert, que, embora possua a mesma aparência da gaussiana, tem um decaimento muito mais rápido.

A importância estratégica (e também psicológica) do pico da produção anual de um bem não renovável, é que, segundo o modelo logístico, no ano em que o pico é alcançado, metade de toda a reserva já foi consumida. A expressão para o ano do pico de produção (t_p), segundo a curva de Hubbert, é dada por

$$t_p = t_0 + \frac{\ln \left[(r - p_0)/p_0 \right]}{kr} . \tag{3.14}$$

---

[2]*Reservas provadas e recuperáveis* significam que são reservas sobre as quais há uma certeza razoável de produzir petróleo, nas condições políticas, econômicas e tecnológicas vigentes.

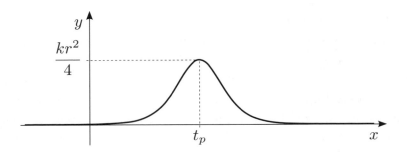

Figura 3.5: Gráfico de uma curva de Hubbert, com pico em t_p.

Tal expressão pode ser computada com auxílio da derivada (veja Seção 5.1.2), cuja obtenção será deixada como exercício. Pode-se perceber que o pico é dependente da taxa de crescimento k. Com efeito, se k diminuir, o pico é transladado para a direita, e, se k aumentar, o pico é transladado para a esquerda.

Vale mencionar que a previsão de Hubbert causou um grande impacto na época, pois toda comunidade científica associada à prospecção de petróleo ficou alarmada com a proximidade do pico. Embora, na prática, a previsão tenha sido baseada em dados incompletos, o pico da produção estadunidense aconteceu dentro do previsto, em 1970. Apesar de haver um grande debate sobre o caráter alarmista causado pelo trabalho de Hubbert, seu modelo ainda é utilizado em outros problemas relacionados à produção/exploração de recursos não renováveis, tais como minérios, entre outros.

Exercícios

3.7 A função que descreve a curva de Hubbert (3.13) pode ser definida como a composição de três funções

$$p(t) = c\, r(e(a(t)))\,,$$

onde c é uma constante, $r(x)$ é uma função racional, $e(x)$ é uma função exponencial e $a(x)$ é uma função afim. Encontre c, $r(x)$, $e(x)$ e $a(x)$.

3.8 Mostre que o valor de pico da curva de Hubbert vale $kr^2/4$, isto é, mostre que $f(t_p) = kr^2/4$.

3.6 A lei de Faust para velocidades sísmicas

No fenômeno de propagação de ondas sísmicas em rochas e fluidos, as vibrações das partículas destes materiais viajam com velocidades que dependem da sua composição. Intuitivamente, parece razoável considerar que, quanto mais o material é condensado, maior será a velocidade da onda sísmica ali, pois as partículas estarão mais próximas umas das outras, fazendo com que a vibração se transmita mais rapidamente. Embora isso não seja completamente verdade, pois a disposição cristalina das partículas também exerce influência, em estudos sismológicos e sísmicos é aceito o fato de que, em geral, as velocidades sísmicas são mais elevadas em rochas mais profundas, devido à compressão de sobrecarga exercida pela rochas situadas acima destas profundidades.

Dos estudos empíricos que estabelecem fórmulas que relacionam velocidades de ondas sísmicas a certas propriedades de materiais, em particular de rochas, um dos pioneiros nesta área resultou na *lei de Faust* (Faust, 1953), que estabelece uma relação empírica entre velocidades de ondas sísmicas compressionais e profundidade da rocha. Para chegar a tal resultado, foram medidas em poços as velocidades de ondas sísmicas em rochas sedimentares, principalmente arenitos e folhelhos. Este estudo foi realizado em pouco mais de 500 poços norte-americanos, na faixa de profundidade de 500 a 6.000 metros.

A lei de Faust, portanto, tem a forma da seguinte função potência

$$v(z) = \alpha \, z^{1/6} \,, \tag{3.15}$$

onde v é a velocidade da onda sísmica compressional (em quilopés/s), z é a profundidade (em pés) e α é uma constante que depende da era geológica.

Na segunda coluna da Tabela 3.1 estão valores típicos de α para velocidades em quilopés por segundo e profundidade em pés, segundo a publicação original. Contudo, para velocidades em metros por segundo e a profundidade em metros, vale a terceira coluna da Tabela 3.1 para os valores de α.

A importância da lei de Faust, especialmente para a geofísica de poço, é que, para rochas sedimentares, tais como arenito e folhelho, podemos estimar *a priori* a velocidade, que é uma informação menos acessível a partir da profundidade, que é um dado mais acessível.

Capítulo 3. Exemplos de funções em geofísica

Tabela 3.1: Constantes multiplicativas da equação de Faust (3.15) em função das eras geológicas. Na segunda coluna, seguem os valores de α para o sistema imperial (velocidade em 1000 pés/s e profundidade em pés). Na terceira coluna, constam os valores de α para o sistema internacional (velocidade em m/s e profundidade em metros).

Era geológica	α (imperial)	α (m/s)
Terciário	2,190	547,598
Eoceno	2,332	583,104
Cretáceo	2,607	651,866
Jurássico-Triássico	2,823	705,876
Permiano	2,866	716,628
Pensilvaniano	3,047	761,886
Mississipiano	3,235	808,894
Devoniano	3,380	845,151
Ordoviciano	3,439	859,903

Exercícios

3.9 Dada uma rocha a uma profundidade z_1, pela lei de Faust, qual a profundidade tal que a mesma rocha tenha o dobro de velocidade?

3.10 Qual a velocidade para uma rocha do Eoceno a 2.000 metros de profundidade, segundo a lei de Faust?

3.7 A relação de Gardner para a densidade

Para cada tipo de rocha sedimentar, tais como arenito, folhelho, sal, entre outras, foi observada uma relação não linear entre a densidade e a velocidade de onda sísmica compressional. Tais relações, propostas por Gardner *et al.* (1974), foram obtidas empiricamente pelo método da regressão linear aplicado a dados colhidos em amostras de rochas e em dados de perfis acústicos em poços.

A partir dessas relações empíricas entre densidade e velocidade para cada litolo-

A relação de Gardner para a densidade

gia, foi obtida uma relação empírica média para rochas sedimentares em geral, conhecida por *relação de Gardner*, dada pela função potência

$$\rho(v_p) = c\, v_p^{1/4}, \tag{3.16}$$

onde ρ é a densidade em gramas por centímetro cúbico, v_p é velocidade da onda compressional e c é uma constante que depende do sistema de unidades utilizado para a velocidade.

Mais especificamente, $c = 1,74$ para v_p em quilômetros por segundo e $c = 0,23$ para v_p em pés por segundo. Além disso, a faixa de validade de tal relação são densidades que variam de 1,8 a 3,0 gr/cm^3 e velocidades entre 1.400 m/s a 9.000 m/s. Dependendo do tipo de litologia, a relação de Gardner pode ser mais precisa, segundo a Tabela 3.2.

Tabela 3.2: Relações de Gardner para vários tipos de rochas.

Litologia	Relação de Gardner	Validade para v_p em Km/s
Geral	$\rho = 1,74\, v_p^{0,125}$	$1,5 - 9,0$
Arenito	$\rho = 1,75\, v_p^{0,265}$	$1,5 - 5,0$
Folhelho	$\rho = 1,66\, v_p^{0,261}$	$1,5 - 6,0$
Calcário	$\rho = 1,50\, v_p^{0,225}$	$3,5 - 6,4$
Dolomita	$\rho = 1,74\, v_p^{0,252}$	$4,5 - 7,1$
Anidrita	$\rho = 2,79\, v_p^{0,160}$	$4,6 - 7,4$

Assim como a lei de Faust, a relação de Gardner é importante para a geofísica de poço, pois, para rochas sedimentares, podemos estimar, *a priori*, uma informação menos acessível (densidade) a partir de um dado mais acessível (velocidade). Contudo, vale observar que a velocidade da onda compressional é considerado o dado menos acessível na lei de Faust e o dado mais acessível na relação de Gardner, indicando que, dependendo das premissas do problema a ser enfrentado, estabelecemos quais são as variáveis mais e menos acessíveis.

72   *Capítulo 3. Exemplos de funções em geofísica*

Exercícios

3.11 Se a unidade de v_p é Km/s e a unidade de ρ é gr/cm^3, qual deve ser a unidade da constante c para que a relação de Gardner seja consistente?

3.12 A partir da relação de Gardner para diferentes litologias (Tabela 3.2), é possível concluir que podem existir duas rochas distintas com mesma velocidade, porém com densidades diferentes? Para responder a isso, calcule as densidades para Arenito e Calcário quando $v_p = 2$ Km/s.

3.8 Decaimento radioativo

Um elemento químico é definido pela quantidade de prótons (número atômico) que ele possui no seu núcleo. Porém, dependendo da quantidade de nêutrons, este mesmo elemento pode possuir várias versões, chamadas de *isótopos*, cada qual com número de massa[3] diferente. Embora os isótopos de um elemento tenham propriedades químicas idênticas, eles são átomos instáveis, pois, num dado intervalo de tempo, desintegram-se espontaneamente para se transformarem em um novo isótopo do elemento original, ou até mesmo em um isótopo de outro elemento.

Tal desintegração se dá na forma de emissão de partículas alfa, beta e gama (fótons), que é imprevisível quando se trata de apenas um átomo, porém, quando se observa um grande número de átomos do mesmo isótopo em uma amostra, passa a valer uma lei que rege a quantidade remanescente do isótopo ao longo do tempo.

Em termos matemáticos, temos a seguinte função que determina a quantidade de átomos $p(t)$ de um isótopo em uma amostra em função do tempo

$$p(t) = p_0\, e^{-\alpha(t-t_0)}\,, \tag{3.17}$$

onde p_0 é a quantidade de átomos do isótopo no tempo $t = t_0$ e α é a constante de decaimento. Um exemplo do gráfico da função de decaimento pode ser visto na Figura 3.6.

Observe que o parâmetro α não depende do tempo, mas sim do isótopo observado. Contudo existe outro parâmetro mais comum para se caracterizar o decaimento de um isótopo, chamado *meia vida*[4] e denotado por t_h, que é o tempo que se

---

[3]Número de massa é a soma do número atômico com o número de nêutrons em um núcleo.

[4]Do inglês *half-life*.

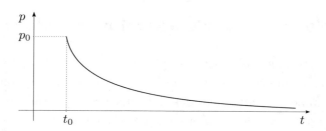

Figura 3.6: Gráfico de uma função exponencial que modela o decaimento radioativo.

leva para uma quantidade do isótopo observado cair pela metade. Desta forma, t_h pode ser definida pela equação

$$p(t + t_h) = \frac{1}{2}p(t), \tag{3.18}$$

que deve ser válida para todo t. Observe que, assim como a constante de decaimento α, a meia-vida t_h é uma constante independente do tempo, porém associada a cada isótopo. Isso quer dizer que pode se relacionar a meia-vida de um elemento com a sua constante de decaimento por meio da seguinte expressão

$$t_h = \frac{\ln(2)}{\alpha}, \tag{3.19}$$

cuja demonstração fica como exercício.

Exercícios

3.13 A função que descreve o decaimento radioativo (3.17) pode ser definida como a composição de duas funções

$$p(t) = c\, e(a(t)),$$

onde c é uma constante, $e(x)$ é uma função exponencial e $a(x)$ é uma função afim. Encontre c, $e(x)$ e $a(x)$.

3.14 Mostre a relação (3.19) entre a meia-vida e a constante de decaimento. Para isso insira a função de decaimento (3.17) na equação (3.18), que define a meia-vida, e isole t_h.

3.9 O modelo da gravidade normal para o globo terrestre

O valor da gravidade não é constante na superfície do globo terrestre, pois além do fato de a subsuperfície ser heterogênea, composta por rochas com diferentes densidades, há também a influência das deformações topográficas da superfície da Terra. Todavia, a obtenção deste valor com precisão é extremamente importante não somente para a geofísica de exploração, que busca inferir a composição das rochas na subsuperfície, como também para a geodésia, disciplina que estuda principalmente a forma geométrica do globo terrestre.

Mais especificamente, na geofísica de exploração, os estudos gravimétricos buscam inferir a densidade das rochas por meio da análise da perturbação local da gravidade, após correção de diversos fatores inerentes à aquisição de dados gravimétricos. Por outro lado, em estudos geodésicos, as variações da gravidade são usadas para estimar as deformações de um modelo teórico do formato do globo terrestre, a fim de obter a melhor aproximação para este formato.

Como se pode perceber, em ambos os casos a construção de um modelo matemático que provê um valor médio para a gravidade com a maior precisão possível é fundamental para ambas disciplinas. Portanto, antes de se proceder com a interpretação das anomalias gravimétricas, deve-se adotar um modelo que fornece o valor teórico para a gravidade, dos quais o mais conhecido é o modelo da *gravidade normal*, vinculado ao modelo do elipsoide para o globo terrestre.

O valor da gravidade normal da Terra é obtido a partir da definição de um elipsoide teórico de referência que melhor aproxima o globo terrestre. Assumindo-se adicionalmente que a velocidade de rotação da Terra é constante e que sua massa está posicionada no centro do elipsoide, a gravidade normal é função apenas da latitude da seguinte forma

$$g_n(\phi) = g_e \frac{1 + \kappa \operatorname{sen}^2(\phi)}{[1 - \epsilon^2 \operatorname{sen}^2(\phi)]^{1/2}} , \tag{3.20}$$

onde ϕ é a latitude e g_e é a gravidade equatorial ($\phi = 0$). Os parâmetros κ e ϵ, por sua vez, são definidos como

$$\kappa = \frac{b\, g_p}{a\, g_e} - 1 \qquad \text{e} \qquad \epsilon^2 = \frac{a^2 - b^2}{a^2} ,$$

O modelo da gravidade normal para o globo terrestre 75

onde a e b são respectivamente os semieixos maior e menor do elipsoide e g_p é a gravidade normal polar.

A expressão (3.20) é conhecida como *fórmula de Somigliana-Pizzetti* e faz parte do sistema de referência geodético de 1980 (GRS80)[5], que foi adotado pela XVII assembleia da União Internacional de Geodésia e Geofísica (IUGG)[6] como o sistema geodético oficial. Os parâmetros que definem o elipsoide bem como os valores de referência da gravidade no equador e nos polos descritos pelo GRS80 podem ser conferidos na Tabela 3.3.

Tabela 3.3: Parâmetros do elipsoide de referência e constantes da fórmula Somigliana-Pizzetti segundo o GRS80 (Moritz, 1980).

Parâmetro	Valor
Raio equatorial (a)	6.378.137,0 m
Raio polar (b)	6.356.752,3 m
Gravidade equatorial (g_e)	9,7803267714 m/s^2
Gravidade polar (g_p)	9,8321863685 m/s^2
κ	0,00193185138639
ϵ	0,00669437999013

Pelo GRS80, uma aproximação considerada suficientemente precisa para (3.20) é dada pela seguinte função trigonométrica

$$g(\phi) = g_e \left[1 + c_2 \operatorname{sen}^2(\phi) + c_4 \operatorname{sen}^4(2\phi) \right] , \qquad (3.21)$$

onde a variável independente ϕ é a latitude e os coeficientes são $c_2 = 0{,}0053024$ e $c_4 = -0{,}0000058$. A visualização do gráfico da gravidade normal é bem difícil, pois os coeficientes c_2 e c_4 possuem ordens de grandeza muito diferentes entre si. Portanto, apenas para auxiliar na visualização, consideramos a função auxiliar,

$$\hat{g}(\phi) = d_2 \operatorname{sen}^2(\phi) + d_4 \operatorname{sen}^4(2\phi) ,$$

com coeficientes ampliados $d_2 = 1$ e $d_4 = -0.5$, cujo gráfico pode ser observado pela Figura 3.7.

---

[5]Do inglês, *1980 Geodetic Reference System*.
[6]Do inglês, *International Union of Geodesy and Geophysics*.

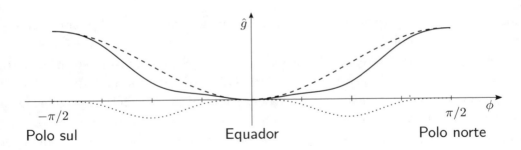

Figura 3.7: Gráfico da função $\hat{g}(\phi)$ (linha cheia), que ajuda a mostrar o comportamento da gravidade normal. O termos $c_2 \operatorname{sen}^2(\phi)$ e $c_2 \operatorname{sen}^4(2\phi)$ são representados pela linha tracejada e pontilhada, respectivamente.

Quando $d_2 = c_2$ e $d_4 = c_4$, a função $\hat{g}(\phi)$, pode ser interpretada como a diferença relativa entre a gravidade normal e a gravidade no equador g_e, isto é,

$$\hat{g}(\phi) = \frac{g(\phi) - g_e}{g_e},$$

lembrando que $g_e = g(0)$. Portanto, o gráfico da gravidade normal, dada por (3.21), tem o mesmo comportamento do gráfico de $\hat{g}(\phi)$, com a diferença de que, neste caso, a curva oscila em torno de g_e.

Vale mencionar que atualmente o GRS80 serve como base para o sistema geodético mundial WGS84[7], que, por sua vez, é utilizado para sistema de posicionamento global (GPS), definido pelo departamento de defesa norte-americano. Mais detalhes sobre os modelos de representação da gravidade normal podem ser encontrados em Gemael (1999), Jacoby & Smilde (2009) e Moritz (1980). Para saber mais sobre o WGS84 o leitor pode consultar DMA (1987).

Exercícios

3.15 Encontre as funções racional $r(x)$ e trigonométrica $t(x)$, de modo que a fórmula de Somigliana-Pizzetti (3.20) passe a ser definida como a sua composição, isto é

$$g(\phi) = r(t(\phi)).$$

---

[7] Do inglês, *1984 World Geodetic System*.

Tempo de trânsito para o raio sísmico refletido 77

3.16 A função que provê uma aproximação da gravidade normal (3.21) pode ser definida como a composição de duas funções

$$g(\phi) = p(t(\phi)),$$

onde $p(x)$ é uma função polinomial e $t(x)$ é uma função trigonométrica. Encontre $p(x)$ e $t(x)$.

3.10 Tempo de trânsito para o raio sísmico refletido

Dado um meio composto por uma camada horizontal de espessura H com velocidade de onda sísmica constante v e, além disso, supondo que uma fonte sísmica esteja posicionada na origem, desejamos obter uma expressão que modele o tempo de percurso que a onda leva para sair da fonte, refletir na interface a H de profundidade e ser registrada em uma posição qualquer sobre o eixo horizontal. Tal configuração é chamada configuração de tiro comum e pode ser visualizada com a auxílio da Figura 3.8.

Neste caso, observamos que, para uma fonte posicionada em $(0,0)$ e um receptor genericamente posicionado em $(x,0)$, a trajetória da onda perfaz um triângulo com vértices em $(0,0)$, $(x/2, H)$ e $(x,0)$, cujo tempo de percurso pode ser calculado com auxílio do teorema de Pitágoras, resultando em

$$\begin{aligned} T(x) &= \frac{\sqrt{(x/2 - 0)^2 + H^2}}{v} + \frac{\sqrt{(x - x/2)^2 + H^2}}{v} \\ &= \frac{\sqrt{x^2 + 4H^2}}{v}. \end{aligned} \tag{3.22}$$

O gráfico da função $T(x)$, chamada função *tempo de trânsito de reflexão*, é uma hipérbole com concavidade para cima, conforme pode ser verificado pela Figura 3.8.

Exercícios

3.17 Mostre que a função tempo de trânsito dada por (3.22) é a composição de duas funções, isto é, ache $r(x)$ e $p(x)$, tais que $T(x) = r(p(x))$.

3.18 Mostre que $\lim\limits_{x \to \infty} \dfrac{T(x)}{x} = \dfrac{1}{v}$.

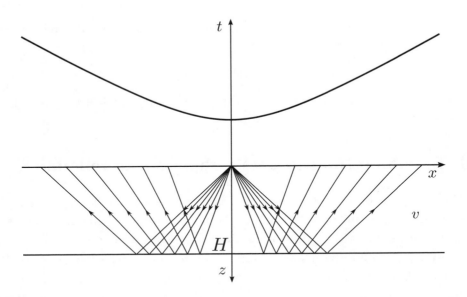

Figura 3.8: Exemplo esquemático da configuração de tiro comum. Neste caso, a fonte está posicionada sobre a origem e a interface refletora é horizontal e está a uma profundidade H. Observe que o gráfico na verdade representa dois gráficos: um no domínio x–t, em que o tempo de percurso é desenhado, e outro no domínio x–z, com eixo vertical voltado para baixo, que representa a subsuperfície.

3.11 Estudo de simetria em dado sísmico de fonte comum

Nesta seção, apresentamos um exemplo em que se determina a inclinação (mergulho) de uma interface refletora plana a partir do estudo de simetria do gráfico da curva de tempo de reflexão de um dado sísmico de fonte comum. Para alcançar tal objetivo, portanto, faremos uso do conceito da extensão ímpar e da operação do limite.

Na Figura 3.9, apresentamos um exemplo esquemático da configuração de tiro comum, em que a fonte S está posicionada sobre a origem e os receptores estão sobre o eixo x. A interface refletora é inclinada e o ponto N, que é o mais próximo da fonte, está a uma distância de H metros de S. Observe que o ângulo de inclinação θ é contado positivamente no sentido horário, devido ao sistema de coordenadas dado pelos eixos x e z.

Estudo de simetria em dado sísmico de fonte comum

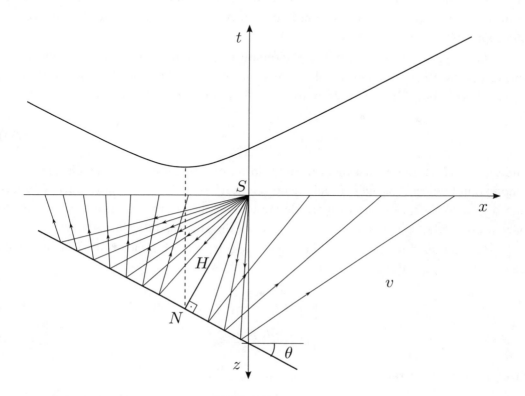

Figura 3.9: Exemplo esquemático da configuração de tiro comum em que a fonte S está posicionada sobre a origem e os receptores estão sobre o eixo x. Observe que o gráfico é, na verdade, composto por dois gráficos que compartilham o mesmo eixo horizontal: um, no domínio x–t, em que é desenhada a curva de tempo de reflexão dada por (3.23) e o outro, no domínio x–z, com eixo vertical voltado para baixo, que representa o modelo geológico, em que interface refletora é inclinada e o ponto N, que é o mais próximo da fonte, está a uma distância de H metros de S. Observe, ainda, que o ângulo de inclinação θ é contado positivamente no sentido horário, devido ao sistema de coordenadas dado pelos eixos x e z.

Capítulo 3. Exemplos de funções em geofísica

Observe que o gráfico é, na verdade, composto por dois gráficos que compartilham o mesmo eixo horizontal: um, no domínio x–t, em que é desenhada a curva de tempo de reflexão e o outro, no domínio x–z, com eixo vertical voltado para baixo, que representa a subsuperfície.

Dados uma fonte sísmica S posicionada na origem e um geofone G em $(x, 0)$, isto é, disposto genericamente sobre o eixo horizontal, o tempo de reflexão de uma onda refletida em uma interface plana e inclinada é dado pela função[8]

$$t(x) = \sqrt{t_0^2 + \frac{4x^2}{v^2} + \frac{4t_0 \operatorname{sen}(\theta)\, x}{v}} \,, \tag{3.23}$$

onde $t_0 = 2H/v$, H é a distância normal do refletor à fonte, v é a velocidade da camada acima do refletor e θ é a inclinação da interface refletora (Figura 3.9). Observe que o gráfico de $t(x)$ é uma hipérbole com o vértice (ponto de mínimo) deslocado para a esquerda, caso θ seja positivo, ou para direita, caso θ seja negativo.

Para auxiliar a análise que faremos a seguir, introduzimos duas funções auxiliares, $\tau(x)$ e $\eta(x)$, definidas como

$$\tau(x) = t_0^2 + \frac{4x^2}{v^2} \,, \tag{3.24}$$

$$\eta(x) = \frac{4t_0 \operatorname{sen}(\theta)\, x}{v} \,, \tag{3.25}$$

fazendo com que o tempo de trânsito seja

$$t(x) = \sqrt{\tau(x) + \eta(x)} \,. \tag{3.26}$$

Em primeiro lugar, observamos que $t(x)$ é uma função nem par nem ímpar e nossa estratégia para computar a inclinação se baseia nesta assimetria. Sendo assim, vamos computar as suas extensões par e ímpar e daí extrair alguma informação que nos forneça a inclinação da interface refletora. Portanto, computando as extensões par e ímpar, obtemos

$$t_p(x) = \frac{1}{2} \left(\sqrt{\tau(x) + \eta(x)} + \sqrt{\tau(x) - \eta(x)} \right)$$

$$t_i(x) = \frac{1}{2} \left(\sqrt{\tau(x) + \eta(x)} - \sqrt{\tau(x) - \eta(x)} \right) \,,$$

---

[8]A dedução desta fórmula é baseada na lei dos cossenos e é deixada como exercício.

Estudo de simetria em dado sísmico de fonte comum

onde foi usado o fato (que fica como exercício) de que $\tau(x)$ é uma função par e $\eta(x)$ é uma função ímpar. Os gráficos de ambas extensões podem ser observados com auxílio da Figura 3.10.

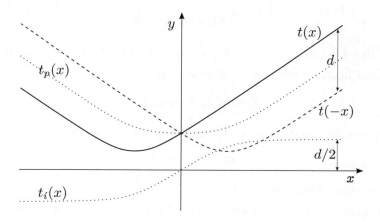

Figura 3.10: A curva de tempo de reflexão (linha cheia), sua reflexão morfológica (linha tracejada) e suas extensões par e ímpar, $t_p(x)$ e $t_i(x)$ (linhas pontilhadas).

Tomando como motivação a análise gráfica, com auxílio da Figura 3.10, observamos que, assintoticamente, quando $x \to \infty$, a diferença vertical δt entre as duas curvas $t(x)$ e $t(-x)$ é constante e vale $\delta t = \lim_{x \to \infty} [t(x) - t(-x)] = \lim_{x \to \infty} 2t_i(x)$, onde foi usada a própria definição de função ímpar.

Vamos, portanto, computar δt, analisando o comportamento da extensão $t_i(x)$, quando $x \to \infty$, isto é,

$$\delta t = 2 \lim_{x \to \infty} t_i(x).$$

Para calcularmos o limite acima, usamos o fato de que $t_p(x)t_i(x) = \eta(x)/2$, cuja demonstração fica como exercício. Sendo assim,

$$\lim_{x \to \infty} t_i(x) = \lim_{x \to \infty} \frac{\eta(x)}{2t_p(x)}$$

ou, ainda,

$$\lim_{x \to \infty} t_i(x) = \lim_{x \to \infty} \frac{\eta(x)}{\sqrt{\tau(x) + \eta(x)} + \sqrt{\tau(x) - \eta(x)}}.$$

82　　　　　　　　　　　　　　*Capítulo 3. Exemplos de funções em geofísica*

onde foi usada a definição de $t_p(x)$. Procedendo com a avaliação do limite, reescrevemos a expressão anterior como

$$\lim_{x\to\infty} t_i(x) = \lim_{x\to\infty} \left(\sqrt{\frac{\tau(x)}{\eta^2(x)} + \frac{1}{\eta(x)}} + \sqrt{\frac{\tau(x)}{\eta^2(x)} - \frac{1}{\eta(x)}} \right)^{-1}.$$

Como $\lim_{x\to\infty} \tau(x)/\eta^2(x) = 1/(4t_0^2 \operatorname{sen}^2(\theta))$ e $\lim_{x\to\infty} 1/\eta(x) = 0$, cujas demonstrações também ficam como exercício, temos que

$$\lim_{x\to\infty} t_i(x) = t_0 \operatorname{sen}(\theta),$$

implicando que a distância entre as extensões par e ímpar quando $x \to \infty$ vale

$$\delta t = 2t_0 \operatorname{sen}(\theta) \tag{3.27}$$

o que, de fato, comprova que tal distância é constante assintoticamente.

Para determinar θ graficamente, usando a expressão acima, é necessário o conhecimento do valor de t_0. Entretanto, usando a própria expressão do tempo de reflexão, notamos que

$$t(0) = \sqrt{\tau(0) + \eta(0)} = t_0,$$

isto é, t_0 é o intercepto do gráfico de $t(x)$, o que pode ser facilmente determinado graficamente. Sendo assim, a expressão (3.27) pode ser invertida, de modo que

$$\operatorname{sen}(\theta) = \frac{\delta t}{2t_0}, \tag{3.28}$$

onde t_0 é o intercepto do gráfico de $t(x)$ e δt é a diferença vertical assintótica entre os gráficos de $t(x)$ e $t(-x)$.

Podemos, portanto, resumir o método gráfico para se determinar o mergulho nos passos descritos pela Figura 3.11. Na Seção 5.2 apresentamos outra análise gráfica complementar, que utiliza o conceito de derivada de função, para a determinação dos outros dois parâmetros do modelo geológico: a velocidade v e a distância H.

Exercícios

3.19　Mostre que $t_p(x)t_i(x) = \eta(x)/2$.

3.20　Mostre que $\displaystyle\lim_{x\to\infty} \frac{\tau(x)}{\eta^2(x)} = \frac{1}{4t_0^2 \operatorname{sen}^2(\theta)}$ e que $\displaystyle\lim_{x\to\infty} \frac{1}{\eta(x)} = 0$.

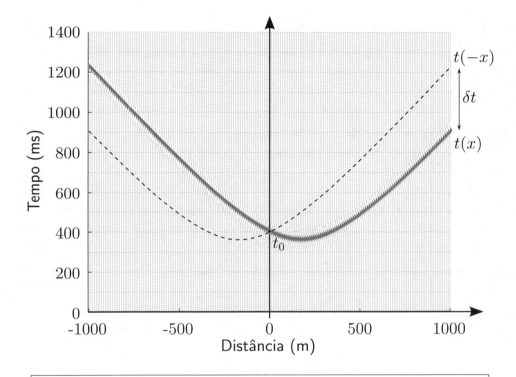

P1. Obtenha graficamente o intercepto do gráfico: $t_0 = t(0) \approx 400$ ms;

P2. Desenhe a reflexão da curva $t(x)$ em relação ao eixo vertical, que é $t(-x)$ (linha tracejada);

P3. Obtenha graficamente a diferença vertical assintótica entre as curvas: $\delta t = \lim_{x \to \infty} [t(x) - t(-x)] \approx -325$ ms;

P4. Calcule $\theta = \text{arcsen}(\delta t / 2 t_0) = -0{,}42$ rad ≈ -44 graus.

Figura 3.11: Método gráfico para determinação da inclinação (ou mergulho) de uma interface refletora.

84   *Capítulo 3. Exemplos de funções em geofísica*

Exercícios adicionais

3.21 Usando os conceitos dos Capítulos 1 e 2, mostre as propriedades básicas da gaussiana.

3.22 A *função de Shannon* pode ser definida a partir da função sinc, da seguinte forma:

$$\Psi(x) = 2\operatorname{sinc}(2x) - \operatorname{sinc}(x). \tag{3.29}$$

Responda aos seguintes itens

    (a)   Mostre que $\Psi(x)$ é uma função par;

    (b)   Mostre, usando a identidade trigonométrica (A-7), que

$$\Psi(x) = \operatorname{sinc}(x/2)\cos(3\pi x/2).$$

3.23 Mostre que a curva de Hubbert é simétrica em relação ao pico em t_p, isto é, mostre que $f(t_p + h) = f(t_p - h)$ para todo $h \geq 0$. Essa simetria garante o fato de que em $t = t_p$ metade da reservas já foram consumidas.

3.24 Mostre que a curva de Hubbert pode ser reescrita como

$$p(t) = \frac{kr^2}{\left[e^{kr(t-t_p)/2} + e^{-kr(t-t_p)/2}\right]^2}$$

ou, ainda, como

$$p(t) = \frac{kr^2}{4\cosh^2\left(kr(t - t_p)/2\right)},$$

onde t_p é dado por (3.14).

3.25 Combine a lei de Faust e a relação de Gardner para obter uma relação entre a densidade da rocha e sua profundidade.

3.26 (Boyce & Diprima, 2002) Resolva os seguintes itens:

    (a)   Se 100 mg de Tório-234 (^{234}Th) decai para 82,04 mg em uma semana, determine sua taxa de decaimento α e, em seguida, sua meia-vida.

    (b)   Se o isótopo Rádio-226 (^{226}Ra) tem a meia vida de 1.620 anos, qual o período para que, dada uma quantidade deste material, seja reduzido para um quarto.

    (c)   Sabendo-se que as meias-vidas do isótopo Carbono-14 (^{14}C) e do Urânio-238 (^{238}U) são 5.568 anos e 4,5 bilhões de anos, respectivamente, calcule suas constantes de decaimento (α).

Exercícios adicionais 85

3.27 Um modelo erosional simplificado de uma montanha pode seguir a lei do decaimento, sendo, portanto, descrito pela seguinte função exponencial

$$h(t) = h_0 \, e^{-\alpha t}, \qquad (3.30)$$

onde $h(t)$ é a elevação da montanha em metros em função do tempo t em milhões de anos (mma), h_0 é a elevação inicial e α é a taxa de erosão em m/mma (metros por milhão de anos).

(a) Sabendo-se que em 1 milhão de anos a elevação da montanha passou de 2.500 metros para 1.500 metros, calcule, usando (3.30), a taxa de erosão α.

(b) Baseando-se nos dados do item anterior, calcule a meia-vida da elevação da montanha.

(c) Determine quantos milhões de anos são necessários para reduzir a elevação da montanha de 2.500 para 2.000 metros.

(d) Determine quantos milhões de anos são necessários para reduzir a elevação da montanha de 1.500 para 1.000 metros.

(e) Comparando os dois itens anteriores, o que é correto afirmar: (i) quanto maior a altura inicial, mais rápida a erosão, ou (ii) o contrário, quanto menor a altura inicial, mais rápida a erosão?

3.28 Mostre que a fórmula de Somigliana-Pizzetti (3.20) e a sua aproximação (3.21) são funções pares.

3.29 Considere um modelo em que a velocidade seja a metade v, mas a espessura seja o dobro de H, isto é, $v_1 = v/2$ e $H_1 = 2H$. Calcule a função tempo de trânsito $T_1(x)$ para este modelo e compare com (3.22), respondendo aos seguintes itens:

(a) $T(0) = T_1(0)$? Explique fisicamente.

(b) Para $x > 0$, o que é correto: $T(x) > T_1(x)$ ou $T(x) < T_1(x)$?

(c) Tomando como base a Figura 3.8, os gráficos de $T(x)$ e $T_1(x)$ são iguais? Explique fisicamente.

3.30 Com auxílio da Figura 3.12, utilize a lei dos cossenos e/ou outras relações trigonométricas para mostrar que o tempo de trânsito de reflexão para onda originada em $S = (0,0)$ e registrada em $G = (x,0)$ é dada por (3.23). (Dica: observe que SMG é igual a $S'MG$)

3.31 Mostre que as funções $\tau(x)$ e $\eta(x)$ dadas por (3.24) e (3.25) são, respectivamente, par e ímpar.

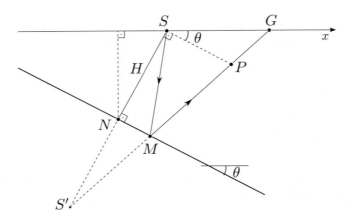

Figura 3.12: Esquema gráfico para auxiliar na dedução da fórmula de tempo de trânsito sísmico para interface inclinada.

3.32 Usando o método gráfico apresentado na Seção 3.11, calcule a inclinação (o mergulho) da interface refletora associada ao dado sísmico mostrado na Figura 3.13.

3.33 Considere o volume de um cubo cujo comprimento de aresta seja igual a x:

$$v(x) = x^3. \tag{3.31}$$

Responda aos seguintes itens:

(a) Determine o comprimento x_1 para que o volume do cubo seja de 8 ℓ.
(b) Determine o comprimento x_2 para que o volume do cubo seja de 16 ℓ.
(c) Usando (a) e (b), determine uma relação funcional entre x_1 e x_2.

3.34 Uma das consequências de um impacto de corpo (asteroide ou meteorito) na superfície do mar é o surgimento de uma grande onda denominada *Tsunami*. As características físicas dessa onda são aproximadamente descritas pela seguinte fórmula[9]

$$a = 45 \frac{h}{\ell} y^{1/4}, \tag{3.32}$$

onde a é a amplitude (altura) da onda em metros, h é a profundidade do mar em metros, ℓ é a distância do ponto de impacto em metros e y é a energia liberada no impacto em quilotons.

---

[9]Glasstone S. & Dolan P.J. The effects of nuclear weapons, 653 p. 1977.

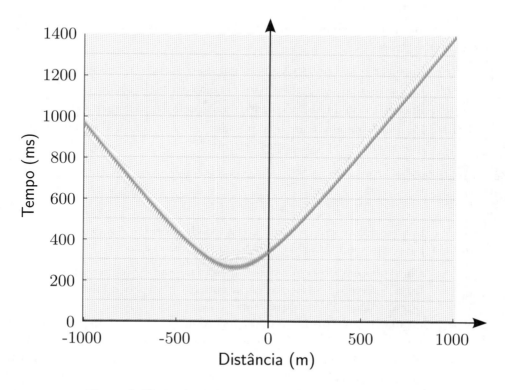

Figura 3.13: Dado sísmico CMP do Exercício 3.32.

(a) Supondo que em uma região do mar sua profundidade é de 100 metros e que a altura da onda medida a 10.000 metros do ponto de impacto de um meteoro é de 9 metros, descubra a energia liberada pelo impacto necessária para a criação desta Tsunami.

(b) Supondo que uma explosão atômica de 10.000 quilotons seja detonada em alto-mar, descubra a altura da onda provocada por esta explosão a uma distância de 10.000 metros. Para este cálculo, considere que o fundo do mar está a 2.000 metros de profundidade.

3.35 O *raio hidráulico* r de um canal é uma medida da sua eficiência no transporte água, dado por

$$r = \frac{a}{p}, \tag{3.33}$$

onde a é a área (m^2) da seção vertical e p é seu perímetro (m) molhado, que é definido

88   *Capítulo 3. Exemplos de funções em geofísica*

como a parte do contorno da seção vertical que está em contato com a água. Resolva os seguintes itens:

(a)   Encontre o raio hidráulico para um rio com seção quadrada;

(b)   Encontre o raio hidráulico para um rio com seção semicircular;

(c)   Encontre o raio hidráulico para um rio com seção trapezoidal;

(d)   Para uma mesma área, qual o maior raio hidráulico: o de uma seção quadrada ou o de uma seção semicircular?

3.36 A velocidade das águas em um rio sinuoso pode ser expressa pela da fórmula de Chèzy:

$$v = c\sqrt{rd}\,, \tag{3.34}$$

onde c é uma constante proporcional à rugosidade do rio, d é a declividade em percentual e r é o seu raio hidráulico, definido no Exercício 3.35.

(a)   Considere um rio com seção trapezoidal, com 20 metros de separação entre as margens, 10 metros de largura na parte mais funda e 4 metros de profundidade. Além disso, suponha que a declividade seja de 1%, isto é, a cada cem metros há um decaimento de um metro, e que o coeficiente de rugosidade seja 0,03. Calcule a velocidade das águas neste rio.

(b)   Nas condições do item anterior, suponha que o rio atravessa uma região em que a declividade seja de 3%. Em quanto a velocidade aumenta?

(c)   A medição do coeficiente c é a tarefa mais complicada para o estudo do morfologia de rios. Como você usaria a fórmula (3.34) e medidas de campo para estimar c?

3.37 Assumindo que, no interior da Terra, a temperatura T (em Celsius) aumenta com a profundidade z (em metros), segundo a relação $T = f(z) = T_0 + z/10$, e que a velocidade da rocha varia segundo a lei de Faust (3.15), encontre uma função $T = h(V)$ que relaciona a velocidade da rocha à temperatura T.

3.38 Em uma bacia confinada, a salinidade s aumenta com a distância x entre o ponto de medição e contato do oceano com a bacia, segundo a expressão

$$s(x) = \frac{s_0\,\alpha\,L}{\alpha\,L - x}\,, \tag{3.35}$$

onde $s(x)$ é a salinidade medida à distância x, s_0 é a salinidade da água do mar no contato do oceano com a bacia, α é uma constante e L é a largura da bacia. Assumindo que $s_0 = 30$ ppm, $L = 10$ quilômetros e que $\alpha = 1{,}5$, responda aos seguintes itens:

(a) Calcule a salinidade do meio da bacia, isto é, para $x = 5$.

(b) Qual a distância em que a salinidade é o dobro da salinidade do oceano?

3.39 Sabendo que o módulo de incompressibilidade κ e a razão de Poisson ν dependem dos parâmetros de Lamé (λ e μ), por meio das expressões (Mavko *et al.*, 2003)

$$\kappa = \lambda + 2\mu/3 \qquad e \qquad \nu = \frac{\lambda}{2\lambda + 2\mu}\,,$$

descubra as expressões para λ e μ, dependentes somente de κ e ν.

3.40 Considere as velocidades da onda compressional (v_p) e cisalhante (v_s), dadas por

$$v_p = \sqrt{\frac{\lambda + 2\mu}{\rho}} \qquad e \qquad v_s = \sqrt{\frac{\mu}{\rho}}\,,$$

onde λ e μ são os parâmetros de Lamé e ρ é a densidade. Baseado no exercício anterior, obtenha expressões para v_p e v_s que dependam somente do módulo de incompressibilidade κ e da razão de Poisson ν.

3.41 Assumindo que μ seja nulo, use a relação de Gardner na expressão que define v_p dada no exercício anterior e obtenha uma lei que associa λ à velocidade v_p. Em seguida, substitua tal relação na definição da razão de Poisson, para obter uma lei empírica que relaciona ν à velocidade compressional v_p.

Capítulo 4

Derivada – definições e propriedades

Como foi visto no Capítulo 2, a partir de funções previamente conhecidas, podemos criar novas funções por meio de composições e combinações. Neste capítulo, estudaremos uma outra maneira de criar novas funções a partir de outras já existentes, por meio de uma operação matemática bem definida chamada *diferenciação*, também conhecida por *derivação*.

Na língua portuguesa, um dos sentidos do verbo *derivar* é usado para explicar que um objeto A originou-se de um outro objeto B e, nesse sentido, diz-se que A é derivado de B. Podemos extrair alguns exemplos do nosso dia a dia: o leite e os seus derivados (manteiga, queijo etc.); o petróleo e os seus derivados (gasolina, querosene etc.). Aproveitando o significado do termo *derivar*, qualificaremos a função criada com auxílio da operação de diferenciação como *função derivada*, uma vez que ela originou-se de outra função, chamada de *primitiva*.

Apresentaremos, portanto, a definição da função derivada, bem como suas propriedades geométricas e algébricas, tais como as regras derivação para somas, produtos e quocientes de funções e a regra da cadeia, utilizada para a derivação de funções compostas.

4.1 Derivada de uma função

Matematicamente, a palavra derivada é usada com um significado muito mais restrito. Neste caso, diz-se que uma função é derivada de outra função quando uma fórmula matemática, envolvendo a operação do limite, é satisfeita. Esta fórmula pode ser entendida tão somente como uma operação que tem como objetivo criar novas funções a partir de funções conhecidas.

Mais precisamente, dada uma função $f(x)$, se o limite

$$g(a) = \lim_{x \to a} \frac{f(x) - f(a)}{x - a} \tag{4.1}$$

existir, então diz-se que a derivada de $f(x)$ no ponto $x = a$ vale $g(a)$. Como a cada real a no domínio da função podem ser associados o correspondente $g(a)$, constrói-se uma nova função $g(x)$ chamada de *derivada* de $f(x)$ e denotada por $f'(x)$. Alternativamente, podemos definir a função derivada de f como sendo o limite

$$f'(x) = \lim_{h \to 0} \frac{f(x + h) - f(x)}{h} \, , \tag{4.2}$$

para os pontos x nos quais o limite exista.

Por exemplo, para calcularmos a derivada da função $f(x) = x$ em um ponto a, usando a definição dada, consideramos o limite

$$\lim_{x \to a} \frac{f(x) - f(a)}{x - a} = \lim_{x \to a} \frac{x - a}{x - a} = \lim_{x \to a} 1 \; = \; 1 \, .$$

Como o limite existe, podemos definir a seguinte atribuição $g(a) = 1$, significando que a derivada de $f(x) = x$ no ponto $x = a$ é igual a 1. Como a é um ponto genericamente escolhido, concluímos que $f'(x) = 1$.

Um outro exemplo, um pouco mais complexo, pode ser o cálculo da derivada da função $f(x) = x^2$ no ponto $x = a$, usando a definição de limite, isto é,

$$\lim_{x \to a} \frac{f(x) - f(a)}{x - a} = \lim_{x \to a} \frac{x^2 - a^2}{x - a} = \lim_{x \to a} \frac{(x - a)(x + a)}{x - a} = \lim_{x \to a} (x + a) \; = \; 2a \, .$$

Como o limite existe, podemos definir a seguinte atribuição $g(a) = 2a$, significando que a derivada de $f(x) = x^2$ no ponto $x = a$ é igual a $2a$. Como a é um ponto genericamente escolhido, concluímos que $f'(x) = 2x$.

4.1.1 Interpretação geométrica da derivada

Considere uma função $f(x)$ e dois pontos distintos a e b, nos quais calculamos os valores $f(a)$ e $f(b)$. Podemos, portanto, considerar os pontos do plano $P = (a, f(a))$ e $Q = (b, f(b))$ e a reta que passa por eles, chamada *reta secante*, cuja expressão pode ser dada por

$$(y - f(a)) = m(x - a),$$

onde

$$m = \frac{f(b) - f(a)}{b - a}.$$

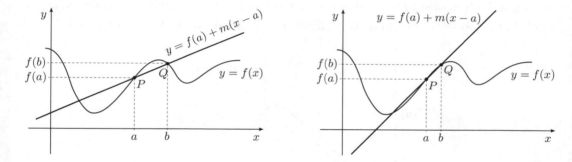

Figura 4.1: Construção da reta secante à função $f(x)$, que passa pelos pontos distintos P e Q. Quando b se aproxima de a, a reta secante se aproxima da reta tangente à função $f(x)$ em a.

No gráfico, vemos que, quando b se aproxima do ponto a, a reta secante se aproxima cada vez mais da reta tangente ao gráfico de f no ponto a. Veja a Figura 4.1, Algebricamente, quando aplicamos a operação do limite quando $b \to a$ na expressão do coeficiente angular, obtemos

$$m = \lim_{b \to a} \frac{f(b) - f(a)}{b - a} = f'(a),$$

que é o coeficiente angular da reta tangente ao gráfico de $f(x)$ no ponto a.

4.1.2 Construção de reta tangente

Dada uma função $y = f(x)$ diferenciável em $x = a$, é possível construir uma reta tangente à curva que representa a função no ponto $x = a$. Tal reta, expressa pela função afim

$$r(x) = mx + n,$$

deve satisfazer a duas condições no ponto $x = a$, a saber:

$$\begin{aligned} r(a) &= f(a), \\ r'(a) &= f'(a). \end{aligned}$$

A primeira condição diz que a reta e a curva devem se interceptar na ordenada correspondente à abscissa $x = a$, e a segunda condição impõe que a taxa de variação local da função deve ser igual ao coeficiente angular da reta. Veja a Figura 4.2.

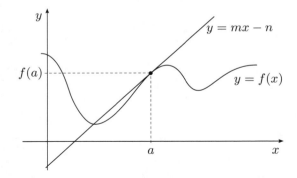

Figura 4.2: A reta tangente à função $f(x)$ no ponto $x = a$ tem o coeficiente angular igual à derivada de $f(x)$ em $x = a$, isto é, $m = f'(a)$. Observe que, apesar de a reta ser tangente em a, ela corta o gráfico da função em outro ponto, mostrando que a tangência é uma propriedade local.

Procedendo com a determinação dos coeficientes m e n, uma vez que $r(a) = ma + n$ e $r'(a) = m$, temos que resolver o sistema

$$\begin{aligned} ma + n &= f(a), \\ m &= f'(a), \end{aligned}$$

que tem como solução

$$m = f'(a),$$
$$n = f(a) - f'(a)a.$$

Por fim, a reta tangente à curva $y = f(x)$ na abscissa $x = a$ é dada por

$$r(x) = f'(a)(x - a) + f(a). \qquad (4.3)$$

Por exemplo, a reta tangente à função $g(x) = \text{sen}(x)$ em $x = \pi/4$ é dada por

$$r(x) = g'(\pi/4)(x - \pi/4) + g(\pi/4) = \cos(\pi/4)(x - \pi/4) + \text{sen}(\pi/4)$$
$$= \frac{\sqrt{2}}{2}(x - \pi/4 + 1),$$

cujos gráficos podem ser observados com auxílio da Figura 4.3.

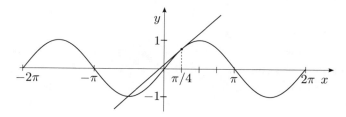

Figura 4.3: A função seno e sua reta tangente na abscissa $x = \pi/4$.

Exercícios

4.1 Use a definição de derivada (isto é, calcule usando o limite) para mostrar que a derivada de $f(x) = \alpha x + \beta$ é dada por $f'(x) = \alpha$.

4.2 Use a definição de derivada (isto é, calcule usando o limite) para mostrar que a derivada de $f(x) = 1/x$ é dada por $f'(x) = -1/x^2$. Faça um esboço dos gráficos de f e f'.

4.3 Dadas as funções a seguir, primeiro calcule a reta tangente ao gráfico na abscissa a indicada e depois esboce tanto a função quanto a reta tangente.

(a) $f(x) = x(x^2 - 1)$, $a = 0$;

(b) $g(x) = 1/(1 + x)$, $a = 1$;

(c) $h(x) = \ln(x + 1)$, $a = 0$;

(d) $i(x) = e^{-x+1}$, $a = 1$.

4.2 Derivadas de funções elementares e propriedades

As derivadas das funções mais elementares, tais como funções potência, exponencial, trigonométricas, entre outras, devem ser calculadas aplicando-se a definição (4.1). Na Tabela 4.1, listamos as derivadas das funções apresentadas no Capítulo 1, cujos detalhes de obtenção podem ser encontrados em Guidorizzi (2002).

Tabela 4.1: Derivadas de algumas funções elementares.

Função	$f(x)$	$f'(x)$
constante	c	0
potência	x^a	$a\,x^{a-1}$
exponencial (base qualquer)	a^x	$\ln(a)\,a^x$
logarítmica	$\log_a(x)$	$1/(\ln(a)x)$
exponencial (base neperiana)	e^x	e^x
logarítmica natural	$\ln(x)$	$1/x$
seno	$\text{sen}(x)$	$\cos(x)$
cosseno	$\cos(x)$	$-\text{sen}(x)$
seno hiperbólico	$\text{senh}(x)$	$\cosh(x)$
cosseno hiperbólico	$\cosh(x)$	$\text{senh}(x)$

4.2.1 Propriedades

Como sabemos, a função derivada é o resultado de uma operação, chamada *diferenciação*, sobre uma função. O que acontece então quando aplicamos esta operação em combinações algébricas entre funções? A resposta a esta pergunta encontra-se na Tabela 4.2, onde estão relacionadas as propriedades da derivada aplicada à combinação algébrica de funções. Vale ressaltar que tais propriedades são demonstradas por meio da definição da derivada (Guidorizzi, 2002).

Derivadas de funções elementares e propriedades 97

Tabela 4.2: Propriedades elementares da derivada.

Operação	Expressão	Derivada
Soma	$(f(x) + g(x))'$	$f'(x) + g'(x)$
Multiplicação por constante	$(af(x))'$	$af'(x)$
Produto	$(f(x)g(x))'$	$f'(x)g(x) + f(x)g'(x)$
Divisão	$(f(x)/g(x))'$	$\dfrac{f'(x)g(x) - f(x)g'(x)}{g(x)^2}$

Combinando a tabela das derivadas elementares com as propriedades elementares, conseguimos calcular a derivada de funções não tão elementares como mostram os exemplos a seguir:

(a) se $f(x) = x^2 + 2\sqrt{x}$, então, pela regra da soma e multiplicação por constante, temos que

$$f'(x) = 2x + \frac{1}{\sqrt{x}};$$

(b) se $g(x) = x\ln(x)$, então, pela regra do produto, temos que

$$g'(x) = (x)'\ln(x) + x(\ln(x))' = \ln(x) + x/x = \ln(x) + 1;$$

(c) se $h(x) = x^2\,\text{sen}(x)$, então, pela regra do produto, temos que

$$h'(x) = 2x\,\text{sen}(x) + x^2\cos(x);$$

(d) se $i(x) = (x^2 - 1)/x$, então, pela regra do quociente, temos que

$$i'(x) = \frac{(x^2-1)'x - (x^2-1)(x)'}{x^2} = \frac{(2x)x - (x^2-1)}{x^2} = \frac{x^2+1}{x^2}.$$

4.2.2 Derivadas de ordens superiores

A operação de diferenciação pode ser aplicada a qualquer função, desde que o limite exista. Então, por que não aplicar essa operação em uma função que já é

Capítulo 4. Derivada – definições e propriedades

98

uma derivada de outra função? Procedendo dessa forma, construímos uma função chamada *derivada segunda* de $f(x)$ e denotada por $f''(x)$.

Esse procedimento pode ser aplicado tantas vezes quanto possível, gerando, portanto, funções derivadas de ordens superiores. Vejamos alguns exemplos em que são apresentadas as derivadas até terceira ordem:

(a) se $f(x) = x^3$, então $f'(x) = 3x^2$, $f''(x) = 6x$ e $f'''(x) = 6$;

(b) se $g(x) = \ln(x)$, então $g'(x) = 1/x$, $g''(x) = -1/x^2$ e $g'''(x) = 2/x^3$;

(c) se $h(x) = \operatorname{sen}(x)$, então $h'(x) = \cos(x)$, $h''(x) = -\operatorname{sen}(x)$ e $h'''(x) = -\cos(x)$;

(d) se $i(x) = x^2 e^x$, então $i'(x) = (2x + x^2)e^x$, $i''(x) = (2 + 4x + x^2)e^x$ e $i'''(x) = (6 + 6x + x^2)e^x$;

Exercícios

4.4 Usando a tabela das derivadas das funções elementares e as propriedades da derivada, calcule a derivada das seguintes funções:

(a) $a(x) = 3x^2 - 2x$

(b) $b(x) = x^{3/2} - 2x^{1/2}$

(c) $c(x) = x\cos(x)$

(d) $d(x) = x\ln(x)$

(e) $e(x) = x^{-1}(x^2 + 1)$

(f) $f(x) = \sqrt{x}\,\operatorname{sen}(x)$

(g) $g(x) = (x^2 + 1)\sqrt{x}$

(h) $h(x) = \sqrt{x}\,e^x$

(i) $i(x) = \operatorname{sen}(x)\,e^x$

4.5 Usando a tabela das derivadas das funções elementares e as propriedades da derivada, calcule a derivada das seguintes funções:

(a) $a(x) = \dfrac{\cos(x)}{x}$

(b) $b(x) = \dfrac{\ln(x)}{x}$

(c) $c(x) = \dfrac{e^x}{x}$

(d) $d(x) = \dfrac{x^{-1} + 1}{x^2 + 1}$

(e) $e(x) = \dfrac{x^2 + 1}{\sqrt{x} + 1}$

(f) $f(x) = \dfrac{\sqrt{x} + 1}{\ln(x)}$

4.6 Calcule as derivadas de primeira, segunda e terceira ordem das seguintes funções:

(a) $a(x) = x^{5/2} - 2x^{1/2}$

(b) $b(x) = e^x \operatorname{sen}(x)$

(c) $c(x) = x^2 \ln(x)$

4.3 Regra da cadeia

Dada uma função composta $h(x) = f(g(x))$, a sua derivada é dada pela *regra da cadeia*

$$h'(x) = f'(g(x)) \, g'(x) \, . \tag{4.4}$$

Observe que, quanto mais composições houverem, esta propriedade deve ser repetida tantas vezes quanto necessárias. Por exemplo, se $h(t) = f(g(x(w(t))))$, então

$$h'(t) = f'(g(x(w(t)))) \, g'(x(w(t))) \, x'(w(t)) \, w'(t). \tag{4.5}$$

Por exemplo, para computarmos a derivada da função composta

$$h(x) = \operatorname{sen}(2x - 1) \, ,$$

primeiro observamos que é a composição das funções $f(x) = \operatorname{sen}(x)$ e $g(x) = 2x - 1$ da seguinte forma $h(x) = f(g(x))$. Em seguida, computando as derivadas de f e g, temos $f'(x) = \cos(x)$ e $g'(x) = 2$. A regra da cadeia implica, portanto, que

$$h'(x) = f'(g(x)) \, g'(x) = f'(2x - 1) \, 2 = 2 \cos(2x - 1) \, .$$

Observe que o "truque" da regra da cadeia é que computamos o valor da derivada de f no número $g(x)$, isto é, $f'(g(x))$, e não somente em x.

Por exemplo, para calcular a derivada da função $h(x) = (3x - 2)^3$, observamos em primeiro lugar que $h(x)$ é uma função composta. Com efeito, definindo $f(x) = x^2$ e $g(x) = 3x - 2$, podemos considerar $h(x) = f(g(x))$. Sendo assim, pela regra da cadeia, obtemos

$$h'(x) = f'(g(x)) \, g'(x) = f'(3x - 2) \times 3 = 3(3x - 2)^2 \times 3 = 9(3x - 2)^2 \, .$$

Observe que nos dois exemplos anteriores a função $g(x)$ era uma função afim, entretanto esta função mais interna pode ser mais complexa, conforme os exemplos mostrados a seguir.

1. Se tomarmos $h(x) = \operatorname{sen}(\ln(x))$, isto é, $h(x)$ é a composição de $f(x) = \operatorname{sen}(x)$ com $g(x) = \ln(x)$, então, pela regra da cadeia, temos que

$$h'(x) = f'(g(x)) \, g'(x) = \cos(\ln(x)) \, \frac{1}{x} = \frac{\cos(\ln(x))}{x} \, .$$

100 *Capítulo 4. Derivada – definições e propriedades*

2. Considerando $h(x) = \ln(\mathrm{sen}(x))$, então $h(x) = g(f(x))$, segundo as funções $f(x)$ e $g(x)$ definidas no item anterior. Sendo assim, pela regra da cadeia, temos que

$$h'(x) = g'(f(x))\,f'(x) = \frac{1}{\mathrm{sen}(x)}\,\cos(x) = \cot(x)\,.$$

3. Tomemos a função composta $h(x) = \sqrt{1 - 2x^2}$, isto é, $h(x)$ é a composição de $f(x) = \sqrt{x}$ com $p(x) = 1 - 2x^2$. Pela regra da cadeia, a derivada de $h(x)$ é

$$h'(x) = f'(p(x))\,p'(x) = \frac{1}{2\sqrt{1 - 2x^2}}\,(-4x) = -\frac{2x}{\sqrt{1 - 2x^2}}\,.$$

4. Tomemos a função composta $h(x) = \ln(\mathrm{sen}(1 - x^2))$, isto é, $h(x)$ é a composição de três funções, $f(x)$, $g(x)$ e $p(x)$ definidas nos itens anteriores. Neste caso, temos que $h(x) = g(f(p(x)))$ e, pela regra da cadeia, a derivada de $h(x)$ é

$$
\begin{aligned}
h'(x) &= g'(f(p(x)))f'(p(x))p'(x) \\
&= \frac{1}{\mathrm{sen}(1 - x^2)}\,\cos(1 - x^2)\,(-2x) \\
&= -2x\cot(1 - x^2)\,.
\end{aligned}
$$

O que acontece quando se deseja computar uma derivada de ordem superior de uma função composta? Por exemplo, se $m(x) = r(p(x))$, qual é a expressão de $m''(x)$? Em primeiro lugar, temos que

$$m'(x) = r'(p(x))\,p'(x)\,.$$

Para computar a derivada de segunda ordem, basta aplicarmos a regra do produto, obtendo

$$m''(x) = \left[r'(p(x))\,p'(x)\right]' = \left[r'(p(x))\right]'\,p'(x) + r'(p(x))\,p''(x)\,.$$

Observando que o primeiro termo do lado direito também deve ser avaliado segundo a regra da cadeia, temos, portanto,

$$m''(x) = r''(p(x))\,p'(x)\,p'(x) + r'(p(x))\,p''(x)\,. \tag{4.6}$$

Derivadas de funções inversas   101

Por exemplo, para a função composta $h(x) = \text{sen}(\ln(x))$, temos, pela fórmula anterior, que a sua derivada de segunda ordem é

$$
\begin{aligned}
h''(x) &= -\text{sen}(\ln(x))\,\frac{1}{x}\frac{1}{x} + \cos(\ln(x))\,\frac{-1}{x^2} \\
&= -\frac{\text{sen}(\ln(x)) + \cos(\ln(x))}{x^2}\,.
\end{aligned}
$$

Analisando esse desenvolvimento, observamos que podemos calcular a derivada n-ésima ordem de $m(x)$ aplicando repetidamente a regra da cadeia tantas vezes quantas necessárias.

Exercícios

4.7 Calcule as derivadas das funções a seguir, com auxílio da regra da cadeia.

(a) $a(x) = (x+2)^{5/2}$

(b) $b(x) = \dfrac{1}{2x+1}$

(c) $c(x) = e^{2x-3}$

(d) $d(x) = \cos(\sqrt{x})$

(e) $e(x) = (\text{sen}(x)+2)^3$

(f) $f(x) = (1-2x)e^{-x^2}$

4.8 Usando a regra da cadeia, calcule a derivada da função logística

$$
\ell(t) = \frac{p_0 r}{p_0 + (r - p_0)e^{-kr(t-t_0)}}
$$

para obter a função da curva de Hubbert, dada por (3.13).

4.9 Dada a função composta $m(x) = r(p(x))$, ache a expressão geral para a derivada de terceira ordem de $m(x)$ (Dica: calcule a derivada de $m''(x)$ dada por (4.6)).

4.4 Derivadas de funções inversas

Usando a definição de função inversa como um tipo especial de função composta, podemos calcular sua derivada fazendo uso da regra da cadeia e da própria derivada da função original. Observando que a função inversa de f é tal que $g(f(x)) = x$, calculamos a derivada da função composta $h(x) = g(f(x)) = x$, obtendo

$$
h'(x) = 1\,,
$$

102   *Capítulo 4. Derivada – definições e propriedades*

pois h é a função identidade. Por outro, lado, usando a regra da cadeia, chegamos a

$$h'(x) = g'(f(x))f'(x).$$

Portanto, a equação $g'(f(x))f'(x) = 1$ deve ser satisfeita, ou, ainda,

$$g'(f(x)) = \frac{1}{f'(x)}.$$

Observando que $g(f(x)) = g(y) = x$, chegamos a

$$g'(y) = \frac{1}{f'(g(y))}. \tag{4.7}$$

Por exemplo, para calcularmos a derivada da função trigonométrica inversa arcosseno, denotada por $\operatorname{arcsen}(x)$, observamos que, dada a função $f(x) = \operatorname{sen}(x)$, a sua função inversa é $g(y) = \operatorname{arcsen}(y)$. Portanto, utilizando a fórmula (4.7), obtemos

$$g'(y) = \frac{1}{f'(g(y))} = \frac{1}{\cos(\operatorname{arcsen}(y))}, \tag{4.8}$$

onde usamos o fato de que $f'(x) = \cos(x)$ e $x = g(y)$. Por outro lado, sabemos que $\cos(x) = \sqrt{1 - \operatorname{sen}^2(x)}$, então

$$\cos(\operatorname{arcsen}(y)) = \sqrt{1 - \operatorname{sen}\left(\operatorname{arcsen}(y)\right)^2} = \sqrt{1 - y^2}$$

e, substituindo tal expressão em (4.8), chegamos à derivada da função arcosseno

$$\operatorname{arcsen}'(y) = \frac{1}{\sqrt{1 - y^2}}. \tag{4.9}$$

Similarmente ao exemplo da derivada da função arcosseno, empregando a fórmula da diferenciação de função inversa, dada por (4.7), podemos construir uma tabela de derivadas de funções trigonométricas inversas, mostradas na Tabela 4.3.

Exercícios

4.10 Calcule a derivada da função inversa do seno hiperbólico $\operatorname{senh}(x)$. Para isso, você deve utilizar a sua definição, dada por (2.18). Repita o mesmo procedimento para calcular a derivada da função inversa do cosseno hiperbólico, definido por (2.17).

4.11 Definindo a tangente hiperbólica como sendo

$$\tanh(x) = \operatorname{senh}(x)/\cosh(x),$$

calcule a sua derivada e também a derivada da sua função inversa.

Exercícios adicionais 103

Tabela 4.3: Tabela com as derivadas de funções trigonométricas inversas.

$f(x)$	$f'(x)$	$f(x)$	$f'(x)$
$\text{arcsen}(x)$	$\dfrac{1}{\sqrt{1-x^2}}$	$\arccos(x)$	$\dfrac{-1}{\sqrt{1-x^2}}$
$\arctan(x)$	$\dfrac{1}{1+x^2}$	$\text{arccot}(x)$	$\dfrac{-1}{1+x^2}$
$\text{arccsc}(x)$	$\dfrac{-1}{x\sqrt{x^2-1}}$	$\text{arcsec}(x)$	$\dfrac{1}{x\sqrt{x^2-1}}$

Exercícios adicionais

4.12 Usando a tabela das derivadas das funções elementares e as propriedades da derivada, calcule a derivada das seguintes funções:

(a) $a(x) = x^2 - x^3$

(b) $b(x) = x^{-1} - x^{-3}$

(c) $c(x) = 2 + 33x^{1/3} + 20x^{3/4}$

(d) $d(x) = x^2\sqrt{x}$

(e) $e(x) = x^2\cos(x)$

(f) $f(x) = x^{-1/2} + x^{1/2}$

(g) $g(x) = x^2\ln(x)$

(h) $h(x) = (x^2 - 1)\,\mathrm{e}^x$

(i) $i(x) = x\,\mathrm{e}^x\ln(x)$

(j) $j(x) = \text{sen}(x)\cos(x)$

(k) $k(x) = \ln(x)\,\text{sen}(x)$

(l) $\ell(x) = \ln(x)(x^3 - 2x + 1)$

4.13 Deduza as derivadas das funções cosseno hiperbólico e seno hiperbólico, definidas pelas equações (2.17) e (2.18) (na página 56), respectivamente.

⨎4.14 Classifique as seguintes afirmações como verdadeira ou falsa. Caso seja verdadeira, prove, caso seja falsa, forneça contraexemplo.

(a) A derivada de uma função par é uma função ímpar.

(b) A derivada de uma função ímpar é uma função par.

(c) A derivada da extensão par de uma função é igual a extensão par da derivada da função.

(d) A derivada da extensão ímpar de uma função é igual a extensão ímpar da derivada da função.

104 Capítulo 4. Derivada – definições e propriedades

4.15 Usando a tabela das derivadas das funções elementares e as propriedades da derivada, calcule a derivada das seguintes funções:

(a) $a(x) = \dfrac{\text{sen}(x)}{x}$

(b) $b(x) = \dfrac{x^2 - 1}{x^3}$

(c) $c(x) = \dfrac{(x-1)(x+4)}{(x+1)(x-4)}$

(d) $d(x) = \dfrac{\text{e}^x}{x^2 + 1}$

(e) $e(x) = \dfrac{x}{x^2 - 4}$

(f) $f(x) = \dfrac{\text{sen}(x)}{\cos(x)}$

(g) $g(x) = \dfrac{\ln(x)}{x^2}$

(h) $h(x) = \dfrac{\ln(x)}{\cos(x)}$

(i) $i(x) = \dfrac{\cos(x)\,\text{sen}(x)}{x^2}$

(j) $j(x) = \dfrac{\text{e}^x}{\ln(x)}$

(k) $k(x) = \dfrac{x\text{e}^x}{x^2 + 1}$

(l) $\ell(x) = \dfrac{\text{e}^x}{\cot(x) - 1}$

4.16 Usando a tabela das derivadas das funções elementares e as propriedades da derivada, bem como a regra da cadeia, calcule a derivada das seguintes funções compostas

(a) $a(x) = (2x - 1)^5$

(b) $b(x) = \left(x^2 + 3x + 1\right)^4$

(c) $c(x) = \left(\sqrt{x} + \dfrac{1}{\sqrt{x}}\right)^{10}$

(d) $d(x) = \sqrt{x^2 - 1}$

(e) $e(x) = \cos(2x + 1)$

(f) $f(x) = \cos(\sqrt{x}\,)$

(g) $g(x) = \ln(2x^{1/2} - 1)$

(h) $h(x) = \text{sen}(x^2 + 1)$

(i) $i(x) = \text{e}^{x^2 + 1}$

(j) $j(x) = \left(2x^{-3} + 8x\right)^{-2}$

(k) $k(x) = \text{sen}(\ln(x))$

(l) $\ell(x) = \ln(\cos(x))$

(m) $m(x) = \text{e}^{\text{sen}(x^2)}$

(n) $n(x) = \text{e}^{\cos(\ln(x))}$

(o) $o(x) = \ln(\cos(x^2))$

(p) $p(x) = \text{sen}(\cos(x^2))$

(q) $q(x) = \sqrt{\ln(\text{sen}(x))}$

4.17 Repita o enunciado do exercício anterior para as seguintes funções:

(a) $a(x) = \left[\ln(\cos(x))\right]^2$

(b) $b(x) = \text{sen}(\text{e}^{-x^2})$

(c) $c(x) = \cos(\ln(\cos(x^2)))$

(d) $d(x) = \left\{\ln[\ln(\cos(x))]\right\}^2$

4.18 Considere as funções $s(x) = 2x^3 + 3\sqrt{x + 2}$ e $r(x) = x^3 + x^2 + 1$, como também as funções compostas $f(x) = r(s(x))$ e $g(x) = s(r(x))$. Calcule $f'(x)$ e $g'(x)$ em $x = 1$, usando a regra da cadeia.

4.19 Encontre as equações das retas que passam pelo ponto $(2, -3)$ e que são tangentes à parábola $y = x^2 + x$.

Exercícios adicionais 105

♭4.20 Assumindo-se que a derivada de $|x|$ seja $\text{sgn}(x)$, isto é, $|x|' = \text{sgn}(x)$, use as propriedades da derivada, incluindo a regra da cadeia, e calcule a derivada das seguintes funções:

(a) $f(x) = x|x|$ (b) $f(x) = x^2|x|$ (c) $f(x) = \cos(|x|)$ (d) $f(x) = |\text{sen}(x)|$

4.21 Usando a tabela das derivadas das funções elementares e as propriedades da derivada, bem como a regra da cadeia, calcule a derivada das seguintes funções:

(a) $a(x) = \sqrt{2x^2 - 1}$

(b) $b(x) = \left[4x\tan(x^2)\right]^2$

(c) $c(x) = 2\sqrt{\text{sen}(x^2)}$

(d) $d(x) = \left(x^{1/2} - \dfrac{1}{x^{1/2}}\right)^2$

(e) $e(x) = \left(\dfrac{x^2 + 1}{x^2 - 1}\right)^{1/4}$

(f) $f(x) = \dfrac{\sqrt{x^3 - 1}}{\sqrt{x^2 + 1}}$

(g) $g(x) = \dfrac{x\,e^{-2x^2}}{\ln(3x + 2)}$

(h) $h(x) = \dfrac{e^{2x^2 - 1}}{\sqrt{x^2 - 4}}$

(i) $i(x) = \dfrac{x}{\sqrt{x^2 - 4}}$

(j) $j(x) = e^{-2\,\text{sen}^2(2x)}$

4.22 Usando a tabela das derivadas das funções elementares e as propriedades da derivada, bem como a regra da cadeia, calcule a derivada das seguintes funções:

(a) $a(x) = \left[\cos(x^2)\ln(x^2 + 4)\right]^{1/2}$

(b) $b(x) = e^{-5x^2}\cos(3x^3)$

(c) $c(x) = \sqrt{4x^2 + \sqrt{4x^2 + 4}}$

(d) $d(x) = \text{sen}(\ln(3x))\,\ln(\cos(x))$

(e) $e(x) = \left(\dfrac{\cos(x^2)}{x^2 + 1}\right)^{1/2}$

(f) $f(x) = \dfrac{\text{sen}(x^2)\cos(x) + \ln(2x)}{\cos(x)}$

(g) $g(x) = \text{sen}(2x)\dfrac{\sqrt{2x^2 - 1}}{x + 4}$

(h) $h(x) = \dfrac{2x\,e^{-x^2}}{4\ln(2x + 1)}$

(i) $i(x) = \dfrac{\text{sen}(3x) + (x - 1)^2}{\text{sen}(x) + \cos(x)}$

(j) $j(x) = \dfrac{x^2[\text{sen}(x)\cos(x) + x\ln(x)]}{\cos(x) + e^x}$

(k) $k(x) = \dfrac{a(x)c(x)}{b(x) + d(x)}(x + 1)$

4.23 Sejam $p(x) = 1/x$ e $q(x) = p'(x)$, calcule explicitamente $q(x)$ e, em seguida, calcule a derivada das funções a seguir da seguinte forma: (i) usando a regra da cadeia e (ii) fazendo substituição direta e sem utilizar a regra da cadeia:

(a) $a(x) = p(q(x))$

(b) $b(x) = q(p(x))$

(c) $c(x) = p(q(x + 1))$

(d) $d(x) = q(p(x + 1))$

(e) $e(x) = p(q(x) + 1)$

(f) $f(x) = q(p(x) + 1)$

106   *Capítulo 4. Derivada – definições e propriedades*

4.24 Calcule a derivada de terceira ordem destas funções:

(a) $f(\square) = 3\square^2 + 4\square^{3/2}$ (c) $h(\maltese) = 2\cos(\maltese) - \maltese^2$ (e) $j(\heartsuit) = \mathrm{e}^{-3\heartsuit^2}$

(b) $g(\spadesuit) = 2\spadesuit^2 + \dfrac{\ln(\spadesuit)}{\spadesuit^2}$ (d) $i(\Diamond) = \Diamond^3$ (f) $k(\bowtie) = \dfrac{j(\bowtie)}{1 + i(\bowtie)}$

4.25 Seja a função normal padrão definida por

$$n_p(x) = \frac{1}{\sqrt{2\pi}}\mathrm{e}^{-x^2/2}\,.$$

Calcule as derivadas de primeira e segunda ordem de n_p e, em seguida, mostre que satisfazem as seguintes equações

$$n_p'(x) = x n_p(x)$$
$$n_p''(x) = (x^2 - 1)n_p(x)$$

4.26 Considere as seguintes funções:

$$f(\Diamond) = \Diamond^2 \qquad g(\heartsuit) = \mathrm{e}^{-f(\heartsuit)} \qquad h(\clubsuit) = \cos\clubsuit$$

Calcule as derivadas das seguintes funções usando a regra da cadeia:

(a) $p(x) = g(h(x))$ (d) $s(y) = g(f(x))$ (g) $v(x) = f(g(h(x)))$

(b) $q(y) = h(f(x))$ (e) $t(x) = h(g(x))$ (h) $w(y) = h(g(f(x)))$

(c) $r(x) = f(g(x))$ (f) $u(y) = f(h(x))$ (i) $y(x) = f(f(g(x)))$

4.27 Suponha que $g(x) = xf(x^2)$ e que, além disso, $f(-1) = 2$, $f'(-2) = 3$, $f(1) = 4$ e $f'(1) = -5$. Calcule $g'(-1)$.

4.28 Encontre a reta tangente à curva S, dos itens a seguir, no ponto $P \equiv (x_0, y_0)$, onde $x_0 = 1$, cumprindo os seguintes passos:
(P1) Encontre a coordenada y_0 do ponto de tangência P;
(P2) Compute a derivada f';
(P3) Escreva a equação da reta tangente:

$$(y - y_0) + m(x - x_0) = 0\,,$$

onde $m = -f'(x_0)$. As curvas são:

(a) $S = \left\{(x, y) \in \mathbb{R}^2 \mid y = f(x) = \sqrt{14 + 2x^2}\,\right\}$;

(b) $S = \left\{(x, y) \in \mathbb{R}^2 \mid y = f(x) = 4 - 2x^2\,\right\}$;

(c) $S = \left\{(x, y) \in \mathbb{R}^2 \mid y = f(x) = 8x - 2/\sqrt{x}\,\right\}$.

Capítulo 5

Aplicações da derivada I - estudo de funções

Neste capítulo, apresentaremos a primeira classe de aplicações da função derivada, que constitui as ferramentas de análise e previsão do comportamento de funções, chamada *estudo de funções*.

Mais precisamente no estudo de funções se realiza análise dos intervalos de crescimento e decrescimento de funções, bem como se determina e se classifica seus pontos críticos. Por meio deste estudo, obtemos um conhecimento mais profundo e completo da função, o que, claramente, é importante para quaisquer tipos de aplicações que se servem de funções de uma variável.

Ao longo deste capítulo apresentaremos aplicações do estudo de funções relacionadas à geofísica tais como: o princípio de Fermat e lei de Snell-Descartes, que constituem as principais leis na propagação de ondas sísmicas sob a hipótese de alta frequência, a determinação da inclinação (mergulho) de uma interface refletora a partir de dado sísmico de fonte comum e a análise e construção da ondaleta de Ricker, que é largamente usada em estudos sísmicos.

108   *Capítulo 5. Aplicações da derivada I - estudo de funções*

5.1 Estudo de funções

Uma das aplicações mais importantes da função derivada é ajudar no estudo da própria função que a originou, a primitiva. Como a derivada representa a taxa de variação da função primitiva, ela traz diretamente a informação sobre a monotonicidade local da função. Além disso, como veremos, a partir do estudo da monotonicidade, chegamos a um critério de obtenção, e posterior classificação, dos pontos críticos de uma função.

5.1.1   Monotonicidade

Monotonicidade é um característica local de uma função relacionada ao seu crescimento ou decrescimento (ou nenhum dos dois) em uma pequena vizinhança de um ponto. Dizemos que uma função é estritamente *crescente* em um intervalo aberto $I \subset \mathbb{R}$ quando $f(y) > f(x)$ para todos $x, y \in I$ tais que $y > x$. Similarmente, f é estritamente *decrescente* em I quando $f(y) < f(x)$ para todos $x, y \in I$ tais que $y > x$.

O teorema enunciado a seguir nos mostra condições suficientes para determinarmos se uma função é crescente ou decrescente em um intervalo aberto, no entanto tal teorema exige que a função seja diferenciável neste intervalo, algo que nem sempre é possível garantir.

Teorema 5.1 (Monotonicidade)   *Se uma função f é diferenciável em um intervalo aberto I, então valem as seguintes propriedades:*

    (i)   *Se $f'(x) > 0$ para $x \in I$, então f é estritamente crescente em I.*

    (ii)   *Se $f'(x) < 0$ para $x \in I$, então f é estritamente decrescente em I.*

Por exemplo, pelo Teorema 5.1, para a função $f(x) = x^2$, sabemos que f é estritamente crescente para $x > 0$ e estritamente decrescente para $x < 0$, pois $f'(x) = 2x > 0$ para $x > 0$ e $f'(x) = 2x < 0$ para $x < 0$, respectivamente. Contudo, em $x = 0$, temos que $f'(0) = 0$ e o Teorema 5.1 nada trata sobre esta situação. Sendo assim, para o ponto $x = 0$, a função não é crescente nem decrescente. Este é um ponto tão especial que acaba por merecer uma designação especial chamada *ponto estacionário*, que é abordado mais detalhamente na próxima seção.

Vale ressaltar que a monotonicidade é uma propriedade vinculada a intervalos, significando que as funções podem não ser exclusivamente crescentes ou decrescentes em todo seu domínio, como é o caso mostrado pela Figura 5.1. Normalmente o que acontece para funções contínuas é que os intervalos de crescimento e decrescimento são concatenados, separados por pontos estacionários, como é mostrado pelas Figuras 5.1 e 5.2.

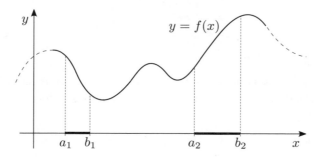

Figura 5.1: A função é estritamente decrescente no intervalo $[a_1, b_1]$ e estritamente crescente no intervalo $[a_2, b_2]$.

5.1.2 Pontos críticos de uma função

Os *pontos críticos* de $f(x)$ são todos os pontos x_* tais que pelo menos alguma das seguintes condições seja satisfeita:

(i) x_* é um ponto estacionário, isto é, $f'(x_*) = 0$;
(ii) x_* é um extremo do(s) intervalo(s) de definição de f;
(iii) x_* é um ponto de descontinuidade.

Observe que existem funções que não possuem pontos críticos, como é o caso de $f(x) = x$, para $x \in \mathbb{R}$, ou até mesmo funções que possuem infinitos pontos críticos, como é o caso de $f(x) = \text{sen}(x)$, para $x \in \mathbb{R}$.

Um ponto y é chamado de ponto de *máximo local* de uma função $f(x)$ quando $f(y) > f(x)$ para todo x em uma vizinhança de y. Similarmente, um ponto y é chamado de ponto de *mínimo local* de uma função $f(x)$ quando $f(y) < f(x)$ para todo x em uma vizinhança de y (Veja a Figura 5.2).

Um ponto x_* é chamado de *ponto de inflexão* de uma função f quando sobre ele a função muda de concavidade. Matematicamente, isso equivale a dizer que

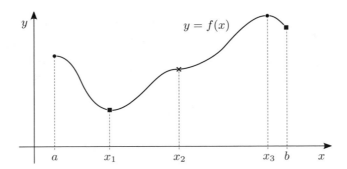

Figura 5.2: As abscissas dos círculos, $x = a$ e $x = x_3$, são os máximos locais, as abscissas dos quadrados, $x = x_1$ e $x = b$, são os mínimos locais e a abscissa da cruz, $x = x_2$, é ponto de sela.

derivada segunda muda de sinal, ou, ainda, que a derivada segunda cumpre duas condições

(i) $f''(x_*) = 0$;

(ii) $f''(x)$ é monótona (crescente ou decrescente) em uma vizinhança de x_*.

Caso um ponto x_* seja de inflexão e também estacionário, então ele é chamado de *ponto de sela*. Isso quer dizer que todo ponto de sela é um ponto de inflexão, mas o contrário nem sempre é verdade.

Para ajudar na tarefa de classificar se um ponto crítico é de máximo, mínimo ou sela, o teorema enunciado a seguir apresenta condições suficientes para classificarmos pontos estacionários de uma função.

Teorema 5.2 (Classificação de pontos estacionários)
Para um ponto x_*, onde exista $f'(x_*)$ e $f''(x_*)$, podemos classificá-lo segundo as seguintes regras:

(a) *Se $f'(x_*) = 0$ e $f''(x_*) < 0$, então x_* é um ponto de máximo local.*

(b) *Se $f'(x_*) = 0$ e $f''(x_*) > 0$, então x_* é um ponto de mínimo local.*

(c) *Se $f'(x_*) = 0$ e $f''(x_*) = 0$, e $f''(x)$ é monótona em uma vizinhança de x_*, então x_* é um ponto de sela.*

Observe que para usarmos tal teorema há a exigência de que a função tenha derivada de ordem dois nos pontos críticos a serem analisados. Porém isso não

Determinação do mergulho de uma interface refletora 111

quer dizer que somente as funções que cumprem as condições do teorema tenham pontos críticos (de máximo, mínimo ou sela). Ao contrário, existem funções que não cumprem as condições do teorema, mas que mesmo assim possuem ponto(s) crítico(s). Podemos tomar como exemplo a função $f(x) = |x|$, que, apesar de possuir um ponto de mínimo em $x = 0$, não pode ser encaixada em nenhuma regra do teorema, pois, claramente, em $x = 0$ a função não é diferenciável.

Para ilustrarmos a utilização do Teorema 5.2, tomemos como exemplo a função $f(x) = x^3 - 3x$, cujas derivadas de primeira e segunda ordem são $f'(x) = 3x^2 - 3$ e $f''(x) = 6x$. Sendo assim, os pontos críticos são aqueles que satisfazem a equação

$$3x^2 - 3 = 0 \,,$$

isto é, $x_1^* = 1$ e $x_2^* = -1$. Para classificá-los, observamos que $f''(1) = 6$ e $f''(-1) = -6$ e, de acordo com o Teorema 5.2, $x = 1$ é ponto de máximo local e $x = -1$ é ponto de mínimo local. Além disso, como a derivada segunda $f''(x) = 6x$ é uma função monótona e $f''(0) = 0$, concluímos que $x = 0$ é o ponto inflexão.

Exercícios

5.1 Esboçar o gráfico das funções a seguir. Para isso, calcular (se houver) os pontos de máximo e mínimo locais, pontos de inflexão e indicar as concavidades e intervalos de crescimento e decrescimento da função.

(a) $f(x) = x^2$
(b) $f(x) = x^4 - x$
(c) $f(x) = x + 1/x$
(d) $f(x) = x^3 - 6x^2 + 9x + 1$

5.2 Mostre que a função $f(x) = \operatorname{sen}(x) + x$ é crescente.

5.2 Determinação do mergulho de uma interface refletora

Na Seção 3.11 apresentamos um método gráfico para a determinação do mergulho de uma interface refletora, a partir da análise gráfica das extensões par e ímpar da função de tempo de trânsito $t(x)$. Contudo, de posse da expressão da derivada desta função, podemos apresentar outro método gráfico para determinar mais informações sobre o modelo geológico, incluindo o próprio mergulho da interface como também sua profundidade.

Capítulo 5. Aplicações da derivada I - estudo de funções

Recordando, a função de tempo de trânsito de reflexão de uma interface refletora a uma distância H da fonte é dada por

$$t(x) = \sqrt{t_0^2 + \frac{4x^2}{v^2} + \frac{4t_0 \operatorname{sen}(\theta)\, x}{v}} , \qquad (5.1)$$

onde $t_0 = 2H/v$, v é a velocidade da camada acima do refletor e θ é a inclinação (mergulho) do refletor (veja Figura 3.9, na página 79).

Como a análise gráfica em questão se baseia na determinação gráfica da coordenada do ponto de mínimo de $t(x)$, devemos, em primeiro lugar, computar a derivada de $t(x)$. Usando a regra da cadeia, obtemos

$$t'(x) = \left[t_0^2 + \frac{4x^2}{v^2} + \frac{4t_0 \operatorname{sen}(\theta)\, x}{v} \right]^{-1/2} \left(\frac{4x}{v^2} + \frac{2t_0 \operatorname{sen}(\theta)}{v} \right) . \qquad (5.2)$$

Como a expressão entre colchetes é sempre maior que zero (a verificação desse fato fica como exercício), o termo entre parênteses deve ser igualado a zero, para se obter o ponto crítico

$$x_* = -\frac{vt_0 \operatorname{sen}(\theta)}{2} . \qquad (5.3)$$

Para mostrar que esse ponto crítico é um ponto de mínimo, basta verificar (fica como exercício) que $t''(x_*) > 0$.

Entretanto, o nosso objetivo é encontrar o mergulho θ, portanto podemos usar a expressão de x_* para ente intuito, chegando-se a

$$\operatorname{sen}(\theta) = -\frac{2x_*}{vt_0} . \qquad (5.4)$$

Analisando tal expressão, observamos que θ depende de três parâmetros: v, t_0 e x_*, dos quais o segundo e terceiro podem ser obtidos graficamente (veja Figura 5.3).

Podemos complementar esta análise com aquela apresentada pela Seção 3.11 para extrairmos mais informação do modelo geológico. Com efeito, comparando as expressões para a determinação de θ, dadas por (5.4) e (3.28) (da Seção 3.11), obtemos

$$v = -\frac{2x_*}{d} ,$$

onde ambos x_* e d são obtidos graficamente. Além disso, com o conhecimento de v e t_0, obtemos $H = vt_0/2$, que é a distância da origem à interface refletora (veja a Figura 5.4).

Determinação do mergulho de uma interface refletora

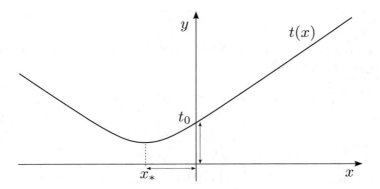

Figura 5.3: O mínimo x_* e o intercepto t_0 da curva de tempo de trânsito do evento de reflexão de uma interface com mergulho podem ser determinados graficamente.

Por fim, vale ressaltar que, ao descobrirmos v, H e θ, temos em mãos todas as quantidades que definem o modelo geológico que gerou a resposta sísmica de reflexão, cujo tempo de percurso é dado por $t(x)$. Em outras palavras, a partir destas três informações fornecidas pela análise gráfica de $t(x)$, podemos reconstruir o modelo geológico (veja a Figura 5.4).

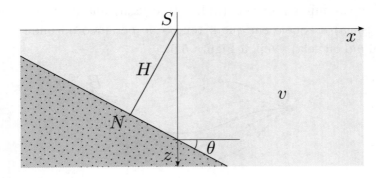

Figura 5.4: A reconstrução do modelo com os parâmetros θ, v e H, obtidos pela análise gráfica de $t(x)$.

Exercícios

5.3 Mostre que o ponto x_* dado por (5.3) é ponto de mínimo segundo o Teorema 5.2. Isto é, mostre que $t''(x_*) > 0$.

5.4 Calcule $t_* = t(x_*)$ e mostre que $t_* \leq t_0$. Mostre também que t_* e x_* satisfazem a equação

$$\left(\frac{2x_*}{vt_0}\right)^2 + \left(\frac{t_*}{t_0}\right)^2 = 1$$

conhecida como a elipse do operador DMO (Yilmaz, 2001).

5.3 Cálculo dos pontos de reflexão de um raio sísmico

Nesta seção, enunciamos o *princípio de Fermat*, a partir do qual calculamos os pontos de reflexão para um raio sísmico referente a uma onda sísmica refletida em uma interface que separa duas camadas homogêneas.

Princípio de Fermat

O princípio de Fermat é um conceito físico observado na natureza que relaciona o traçado de raios e ondas que propagam em meios não homogêneos. Ele diz que, dentre todos os caminhos possíveis (linhas tracejada) que ligam os pontos A e B, o raio (linha cheia) é aquele em que o tempo de percurso da onda é um extremo (máximo, mínimo ou sela). Veja a Figura 5.5.

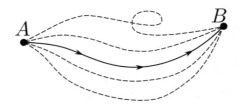

Figura 5.5: O princípio de Fermat diz que de todas as curvas possíveis ligando os pontos A e B (linhas tracejadas), a trajetória do raio (linha cheia) é aquela que minimiza o tempo de percurso.

Cálculo dos pontos de reflexão de um raio sísmico

Considere que a subsuperfície seja composta por duas camadas homogêneas, separadas por uma interface descrita por uma função suave, $z = r(x)$, como mostrado na Figura 5.6. Vamos mostrar como achar os pontos de reflexão para uma onda emitida em $S = (x_s, 0)$ e registrada em $G = (x_g, 0)$. Considere também o ponto $M = (x, r(x))$ que fica sobre a interface.

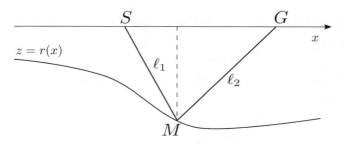

Figura 5.6: Modelo de subsuperfície composta por duas camadas homogêneas, separadas por uma interface suave. O raio é emitido em S e registrado em G.

O tempo total de percurso do trajeto que parte de S, passa por M e chega a G é dado por

$$T(SMG) = T(SM) + T(MG) = \frac{\ell_1}{v} + \frac{\ell_2}{v},$$

ou, ainda, usando o teorema de Pitágoras

$$t(x) = \frac{1}{v}\sqrt{(x - x_s)^2 + [r(x)]^2} + \frac{1}{v}\sqrt{(x - x_g)^2 + [r(x)]^2}, \qquad (5.5)$$

conhecida como fórmula DSR (Raiz Quadrada Dupla, do inglês, *Double Square Root*).

Para encontrarmos os pontos de reflexão, segundo o princípio de Fermat, devemos achar os pontos críticos de (5.5). Computando a derivada de $t(x)$, obtemos

$$t'(x) = \frac{(x - x_s) + r(x)r'(x)}{\sqrt{(x - x_s)^2 + [r(x)]^2}} + \frac{(x - x_g) + r(x)r'(x)}{\sqrt{(x - x_g)^2 + [r(x)]^2}}, \qquad (5.6)$$

de modo que os pontos críticos devem satisfazer a equação $t'(x) = 0$. Geralmente tal equação é altamente não linear, de modo que soluções somente podem ser computadas numericamente, usando, por exemplo, o método de Newton-Raphson. Além

116   *Capítulo 5. Aplicações da derivada I - estudo de funções*

disso, não é raro que ocorra multiplas soluções, significando que existem múltiplos raios de reflexão.

5.4 Lei de Snell-Descartes

Uma significativa parte da teoria do método da sísmica de reflexão é baseada na lei de Snell-Descartes, que relaciona os ângulos de incidência, reflexão e transmissão de uma onda plana que incide sobre uma interface. Esta lei constitui praticamente a base para a óptica geométrica, teoria que contempla o estudo da formação de imagens de objetos na presença de espelhos e lentes.

Nesta seção, iremos deduzir a lei de Snell-Descartes a partir do princípio de Fermat, descrito a seguir. Usando tal lei, seremos capazes de elaborar fórmulas do tempo de propagação de um raio que viaja em meios multicamadas horizontais.

Com base no princípio de Fermat, pode-se deduzir as leis de Snell-Descartes para as ondas planas incidentes em interfaces planas. Basicamente existe uma lei para a onda refletida e outra para a onda transmitida, mas ambas podem ser agrupadas em uma só equação

$$\frac{\text{sen}(\theta_i)}{v_1} = \frac{\text{sen}(\theta_r)}{v_1} = \frac{\text{sen}(\theta_t)}{v_2}, \tag{5.7}$$

onde θ_i, θ_r e θ_t são os ângulos de incidência, reflexão e transmissão, respectivamente.

5.4.1 Lei de Snell-Descartes para o raio refletido

Com base no princípio de Fermat, podemos deduzir passo a passo a lei de Snell-Descartes para o raio refletido. Em um meio com velocidade v_1, consideremos um caminho qualquer, composto por dois segmentos de reta, em que o primeiro segmento parte de $A = (a_1, a_2)$ e incide na interface no ponto $X = (x, 0)$, de onde parte o segundo segmento que vai para $B = (b_1, b_2)$. Consideramos também que este caminho, representado pela linha tracejada na Figura 5.7(a), é tal que a coordenada horizontal x do ponto X é variável, fazendo com que o caminho como um todo também seja variável.

Para um caminho qualquer factível, usando o teorema de Pitágoras, determi-

Lei de Snell-Descartes

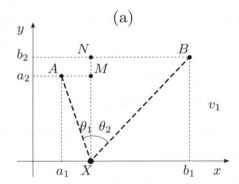 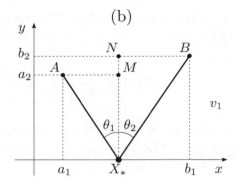

Figura 5.7: Em (a) a linha tracejada representa um caminho qualquer factível e em (b) a linha cheia representa o caminho ótimo que descreve o raio refletido, que satisfaz a Lei de Snell-Descartes.

namos o tempo de trânsito $t_1(x)$ de A até X, em função de x, como sendo

$$t_1(x) = \frac{\sqrt{(x-a_1)^2 + a_2^2}}{v_1}$$

e o tempo de trânsito $t_2(x)$ de X até B, em função de x, como sendo

$$t_2(x) = \frac{\sqrt{(b_1-x)^2 + b_2^2}}{v_1}.$$

Somando-se os dois tempos, chegamos à expressão do tempo de trânsito total

$$t(x) = t_1(x) + t_2(x) = \frac{\sqrt{(x-a_1)^2 + a_2^2} + \sqrt{(b_1-x)^2 + b_2^2}}{v_1}, \quad (5.8)$$

que representa o tempo que leva para ser percorrido o caminho de A até B, passando por X.

Observe que essa função $t(x)$ é o tempo que se leva para percorrer o caminho AXB, onde o ponto X está livre para assumir qualquer posição na interface $y = 0$. Podemos, portanto, usar o princípio de Fermat para descobrir o caminho ótimo, o qual minimiza a função tempo de trânsito $T(x)$. Para isso, basta computarmos o(s) ponto(s) crítico(s) de $T(x)$ fazendo o cálculo da sua derivada.

118   *Capítulo 5. Aplicações da derivada I - estudo de funções*

Com efeito, usando a fórmula do tempo de trânsito $t(x)$ dada pela equação (5.8), podemos calcular a sua derivada

$$t'(x) \;=\; \frac{1}{v_1}\left[\frac{(x-a_1)}{\sqrt{(x-a_1)^2+a_2^2}}-\frac{(b_1-x)}{\sqrt{(b_1-x)^2+b_2^2}}\right].$$

Para acharmos o(s) ponto(s) crítico(s) (x_*) de $t(x)$, basta procuramos as soluções da equação $t'(x_*) = 0$, isto é,

$$\frac{1}{v_1}\left[\frac{(x_*-a_1)}{\sqrt{(x_*-a_1)^2+a_2^2}}-\frac{(b_1-x_*)}{\sqrt{(b_1-x_*)^2+b_2^2}}\right] \;=\; 0. \tag{5.9}$$

Apesar de estarmos computando o(s) ponto(s) crítico(s), para deduzir a lei de Snell-Descartes não é necessário o seu cálculo explícito. Basta examinar os triângulos retângulos AXM e BXN, onde $X = (x_*, 0)$, $M = (x_*, a_2)$ e $N = (x_*, b_2)$, mostrados na Figura 5.7(a). Para o triângulo AXM, observamos que

$$\mathrm{sen}(\theta_1) \;=\; \frac{(x_*-a_1)}{\sqrt{(x_*-a_1)^2+a_2^2}}$$

e, respectivamente, para o triângulo BXN,

$$\mathrm{sen}(\theta_2) \;=\; \frac{(b_1-x_*)}{\sqrt{(b_1-x_*)^2+b_2^2}}.$$

Substituindo essas expressões na equação (5.9), obtemos

$$\frac{\mathrm{sen}(\theta_1)}{v_1} = \frac{\mathrm{sen}(\theta_2)}{v_1} \tag{5.10}$$

ou, em outras palavras, $\theta_1 = \theta_2$, que é a lei de Snell-Descartes para o raio refletido.

5.4.2   Lei de Snell-Descartes para o raio transmitido

Para deduzirmos a lei de Snell-Descartes para o raio transmitido, procedemos de maneira similar à subseção anterior. Começamos considerando um caminho qualquer factível que parte de $A = (a_1, a_2)$, incide em $X = (x, 0)$ e vai para $C = (c_1, c_2)$, segundo mostrado pela linha tracejada na Figura 5.8(a).

Lei de Snell-Descartes

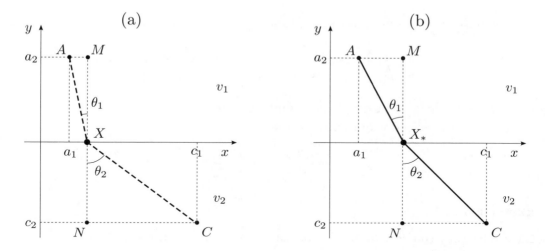

Figura 5.8: Em (a) a linha tracejada representa um caminho qualquer factível e em (b) a linha cheia representa o caminho ótimo que descreve o raio trasmitido, que satisfaz a Lei de Snell-Descartes.

Usando o teorema de Pitágoras, concluímos que os tempos de trânsito de A a X e de X a C são, respectivamente,

$$t_1(x) = \frac{\sqrt{(x-a_1)^2 + a_2^2}}{v_1}, \qquad (5.11)$$

$$t_3(x) = \frac{\sqrt{(c_1-x)^2 + c_2^2}}{v_2}. \qquad (5.12)$$

Somando-se os dois tempos, chegamos à expressão do tempo de trânsito total

$$t(x) = t_1(x) + t_3(x) = \frac{\sqrt{(x-a_1)^2 + a_2^2}}{v_1} + \frac{\sqrt{(c_1-x)^2 + c_2^2}}{v_2}, \qquad (5.13)$$

que representa o tempo que leva para ser percorrido o caminho de A até C, passando por X.

Computando a derivada de $t(x)$, obtemos

$$t'(x) = \frac{(x-a_1)}{v_1\sqrt{(x-a_1)^2 + a_2^2}} - \frac{(c_1-x)}{v_2\sqrt{(c_1-x)^2 + c_2^2}},$$

120   *Capítulo 5. Aplicações da derivada I - estudo de funções*

e, igualando-a a zero, obtemos a seguinte equação para determinarmos o ponto crítico

$$\frac{(x_* - a_1)}{v_1\sqrt{(x_* - a_1)^2 + a_2^2}} = \frac{(c_1 - x_*)}{v_2\sqrt{(c_1 - x_*)^2 + c_2^2}}\,.$$

Observando a Figura 5.8, deduzimos que essas expressões são os senos dos ângulos θ_1 e θ_2, fazendo com que se tornem

$$\frac{\mathrm{sen}(\theta_1)}{v_1} = \frac{\mathrm{sen}(\theta_2)}{v_2}\,.$$

Exercícios

5.5   Encontre a coordenada do ponto de reflexão e do ponto de transmissão, isto é, encontre explicitamente $x*$, tal que $t'(x*) = 0$, onde

     (a) $t(x)$ é o tempo do percurso de reflexão, dado por (5.8);

     (b) $t(x)$ é o tempo do percurso de transmissão, dado por (5.13).

5.6   Mostre que, tanto para o raio refletido quanto para o raio transmitido, o caminho ótimo acima é aquele que possui tempo mínimo. Para isso, calcule a derivada segunda do tempo de trânsito e deduza que $T''(x_*) > 0$.

Exercícios adicionais

5.7   Estude os intervalos de crescimento e decrescimento, determine seus pontos críticos (se houver) e faça um estudo das concavidades das seguintes funções:

     (a) $f(x) = 4x^3 - 12x^2$

     (b) $g(x) = 2x^2 + 8x - 7$

     (c) $h(x) = x^4 - 8x^3 + 18x^2 + 7$

5.8   Considere a função polinomial $p(x) = 2x^3 + 2x + 1$.

     (a)   Prove que p é uma função crescente;

     (b)   Prove que p não tem raízes positivas;

     (c)   Calcule os limites $\lim\limits_{x \to -\infty} p(x)$ e $\lim\limits_{x \to +\infty} p(x)$;

     (d)   Prove que p tem somente uma única raiz real e encontre um intervalo $[a, b]$ de comprimento menor do que $1/2$ que contenha essa raiz;

Exercícios adicionais 121

(e) Calcule p'' e determine os pontos de inflexão e os intervalos de concavidade;

(f) Esboce o gráfico de p.

5.9 Encontre e classifique todos os pontos críticos da seguintes funções:

(a) $a(x) = \dfrac{3}{2}x^4 - 6x + 2$

(b) $b(x) = (1 - 2x)e^{-x^2}$

(c) $c(x) = \operatorname{sen}(\pi^2 x^2)$

(d) $d(x) = (2x - 7)(x^2 - 15/2)^{1/2}$

(e) $e(x) = x^{2/3}(5 - 2x)$

(f) $f(x) = 2x - x\ln(x)$

(g) $g(x) = x^3(2 - x^2)^{3/2}$

(h) $h(x) = \dfrac{1 + \operatorname{sen}(x)}{1 - \operatorname{sen}(x)}$

5.10 Em relação à função gaussiana, definida por (3.1), resolva os seguintes itens:

(a) Calcule o ponto estacionário de (3.1) e mostre que $x_* = \mu$.

(b) Mostre que x_* é um máximo local, segundo o Teorema 5.2.

(c) Calcule os dois pontos de inflexão da gaussiana, p_1 e p_2, em que $p_2 > p_1$, e mostre que $p_2 - p_1 = 2\sigma$.

5.11 Mostre que a função $y = \operatorname{sinc}(x)$ satisfaz a seguinte equação diferencial ordinária de segunda ordem:
$$x\,y'' + 2y' + \pi^2 xy = 0\,,$$
conhecida como equação de Bessel de ordem zero. Para isso calcule as derivadas de primeira e segunda ordem de $\operatorname{sinc}(x)$, substitua-as no lado esquerdo da equação e verifique que o resultado vale zero.

5.12 Resolva os seguintes itens

(a) Calcule os pontos de mínimo, t_1 e t_2, da ondaleta de Ricker (3.4) e conclua que
$$t_2 - t_1 = \frac{\sqrt{6}}{\pi f_m}\,.$$

(b) Calcule as raízes, c_1 e c_2, da ondaleta de Ricker (3.4) e conclua que
$$c_2 - c_1 = \frac{\sqrt{2}}{\pi f_m}\,.$$

5.13 Calcule as derivadas de primeira e segunda ordem da ondaleta de Gabor (3.7) e descubra seus pontos críticos e de mudança de concavidade.

5.14 Em relação à função de Hubbert, definida por (3.13), resolva os seguintes itens:

(a) Calcule o ponto estacionário de (3.13) e mostre que $t_* = t_0 + \dfrac{\ln((r-p_0)/p_0)}{kr}$.

(b) Mostre que t_* é um máximo local, segundo o Teorema 5.2.

(c) Calcule a distância entre os dois pontos de inflexão da função de Hubbert.

5.15 (Widder, 1959) Um homem anda duas vezes mais rápido do que pode nadar e deseja atravessar uma piscina circular de raio r para o ponto diametralmente oposto, isto é, de P a P'. Considerando que na água ele nade somente em linha reta paralela a PP' de um ponto da borda a outro, qual o caminho que ele deve percorrer para minimizar o tempo? (Veja a Figura 5.9)

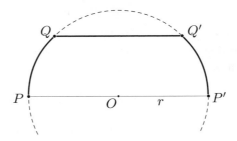

Figura 5.9: Trajetória plausível $PQQ'P'$ para o Exercício 5.15.

5.16 O gráfico da <u>derivada</u> $f'(x)$ de uma função contínua $f(x)$ é esboçado na figura a seguir. Baseando-se somente nas informações dadas pelo gráfico, resolva as seguintes questões:

(a) Determine os intervalos de crescimento e decrescimento da f.

(b) Determine os valores de x onde a função f tem mínimos locais ou máximo locais.

(c) Dê os intervalos de concavidade para cima e os de concavidade para baixo do gráfico da função f.

(d) Estabeleça as coordenadas x dos pontos de inflexão.

(e) Assuma que $f(0) = 0$ e faça um esboço do gráfico da função f.

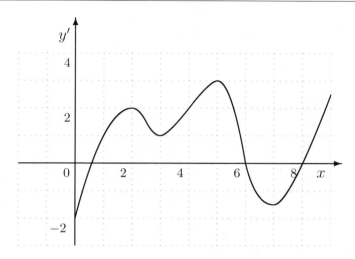

5.17 Em uma torre, de um ponto a 480 m acima do solo, uma pedra é arremessada para cima com uma velocidade de 20 m/s. Use em seus cálculos $g = 10$ m/s^2.

(a) Determine o tempo em que a pedra atinge a altura máxima em relação ao nível do solo.

(b) Determine a distância da pedra acima do nível do solo no instante t após o lançamento.

(c) Quanto tempo leva para a pedra atingir o solo?

(d) Com que velocidade ela atinge o solo?

(e) Qual é a distância total percorrida pela pedra desde seu arremesso até chegar ao chão?

5.18 Resolva os seguintes itens:

(a) Usando a regra do seno da soma de ângulos, mostre que
$$[\text{sen}(x)]' = \text{sen}(x + \pi/2).$$

(b) Usando a regra do seno da soma de ângulos, mostre que
$$[\text{sen}(x)]'' = \text{sen}(x + \pi).$$

(c) Observando os dois itens anteriores, mostre que
$$[\text{sen}(x)]^{(n)} = \text{sen}(x + n\pi/2).$$

(d) Pelos itens anteriores, verificamos que, para ir calculando as derivadas de ordem superiores da função seno, basta ir somando o fator $\pi/2$ ao seu argumento. Estabeleça uma regra similar para o cosseno.

124   *Capítulo 5. Aplicações da derivada I - estudo de funções*

5.19 Considere a função tempo de trânsito reescrita como $t(x) = \sqrt{f(x)}$, onde

$$f(x) = t_0^2 + \frac{4x^2}{v^2} + \frac{4t_0 \operatorname{sen}(\theta)\, x}{v}$$

é o radicando. Mostre que $f(x)$ é sempre maior que zero, por meio de duas maneiras independentes:

    (a)   mostre que a função $f(x)$ pode ser reescrita como $f(x) = a(x)^2 + b^2$, onde $a(x) = 2x/v + t_0 \operatorname{sen}(\theta)$ e $b = t_0 \cos(\theta)$. Deste modo, como $f(x)$ é a soma de duas quantidades maiores que zero, então também é maior que zero;

    (b)   calcule o ponto crítico de $f(x)$ e verifique que $f(x_*) > 0$ e $f''(x_*) > 0$, o que garante que x_* é um mínimo, cujo valor é maior que zero. Deste modo, $f(x) > f(x_*)$ para todo $x \in \mathbb{R}$.

5.20 Se as velocidades das camadas superior v_1 e inferior v_2 são tais que $v_1 < v_2$, use a lei de Snell-Descartes para descobrir se o ângulo de incidência é maior ou menor do que o ângulo de transmissão.

⚡5.21 Dados uma fonte sísmica em $S = (0,0)$, um geofone em $G = (2h,0)$ e o refletor plano Σ definido por

$$\Sigma \;=\; \{(x,z) \in \mathbb{R}^2 \,|\, z = b\,x + c\}, \tag{5.14}$$

que separa o meio em dois semiplanos homogêneos, onde v é o valor da velocidade do meio, use o princípio de Fermat para calcular o ponto $M = (x^*, z^*) \in \Sigma$ em que ocorre a reflexão.

Capítulo 6

Aplicações da derivada II - aproximação de Taylor

Neste capítulo, apresentaremos a segunda classe de aplicações da função derivada, que constitui as ferramentas de aproximação de funções, chamada *aproximação de Taylor*.

Esta aplicação trata da construção de funções polinomiais, chamadas polinômios de Taylor, que visam aproximar uma função segundo o critério bem estabelecido de que as derivadas até certa ordem do polinômio e da função dada sejam iguais em um ponto dado. Certamente o maior impacto do uso de polinômios de Taylor reside no fato de que podemos usá-los para aproximar funções complicadas, que, tipicamente, são composições e combinações complexas de funções elementares.

Vale mencionar que ao longo deste capítulo apresentamos aplicações dos polinômios de Taylor a problemas geofísicos, tais como: método do pêndulo para determinação da medida da gravidade residual, cálculo do campo elétrico devido a um dipolo e, por fim, as aproximações tanto para o tempo de trânsito de ondas sísmicas refletidas quanto para coeficientes de reflexão acústicos, ambos em meios multicamadas horizontais.

6.1 Aproximação de Taylor

Dentre as funções elementares, as funções polinomiais e racionais são as únicas que podem ser efetivamente computadas em números reais por meio das quatro operações algébricas. Todavia, em problemas aplicados frequentemente aparecem funções mais complicadas que não possuem esta característica, tais como combinações e composições de funções trigonométricas, exponenciais, logarítmicas, entre outras. Então, na prática, como se avalia tais funções em números reais? Sem entrar em detalhes, a resposta é parcialmente dada pela aproximação de Taylor, que busca encontrar uma função polinomial que realize a aproximação desejada.

Geralmente tais funções apresentam um domínio bem amplo, no entanto, nas aplicações estudadas, muitas vezes a variável independente varia em uma região bem limitada, tipicamente em uma vizinhança de um ponto. Nesta situação, portanto, passa a ser válida a seguinte pergunta:

Dado um ponto x_0, é possível aproximar uma função f por alguma função polinomial em seu entorno?

A aproximação de Taylor é uma resposta à questão. As subseções seguintes mostram como construir o polinômio de Taylor e, além disso, no Apêndice B é apresentada a argumentação de que o polinômio de Taylor realmente aproxima uma função em uma vizinhança do ponto dado.

6.1.1 Condições de interpolação

Para a construção de uma função polinomial de grau n, são necessárias $n+1$ condições (ou equações) que estabelecem os valores dos $n+1$ coeficientes a_k. Em particular, estabelecer diretamente os $n+1$ valores de a_k equivale a impor-lhes a seguinte condição: "eles *devem* valer aqueles tais valores".

A seguir são apresentados dois tipos de condições, dos quais o segundo é aquele que acaba por dar origem ao polinômio de Taylor.

Condições de interpolação pura

Já sabemos que dois pontos distintos no plano definem uma reta e que três pontos não colineares no plano definem uma parábola. Matematicamente, essas

Aproximação de Taylor

condições podem ser generalizadas a fim de se construir um polinômio de grau n dados $n+1$ pontos. Sendo assim, pode-se demonstrar que existe somente um polinômio de grau n que satisfaz às *condições de interpolação pura*:

$$
\begin{aligned}
p(x_0) &= y_0\,, \\
p(x_1) &= y_1\,, \\
p(x_2) &= y_2\,, \\
&\vdots \\
p(x_n) &= y_n\,,
\end{aligned}
$$

onde $x_k \neq x_j$ para todos $j \neq k$. Os valores y_n podem ser quaisquer. Se $y_k = f(x_k)$, isto é, se os y_k são amostras de uma função, então diz-se que a função polinomial $p(x)$ é o polinômio interpolador da função $f(x)$ nos pontos $x_0, x_1, \ldots, x_n$.

Um fato importante que deve ser ressaltado é que, para obtermos um polinômio de grau n, são necessários $n+1$ coeficientes, os quais são obtidos a partir das $n+1$ equações das condições de interpolação pura. Esse fato sempre deve ser mantido em qualquer tipo de condições de interpolação e, em particular, nas condições de interpolação de Hermite, vistas a seguir.

Condições de interpolação de Hermite

As condições de Hermite são focadas em um ponto x_0 e levam em conta as informações de uma função f dada e de suas derivadas neste ponto. A ideia básica é que a função polinomial a ser construída interpole não somente o valor da função f no ponto x_0, como também os valores de todas as derivadas até ordem n neste ponto. Mais precisamente, as condições de Hermite são

$$
\begin{aligned}
p(x_0) &= f(x_0)\,, \\
p'(x_0) &= f'(x_0)\,, \\
p''(x_0) &= f''(x_0)\,, \\
&\vdots \\
p^{(n)}(x_0) &= f^{(n)}(x_0)\,,
\end{aligned}
$$

onde $p(x)$ é a função polinomial a ser construída e $f(x)$ é uma função dada, que possa ser diferenciada até n vezes.

128 · *Capítulo 6. Aplicações da derivada II - aproximação de Taylor*

Por uma questão de conveniência, das várias maneiras de se representar uma mesma função polinomial (vistas na Seção 1.2.1), para a construção da aproximação de Taylor, escolhe-se a forma canônica centrada no ponto x_0:

$$p(x) = a_0 + a_1(x - x_0) + a_2(x - x_0)^2 + \cdots + a_n(x - x_0)^n. \tag{6.1}$$

Desta forma, a k-ésima derivada de $p(x)$ no ponto x_0 é

$$p^{(k)}(x_0) = a_k\,k!, \tag{6.2}$$

onde $k! = k \times (k-1) \times \cdots \times 2 \times 1$.

Portanto, inserindo a expressão das derivadas de p nas condições de Hermite, pode-se determinar facilmente os coeficientes a_k:

$$
\begin{aligned}
a_0 &= \frac{f(x_0)}{0!} = f(x_0), \\[6pt]
a_1 &= \frac{f'(x_0)}{1!} = f'(x_0), \\[6pt]
a_2 &= \frac{f''(x_0)}{2!} = \frac{f''(x_0)}{2}, \\[6pt]
a_3 &= \frac{f'''(x_0)}{3!} = \frac{f''(x_0)}{6}, \\[6pt]
&\;\;\vdots \\[6pt]
a_n &= \frac{f^{(n)}(x_0)}{n!} = \frac{f^{(n)}(x_0)}{n \cdot (n-1) \cdot (n-2) \cdots 3 \cdot 2 \cdot 1}.
\end{aligned}
$$

A conclusão é que as condições de Hermite levam à construção da seguinte função polinomial:

$$p_n(x) = f(x_0) + f'(x_0)\,(x - x_0) + \frac{f''(x_0)}{2}(x - x_0)^2 + \cdots + \frac{f^{(n)}(x_0)}{n!}(x - x_0)^n, \tag{6.3}$$

também conhecida como *polinômio de Taylor* de ordem n centrado em x_0.

Não é surpresa alguma que, da forma como foram impostas, tais condições indicam que o polinômio de Taylor é uma boa aproximação de f em torno de x_0. Afinal de contas, a função original e todas as suas derivadas em x_0 têm valor igual ao polinômio e todas as suas derivadas em x_0.

Já estamos próximos de responder à pergunta, por isso damos prosseguimento ao estudo do polinômio acima. Mais especificamente, devemos responder à nova pergunta: qual a relação do polinômio de Taylor com a função que o gerou?

Aproximação de Taylor 129

6.1.2 Polinômio de Taylor

Na seção anterior, vimos que o polinômio de Taylor tem sua definição estabelecida justamente no ato da escolha das condições de Hermite como as condições de interpolação. Alternativamente, mesmo sem usar o argumento das condições de Hermite, poderíamos desde o início ter definido *polinômio de Taylor* de ordem n de f centrado em x_0 pela seguinte expressão:

$$T_n(x) = \sum_{k=0}^{n} \frac{f^{(k)}(x_0)}{k!}(x - x_0)^n \tag{6.4}$$

e ter verificado as propriedades que tal polinômio possui. Resta saber qual a relação entre este novo objeto matemático, o polinômio de Taylor, e a função que o gerou.

Podemos demonstrar que o polinômio de Taylor $T_n(x)$ é o polinômio de grau n que melhor aproxima f na vizinhança de x_0. A prova desse resultado é deixada para o Apêndice B. Além disso, a partir da construção do polinômio de Taylor, pode-se chegar à definição da série de Taylor, que pode ser entendida como um "polinômio de Taylor com infinitos termos", apresentada com detalhes na Seção 11.5.1.

Por exemplo, para aproximarmos a função $f(x) = \text{sen}(x)$ por um polinômio de Taylor de terceiro grau em torno de $x_0 = 0$, temos que, primeiro, computar suas derivadas até terceira ordem. Sendo assim, temos que

$$f'(x) = \cos(x)\,,$$
$$f''(x) = -\text{sen}(x)\,,$$
$$f'''(x) = -\cos(x)\,,$$

fazendo com que os coeficientes sejam

$$a_0 = f(0) = \text{sen}(0) = 0\,,$$
$$a_1 = \frac{f'(0)}{1!} = \frac{\cos(0)}{1!} = 1\,,$$
$$a_2 = \frac{f''(0)}{2!} = \frac{-\text{sen}(0)}{2!} = 0\,,$$
$$a_3 = \frac{f'''(0)}{3!} = \frac{-\cos(0)}{3!} = -1/6\,,$$

Portanto o polinômio de Taylor de terceira ordem em torno de $x_0 = 0$ para a função seno é
$$p_3(x) = x - \frac{1}{6}x^3.$$

Vale ressaltar que o processo de construção do polinômio de Taylor é iterativo, de modo que, para construir os polinômios de ordens subsequentes, basta ir acrescentando os termos das potências correspondentes. Isto quer dizer que os polinômios de Taylor de quinta e sétima ordem são

$$p_5(x) = p_3(x) + \frac{1}{120}x^5 = x - \frac{1}{6}x^3 + \frac{1}{120}x^5 \qquad (6.5)$$
$$\text{e} \qquad (6.6)$$
$$p_7(x) = p_5(x) - \frac{1}{5040}x^7 = x - \frac{1}{6}x^3 + \frac{1}{120}x^5 - \frac{1}{5040}x^7. \qquad (6.7)$$

De certo modo, podemos dizer que p_1 está incluído em p_3, que por sua vez está incluído em p_5 e assim por diante. Confira pela Figura 6.1 o quanto os polinômios de Taylor $p_3(x)$, $p_5(x)$ e $p_7(x)$ aproximam a função sen(x) na vizinhança de $x = 0$.

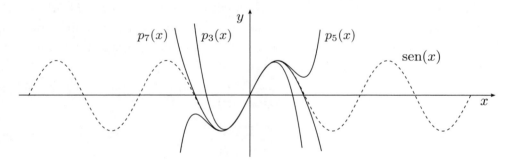

Figura 6.1: Os gráficos da função sen(x) em linha tracejada e de seus polinômios de Taylor de terceira, quinta e sétima ordem centrados em $x = 0$ em linhas cheias.

Exercícios

6.1 Calcule o polinômio de Taylor de segunda ordem centrado em $x_0 = 0$ das seguintes funções:

(a) $f(x) = \mathrm{sen}(\pi x) + \cos(\pi x)$ (c) $h(x) = \ln(x + 1)$

(b) $g(x) = \sqrt{x + 1}$ (d) $i(x) = 1 + x + x^2 + x^3 + x^4$

6.2 Calcule o polinômio de Taylor de quarta ordem centrado em $x_0 = 0$ das seguintes funções:

(a) $f(x) = \mathrm{sinc}(x) = \dfrac{\mathrm{sen}(\pi x)}{\pi x}$ (c) $h(x) = \ln(x^2 + 1)$

(b) $g(x) = \sqrt{x^2 + 1}$ (d) $i(x) = \dfrac{x^2 + 1}{x^2 - 1}$

6.2 Método do pêndulo para medição da gravidade residual

Em geral, os métodos geofísicos que fazem uso de dados do campo gravitacional têm dois objetivos principais. O primeiro procura medir com grande precisão a aceleração da gravidade em todo o globo, dando origem à chamada *gravidade absoluta* ou *normal*. O segundo, relacionado aos *métodos gravimétricos*, busca medir a variação da gravidade em relação a uma medida padrão obtida em uma estação em que se considera conhecida a gravidade com grande precisão, que pode ser a própria medida da gravidade normal. A partir desta variação espacial da gravidade, chamada *gravidade residual*, é possível inferir quantitativamente sobre as densidade dos corpos geológicos presentes principalmente na crosta terrestre.

Em ambos os casos, o pêndulo simples pode ser usado para se colher as medidas gravimétricas. Em particular, para o caso da gravidade residual, Pierre Bouguer, em 1794, introduziu uma maneira de se medir a variação da gravidade por meio do estudo do período de oscilação de um pêndulo simples (Reynolds, 1998). Tal método consiste em usar o mesmo pêndulo para medir o período em diversos locais distintos, mantendo o restante das condições idênticas.

Para o pêndulo, a equação que relaciona a gravidade g ao seu comprimento ℓ e ao seu período de oscilação τ é $g = 4\pi^2 \ell / \tau^2$. Porém, assumindo que o comprimento do pêndulo não varia, consideramos a gravidade local como uma função que depende somente do período medido, isto é

$$g = f(\tau) = \frac{4\pi^2 \ell}{\tau^2} \,. \tag{6.8}$$

132   *Capítulo 6. Aplicações da derivada II - aproximação de Taylor*

Adicionalmente, estabelecemos que o valor da gravidade medido na estação-base vale g_1, isto é $g_1 = f(\tau_1)$, onde τ_1 é o período medido na estação-base.

Calculando o polinômio de Taylor de primeira ordem em torno de $\tau = \tau_1$, obtemos

$$p(\tau) = f(\tau_1) + f'(\tau_1)(\tau - \tau_1)$$
$$= f(\tau_1) - \frac{8\pi^2 \ell}{\tau^3}(\tau - \tau_1),$$

em que fica como exercício o cálculo da derivada de primeira ordem de $f(\tau)$. Calculando $p(\tau)$ em τ_2, temos que

$$p(\tau_2) = f(\tau_1) - \frac{8\pi^2 \ell}{\tau_1^3}(\tau_2 - \tau_1).$$

Portanto, definindo a variação da gravidade medida nos dois pontos como sendo $\delta g = g_2 - g_1$ e assumindo que $g_2 = p(\tau_2)$, temos que

$$\delta g = p(\tau_2) - g_1 = f(\tau_1) - \frac{8\pi^2 \ell}{\tau_1^3}(\tau_2 - \tau_1) - g_1 = -\frac{8\pi^2 \ell}{\tau_1^3}(\tau_2 - \tau_1).$$

Por outro lado, observando que $g_1 = 4\pi^2 \ell / \tau_1^2$, temos que a gravidade residual é dada por

$$\delta g = 2g_1 \frac{\tau_1 - \tau_2}{\tau_1},$$

que é uma expressão que depende apenas dos dois períodos medidos e da gravidade absoluta g_1 medida na estação-base. Observe que esta expressão independe do valor do comprimento do pêndulo.

Vale observar que a aplicabilidade deste método em medidas de campo é restrita, pois, para atingir a precisão de 1 mGal, os períodos τ_1 e τ_2 devem ser medidos durante experimentos com duração de trinta minutos, no mínimo. Para métodos mais modernos de medição da gravidade, consulte Reynolds (1998) e Telford *et al.* (1990).

Exercícios

6.3   Calcule a derivada de primeira ordem de (6.8) e mostre que

$$f'(\tau) = -\frac{8\pi^2 \ell}{\tau^3}.$$

6.4 Calcule a derivada de segunda ordem de (6.8) e mostre que

$$f''(\tau) = \frac{24\pi^2 \ell}{\tau^4}.$$

Usando tal expressão, construa o polinômio de Taylor de segunda ordem para o período de um pêndulo.

6.3 Campo elétrico de um dipolo

Considere duas cargas de mesma intensidade com sinais opostos, (q e $-q$), separadas por uma distância h, em um meio com permissividade elétrica ε. Sem perda de generalidade podemos considerar que tais cargas estejam dispostas verticalmente no eixo-y em $Q^+ = (0, h/2)$ e $Q^- = (0, -h/2)$ (Veja Figura 6.2).

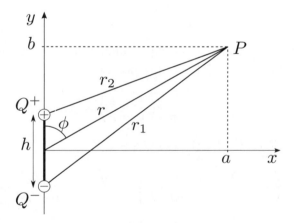

Figura 6.2: Um esquema representativo de um dipolo com cargas em $(0, -h/2)$ e $(0, h/2)$. Observe que, ao contrário do que o esquema sugere visualmente, assume-se que $h \ll r$ para que o campo elétrico seja gerado por um dipolo.

Dada esta configuração, desejamos obter uma expressão para o potencial elétrico em um ponto $P = (a, b)$, assumindo que a distância entre as cargas seja muito menor do que a distância do ponto P ao ponto médio entre as cargas, isto é, assumimos que

$$h \ll r, \tag{6.9}$$

134   *Capítulo 6. Aplicações da derivada II - aproximação de Taylor*

onde $r = \sqrt{a^2 + b^2}$. Essa configuração composta por dois polos juntamente com a hipótese (6.9) é chamada de *dipolo*. Desta forma, o campo elétrico passa a ser compreendido como um campo gerado por uma única fonte pontual especial (o dipolo) e não mais como um campo gerado por duas fontes pontuais distintas.

O potencial elétrico medido em (a, b) é dado por

$$E = f(h) = \frac{q}{4\pi\varepsilon} \left(\frac{1}{r_1(h)} - \frac{1}{r_2(h)} \right), \tag{6.10}$$

onde as distâncias r_1 e r_2 são funções de h, dadas por

$$r_1(h) = \sqrt{a^2 + (b - h/2)^2} \qquad e \qquad r_2(h) = \sqrt{a^2 + (b + h/2)^2}.$$

Como h é muito pequeno em comparação a r, podemos construir um polinômio de Taylor de primeira ordem para E em torno de $h = 0$, isto é

$$p_1(h) = f(0) + f'(0)h, \tag{6.11}$$

e assumir a aproximação $E \approx p_1(h)$. Em primeiro lugar, como $r_1(0) = r_2(0) = r$, quando avaliamos a função em $h = 0$, obtemos $f(0) = 0$, pois

$$f(0) = \frac{q}{4\pi\varepsilon} \left(\frac{1}{r} - \frac{1}{r} \right) = 0.$$

Procedendo com o cálculo de $f'(h)$, temos que

$$f'(h) = \frac{q}{4\pi\varepsilon} \left[\left(\frac{1}{r_1(h)} \right)' - \left(\frac{1}{r_2(h)} \right)' \right] = \frac{q}{4\pi\varepsilon} \left[-\frac{r_1'(h)}{(r_1(h))^2} + \frac{r_2'(h)}{(r_2(h))^2} \right].$$

Fica como exercício o cálculo das derivadas $r_1'(h)$ e $r_2'(h)$, que são dadas por

$$r_1'(h) = -\frac{(b - h/2)}{2r_1(h)} \tag{6.12}$$

$$r_2'(h) = \frac{(b + h/2)}{2r_2(h)}. \tag{6.13}$$

Portanto, $f'(h)$ é dada por

$$f'(h) = \frac{q}{4\pi\varepsilon} \left[\frac{(b - h/2)}{2(r_1(h))^3} + \frac{(b + h/2)}{2(r_2(h))^3} \right],$$

Tempo de reflexão de ondas sísmicas em meios multicamadas   135

fazendo com que

$$f'(0) = \frac{q}{4\pi\varepsilon}\frac{b}{r^3} \ .$$

Por fim, inserindo os termos $f(0)$ e $f'(0)$ em (6.11), obtemos o polinômio de Taylor de primeira ordem, que aproxima a expressão do campo elétrico para um dipolo

$$p_1(h) = \frac{qh}{4\pi\varepsilon}\frac{b}{r^3} \ .$$

Introduzindo a quantidade $m = qh$, chamada *momento do dipolo*, e o ângulo ϕ definido por $\cos(\phi) = b/r$ (Veja Figura 6.2), obtemos a expressão do campo elétrico para um dipolo

$$E = \frac{m}{4\pi\varepsilon}\frac{\cos(\phi)}{r^2} \ , \tag{6.14}$$

que pode ser considerada como uma função de duas variáveis, r e ϕ. Entretanto, para um ângulo fixo $\phi = \phi_0$ o campo elétrico é uma função potência de r ($E \propto r^{-2}$) e, por outro lado, para uma distância fixa $r = r_0$, o campo elétrico é uma função trigonométrica de ϕ ($E \propto \cos(\phi)$).

Exercícios

6.5 Calcule as derivadas de $r_1(h)$ e $r_2(h)$ e chegue, respectivamente, às expressões (6.12) e (6.13).

6.6 Caso o dipolo fosse formado por duas cargas pontuais de mesmo sinal q, mostre que o polinômio de Taylor de primeira ordem se reduz ao polinômio de ordem zero, indicando que o dipolo reproduz uma fonte pontual de carga $2q$.

6.4 Tempo de reflexão de ondas sísmicas em meios multicamadas

Uma boa parte do processamento sísmico é dedicada à elaboração de uma seção de velocidades de ondas sísmicas em profundidade e também na elaboração de uma seção sísmica chamada *seção empilhada* (Yilmaz, 2001). Ambos processos dependem basicamente de uma fórmula que relacione o *afastamento*, que é a distância entre fonte e o receptor, ao *tempo de trânsito de reflexão*, que é o tempo que leva para que uma onda gerada na fonte refletir em uma interface e ser registrada no receptor.

Capítulo 6. Aplicações da derivada II - aproximação de Taylor

Na literatura especializada, existem várias fórmulas de tempo de trânsito, cada qual associada a um modelo geológico subjacente ou à qualidade de aproximação. No exemplo que iremos apresentar, consideramos um meio multicamadas horizontais, composto por n camadas homogêneas, cada qual com a sua espessura H_k e velocidade v_k própria, para $k = 1, \ldots, n$. Além disso, por hipótese, assumiremos que o campo de ondas é constituído por frentes de onda que se movimentam ao longo de trajetórias chamadas *raios*, que são caminhos ortogonais às próprias frentes de onda.

Suponha que um raio seja emitido pela fonte posicionada na superfície em x_S em direção à subsuperfície, fazendo um ângulo $\theta = \theta_1$ com a vertical, atravesse as n camadas, seja refletido na interface inferior da n-ésima camada e percorra novamente as n camadas para cima, sendo finalmente registrado no receptor posicionado na superfície em x_G (veja Figura 6.3). O problema a ser resolvido é determinar uma expressão para o tempo de trânsito de reflexão para a onda refletida na interface mais profunda, em função do meio afastamento h, que é a metade da distância entre x_G e x_S.

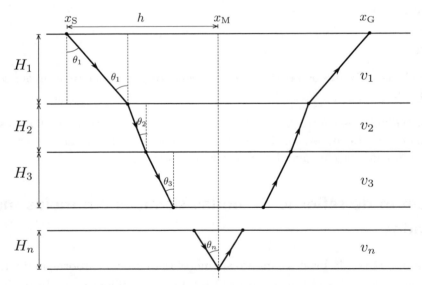

Figura 6.3: Modelo com n camadas horizontais e homogêneas.

Em primeiro lugar, iremos definir algumas quantidades auxiliares. Seja p uma constante que depende somente do ângulo inicial θ_1, que pode ser definida por meio

Tempo de reflexão de ondas sísmicas em meios multicamadas 137

da aplicação da Lei de Snell-Descartes nas interfaces, isto é,

$$\frac{\text{sen}(\theta_1)}{v_1} = \frac{\text{sen}(\theta_2)}{v_2} = \cdots = \frac{\text{sen}(\theta_n)}{v_n} = p\,. \tag{6.15}$$

Convencionamos chamar p como o *parâmetro do raio*. Sendo assim, usando a definição de p, podemos considerar expressões alternativas para os senos dos ângulos de incidência, isto é, usando a equação acima, obtemos

$$\text{sen}(\theta_k) = v_k p\,, \tag{6.16}$$

para $k = 1, \ldots, n$. Além disso, seja ℓ_k o comprimento do segmento do raio que percorre a camada k. Usando o teorema de Pitágoras, observamos que

$$\ell_k = \frac{H_k}{\cos(\theta_k)} = \frac{H_k}{\sqrt{1 - \text{sen}^2(\theta_k)}}\,.$$

Usando a expressão recém-calculada para os senos dos ângulos de incidência, temos que

$$\ell_k = \frac{H_k}{\sqrt{1 - (v_k p)^2}}\,. \tag{6.17}$$

O tempo de trânsito total da reflexão é a soma de todos os tempos individuais de cada hipotenusa contada duas vezes (uma vez para o raio descendente, outra, para o raio ascendente), isto é,

$$T = \frac{2\ell_1}{v_1} + \frac{2\ell_2}{v_2} + \cdots + \frac{2\ell_n}{v_n}\,.$$

Portanto, substituindo as expressões para ℓ_k, dada por (6.17), o tempo de trânsito de reflexão em função do parâmetro do raio é dado por

$$T(p) = \frac{2H_1}{v_1\sqrt{1 - (v_1 p)^2}} + \frac{2H_2}{v_2\sqrt{1 - (v_2 p)^2}} + \cdots + \frac{2H_n}{v_n\sqrt{1 - (v_n p)^2}}\,,$$

ou, ainda, mais sucintamente,

$$T(p) = \sum_{k=1}^{n} \frac{2H_k}{v_k\sqrt{1 - (v_k p)^2}}\,. \tag{6.18}$$

138   *Capítulo 6. Aplicações da derivada II - aproximação de Taylor*

Observamos que para $p = 0$ a expressão se torna

$$t_0 \overset{\text{def}}{=} T(0) = \sum_{k=1}^{n} \frac{2H_k}{v_k} \,, \tag{6.19}$$

quantidade que denominamos *tempo de afastamento nulo* e denotamos por t_0. Além disso, introduzimos, por conveniência, a notação $\Delta t_{0,k}$ para cada termo do somatório, isto é,

$$\Delta t_{0,k} = \frac{2H_k}{v_k} \,, \tag{6.20}$$

que representa o tempo de ida e volta que a onda vertical leva para para percorrer a k-ésima camada.

Por outro lado, com auxílio da Figura 6.3, podemos observar que a soma de todas projeções horizontais de cada segmento ℓ_k resulta no meio-afastamento h, isto é,

$$h = \ell_1 \operatorname{sen}(\theta_1) + \ell_2 \operatorname{sen}(\theta_2) + \cdots + \ell_n \operatorname{sen}(\theta_n) \,.$$

Porém, usando as expressões (6.16) e (6.17), para substituir ℓ_k e $\operatorname{sen}(\theta_k)$ respectivamente, obtemos

$$h(p) = \frac{v_1 p H_1}{\sqrt{1 - (v_1 p)^2}} + \frac{v_2 p H_2}{\sqrt{1 - (v_2 p)^2}} + \cdots + \frac{v_n p H_n}{\sqrt{1 - (v_n p)^2}} \,, \tag{6.21}$$

ou, ainda,

$$h(p) = p \, q(p) \,, \tag{6.22}$$

onde $q(p)$ é uma função auxiliar definida por

$$q(p) = \sum_{k=1}^{n} \frac{v_k H_k}{\sqrt{1 - (v_k p)^2}} \,. \tag{6.23}$$

Aproveitando a definição da função auxiliar $q(p)$ acima, introduzimos a constante $q_0 = q(0)$, que se mostrará útil mais adiante,

$$q_0 \overset{\text{def}}{=} q(0) = \sum_{k=1}^{n} v_k H_k \,. \tag{6.24}$$

Tempo de reflexão de ondas sísmicas em meios multicamadas 139

Resumindo, as equações (6.18) e (6.22) formam um sistema não linear de duas equações e três incógnitas $(h, T$ e $p)$, implicando que há um grau de liberdade. Sendo assim, nosso objetivo é eliminar a incógnita p do sistema de modo a ficarmos com somente uma equação que envolva as variáveis T e h, em que preferivelmente uma das variáveis, por exemplo, T, esteja em função da outra, por meio de uma relação funcional do tipo

$$T = f(h). \tag{6.25}$$

Entretanto, como podemos perceber, como as equações são não lineares, não é possível obter explicitamente uma função deste tipo. Portanto, o que abordaremos nas subseções seguintes são maneiras de se obter aproximações para uma relação funcional entre T e h.

6.4.1 Aproximação pelo método da composição gráfica

Nesta seção apresentamos uma metodologia que aqui denominamos *método da composição gráfica* para se determinar o tempo de trânsito de reflexão de uma onda em função do meio-afastamento para um meio multicamadas horizontais, isto é apresentamos um método para a construção da função $T = T(h)$.

Basicamente a estratégia adotada pelo método é combinar a informação fornecida pelos gráficos das funções $T = T(p)$ e $h = h(p)$, dadas por (6.18) e (6.22), para construir a função $T = T(h)$, para $h \in [0, h_{\text{máx}}]$.

Sendo assim, o método da composição gráfica (Figura 6.4) é composto pelos seguintes passos:

P1. Definir a variável p, que varia no intervalo $[0, s_m]$ onde $s_m = 1/\min_k(v_k)$;

P2. Construir os gráficos das funções $T = T(p)$ e $h = h(p)$, dadas pelas equações (6.18) e (6.22), respectivamente. Veja Figura 6.4;

P3. Para cada h_j, determinar graficamente a interseção entre a reta $h = h_j$ e o gráfico da função $h(p)$. A partir da interseção, traçar uma reta vertical até o eixo horizontal e determinar o número p_j. Esta etapa, portanto, acha p_j tal que $h(p_j) = h_j$.

P4. Com o número p_j, determinado no passo anterior, traçar uma reta vertical que intercepte o gráfico de $T = T(p)$, para, enfim, determinar o valor $T_j = T(p_j)$.

Após a sequência de passos, para um dado h_j arbitrário no intervalo $[0, h_{\text{máx}}]$, determinamos um valor T_j, estabelecendo, portanto, uma relação funcional entre T e h, do tipo $T = T(h)$.

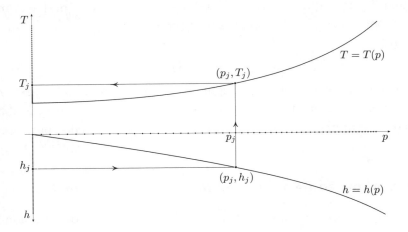

Figura 6.4: Esquema da aproximação gráfica para a construção da função que relaciona o tempo de trânsito ao meio-afastamento, $T = T(h)$. Para um dado h_j, usando o gráfico da função $h = h(p)$ determinamos p_j, para em seguida determinarmos T_j, usando o gráfico da função $T = T(p)$.

Observe que devemos assumir que a função $h(p)$ admite função inversa, mesmo que não seja algebricamente possível calculá-la. De fato, observando o gráfico da função $h(p)$, notamos que é uma função estritamente crescente, de modo que cada valor de p está associado a um valor de h e vice-versa, fazendo com que a função inversa $p = p(h)$ exista. Entretanto, devemos nos assegurar que a função $h(p)$, definida em (6.22), é realmente uma função crescente. Para isto, analisamos o sinal da derivada de $h(p)$, dada por

$$h'(p) = (p\,q(p))' = q(p) + p\,q'(p)$$

onde $q(p)$ é dada por (6.23). Computando a derivada de q, obtemos

$$q'(p) = p \sum_{k=1}^{n} \frac{v_k^3 H_k}{\left[1 - (v_k p)^2\right]^{3/2}}$$

Tempo de reflexão de ondas sísmicas em meios multicamadas 141

fazendo com que $h'(p)$ seja

$$h'(p) = q(p) + p^2 \sum_{k=1}^{n} \frac{v_k^3 H_k}{\left[1 - (v_k p)^2\right]^{3/2}} = \sum_{k=1}^{n} \frac{v_k H_k}{\left[1 - (v_k p)^2\right]^{3/2}}.$$

Como $h'(p)$ é uma soma finita de termos positivos, concluímos que $h'(p)$ também tem o sinal positivo, mostrando que a função $h(p)$ é crescente. Isso quer dizer que a função $h(p)$ é inversível, fazendo com que o método da composição gráfica seja viável.

6.4.2 Aproximação parabólica

Observando que as equações (6.18) e (6.22) constituem um sistema de duas equações a três incógnitas, T, h e p, o procedimento mais natural é eliminar a variável p, chegando a uma expressão do tipo $T = T(h)$. Entretanto, como o sistema em questão é não linear tal procedimento é bem difícil, senão impossível, de ser realizado.

Embora não consigamos definir explicitamente uma função $T = T(h)$ a partir da eliminação de p das equações (6.18) e (6.22), ao menos podemos definir teoricamente uma função composta

$$t(h) = T(p(h)), \tag{6.26}$$

que representa o tempo de percurso do raio refletido em função do meio afastamento.

Entretanto, como já foi dito, não é simples invertermos a equação (6.22) de modo a encontrar uma expressão explícita do tipo $p = p(h)$, em que o parâmetro do raio p dependa explicitamente do meio-afastamento h. Ainda assim, podemos partir da função composta em (6.26) para construirmos um polinômio de Taylor de ordem 2 em torno de $h = 0$, isto é,

$$t_p(h) = t(0) + t'(0)h + \frac{t''(0)}{2}h^2,$$

que, neste contexto, convencionamos denominar *aproximação parabólica* do tempo de trânsito de reflexão.

Para o termo de ordem zero da aproximação, observamos que $h = 0$ implica em que $p = 0$ e vice-versa, portanto,

$$t(0) = T(p(0)) = T(0) = t_0,$$

que é dado pela equação (6.19).

Para o cálculo das derivadas $t'(h)$ e $t''(h)$, temos que observar a regra da cadeia, isto é,

$$t'(h) = T'(p(h))p'(h)$$

e

$$t''(h) = T''(p(h))[p'(h)]^2 + T'(p(h))p''(h) \,.$$

Vamos computar as derivadas $T'(p)$ e $T''(p)$, que aparecem nas expressões acima. Sendo assim

$$T'(p) = 2p \sum_{k=1}^{n} \frac{v_k H_k}{\left[1 - (v_k p)^2\right]^{3/2}}$$

e

$$T''(p) = 2 \sum_{k=1}^{n} \frac{v_k H_k}{\left[1 - (v_k p)^2\right]^{3/2}} + 6p \sum_{k=1}^{n} \frac{v_k^3 H_k}{\left[1 - (v_k p)^2\right]^{5/2}} \,,$$

implicando que

$$T'(0) = 0$$

e

$$T''(0) = 2 \sum_{k=1}^{n} v_k H_k = 2\,q_0 \,,$$

onde a constante q_0 está definida em (6.24).

Portanto, temos que computar somente a derivada $p'(h)$, pois a derivada de segunda ordem $p''(0)$ aparece multiplicada por $T'(0) = 0$, fazendo com que seu cálculo não seja necessário. Apesar de não dispormos de uma função do tipo $p = p(h)$ explicitamente, podemos usar a equação (6.22) para calcular $p'(h)$ implicitamente, obtendo

$$1 = p'(h)q(p(h)) + p(h)q'(p(h))p'(h) \,.$$

Isolando a derivada procurada, chegamos a

$$p'(h) = \frac{1}{q(p(h)) + p(h)q'(p(h))} \,.$$

Tempo de reflexão de ondas sísmicas em meios multicamadas 143

Avaliando a expressão acima em $h = 0$, obtemos

$$p'(0) = \frac{1}{q(0) + p(0)q'(0)} = \frac{1}{q(0) + 0} = \frac{1}{q_0}, \qquad (6.27)$$

onde foi usado o fato de que $p(0) = 0$.

Sendo assim, as expressões para $t'(0)$ e $t''(0)$ são, respectivamente,

$$t'(0) = T'(0)p'(0) = 0$$

e

$$t''(0) = T''(0)[p'(0)]^2 + T'(0)p''(0) = 2\frac{q_0}{q_0^2} + 0 = 2\frac{1}{q_0},$$

fazendo com que a aproximação de Taylor de ordem dois em torno de $h = 0$ seja

$$t_p(h) = t_0 + \frac{h^2}{q_0}, \qquad (6.28)$$

onde q_0 é definido pela equação (6.24). Como já mencionamos anteriormente, a expressão acima é conhecida por *aproximação parabólica* do tempo de trânsito de reflexão.

6.4.3 Aproximação hiperbólica

Na subseção anterior deduzimos a fórmula da aproximação parabólica do tempo de trânsito (6.28). Entretanto vale observar que, para o meio mais simples, composto somente por uma camada homogênea e horizontal de espessura H com velocidade v, o tempo de trânsito de reflexão modelado pela aproximação parabólica é dado por

$$t_p(h) = t_0 + \frac{h^2}{vH}.$$

Porém, para este meio simples, o tempo de trânsito é exatamente modelado por uma hipérbole que pode ser representada por

$$t(h)^2 = t_0^2 + \frac{4h^2}{v^2}.$$

Este fato nos motiva a procurar uma aproximação tal que pelo menos no meio mais simples representasse exatamente o tempo de trânsito. Dada esta motivação,

Capítulo 6. Aplicações da derivada II - aproximação de Taylor

a partir da aproximação de Taylor de ordem dois calculada anteriormente, podemos construir a chamada *aproximação hiperbólica* do tempo de trânsito. Para isso, em primeiro lugar consideramos o quadrado da aproximação parabólica, isto é,

$$t_p(h)^2 = \left(t_0 + \frac{h^2}{q_0}\right)^2 = t_0^2 + \frac{2t_0}{q_0}h^2 + \frac{1}{q_0^2}h^4\,,$$

em seguida desprezamos o termo de ordem h^4 e por fim tomamos a raiz quadrada de ambos os lados. A nova expressão resultante, que não é mais a aproximação parabólica, é dada por

$$t_{\text{hyp}}(h) = \sqrt{t_0^2 + \frac{2t_0}{q_0}h^2}\,. \tag{6.29}$$

Para completar a definição de $t_{\text{hyp}}(h)$, temos ainda que determinar explicitamente t_0/q_0 em função dos parâmetros geológicos. Para isso usamos a definição de t_0 e q_0, obtendo

$$\frac{q_0}{t_0} = \frac{\sum_{k=1}^{n} v_k H_k}{\sum_{k=1}^{n} \Delta t_{0,k}} = \frac{1}{2}\frac{\sum_{k=1}^{n} \Delta t_{0,k}\, v_k^2}{\sum_{k=1}^{n} \Delta t_{0,k}}\,,$$

onde foi usado a relação $H_k = v_k \Delta t_{0,k}/2$. Podemos observar que a razão à direita é uma média ponderada dos quadrados das velocidades das camadas, isto é,

$$\frac{q_0}{t_0} = \sum_{k=1}^{n} \lambda_k\, v_k^2\,,$$

onde $\lambda_k = \Delta t_{0,k}/t_0$. Esta observação leva à definição da velocidade RMS (do inglês, *Root Mean Square*) como sendo

$$\mathcal{V} = \left[\frac{\sum_{k=1}^{n} \Delta t_{0,k}\, v_k^2}{\sum_{k=1}^{n} \Delta t_{0,k}}\right]^{1/2}\,, \tag{6.30}$$

fazendo com que

$$\frac{q_0}{t_0} = \frac{1}{2}\mathcal{V}^2\,. \tag{6.31}$$

Por fim, substituindo o quociente q_0/t_0 dado por (6.31) na expressão (6.29), obtemos a seguinte aproximação para o tempo de trânsito

$$t_{\text{hyp}}(h) = \sqrt{t_0^2 + \frac{4h^2}{\mathcal{V}^2}}\,, \tag{6.32}$$

Tempo de reflexão de ondas sísmicas em meios multicamadas 145

também conhecida por *fórmula do tempo de trânsito hiperbólico*, onde $\mathcal{V}$ é a velocidade RMS dada por (6.30) e h é o meio-afastamento.

Vale observar que a fórmula do tempo de trânsito hiperbólico também poderia ter sido obtida construindo-se a aproximação de Taylor de ordem dois da função auxiliar $\tau(h) = [T(h)]^2$. Esta dedução fica como exercício.

6.4.4 Comparação entre as aproximações dos tempos de trânsito

Para ilustrar o quanto as aproximações apresentadas efetivamente aproximam o tempo de trânsito de reflexão, tomamos como exemplo um modelo geológico composto por quatro camadas plano-paralelas, cujos parâmetros são aqueles apresentados na Tabela 6.1.

Tabela 6.1: Parâmetros do modelo geológico utilizado para comparação das aproximações do tempo de trânsito de reflexão.

Camada	1	2	3	4
Espessura (m)	300	800	1.200	800
Velocidade (m/s)	2.000	4.500	3.800	2.200

Na Figura 6.5, observamos graficamente o resultado da comparação entre os três métodos para o cálculo do tempo de trânsito de reflexão. À esquerda, são mostrados traços sísmicos sintéticos que compõem a seção CMP (do inglês, *Common-Mid Point*), que é a seção sísmica para o caso em que os pares fonte-geofone estão dispostos simetricamente em relação a um ponto médio comum. Observe que adotamos a representação gráfica usualmente utilizada pela comunidade geofísica, em que o eixo vertical aponta para baixo.

Podemos observar quatro eventos curvos hiperbólicos (ou mais precisamente um hiperbólico e três quasi-hiperbólicos), correspondentes às reflexões primárias ocorridas nas quatro interfaces geológicas, e um evento reto, correspondente à onda direta, que é assintótico ao primeiro evento de reflexão.

As curvas em linha cheia são o resultado do método da composição gráfica, que consideramos como sendo a melhor aproximação, servindo como base de comparação. Podemos observar que a aproximação hiperbólica, representada pelas linhas tracejadas, é exata para o primeiro evento de reflexão, pois este fato é a base para

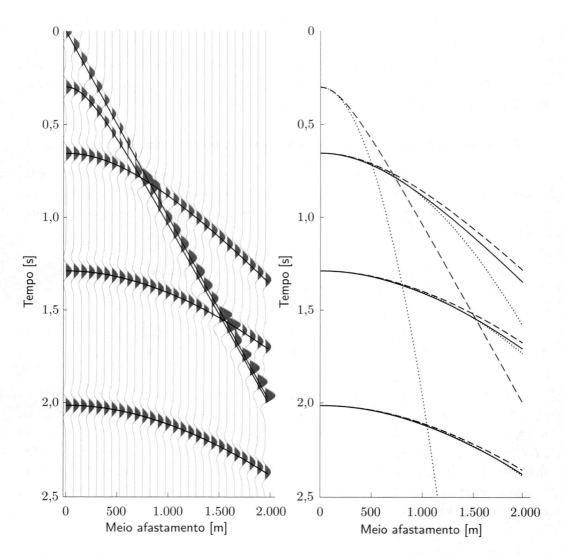

Figura 6.5: À esquerda, a seção sísmica sintética com o evento direto e os eventos de reflexão gerados a partir dos tempos de trânsito calculados pelo método da composição gráfica, os quais são representados graficamente pelas linhas cheias. À direita, são mostradas as curvas de tempo de trânsito geradas por: método da composição gráfica (linhas cheias), aproximação hiperbólica (linhas tracejadas) e aproximação parabólica (linhas pontilhadas).

Aproximação para o coeficiente de reflexão acústico 147

a sua construção. Nos eventos de reflexão posteriores, a aproximação hiperbólica subestima os valores do tempo de trânsito.

As curvas em linha pontilhada representam as aproximações parabólicas dos eventos de reflexão. Para o primeiro evento, a aproximação parabólica apresenta um péssimo desempenho em aproximar o primeiro evento de reflexão. Porém para este exemplo a aproximação parabólica aparentemente mostra ser melhor do que a hiperbólica, ao menos quando inspecionamos visualmente o terceiro e quarto eventos. Entretanto este fato só é verdade para a faixa de valores do meio afastamento considerada neste exemplo. Com efeito, caso estendêssemos suficientemente o valor máximo de h, observaríamos que a aproximação parabólica iria se tornar altamente ineficiente para os terceiro e quarto eventos de reflexão.

Exercícios

6.7 Considerando a função auxiliar $\tau(h) = [T(p(h))]^2$, calcule seu polinômio de Taylor de segunda ordem e deduza a fórmula do tempo de trânsito hiperbólico.

6.8 Observando que a velocidade RMS e tempo de afastamento nulo t_0 dependem de n, isto é,

$$\mathcal{V}_n = \left[\frac{\sum_{k=1}^n \Delta t_{0,k}\, v_k^2}{t_{0,n}} \right]^{1/2} \qquad \text{e} \qquad t_{0,n} = \sum_{k=1}^n \Delta t_{0,k}\,,$$

mostre que vale a seguinte relação

$$\mathcal{V}_n^2 t_{0,n} = \mathcal{V}_{n-1}^2 t_{0,n-1} + \Delta t_{0,n}\, v_n^2\,. \tag{6.33}$$

A partir desta relação, deduza a *fórmula de inversão de Dix*,

$$v_n = \left\{ \frac{\mathcal{V}_n^2 t_{0,n} - \mathcal{V}_{n-1}^2 t_{0,n-1}}{\Delta t_{0,n}} \right\}^{1/2}\,,$$

para $n = 2, 3, \ldots$, que calcula iterativamente as velocidades intervalares das camadas a partir das velocidades RMS.

6.5 Aproximação para o coeficiente de reflexão acústico

Em geral, quando uma onda atinge uma interface que separa dois meios com propriedades bem distintas há uma partição da amplitude de modo que são geradas duas ondas novas, chamadas onda refletida e onda transmitida. Para o caso em que tanto a onda incidente quanto a interface sejam planas (Figura 6.6), as ondas geradas também serão planas e a amplitude é particionada segundo um parâmetro chamado *coeficiente de reflexão R de onda plana*, que é dependente do ângulo de incidência θ e do contraste entre as propriedades dos meios separados pela interface.

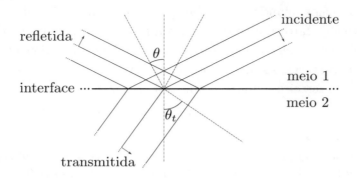

Figura 6.6: Uma onda plana incidente sobre uma interface plana gera duas novas ondas planas: uma refletida e outra transmitida. As direções de propagação são regidas pela lei de Snell-Descartes e a amplitude é particionada segundo o coeficiente de reflexão.

Nesta seção, portanto, obteremos uma aproximação de Taylor para o coeficiente de reflexão de onda plana, com as seguintes hipóteses adicionais:

Hip.1 Assumimos que ambos os meios são homogêneos, isto é, suas densidades e velocidades de onda acústica são constantes e que a onda incidente viaja no sentido do meio 1 para o meio 2;

Hip.2 Assumimos que a velocidade do meio anterior v_1 é menor do que a do meio posterior v_2; e

Hip.3 Restringimo-nos somente à situação pré-crítica, isto é, para ângulos θ menores que o ângulo crítico, isto é,

$$\theta < \theta_c = \operatorname{arcsen}(v_1/v_2).$$

Aproximação para o coeficiente de reflexão acústico 149

Em decorrência da primeira hipótese, temos que o coeficiente de reflexão da onda acústica é dado por

$$\mathcal{R}(\theta) = \frac{I_2 \cos(\theta) - I_1 \cos(\theta_t)}{I_2 \cos(\theta) + I_1 \cos(\theta_t)}, \quad (6.34)$$

onde o escalar $I_k = \rho_k v_k$ é denominado *impedância acústica* do meio k, em que ρ_k e v_k são, respectivamente, a densidade e a velocidade de onda acústica do meio k, para $k = 1, 2$.

Observe que o ângulo de transmissão θ_t depende implicitamente do ângulo de incidência θ, isto é $\theta_t = f(\theta)$, pois ambos são relacionados pela equação da lei de Snell-Descartes

$$\frac{\mathrm{sen}(\theta)}{v_1} = \frac{\mathrm{sen}(\theta_t)}{v_2} = p,$$

onde p é conhecido por *parâmetro do raio* que também depende do ângulo de incidência θ. Porém, para a nossa análise, é mais conveniente usarmos o parâmetro do raio como variável independente e, neste caso, basta reescrevermos a equação de Snell-Descartes como

$$\mathrm{sen}(\theta) = v_1 p$$

e

$$\mathrm{sen}(\theta_t) = v_2 p,$$

fazendo com que haja uma maneira de se representar o coeficiente de reflexão, deixando-o em função do parâmetro do raio p

$$\mathcal{R}(p) = \frac{I_2 \sqrt{1 - v_1^2 p^2} - I_1 \sqrt{1 - v_2^2 p^2}}{I_2 \sqrt{1 - v_1^2 p^2} + I_1 \sqrt{1 - v_2^2 p^2}}, \quad (6.35)$$

A segunda e terceira hipóteses implicam que o ângulo de incidência e, consequentemente, o parâmetro do raio devem ser limitados. Sendo assim, para garantirmos que a nossa análise seja restrita à situação pré-crítica, assumimos que os limites para as variáveis θ e p são

$$\theta \leq \mathrm{arcsen}\left(v_1/v_2\right)$$

e

$$p \leq \frac{1}{v_1}.$$

150   *Capítulo 6. Aplicações da derivada II - aproximação de Taylor*

Além das hipóteses assumidas, para facilitar o desenvolvimento, introduzimos as funções auxiliares

$$A_1(p) = I_1\sqrt{1 - v_2^2 p^2}\,, \tag{6.36}$$

$$A_2(p) = I_2\sqrt{1 - v_1^2 p^2}\,, \tag{6.37}$$

fazendo com que o coeficiente de reflexão seja

$$\mathcal{R}(p) = \frac{A_2(p) - A_1(p)}{A_2(p) + A_1(p)}\,. \tag{6.38}$$

Desejamos encontrar a aproximação de Taylor de segunda ordem para o coeficiente de reflexão em torno do ponto $p = 0$. Sendo assim, temos que computar as derivadas de primeira e segunda ordem de R em relação a p. O polinômio de Taylor de ordem dois é

$$Q_2(p) = \mathcal{R}(0) + \mathcal{R}'(0)p + \frac{\mathcal{R}''(0)}{2}p^2\,.$$

Porém, antes de computarmos as derivadas de R, iremos computar as derivadas de A_1 e A_2 com relação a p. Para A_1, temos que

$$A_1'(p) = \left(I_1\sqrt{1 - v_2^2 p^2} \right)' = \frac{-v_2^2 I_1 p}{\sqrt{1 - v_2^2 p^2}}$$

ou ainda, usando a própria definição de A_1,

$$A_1'(p) = \frac{-v_2^2 I_1^2 p}{A_1(p)}\,. \tag{6.39}$$

Essa expressão pode ser convenientemente reescrita como $A_1(p)A_1'(p) = -v_2^2 I_1^2 p$, à qual podemos aplicar a derivada em ambos os lados com relação a p, obtendo

$$(A_1(p)A_1'(p))' = (-v_2^2 I_1^2 p)'\,,$$

ou ainda

$$(A_1'(p))^2 + A_1(p)A_1''(p) = -v_2^2 I_1^2\,. \tag{6.40}$$

Isolando a derivada segunda, temos

$$A_1''(p) = \frac{-v_2^2 I_1^2 - (A_1'(p))^2}{A_1(p)}\,. \tag{6.41}$$

Aproximação para o coeficiente de reflexão acústico 151

Podemos realizar similar procedimento para calcular as derivadas de A_2 (fica como exercício), chegando a

$$A_2'(p) = \frac{-v_1^2 I_2^2 p}{A_2(p)}, \tag{6.42}$$

$$A_2''(p) = \frac{-v_1^2 I_2^2 - (A_2'(p))^2}{A_2(p)}. \tag{6.43}$$

Calculando as derivadas de primeira e segunda ordem de R, temos que

$$\mathcal{R}'(p) = 2\frac{A_2'(p)A_1(p) - A_2(p)A_1'(p)}{(A_2(p) + A_1(p))^2}$$

e

$$\mathcal{R}''(p) = 2\frac{A_2''(p)A_1(p) - A_2(p)A_1''(p)}{(A_2(p) + A_1(p))^2} - 2\frac{(A_2'(p) + A_1'(p))}{(A_2(p) + A_1(p))}\mathcal{R}'(p).$$

Para computar os coeficientes do polinômio de Taylor, necessitamos avaliar as derivadas $R'(p)$ e $R''(p)$ em $p = 0$, porém, antes, avaliamos as derivadas de A_1 e A_2 em $p = 0$, usando as expressões auxiliares (6.36)-(6.37) e (6.39)-(6.43), chegando a

$$A_1(0) = I_2 \qquad\qquad A_2(0) = I_1$$
$$A_1'(0) = 0 \qquad\qquad A_2'(0) = 0$$
$$A_1''(0) = -v_2^2 I_1 \qquad\qquad A_2''(0) = -v_1^2 I_2$$

Sendo assim, quando $p = 0$, temos as seguintes expressões para $R(0)$, $R'(0)$ e $R''(0)$,

$$\mathcal{R}(0) = \frac{I_2 - I_1}{I_2 + I_1},$$

$$\mathcal{R}'(0) = 0,$$

$$\mathcal{R}''(0) = 2\frac{I_1 I_2 (v_2^2 - v_1^2)}{(I_1 + I_2)^2}$$

e, portanto, a aproximação de Taylor de ordem dois para o coeficiente de reflexão é

$$Q_2(p) = \frac{I_2 - I_1}{I_2 + I_1} + \frac{I_1 I_2 (v_2^2 - v_1^2)}{(I_2 + I_1)^2}p^2. \tag{6.44}$$

Por fim, inserindo a definição de p na expressão acima, obtemos uma expressão que depende do ângulo de reflexão θ:

$$Q_2(\theta) = \frac{I_2 - I_1}{I_2 + I_1} + \frac{I_1 I_2 (v_2^2 - v_1^2)}{(I_2 + I_1)^2} \frac{\operatorname{sen}^2(\theta)}{v_1^2}. \qquad (6.45)$$

Para compararmos o comportamento do coeficiente de reflexão e sua aproximação de Taylor, podemos observar com auxílio da Figura 6.7 os gráficos de ambos, para o caso em que os meios possuem os parâmetros: $v_1 = 2{,}0$ km/s, $v_2 = 2{,}5$ km/s, $\rho_1 = 1{,}2$ g/cm^3 e $\rho_2 = 1{,}0$ g/cm^3.

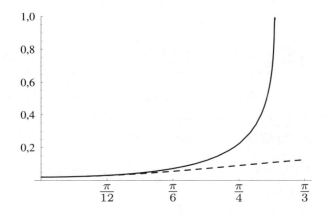

Figura 6.7: Coeficiente de reflexão (linha contínua) e a sua aproximação de Taylor de segunda ordem (linha tracejada), para as velocidades $v_1 = 2{,}0$ km/s e $v_2 = 2{,}5$ km/s, e densidades $\rho_1 = 1{,}2$ g/cm^3 e $\rho_2 = 1{,}0$ g/cm^3.

Vale ressaltar que a expressão (6.45) não é uma aproximação de Taylor de segunda ordem em função do ângulo, simplesmente pelo fato de que não é uma função polinomial na variável θ. Entretanto, podemos assumir que é uma aproximação de segunda ordem dependente de θ, baseada em uma aproximação de Taylor.

Exercícios

6.9 Dada a função auxiliar $A_2(p) = I_2 \sqrt{1 - v_1^2 p^2}$, calcule suas derivadas de primeira e segunda ordem, para obter as expressões (6.42) e (6.43).

Dados sísmicos sintéticos de reflexão para meios multicamadas 153

⚡6.10 Usando o mesmo procedimento desta seção, mostre que o polinômio de Taylor de quarta ordem do coeficiente de reflexão é

$$Q_4(p) = Q_2(p) + \frac{I_1 I_2 (v_2^2 - v_1^2)[I_2(3v_1^2 + v_2^2) + I_1(3v_2^2 + v_1^2)]}{4(I_2 + I_1)^3}\, p^4 \,, \qquad (6.46)$$

onde $Q_2(p)$ é o polinômio de Taylor de segunda ordem, dado por (6.44).

6.6 Dados sísmicos sintéticos de reflexão para meios multi-camadas

Para um modelo com n camadas horizontais homogêneas, podemos combinar as fórmulas de tempo de trânsito hiperbólico (6.32), do coeficiente de reflexão (6.34) e da ondaleta de Ricker (3.4) para simular, para um par fonte-receptor, um traço sísmico sintético que representa o sinal registrado pelo receptor correspondentes às ondas de reflexão primárias causadas por reflexões nas interfaces a partir de ondas geradas pela fonte. Para simplificar, assumimos que a amplitude do traço não sofre os efeitos da divergência esférica (também chamada de espalhamento geométrico).

Neste caso, portanto, o traço sísmico é uma função do tempo de registro, que pode ser aproximada por

$$f(t) = \sum_{k=1}^{n-1} R_k \varphi(t - t_{\text{hyp},k}) \,,$$

onde $t_{\text{hyp},k}$ é o tempo hiperbólico dado por (6.32) e R_k é o coeficiente de reflexão acústico dado por (6.34), ambos correspondentes à interface que separa as camadas k e $k+1$. Observe que, para esta aproximação, o número de interfaces refletoras é igual ao número de camadas menos um e que a forma da ondaleta é dada pela função auxiliar φ, cujos detalhes em relação à sua definição e propriedades são apresentados nas Seções 3.2 e 13.5.

Vamos tomar como exemplo um modelo composto por quatro camadas horizontais e homogêneas, com os parâmetros fornecidos pela Tabela 6.2.

Como este modelo, representado graficamente na Figura 6.8, apresenta quatro camadas, existem três interfaces refletoras e, portanto, para cada par fonte-receptor podemos gerar até três reflexões primárias. Observe que como as velocidades das

Tabela 6.2: Parâmetros do modelo geológico utilizado para a geração de traços sísmicos sintéticos.

Camada	1	2	3	4
Espessura (m)	400	1.400	400	800
Velocidade (m/s)	2.000	2.500	2.800	3.600
Densidade (g/cm^3)	1,0	1,0	1,0	1,0

camadas são crescentes, as trajetórias dos raios se inflexionam nas interfaces, de modo que os ângulos de transmissão sempre são maiores que os ângulos de incidência, decorrência direta da lei de Snell-Descartes. As linhas tracejadas e pontilhadas são as trajetórias dos eventos de reflexão relativos aos pares fonte-receptor com menor e maior afastamentos, respectivamente.

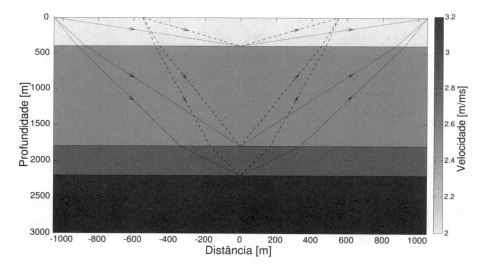

Figura 6.8: Modelo geológico utilizado para gerar as reflexões primárias.

Consideramos dois pares de fonte-receptor com valores meio-afastamento distintos iguais a $h_2 = 550$ m e $h_3 = 1.050$ m, para os quais geramos os traços sísmicos mostrados na Figura 6.9. Observe que esses traços sísmicos só mostram as ondas refletidas primárias, as quais foram geradas pela reflexão nas interfaces inferiores das três primeiras camadas.

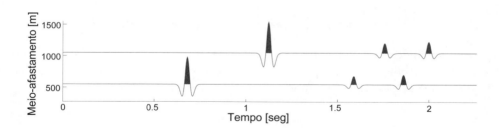

Figura 6.9: Exemplo de dois traços sísmicos sintéticos.

Exercícios adicionais

6.11 Verifique que o valor da k-ésima derivada de $p(x) = a_0 + a_1(x-x_0) + \cdots + a_n(x-x_0)^n$ no ponto x_0 vale $a_k\, k!$. Isto é, verifique que

$$p^{(k)}(x_0) = a_k\, k!$$

6.12 Calcule o polinômio de Taylor de segunda ordem para as funções a seguir, em torno do ponto dado:

(a) $f(x) = \sqrt{x}$, em torno do ponto $x_0 = 1$;
(b) $f(x) = \ln(x)$, em torno do ponto $x_0 = 1$;
(c) $f(x) = (x+1)^{-3}$, em torno do ponto $x_0 = 0$;
(d) $f(x) = (1-x)^{-1}$, em torno do ponto $x_0 = 0$;
(e) $f(x) = (1-x)^{-2}$, em torno do ponto $x_0 = 0$;
(f) $f(x) = \sqrt{1+x^2}$, em torno do ponto $x_0 = 0$.

6.13 Um carro se move com uma velocidade de 20 m/s e aceleração de 4 m/s² em um dado instante t_0. Usando um polinômio de Taylor de segunda ordem, estime o quanto o carro andou no próximo um segundo. Seria razoável usar este polinômio para estimar o quanto o carro andou no próximo minuto?

6.14 Calcule o polinômio de Taylor de segunda ordem do campo elétrico $E = f(h)$ e construa uma nova expressão aproximada para o campo gerado por um dipolo.

6.15 Procedendo de maneira similar à construção da aproximação parabólica do tempo de trânsito em função do meio-afastamento, encontre uma aproximação de segunda ordem do meio-afastamento em função do tempo de trânsito, isto é, ache

$$h_p(t) = a_0 + a_1 t + a_2 t^2,$$

156   *Capítulo 6.   Aplicações da derivada II - aproximação de Taylor*

onde $h = h_p(t)$ é o meio-afastamento e t é o tempo de trânsito de reflexão.

6.16 Procedendo de maneira similar à construção da aproximação parabólica do tempo de trânsito em função do meio-afastamento, encontre uma aproximação parabólica "de quarta ordem" do tempo em função do meio-afastamento, isto é, ache

$$t_{p4}(t) = b_0 + b_2 h^2 + b_4 h^4.$$

6.17 Usando o mesmo artifício para construir a aproximação hiperbólica, a partir da expressão da aproximação parabólica de quarta ordem, construa uma aproximação "hiperbólica de quarta ordem", isto é, ache

$$t_{h4}(h) = \sqrt{c_0 + c_2 h^2 + c_4 t^4}.$$

Capítulo 7

Integral – definições e propriedades

Nos capítulos anteriores, foram apresentadas diversas funções e suas aplicações, bem como maneiras de se criar novas funções a partir de funções conhecidas, usando operações morfológicas, composição entre funções, combinações algébricas, entre outras, apresentadas no Capítulo 2. Adicionalmente a maneira mais notável apresentada até então é a operação da diferenciação de uma função, que produz a função derivada, abordada nos Capítulos 4 e 5.

Neste capítulo, continuamos a tratar do problema de criar uma nova função a partir de outra, motivados pelo simples desejo de responder à seguinte questão: qual é a função original cuja derivada é uma função qualquer dada? A resposta a essa pergunta é regulamentada pelo Teorema Fundamental do Cálculo, o qual surpreendentemente também trata de outra questão: como calcular a área sob uma curva definida por uma função em um intervalo.

Apresentamos também algumas das técnicas elementares de integração, especialmente os método da substituição e integração por partes, entre outras, seguidos de um exemplo em que todas são usadas.

158   Capítulo 7. Integral – definições e propriedades

7.1 Integral indefinida – o problema da antiderivada

Dada uma função qualquer f, a seguinte pergunta pode ser feita: qual é a função F tal que f seja a derivada de F? Dá-se o nome de *antiderivada* de f a essa função. Uma notação para a antiderivada de f é

$$F(x) = D^{-1}[f](x) \,.$$

Vale observar que, para cada função derivável, existe somente uma derivada, porém para cada função contínua existem inúmeras antiderivadas. Um exemplo deste fato pode ser dado pela função $F(x) = x^2$. Nesse caso, a derivada de $F(x)$ é igual a $f(x) = 2x$, porém a antiderivada desta última é

$$D^{-1}[2x] = x^2 + c \,,$$

onde c é uma constante arbitrária. Isso quer dizer que, por exemplo, as funções $F(x) = x^2$, $G(x) = x^2 + 2$ e $H(x) = x^2 - \pi$ são todas antiderivadas de $f(x)$.

De fato, para uma função integrável, existe um conjunto não enumerável de funções antiderivadas, chamado de *integral indefinida*, e a sua notação é

$$F(x) = \int f(x)\,dx \,.$$

Um método nada sofisticado, mas extremamente útil, de determinar uma antiderivada é por tentativa e erro, levando em conta as regras de derivação. Isto é, dada uma função $f(x)$, para a qual procuramos uma antiderivada, no pior dos casos podemos considerar funções $F(x)$ aleatoriamente e, para cada uma, após aplicarmos a operação da derivada, verificamos se $F'(x) = f(x)$. Caso seja verdade, acabamos por encontrar uma antiderivada de $f(x)$, caso contrário tentamos o processo novamente com outra função.

Por exemplo, dado que a função $f(x) = x$, podemos, por tentativa e erro, escolher $F_1(x) = x^2$ como uma candidata a ser antiderivada de $f(x)$. Entretanto, logo percebemos que não foi uma boa escolha, pois a sua derivada é $F_1'(x) = 2x$, que é diferente de $f(x)$. Contudo, tal tentativa nos deu uma boa pista, pois faltou somente o fator 2 para que a derivada fosse igual. Certamente, apesar do fracasso, a nossa próxima escolha pelo método por tentativa e erro será mais apurada, pois

Integral indefinida – o problema da antiderivada

159

temos a informação do que deu errado na primeira tentativa. Com efeito, podemos verificar que a função $F_2(x) = x^2/2$ tem como derivada a função $F_2'(x) = x$, que é igual a função $f(x)$. Portanto, concluímos que $F_2(x)$ é uma antiderivada de $f(x)$.

Porém, $F_2(x)$ é apenas uma antiderivada; para representarmos todas as antiderivadas, isto é, a integral definida, devemos generalizar a solução somando uma constante genérica, que denotamos por c. Sendo assim, a integral indefinida de $f(x) = x$ é

$$D^{-1}[x] = \frac{x^2}{2} + c,$$

pois, afinal, $(x^2/2 + c)' = x$, onde c é uma constante qualquer.

Esse procedimento de encontrar antiderivadas para uma função dada é a base de todas as técnicas, às quais se agregam as informações provenientes de tabelas de integrais indefinidas de funções mais simples. Vale lembrar que tais tabelas podem ser interpretadas como o inverso das tabelas de derivadas, apresentadas no capítulo anterior.

7.1.1 Integrais indefinidas de funções elementares

Assim como no caso da derivada, é possível calcular as integrais indefinidas originadas de algumas funções elementares aplicando a definição da integral e da derivada. Na Tabela 7.1 estão listadas tais integrais indefinidas.

Por exemplo, para calcularmos a integral indefinida de $f(x) = x^2$, temos que a função é uma função potência x^a, com $a = 2$. Neste caso, usando a Tabela 7.1, temos que

$$\int x^2 \, dx = \frac{x^{2+1}}{2+1} + c = \frac{x^3}{3} + c,$$

onde c é uma constante arbitrária.

Exercícios

7.1 Baseando-se na Tabela 7.1, calcule a integral indefinida de

(a) $f(x) = \cos(x)$

(b) $g(x) = x$

(c) $h(x) = 2^x$

(d) $i(x) = 3$

(e) $j(x) = x^5$

(f) $k(x) = x^{-2}$

Tabela 7.1: Tabela com integrais indefinidas de funções elementares.

Funções elementares		
função	$f(x)$	$\displaystyle\int f(x)\,dx$
Constante	k	$kx + c$
Potência $(a \neq -1)$	x^a	$\dfrac{x^{a+1}}{a+1} + c$
Potência $(a = -1)$	x^{-1}	$\ln|x| + c$
Exponencial (base qualquer)	a^x	$\dfrac{1}{\ln(a)}a^x + c$
Exponencial (base neperiana)	e^x	$\mathrm{e}^x + c$
Seno	$\mathrm{sen}(x)$	$-\cos(x) + c$
Cosseno	$\cos(x)$	$\mathrm{sen}(x) + c$
Tangente	$\tan(x)$	$-\ln(\cos(x)) + c$
Cotangente	$\cot(x)$	$\ln(\mathrm{sen}(x)) + c$
Logaritmo (base qualquer)	$\log_a(x)$	$x\log_a(x) - \dfrac{x}{\ln(a)} + c$
Logaritmo natural	$\ln(x)$	$x[\ln(x) - 1] + c$
Seno hiperbólico	$\mathrm{senh}(x)$	$\cosh(x) + c$
Cosseno hiperbólico	$\cosh(x)$	$\mathrm{senh}(x) + c$
Tangente hiperbólica	$\tanh(x)$	$\ln|\cosh(x)| + c$
Arco-tangente	$\dfrac{1}{1 + x^2}$	$\arctan(x) + c$
Arco-seno (ou arco-cosseno)	$\dfrac{1}{\sqrt{1 - x^2}}$	$\mathrm{arcsen}(x) + c$ (ou $\arccos(x) + c$)

7.2 Integral definida – o problema da área

Dada uma função f qualquer, pode ser considerado o seguinte problema: qual é a área da região compreendida entre a curva definida pela função f e o eixo x, limitado pelo intervalo $I = [a, b]$? Veja a Figura 7.1.

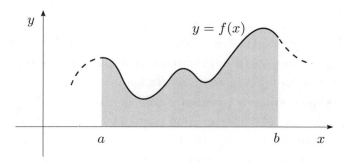

Figura 7.1: A região cinza denota a área compreendida entre uma curva definida pelo gráfico de uma função f limitada ao intervalo $[a, b]$ e o eixo horizontal.

Historicamente, esse problema foi enfrentado por meio de somas exaustivas de áreas de pequenos retângulos justapostos que aproximam a área como um todo. Intuitivamente, quanto maior o número de retângulos (que ficam cada vez menores), melhor a aproximação da área.

Com efeito, esta metodologia rudimentar dá origem à definição da *integral de Riemann*, cuja dedução completa não será apresentada neste texto. Nos limitaremos somente a uma definição simples que usa o conceito do limite. Porém, antes necessitamos do conceito de partição de um intervalo.

Uma partição P_n de um intervalo $[a, b]$ é um conjunto de $n + 1$ números $x_k \in [a, b]$ tais que
$$a = x_0 < x_1 < x_2 < \cdots < x_{n-1} < x_n = b$$
Em outras palavras, um partição divide um intervalo $[a, b]$ em n subintervalos justapostos, não necessariamente de mesmo tamanho. Dada uma partição, é conveniente definir sua norma como sendo
$$\Delta x = \max_k \{\Delta x_k\},$$
onde $\Delta_k = x_k - x_{k-1}$, para $k = 1, 2, \ldots, n$.

162   *Capítulo 7. Integral – definições e propriedades*

Dada uma função f definida no intervalo $[a, b]$ e uma partição P_n, definimos a seguinte soma

$$S_n = \sum_{k=1}^{n} f(\xi_k)\Delta x_k \,, \tag{7.1}$$

onde $\Delta x_k = x_k - x_{k-1}$ e ξ_k é algum ponto do subintervalo $[x_{k-1}, x_k]$. A interpretação geométrica de S_n é a soma das áreas dos pequenos retângulos, cada qual com base Δx_k e altura $f(\xi_k)$. Então S_n é uma aproximação para área sob a curva da função f no intervalo $[a, b]$, denominada *soma de Riemann*.

Se para qualquer número positivo ε (em geral pequeno), existe um número positivo δ tal que é possível construir uma partição P_n, de modo que seja garantido que $|S_n - S| < \varepsilon$ quando $\Delta x < \delta$, então dizemos que S_n converge a S. Neste caso denominamos S por *integral de Riemann* e denotamos como

$$S = \int_a^b f(x)\, dx \tag{7.2}$$

e dizemos que f é integrável (no sentido de Riemann) no intervalo $[a, b]$. Vale lembrar que existem outras definições mais gerais para a integral de Riemann, bem como definições de outras integrais que estendem seu conceito.

Para um aprofundamento da definição da integral de Riemann, podem ser consultadas as obras de cálculo, tais como Apostol (1967b) e Guidorizzi (2002). Para extensões do conceito da integral de Riemann, tais como a integral de Riemann–Stieltjes e a integral de Lebesgue, consulte obras de cálculo avançado ou de análise matemática, tais como Apostol (1967b) e Apostol (1967a).

Exercícios

7.2   Calcule a área das seguinte funções f intervalo $[0, c]$, usando a definição do limite das somas de Riemann e assumindo uma partição regular do intervalo

     (a) $f(x) = 1$ (b) $g(x) = x$ (c) $h(x) = x^2$

7.3 Teorema Fundamental do Cálculo – conexão entre os dois problemas

Os problemas do cálculo da área pela integral de Riemann e da antiderivada estão fortemente relacionados pelo do Teorema Fundamental do Cálculo (TFC), que é dividido em duas partes.

A primeira parte do TFC (TFC-1) diz que a derivada da integral de Riemann de uma função é a própria função. Isto quer dizer que grosseiramente as operações de integração e diferenciação são as inversas uma da outra. Além disso, o principal resultado do TFC-1 é que ele garante a existência de antiderivada para qualquer função contínua, mesmo que tal antiderivada não seja expressa em termos de funções elementares.

Teorema 7.1 (Teorema Fundamental do Cálculo – Parte 1)

Seja $F(x) = \displaystyle\int_a^x f(t)\, dt$, para f integrável em $[a,b]$, isto é, $F(x)$ representa a área sobre a curva $y = f(t)$ no intervalo $[a,x]$. Se f é contínua em $c \in [a,b]$, então F é diferenciável em c e a derivada é dada por

$$F'(c) = f(c). \tag{7.3}$$

Um exemplo de utilização direta do TFC-1 é o cálculo de derivadas de funções definidas por meio de integrais. Por exemplo, para a função definida por

$$F(x) = \int_0^x \cos(\pi t^2)\, dt\,,$$

sabemos, pelo TFC-1, diretamente que

$$F'(x) = \cos(\pi x^2)\,.$$

A segunda parte do teorema fundamental do cálculo (TFC-2) diz que, no caso em que f possui uma antiderivada, é fácil calcular a área sobre a curva $y = f(x)$. A dificuldade é que nem sempre é fácil obter uma antiderivada a partir de uma função ou, ainda pior, pode não existir antiderivada em descrita em termos de funções elementares.

164   *Capítulo 7. Integral – definições e propriedades*

> **Teorema 7.2 (Teorema Fundamental do Cálculo – Parte 2)**
> *Seja f integrável em $[a, b]$ e seja $g(x)$ uma antiderivada de f, isto é, $g'(x) = f(x)$, então*
> $$\int_a^b f(x)\, dx = g(b) - g(a). \tag{7.4}$$

O TFC-2 provê uma excelente ferramenta para o cálculo de áreas. Por exemplo, para calcular a área sob a curva definida pela função $f(x) = 2x$, no intervalo $[1, 4]$, primeiro computamos uma antiderivada sua:

$$D^{-1}[2x] = 2\frac{x^{1+1}}{1+1} = x^2\,.$$

Depois, seguindo a equação (7.4), substituímos os limites do intervalo na mesma função, obtendo

$$\int_1^4 2x\, dx = \left[x^2\right]\Big|_1^4 = 4^2 - 1^2 = 15\,.$$

Um exemplo um pouco mais complexo é o cálculo da área abaixo da curva $y = f(x) = \cos(x)$ no intervalo $[0, \pi/2]$. Sabemos, pela tabela de derivadas, que uma antiderivada de $\cos(x)$ é $\operatorname{sen}(x)$, pois $\operatorname{sen}'(x) = \cos(x)$. Sendo assim, em termos simbólicos temos que

$$D^{-1}[\cos(x)] = \operatorname{sen}(x)\,.$$

Portanto, calculando a integral definida usando a segunda parte do TFC, temos que

$$\int_0^{\pi/2} \cos(x)\, dx = \left[\operatorname{sen}(x)\right]\Big|_0^{\pi/2} = \operatorname{sen}(\pi/2) - \operatorname{sen}(0) = 1\,.$$

7.4 Propriedades básicas

As propriedades listadas a seguir tanto valem para integrais definidas quanto para indefinidas. Dadas duas funções integráveis $f(x)$ e $g(x)$, temos, em primeiro lugar, que a integração é uma operação linear, isto é,

(i) $\displaystyle\int f(x) + g(x)\, dx = \int f(x)\, dx + \int g(x)\, dx;$

(ii) $\displaystyle\int \alpha f(x)\, dx = \alpha \int f(x)\, dx.$

Propriedades básicas 165

onde α é uma constante qualquer. Por exemplo, para o cálculo da integral indefinida de $f(x) = 3x + 2x^{-1}$, fazemos uso das propriedades (i) e (ii), da seguinte forma

$$\int 3x + 2x^{-1}\, dx = \int 3x\, dx + \int 2x^{-1}\, dx = 3\int x\, dx + 2\int x^{-1}\, dx\,.$$

As duas integrais do lado direito da equação acima estão tabeladas, sendo assim,

$$\int 3x + 2x^{-1}\, dx = 3\frac{x^2}{2} + 2\ln(x) + c\,,$$

onde c é uma constante.

Além disso, em relação aos limites de integração, temos as seguintes propriedades:

(iii) $\displaystyle\int_a^a f(x)\, dx = 0$;

(iv) $\displaystyle\int_a^b f(x)\, dx = -\int_b^a f(x)\, dx$;

(v) $\displaystyle\int_a^b f(x)\, dx = \int_a^c f(x)\, dx + \int_c^b f(x)\, dx$.

Exercícios

7.3 Usando as propriedades, calcular as integrais a seguir

(a) $\displaystyle\int 2x + x^3\, dx$

(d) $\displaystyle\int 4\mathrm{e}^x + \sqrt{x} + x^{-1/2}\, dx$

(b) $\displaystyle\int 2\,\mathrm{sen}(x) + 3\cos(x)\, dx$

(e) $\displaystyle\int \left(x^{-1/2} - 2x^{1/2}\right)^2 dx$

(c) $\displaystyle\int \left(x^{-1} + 3x\right) dx$

(f) $\displaystyle\int \sqrt{x}\left(2x^{-1/2} + x^{3/2}\right) dx$

7.4 Sabendo que

$$\int_{-1}^{4} f(x) + g(x)\, dx = 5\,, \qquad \int_{-1}^{4} f(x) - g(x)\, dx = 3\,,$$

e

$$\int_{-1}^{1} 2f(x) + g(x)\, dx = 2\,, \qquad \int_{-1}^{1} f(x) - 2g(x)\, dx = 6\,,$$

e usando as propriedades da integral, calcule as seguinte integrais definidas

(a) $\displaystyle\int_{-1}^{1} 2f(x) + 3g(x)\,dx$ (c) $\displaystyle\int_{1}^{4} 5f(x) + g(x)\,dx$ (e) $\displaystyle\int_{1}^{4} f(x)\,dx$

(b) $\displaystyle\int_{-1}^{4} 2f(x) - 3g(x)\,dx$ (d) $\displaystyle\int_{1}^{4} 3f(x) - 2g(x)\,dx$ (f) $\displaystyle\int_{1}^{4} g(x)\,dx$

7.5 Calcule as seguinte integrais definidas, interpretando-as como área:

(a) $\displaystyle\int_{-1}^{1} x^2\,dx$ (c) $\displaystyle\int_{0}^{1} x - x^2\,dx$ (e) $\displaystyle\int_{-2}^{2} \operatorname{sgn}(x)x^3\,dx$

(b) $\displaystyle\int_{0}^{1} \sqrt{x}\,dx$ (d) $\displaystyle\int_{0}^{\pi} \operatorname{sen}(x)\,dx$ (f) $\displaystyle\int_{0}^{3} |2x - 4|\,dx$

7.5 Técnicas de integração

Ao contrário da operação de diferenciação, o problema de se computar uma antiderivada para uma função qualquer nem sempre é factível. Em geral, as técnicas de integração empregam transformações e manipulações sobre o integrando que levam a integral paulatinamente a formas esperançosamente mais fáceis de serem resolvidas. São apresentadas nesta seção os métodos mais básicos para resolução de integrais, a saber: da substituição, da integral por partes, das frações parciais e da substituição trigonométrica.

7.5.1 Método da substituição

O método da substituição não é somente o método mais comum de resolução de integrais, como também a partir dele são introduzidos outros métodos mais específicos, tais como o da substituição trigonométrica. Como motivação, vamos apresentar um exemplo em que se deseja calcular a antiderivada de uma função simples, mas não tabelada.

Sabemos que $\int \cos(x)\,dx = \operatorname{sen}(x) + c$, então, usando esse conhecimento, será que conseguiremos achar a antiderivada de $\cos(5x+3)$? A tentação é escrever como resposta

$$\int \cos(5x + 3)\,dx = \operatorname{sen}(5x + 3) + c\,.$$

Técnicas de integração 167

Como saber se essa resposta está certa ou errada? Para isso, basta calcular sua derivada e verificar se o resultado é igual ao integrando, isto é,

$$(\operatorname{sen}(5x+3))' = \cos(5x+3) \times (5x+3)' = 5\cos(5x+3) \neq \cos(5x+3).$$

Concluímos que a resposta tentativa está errada, pois tivemos que usar a regra da cadeia no cálculo da derivada, o que acabou gerando a constante multiplicativa 5.

Afinal, a conclusão é que a resposta correta da antiderivação é $\cos(5x+3)/5$ e não $\cos(5x+3)$, pois faltou uma constante multiplicativa (a constante $1/5$). Isto é, faltou *compensar* a regra da cadeia no momento de fazer a integração de uma função composta.

O método da substituição, que talvez seja o método mais importante, cumpre esse papel de compensar a regra da cadeia na integração de uma função composta. Com efeito, o método da substituição é baseado na regra da cadeia e seu objetivo é transformar o integrando em alguma função da tabela, ou que seja mais facilmente integrada.

Dada a integral

$$\int f(g(\sigma))\, d\sigma, \tag{7.5}$$

onde f é uma função da tabela e g é geralmente uma função mais simples, muitas vezes uma função polinomial ou uma função trigonométrica. Inserindo a variável $u = g(\sigma)$, temos que $du = g'(\sigma)d\sigma$, e, substituindo na integral, obtemos

$$\int f(u)\, du/g'(\sigma).$$

No entanto, como a variável de integração é u, temos que escrever σ em função de u. Para isso, invertemos a função $u = g(\sigma)$, chegando a $\sigma = g^{-1}(u)$. A nova integral, supostamente mais fácil que a primeira, é

$$\int h(u)\, du, \tag{7.6}$$

onde

$$h(u) = \frac{f(u)}{g'(g^{-1}(u))}.$$

Portanto, na prática, para esta metodologia funcionar, deve-se avaliar se a integral (7.6) é mais fácil de ser resolvida do que (7.5) (ou, pelo menos, que seja tabelada).

168   Capítulo 7. Integral – definições e propriedades

Em geral, o método da substituição é simples de ser utilizado quando identificamos u como uma função afim, na composição de funções. O exemplo inicial mostrado no início desta seção é um caso deste tipo, pois o integrando é $\cos(5x+3)$, em que a função mais interna, a qual atribuiremos a variável auxiliar u, é a função afim $5x+3$. Portanto, introduzindo a definição $u = 5x + 3$, temos que $du = 5dx$, levando à resolução da integral pelo método da substituição

$$\int \cos(5x+3)\, dx = \int \cos(u)\, \frac{du}{5} = \frac{1}{5}\,\mathrm{sen}(u) = \frac{1}{5}\,\mathrm{sen}(5x+3) + c\,.$$

7.5.2   Integral por partes

A integral por partes é um nome de uma técnica de integração que leva em conta a regra da derivada do produto de funções. Dada a função $h(x) = f(x)g(x)$, sabemos que

$$h'(x) = f'(x)g(x) + f(x)g'(x)\,.$$

Integrando de ambos os lados e usando o Teorema Fundamental do Cálculo, obtemos

$$h(x) = \int f'(x)g(x)\, dx + \int f(x)g'(x)\, dx\,.$$

Introduzindo as variáveis $u = f(x)$ e $v = g(x)$, temos que $du = f'(x)dx$ e $dv = g'(x)dx$. Substituindo na expressão acima, obtemos

$$\int u\, dv \;=\; uv - \int v\, du\,,$$

que é a chamada *fórmula da integral por partes*.

Para a utilização da integração por partes, devemos escolher u segundo algum critério e deixar todo o resto para dv, ou vice-versa. Todavia, para esse método existem somente alguns critérios empíricos para escolha dos termos. A seguir apresentamos os dois critérios empíricos mais comuns:

1. O primeiro critério diz que escolhemos u o polinômio e dv o restante. Nesse caso, pela integração por partes, o próximo integrando terá um polinômio com grau menor.

Técnicas de integração   169

Por exemplo, para calcularmos $\int x\,\mathrm{sen}(x)dx$, escolhemos $u = x$, que é um polinômio de grau 1, e $dv = \mathrm{sen}(x)dx$, obtendo $du = dx$ e $v = -\cos(x)$. Utilizando a fórmula de integração por partes, temos que

$$\int x\cos(x)\,dx = x(-\cos(x)) - \int(-\cos(x))dx = -x\cos(x) + \mathrm{sen}(x) + c\,.$$

2. O segundo critério diz respeito à complexidade. Nesse caso, escolhemos u como a função mais complicada (por exemplo, logaritmo) e dv o resto, pois, em geral, por mais difícil (complexa) que seja a função, sempre é possível calcular sua derivada.

Por exemplo, para calcularmos $\int \ln(x)\,dx$, escolhemos $u = \ln(x)$ e $dv = dx$, obtendo, portanto, $du = x^{-1}dx$ e $v = x$. Utilizando a fórmula de integração por partes, temos que

$$\int \ln(x)\,dx = \ln(x)\,x - \int x\,x^{-1}\,dx = x[\ln(x) - 1] + c\,.$$

Exercícios

7.6   Calcule as integrais a seguir usando o método da <u>substituição</u>:

(a) $\displaystyle\int (3x)^n\,dx$

(b) $\displaystyle\int \mathrm{sen}(2x - 3)\,dx$

(c) $\displaystyle\int (1 + 2x)^{-2}\,dx$

(d) $\displaystyle\int x\sqrt{x^2 + 3}\,dx$

(e) $\displaystyle\int x\,\mathrm{e}^{-x^2}\,dx$

(f) $\displaystyle\int \frac{(1 + \sqrt{x})^2}{2\sqrt{x}}\,dx$

(g) $\displaystyle\int \frac{x}{\sqrt{x^2 + 1}}\,dx$

(h) $\displaystyle\int \frac{(1 + \sqrt{x})^{10}}{\sqrt{x}}\,dx$

(i) $\displaystyle\int \frac{1}{x\ln(x)}\,dx$

7.7   Calcule as integrais a seguir usando o método da <u>integração por partes</u>:

(a) $\displaystyle\int x\cos(x)\,dx$

(b) $\displaystyle\int x\,\mathrm{e}^x\,dx$

(c) $\displaystyle\int x\ln(x)\,dx$

(d) $\displaystyle\int \ln(x^5)\,dx$

(e) $\displaystyle\int \ln(x^{\mathrm{sen}(4y)})\,dx$

(f) $\displaystyle\int \ln(x^x)\,dx$

(g) $\displaystyle\int x\sqrt{x + 3}\,dx$

(h) $\displaystyle\int \frac{(1 + \sqrt{x})^2}{2\sqrt{x}}\,dx$

(i) $\displaystyle\int \frac{x}{(x + 1)^3}\,dx$

Em seguida, compare o resultado obtido na letra (h) com a resposta obtida na letra (f) do Exercício 7.6.

7.5.3 Método das frações parciais

O método das frações parciais é usado para a resolver integrais de funções racionais próprias. Recordando, podemos classificar as funções racionais $r(x) = p(x)/q(x)$ como sendo:

Próprias: Uma função racional é *própria* quando o grau de $p(x)$ é menor do que o grau de $q(x)$. Por exemplo, as funções

$$f_1(x) = \frac{x-1}{x^2 - 4x + 4} \quad \text{e} \quad f_2(x) = \frac{1}{1 - x^2}$$

são próprias, pois em ambos os casos os graus dos polinômios dos numeradores são menores que os graus dos polinômios dos denominadores.

Impróprias: Uma função racional é *imprópria* quando o grau de $p(x)$ é maior ou igual do que o grau de $q(x)$. Por exemplo, as funções

$$g_1(x) = \frac{x^2 - 1}{x - 3} \quad \text{e} \quad g_2(x) = \frac{x^3 - 4}{1 - x^3}$$

são impróprias, pois o grau do polinômio do numerador da função g_1 é maior do que o grau do polinômio do respectivo denominador e os graus dos polinômios do numerador e denominador da função g_2 são iguais.

Como sempre podemos transformar uma função imprópria em uma soma de um polinômio com uma função própria[1], trataremos apenas das integrais de funções próprias.

O método das frações parciais é baseado em identidades, polinomiais e para isso a função racional deve estar no seguinte formato (forma explícita):

$$\frac{p(x)}{q(x)} = \frac{p(x)}{c_0 \, (x - x_0)^{k_0} (x - x_1)^{k_1} \cdots (x - x_n)^{k_n}} \, ,$$

onde $x_0, x_1, \ldots, x_n$ são as raízes de $q(x)$ e $k_0, k_1, \ldots, k_n$ são os expoentes, que significam a multiplicidade de cada raiz.

Por exemplo, as funções racionais próprias

$$f(x) = \frac{x-1}{x^2 - 4x + 4} \quad \text{e} \quad g(x) = \frac{1}{1 - x^2}$$

---

[1] A prova dessa afirmação fica como exercício.

Técnicas de integração 171

podem ser reescritas como sendo

$$f(x) = \frac{x-1}{(x-2)^2} \quad \text{e} \quad g(x) = \frac{1}{-(x-1)(x+1)},$$

onde os polinômios dos denominadores estão expressos na forma explícita.

O método das frações parciais leva em conta a seguinte representação alternativa da função racional:

$$\frac{p(x)}{(x-x_0)^{k_0}(x-x_1)^{k_1}\cdots(x-x_n)^{k_n}} = \frac{A_0}{x-x_0} + \frac{A_1}{(x-x_0)^2} + \cdots + \frac{A_{k_0-1}}{(x-x_0)^{k_0}} + \cdots$$
$$+ \frac{L_0}{x-x_n} + \frac{L_1}{(x-x_n)^2} + \cdots + \frac{L_{k_n-1}}{(x-x_n)^{k_n}}.$$

Na nova representação, cada termo é integrado separadamente, levando a

$$\int \frac{p(x)}{q(x)}\,dx = A_0 \ln|x-x_0| - A_1(x-x_0)^{-1} + \cdots + A_{k_0-1}\frac{(x-x_0)^{1-k_0}}{1-k_0} + \cdots$$
$$+ L_0 \ln|x-x_n| - L_1(x-x_n)^{-1} + \cdots + L_{k_n-1}\frac{(x-x_n)^{1-k_n}}{1-k_n}.$$

O problema que temos agora é achar as constantes

$$A_0, A_1, \ldots, A_{k_0-1}, \ldots, L_1, L_2, \ldots, L_{k_n-1}$$

Apesar de existir uma formulação geral para a sua determinação, explicaremos, por meio de dois exemplos, como se calculam tais constantes. Basicamente, o método se baseia em identidade polinomial, como veremos a seguir.

Exemplo 1

Para calcular a integral de $\dfrac{x-1}{x^2-4x+4}$, em primeiro lugar decompomos o integrando em frações parciais:

$$\frac{x-1}{x^2-4x+4} = \frac{x-1}{(x-2)^2} = \frac{A}{x-2} + \frac{B}{(x-2)^2}$$
$$= \frac{A(x-2)+B}{(x-2)^2}, \tag{7.7}$$

172   *Capítulo 7. Integral – definições e propriedades*

onde A e B estão por serem determinados. Igualando os dois numeradores, chegamos à identidade polinomial: $x-1 = Ax+(B-2A)$, cuja solução é $A = B = 1$. Portanto,

$$\frac{x-1}{x^2-4x+4} = \frac{1}{x-2} - \frac{1}{(x-2)^2}.\tag{7.8}$$

Em seguida, integrando de ambos os lados, vem

$$\int \frac{x-1}{x^2-4x+4}\,dx = \ln|x-2| + (x-2)^{-1} + c,\tag{7.9}$$

que é o resultado desejado.

Exemplo 2

Para calcular a integral de $\dfrac{1}{(x-1)(x^2-6x+9)}$, decompomos o integrando em frações parciais, obtendo

$$\frac{1}{(x-1)(x^2-6x+9)} = \frac{1}{(x-1)(x-3)^2} = \frac{A}{(x-1)} + \frac{B}{(x-3)} + \frac{C}{(x-3)^2}$$

$$= \frac{A(x-3)^2 + B(x-1)(x-3) + C(x-1)}{(x-1)(x-3)^2},\tag{7.10}$$

onde A, B e C são constantes a serem determinadas. Igualando os numeradores, chegamos à identidade polinomial: $1 = (A+B)x^2 + (-6A-4B+C)x + (9A+3B-C)$, cuja solução é $A = 1/4$; $B = -1/4$; $C = 1/2$. Portanto,

$$\frac{1}{(x-1)(x^2-6x+9)} = \frac{1/4}{(x-1)} - \frac{1/4}{(x-3)} + \frac{1/2}{(x-3)^2}.\tag{7.11}$$

Integrando de ambos os lados, obtemos

$$\int \frac{1}{(x-1)(x^2-6x+9)}\,dx = \frac{1}{4}\ln|x-1| - \frac{1}{4}\ln|x-3| + \frac{1}{2}(x-3)^{-1} + c,\tag{7.12}$$

que é o resultado desejado.

Técnicas de integração 173

7.5.4 Exemplo completo: antiderivada da secante

O cálculo da antiderivada da secante serve como um exemplo completo, pois envolve várias técnicas de integração e alguns truques para a obtenção da sua solução, e por isso tem alto valor didático.

O enunciado do problema é *ache a antiderivada da função secante, isto é, calcule*

$$F(x) = \int \sec(x)\, dx = \int \frac{1}{\cos(x)}\, dx\,. \tag{7.13}$$

Esse exemplo pode ser entendido como um exercício resolvido, para o qual recomendamos que o leitor acompanhe e refaça os passos descritos a seguir:

Passo 1: Multiplique o integrando por $\cos(x)/\cos(x)$:

$$F(x) = \int \frac{\cos(x)}{\cos^2(x)}\, dx\,, \tag{7.14a}$$

Passo 2: Observando que $\cos^2(x) = 1 - \text{sen}^2(x)$ no denominador, use o método da substituição introduzindo $u = \text{sen}(x)$ (o que implica $du = \cos(x)dx$) e desenvolva a integral resultante:

$$F(x) = \int \frac{\cos(x)}{1 - \text{sen}^2(x)}\, dx = \int \frac{1}{1 - u^2}\, du \tag{7.14b}$$

Passo 3: Use o método das frações parciais:

$$\begin{aligned}
F(x) &= \int \frac{1}{1 - u^2}\, du = -\int \frac{1}{(u-1)(u+1)}\, du\,. \\
&= -\int \frac{1/2}{(u-1)}\, du - \int \frac{-1/2}{(u+1)}\, du \\
&= -\frac{1}{2}\ln|u-1| + \frac{1}{2}\ln|u+1|\,.
\end{aligned} \tag{7.14c}$$

Passo 4: Volte à variável original e melhore a resposta usando propriedades de funções trigonométricas e logarítmicas:

$$F(x) = -\frac{1}{2}\ln|\operatorname{sen}(x) - 1| + \frac{1}{2}\ln|\operatorname{sen}(x) + 1|$$

$$= -\ln|\sec(x) - \tan(x)|. \tag{7.14d}$$

Sendo assim, a integral indefinida de $f(x) = \sec(x)$ é

$$F(x) = \int \sec(x)\, dx = -\ln|\sec(x) - \tan(x)| + c. \tag{7.15}$$

7.5.5 Método da substituição trigonométrica

Como o próprio nome diz, o método da substituição trigonométrica lança mão de funções trigonométricas para cálculos de integrais que tenham um dos seguintes formatos

$$I_1 = \int f\left(\sqrt{a^2 - x^2}\,\right) dx\,,$$

$$I_2 = \int f\left(\sqrt{x^2 - a^2}\,\right) dx\,,$$

$$I_3 = \int f\left(\sqrt{a^2 + x^2}\,\right) dx\,,$$

onde a função f representa o integrando como um todo. A seguir, abordaremos as substituições que devem ser feitas em cada um dos tipos.

Tipo 1, $\sqrt{a^2 - x^2}$: Neste caso, utiliza-se a substituição

$$x = a\operatorname{sen}(t) \quad (\text{ou } x = a\cos(t))\,,$$

implicando $dx = a\cos(t)\, dt$ e $\sqrt{a^2 - x^2} = a\sqrt{1 - \operatorname{sen}^2(t)} = a\cos(t)$ e fazendo com que a integral I_1 fique como

$$I_1 = a\int f(a\cos(t))\, \cos(t)\, dt\,,$$

que se espera ser mais fácil de ser resolvida do que a integral original.

Por exemplo, para calcular a integral indefinida

$$I_1 = \int \frac{1}{\sqrt{4 - x^2}} \, dx$$

usando a substituição trigonométrica, introduzimos implicitamente a variável t pela expressão $x = 2\operatorname{sen}(t)$. Sendo assim, temos que $dx = 2\cos(t)\,dt$ e

$$\sqrt{4 - x^2} = 2\sqrt{1 - \operatorname{sen}^2(t)} = 2\cos(t)\,,$$

fazendo com que a integral fique como

$$I_1 = \int \frac{1}{2\cos(t)} \, 2\cos(t)\,dt = \int dt = t + c\,.$$

Voltando à variável original, obtemos

$$I_1 = \operatorname{arcsen}(x/2) + c\,,$$

que é a integral indefinida procurada.

Tipo 2, $\sqrt{x^2 - a^2}$: Quando a integral é do tipo

$$I_2 = \int g(\sqrt{x^2 - a^2}) \, dx\,,$$

então se utiliza a substituição

$$x = a\csc(t) \quad (\text{ou } x = a\sec(t))\,,$$

implicando que $dx = -a\csc(t)\cot(t)\,dt$ e $\sqrt{x^2 - a^2} = a\cot(t)$. Neste caso, a integral fica como

$$I_2 = -a \int g(a\cot(t)) \, \csc(t)\cot(t)\,dt\,,$$

que também se espera ser mais fácil de ser resolvida do que a integral original.

Por exemplo, para calcular a integral indefinida

$$I_2 = \int \frac{1}{(x^2 - 4)^{3/2}} \, dx$$

usando a substituição trigonométrica, introduzimos a variável t, implicitamente pela expressão $x = 2\csc(t)$. Sendo assim, temos que

$$dx = -2\csc(t)\cot(t)\,dt$$

e

$$(x^2 - 4)^{-3/2} = (4\csc^2(t) - 4)^{-3/2} = (4\cot^2(t))^{-3/2} = \frac{1}{8}\tan^3(t)\,,$$

fazendo com que a integral fique da seguinte forma

$$I_2 = -\frac{2}{8}\int \tan^3(t)\ \csc(t)\cot(t)\,dt = -\frac{1}{4}\int \frac{\mathrm{sen}(t)}{\cos^2(t)}\,dt\,.$$

Para resolver a integral do lado direito, utilizamos novamente o método da substituição, inserindo a variável $u = \cos(t)$, fazendo com que a integral se torne

$$I_2 = \frac{1}{4}\int \frac{1}{u^2}\,du = -\frac{1}{4u} + c\,.$$

Observe que como $x = 2\csc(t)$, então $\mathrm{sen}(t) = 2/x$, fazendo com que

$$\cos(t) = \sqrt{1 - \mathrm{sen}^2(t)} = \frac{\sqrt{x^2 - 4}}{x}\,.$$

Voltando à variável original, obtemos

$$I_2 = -\frac{1}{4u} + c = -\frac{1}{4\cos(t)} + c = -\frac{x}{4\sqrt{x^2 - 4}} + c\,,$$

que é a integral indefinida procurada.

Tipo 3, $\sqrt{a^2 + x^2}$: Quando a integral é do tipo

$$I_3 = \int g(\sqrt{a^2 + x^2})\,dx\,,$$

então se utiliza a substituição $x = a\tan(t)$ (ou $x = a\cot(t)$), implicando em $dx = a\sec^2(t)\,dt$ e $\sqrt{a^2 + x^2} = a\sqrt{1 + \tan^2(t)} = a\sec(t)$. Neste caso, a integral fica como

$$I_3 = a^2 \int g(a\sec(t))\ \sec^2(t)\,dt\,,$$

que também se espera ser mais fácil de ser resolvida do que a integral original.

Técnicas de integração 177

Por exemplo, para calcular a integral indefinida

$$I_3 = \int \frac{1}{x^2(x^2+9)^{3/2}}\, dx$$

usando a substituição trigonométrica, introduzimos a variável t, implicitamente pela expressão $x = 3\tan(t)$. Sendo assim, temos que

$$dx = 3\sec^2(t)\, dt$$

e

$$(x^2+9)^{3/2} = (3\sec(t))^3\,,$$

fazendo com que a integral fique da seguinte forma

$$I_3 = \frac{1}{81} \int \frac{1}{\tan^2(t)\sec^3(t)}\, \sec^2(t)\, dt = \frac{1}{81} \int \frac{\cos^3(t)}{\operatorname{sen}^2(t)}\, dt$$

A integral do lado direito pode ser resolvida introduzindo-se a substituição $u = \operatorname{sen}(t)$, implicando em $du = \cos(t)dt$, levando a

$$I_3 = \frac{1}{81} \int \frac{1-u^2}{u^2}\, dt = \frac{1}{81} \int \frac{1}{u^2} - 1\, dt\,.$$

Tal integral é facilmente computada, chegando-se a

$$I_3 = -\frac{1}{81} \left(\frac{1}{u} + u \right) + c\,.$$

Neste ponto temos que voltar à variável original e, para isso, observe que como $x = 3\tan(t)$, então $3\operatorname{sen}(t) = x\cos(t) = x\sqrt{1 - \operatorname{sen}^2(t)}$. Portanto, isolando $\operatorname{sen}(t)$, temos

$$u = \operatorname{sen}(t) = \sqrt{\frac{x^2}{9+x^2}} = \frac{x}{\sqrt{9+x^2}}\,,$$

fazendo com que

$$I_3 = -\frac{1}{81} \left(\frac{\sqrt{9+x^2}}{x} + \frac{x}{\sqrt{9+x^2}} \right) + c\,,$$

que é a integral indefinida procurada.

178　　　　　　　　　　　　　*Capítulo 7. Integral – definições e propriedades*

Exercícios

7.8　Confira o resultado calculando a derivada de $F(x)$ na equação (7.15), isto é, verifique que $F'(x) = \sec(x)$.

7.9　Usando a substituição trigonométrica $x = \cos(u)$, calcule a seguinte integral

$$\int \frac{x^2}{\sqrt{1 - x^2}}\, dx = -\frac{1}{2}\left(x\sqrt{1 - x^2} + \arccos(x) \right)$$

Exercícios adicionais

7.10　Sabendo que

$$\int_{-1}^{1} f(x)\, dx = 5, \quad \int_{1}^{4} f(x)\, dx = -2, \quad \int_{-1}^{1} g(x)\, dx = 7, \quad \int_{1}^{4} g(x)\, dx = 1\,,$$

onde $f(x)$ e $g(x)$ são funções integráveis, use as propriedades dos limites de integral para calcular as seguintes integrais:

(a)　$\displaystyle\int_{-1}^{4} f(x)\, dx$　　　　　　　　　　(c)　$\displaystyle\int_{1}^{4} f(x) - g(x)\, dx$

(b)　$\displaystyle\int_{-1}^{1} 2f(x) + 3g(x)\, dx$　　　　　(d)　$\displaystyle\int_{-1}^{4} g(x)\, dx$

7.11　Usando o método da substituição, calcule as seguintes integrais indefinidas:

(a)　$\displaystyle\int \frac{3\alpha^2}{2\sqrt{\alpha^3 + 1}}\, d\alpha$　　　(f)　$\displaystyle\int \frac{\cos(\sqrt{r})}{\sqrt{r}}\, dr$　　　(k)　$\displaystyle\int \frac{\operatorname{sen}(\sqrt{\eta})}{\sqrt{\eta}}\, d\eta$

(b)　$\displaystyle\int (3\gamma + 5)^5\, d\gamma$　　　(g)　$\displaystyle\int \sqrt{\rho}\,\operatorname{sen}(\sqrt{\rho^3})\, d\rho$　　　(l)　$\displaystyle\int \alpha\operatorname{sen}(2\alpha + 3)\, d\alpha$

(c)　$\displaystyle\int \xi\sqrt{1 - \xi^2}\, d\xi$　　　(h)　$\displaystyle\int \frac{(1 + \sqrt{t})^2}{\sqrt{t}}\, dt\,;$　　　(m)　$\displaystyle\int t^3(1 - t^4)^5\, dt$

(d)　$\displaystyle\int \frac{1}{\eta\sqrt{1 + \ln(\eta)}}\, d\eta$　　　(i)　$\displaystyle\int \frac{\ln(\xi)}{\xi}\, d\xi$　　　(n)　$\displaystyle\int \omega^2\sqrt{\omega^3 + 1}\, d\omega$

(e)　$\displaystyle\int \frac{1 + 4y}{1 + y + 2y^2}\, dy$　　　(j)　$\displaystyle\int e^\theta\sqrt{1 + e^\theta}\, d\theta$　　　(o)　$\displaystyle\int \cos(\varphi)e^{\operatorname{sen}(\varphi)}\, d\varphi$

Exercícios adicionais

7.12 Calcule as seguintes integrais indefinidas. Primeiro identifique atentamente a variável de integração e passe todas as constantes para o lado de fora da integral:

(a) $\int \psi \, e^{\psi} \, d\psi$

(e) $\int 2\psi^3 \, e^{\psi^2} \, d\psi$

(i) $\int \frac{1}{1 + e^{\xi}} \, d\xi$

(b) $\int \gamma^2 \, \ln(\gamma^2) \, d\gamma$

(f) $\int xy \, e^x \, \ln(y) \, dy$

(j) $\int w \, \arctan(w) \, dw$

(c) $\int \gamma^{-3/2} \, \frac{1}{\ln(\epsilon)} \, d\psi$

(g) $\int xy \, e^x \, \ln(y) \, dx$

(k) $\int \frac{2y + 6}{10 + 6z + 1z^2} \, dz$

(d) $\int \frac{x \, e^{-\pi/\ln \omega}}{\cos(\xi^2/\ln \theta)} \, dx$

(h) $\int \operatorname{sen}(\ln(z)) \, dz$

(l) $\int [\ln(\eta)]^2 \, d\eta$

7.13 Calcule as seguintes integrais definidas:

(a) $\int_0^3 2 + x + 3x^2 \, dx$

(c) $\int_2^5 \sqrt{36t^5} \, dt$

(e) $\int_0^2 \sqrt{2^{1/3} + x^{1/3}} \, dx$

(b) $\int_1^5 \sqrt{6 - x} \, dx$

(d) $\int_{-1}^1 \sqrt{|y| - y} \, dy$

(f) $\int_0^2 (4 - 3\mu)^{-3} \, d\mu$

7.14 Calcule as seguintes integrais usando o método das frações parciais:

(a) $\int \frac{1}{(x - 1)(x + 2)} \, dx$

(d) $\int \frac{2x}{(x - 1)(x^2 - 4)} \, dx$

(g) $\int \frac{1}{x^3 + 1} \, dx$

(b) $\int \frac{x}{(x - 1)(x + 2)} \, dx$

(e) $\int \frac{x^2 - 5x + 9}{x^2 - 5x + 6} \, dx$

(h) $\int \frac{x}{x^3 + 1} \, dx$

(c) $\int \frac{1}{(x - 1)(x^2 - 4)} \, dx$

(f) $\int \frac{1}{x(x + 1)^2} \, dx$

(i) $\int \frac{1}{x^8 + x^6} \, dx$

7.15 Calcule a integral da cossecante $\csc(x) = 1/\operatorname{sen}(x)$. Para isso, siga os mesmos passos para o cálculo da integral da secante, adaptando-os coerentemente.

7.16 Usando o método da substituição trigonométrica, calcule as seguintes integrais:

(a) $\int \sqrt{9 - x^2} \, dx$

(c) $\int \sqrt{x^2 + 16} \, dx$

(e) $\int \frac{1}{\sqrt{x^2 - 4}} \, dx$

(b) $\int \sqrt{x^2 - 16} \, dx$

(d) $\int \frac{4}{x\sqrt{9 - x^2}} \, dx$

(f) $\int \frac{\sqrt{x^2 + 4}}{x^2} \, dx$

180   Capítulo 7. Integral – definições e propriedades

7.17 Para calcular as seguintes integrais, primeiro complete os quadrados e, em seguida, use a substituição trigonométrica adequada.

(a) $\displaystyle\int \sqrt{8 + 2x - x^2}\, dx$

(b) $\displaystyle\int \sqrt{x^2 + 4x - 12}\, dx$

(c) $\displaystyle\int \sqrt{x^2 - 8x}\, dx$

(d) $\displaystyle\int \frac{4}{\sqrt{5 + 4x - x^2}}\, dx$

(e) $\displaystyle\int \frac{1}{\sqrt{x^2 - 4x}}\, dx$

(f) $\displaystyle\int \frac{\sqrt{x^2 + 4x}}{(x + 2)^2}\, dx$

Capítulo 8

Aplicações da integral

Neste capítulo apresentamos algumas simples aplicações da operação da integral, que decorrem diretamente do teorema fundamental do cálculo.

Em primeiro lugar, mostramos como a operação da integral definida pode ser utilizada para se definir uma nova função a partir de uma função original.

Dependendo da definição, a operação da integral pode ser entendida como uma média dos valores do integrando. Com esta interpretação, mostramos, em particular, uma aplicação em geofísica, na qual é definida uma quantidade chamada velocidade RMS, calculada por meio de uma integral sobre a chamada velocidade intervalar.

Introduzimos o conceito de grau de suavidade de uma função e mostramos como funções que possuem descontinuidades de salto podem ser "curadas" por meio da integração, de modo que seu grau de suavidade seja aumentado, constituindo-se como uma espécie de efeito colateral qualitativo da integração.

Por fim, apresentamos um exemplo da operação da integração em um problema da geofísica, especialmente de sísmica e sismologia, em que a trajetória de um raio de onda sísmica é computada para meio com velocidade constante e também para meio com velocidade com taxa de variação constante.

182						Capítulo 8.	Aplicações da integral

8.1 Funções definidas por integrais

Uma situação comum é o estudo de funções definidas por integrais. Pelo Teorema Fundamental do Cálculo (TFC), sabemos que uma função definida como

$$F(x) = \int_a^x f(t)\, dt$$

tem a sua derivada dada por

$$F'(x) = f(x)\,.$$

Portanto, vem a pergunta: Como se calcula a derivada de uma função definida por

$$G(x) = \int_a^{s(x)} f(t)\, dt\,,$$

onde s é uma função? Para responder essa questão, voltamos ao conceito de função composta e regra da cadeia. Reescrevemos a integral acima como sendo a seguinte função composta:

$$G(x) = F(s(x))\,,$$

onde F é definida por

$$F(\xi) = \int_a^{\xi} f(t)\, dt\,.$$

Portanto, para determinar a derivada de G, basta aplicar a regra da cadeia:

$$G'(x) = F'(s(x))s'(x)\,,$$

mas sabemos que $F' = f$ pelo TFC, então obtemos a seguinte regra de derivação

$$G'(x) = f(s(x))s'(x)\,, \tag{8.1}$$

que é válida quando o extremo superior da integral for uma função.

Para calcular a derivada de uma função definida como

$$K(x) = \int_{r(x)}^{s(x)} f(t)\, dt\,,$$

usando as propriedades dos limites da integral, basta reescrevê-la como

$$K(x) = \int_{r(x)}^{a} f(t)\, dt + \int_a^{s(x)} f(t)\, dt = -\int_a^{r(x)} f(t)\, dt + \int_a^{s(x)} f(t)\, dt$$

Velocidades RMS e intervalares 183

e aplicar a regra (8.1) para as duas integrais do lado direito, chegando a

$$K'(x) = -f(r(x))r'(x) + f(s(x))s'(x).\tag{8.2}$$

Essa regra é conhecida por *regra de Leibniz*.

Por exemplo, se definimos a função $K(x) = \int_{\cos(x)}^{\text{sen}(x)} t^3\, dt$, então sua derivada $K'(x)$, segundo a regra de Leibniz (8.2), é

$$\begin{aligned}
K'(x) &= -\cos^3(x)[-\text{sen}(x)] + \text{sen}^3(x)\cos(x)\\
&= \text{sen}(x)\cos(x)\left[\cos^2(x) + \text{sen}^2(x)\right]\\
&= \text{sen}(x)\cos(x).
\end{aligned}$$

Exercícios

8.1 Utilizando a regra de Leibniz, calcule a derivada das seguintes funções definidas com auxílio de integrais:

(a) $F(x) = \displaystyle\int_a^{x^2} \text{sen}(t)\, dt$

(b) $G(x) = \displaystyle\int_a^{\text{sen}(x)} 2t\, dt$

(c) $H(x) = \displaystyle\int_x^{x^2} \cos(t)\, dt$

(d) $I(x) = \displaystyle\int_{x^2}^x \cos(t)\, dt$

8.2 Sabendo que $F(x) = \int_1^x f(t)\, dt$, onde $f(t) = \int_1^{t^2} u^{-1}\sqrt{1+u^4}\, du$, então, utilizando a regra de Leibniz, determine $F''(2)$.

8.2 Velocidades RMS e intervalares

Na Seção 6.4.3, ao longo do processo da construção da aproximação hiperbólica do tempo de trânsito de uma onda refletida, é introduzida uma quantidade auxiliar denominada velocidade RMS, dada por

$$V_n^2 = \frac{\displaystyle\sum_{k=1}^{n} t_{0,k}\, v_k^2}{\displaystyle\sum_{k=1}^{n} t_{0,k}}\tag{8.3}$$

onde v_k e $t_{0,k}$ são respectivamente a velocidade intervalar e o tempo duplo de percurso vertical da k-ésima camada, para $k = 1, 2, \ldots, n$.

De fato, a velocidade RMS de um meio estratificado é média quadrática das n velocidades intervalares. Sua interpretação física é a velocidade de um meio representativo médio composto por uma camada, de modo que o evento de reflexão hiperbólico gerado por este meio representativo seja a melhor aproximação para o verdadeiro evento de reflexão gerado no meio estratificado.

Consideremos um meio estratificado cuja velocidade dependa da profundidade, de modo que a k-ésima camada tem espessura $H_k = \delta z$ e velocidade intervalar v_k. Tal meio estratificado pode ser interpretado como uma aproximação discretizada do meio cuja velocidade dependa continuamente da profundidade, isto é $v = v(z)$.

Neste caso, portanto, podemos reescrever (8.3) como

$$\mathcal{V}_n^2 = \frac{\displaystyle\sum_{k=1}^{n} 2 v_k \delta z}{\displaystyle\sum_{k=1}^{n} \frac{2}{v_k} \delta z} , \tag{8.4}$$

onde foi usado o fato de que $t_{0,k} = 2\delta z / v_k$. Quando $\delta z \to 0$, obtemos a equação que relaciona a velocidade RMS ($\mathcal{V}$) à velocidade intervalar (v)

$$\mathcal{V}(z)^2 = \frac{\displaystyle\int_0^z v(s) ds}{\displaystyle\int_0^z \frac{1}{v(s)} ds} . \tag{8.5}$$

Usando-se a equação (8.5), podemos computar analiticamente a velocidade RMS a partir de leis de velocidade que dependam somente da profundidade. Por exemplo, para o caso mais simples em que o meio em questão tem velocidade constante v_0, a partir de (8.5), concluímos que $\mathcal{V}(z) = v_0$ (fica como exercício).

Como segundo exemplo, para o caso em que a lei de variação da velocidade segue a lei de Faust (Seção 3.6), isto é, $v(z) = \alpha z^{1/6}$, temos que

$$\mathcal{V}(z)^2 = \frac{\displaystyle\int_0^z \alpha s^{1/6} ds}{\displaystyle\int_0^z \frac{1}{\alpha s^{1/6}} ds} = \alpha^2 \frac{5}{7} z^{1/3} .$$

Grau de suavidade de uma função 185

Concluímos, portanto, que a velocidade RMS também segue uma lei do tipo Faust, isto é, $\mathcal{V}(z) = \beta z^{1/6}$, com $\beta = \sqrt{5/7}\,\alpha$. Este exemplo pode ser generalizado para funções potência do tipo αz^p, com $p < 1$ (Exercício 8.4).

Exercícios

8.3 Mostre, usando (8.5), que a velocidade RMS de um meio com velocidade constante também é constante.

8.4 Mostre, usando (8.5), que se a velocidade intervalar é uma função potência $v(z) = \alpha z^p$, com $p < 1$, então a velocidade RMS também é uma função potência $\mathcal{V}(z) = \beta z^p$.

8.3 Grau de suavidade de uma função

No estudo de funções, há a preocupação permanente de avaliar o quanto uma função é suave ou não. Na prática, a importância desta avaliação está ligada ao fato de que muitos métodos e técnicas exigem um determinado grau de suavidade das funções para funcionarem.

Contudo, a suavidade de uma função, quando abordada de modo qualitativo, é muito difícil de ser avaliada, pois é uma propriedade visual totalmente atrelada à experiência do ser humano. Isso quer dizer que uma mesma função pode ser suave de um determinado ponto de vista e não suave de outro ponto de vista.

Para dirimir tais dúvidas, podemos definir matematicamente qual é o grau de suavidade de uma função. Quando uma função $f(x)$ é contínua em um intervalo $[a, b]$, dizemos que ela é de classe C^0 em $[a, b]$, denotando por

$$f \in C^0(a, b),$$

indicando que $C^0(a, b)$ é o conjunto de todas as funções contínuas em $[a, b]$.

Quando uma função $f(x)$ é diferenciável em todos os pontos de um conjunto (a, b) e, além disso, a derivada é contínua em $[a, b]$, dizemos que ela é uma função de classe $C^1(a, b)$. Isso quer dizer que, para que uma função seja C^1, sua derivada deve ser C^0 em $[a, b]$.

Essa definição pode ser generalizada da seguinte maneira: Uma função $f(x)$ é classificada como $C^k(a, b)$ se ela possuir derivadas de ordem até pelo menos k e a

186   Capítulo 8.   Aplicações da integral

sua derivada de k-ésima ordem for uma função contínua em $[a, b]$. Por fim, dizemos que uma função é classificada como $C^\infty(a, b)$ quando ela possui derivadas de todas as ordens e todas são contínuas em $[a, b]$.

8.3.1   Alterando o grau de suavidade

Considere a função de Heaviside $h(x)$. Sabemos que ela possui uma descontinuidade de salto em $x = 0$, fazendo com que não seja contínua nesse ponto. Porém, usando a parte 1 do Teorema Fundamental do Cálculo para computarmos uma antiderivada de $h(x)$, obtemos a função

$$\mu(x) = \int_{-a}^{x} h(\xi)\, d\xi = x\, h(x)\,,$$

que é contínua em $x = 0$, onde $a > 0$. Então, de certo modo, a operação da integral remediou a descontinuidade de $h(x)$. Prosseguindo, se computarmos uma antiderivada de $\mu(x)$, obtemos a função

$$\nu(x) = \int_{-a}^{x} \xi h(\xi)\, d\xi = x^2\, h(x)\,,$$

que é não somente contínua, mas também derivável em $x = 0$.

Portanto, comparando os gráficos de $h(x)$, $\mu(x)$ e $\nu(x)$ pela Figura 8.1, notamos que a descontinuidade de salto que existia em $h(x)$ passa a não existir em $\mu(x)$, somente há uma quebra (quina) no gráfico, que por sua vez também passa a não existir em $\nu(x)$.

Sendo assim, a conclusão é que, em termos gerais, a operação da integração ou da antiderivação tende a suavizar a função original criando uma função mais suave e contínua. Por outro lado, a operação da derivação tem o efeito oposto, isto é, geralmente a função derivada é menos suave do que a função original.

Exercícios

8.5   Dada a função sinal $f(x) = \operatorname{sgn}(x)$, no intervalo $[-1, 1]$,

    (a)   calcule $s_1 = \int_1^x \operatorname{sgn}(\xi)\, d\xi$ e $s_2(x) = \int_1^x s_1(\xi)\, d\xi$, tomando o cuidado de analisar os casos $x \in [-1, 0]$ e $x \in (0, 1]$;

    (b)   esboce as funções $\operatorname{sgn}(x)$, $s_1(x)$ e $s_2(x)$;

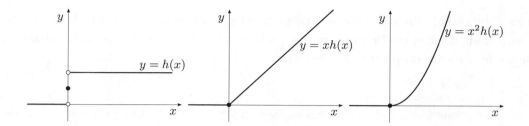

Figura 8.1: Gráficos da função de Heaviside e suas antiderivadas de primeira e segunda ordem. À esquerda, a função $h(x)$, ao centro a sua antiderivada, $xh(x)$, e, à direita, a antiderivada da antiderivada, $x^2h(x)$. Note que o grau de suavização vai aumentando a cada operação de antiderivada.

(c) com base nos itens anteriores, conclua se a operação de integração suavizou a função sinal.

8.6 Dadas as funções $f(x)$ e $g(x)$ descritas a seguir

$$f(x) = \begin{cases} \cos(x), & x < 0, \\ \text{sen}(x), & x \geq 0, \end{cases} \qquad g(x) = x - \kappa(x),$$

onde $\kappa(x)$ é a parte inteira de x, compute as funções

$$F(x) = \int_{-a}^{x} f(\xi)\,d\xi \qquad \text{e} \qquad G(x) = \int_{-a}^{x} g(\xi)\,d\xi,$$

onde $a > 0$. Esboce todas as funções e comente sobre o grau de suavidade das funções f e g e suas antiderivadas F e G, respectivamente.

8.4 Cálculo da trajetória de raio de onda sísmica

No problema de propagação de ondas sísmicas, é muito comum considerarmos a teoria dos raios, também chamada de óptica geométrica, para construirmos soluções aproximadas do campo de ondas. Sem entrarmos em detalhes, podemos considerar *raios* como sendo as trajetórias sobre as quais percorre a energia ondulatória. Mais detalhes sobre a teoria dos raios podem ser encontrados em Bleistein (1984).

Para simplificar o problema, consideramos somente o plano (x, z), que representa um corte vertical do meio tridimensional de propagação de ondas. Aliado

188   Capítulo 8. Aplicações da integral

a esta hipótese, consideramos um meio cujas propriedades dependam somente da coordenada z. Em particular, isso quer dizer que a velocidade das ondas sísmicas depende somente da profundidade, isto é,

$$v = v(z)\,.$$

Neste caso, segundo Bleistein (1986), a trajetória de um raio que parte de (x_s, z_s), chamado fonte, com ângulo de partida θ, medido em relação ao eixo vertical, pode ser descrita pelas coordenadas $(x(z), z)$, onde $x(z)$ é dada pela seguinte integral

$$x(z) = x_s + \int_{z_s}^{z} \frac{p(\zeta)}{\sqrt{1 - p(\zeta)^2}}\, d\zeta\,. \tag{8.6}$$

Aqui, a função auxiliar $p(z)$ é definida por

$$p(z) = \frac{\operatorname{sen}(\theta)}{v_s} v(z)\,, \tag{8.7}$$

onde $v_s = v(z_s)$ é a velocidade na fonte.

8.4.1 Meio homogêneo

Para o caso particular em que o meio é homogêneo, isto é, um meio cuja velocidade da onda sísmica é constante, $v(z) = v_0$, a função auxiliar $p(z)$ é

$$p(z) = \frac{\operatorname{sen}(\theta)}{v_0} v_0 = \operatorname{sen}(\theta)$$

que é independente de z. Portanto a expressão que define a coordenada x em função de z é dada por

$$x(z) = x_s + \int_{z_s}^{z} \frac{\operatorname{sen}(\theta)}{\sqrt{1 - \operatorname{sen}^2(\theta)}}\, d\zeta = x_s + \int_{z_s}^{z} \frac{\operatorname{sen}(\theta)}{\cos(\theta)}\, d\zeta$$

$$= x_s + \tan(\theta)(z - z_s)\,.$$

Observamos que x é uma função afim de z, isto é,

$$x = az + b\,,$$

onde $a = \tan(\theta)$ e $b = x_s - \tan(\theta) z_s$, mostrando que o raio é senão uma linha reta, que depende da inclinação inicial θ. A Figura 8.3 mostra dois exemplos de raios (SA_1 e SA_2) para um meio homogêneo, cada qual com sua inclinação inicial.

8.4.2 Meio com velocidade afim na profundidade

Um meio com velocidade *afim na profundidade*[1] pode ser considerado uma boa aproximação para o comportamento da velocidade em uma escala mais global. Sendo assim, em estudos sismológicos mais simplificados, os raios associados às ondas sísmicas geradas por terremotos percorrem trajetórias circulares no interior do globo terrestre (Figura 8.2).

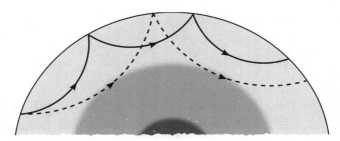

Figura 8.2: No globo terrestre, os raios que representam a trajetória de ondas sísmicas causadas por terremotos são circulares, pois a velocidade das ondas neste meio é aproximadamente afim.

Para verificarmos que os raios são circulares neste tipo de meio, consideramos que a velocidade da onda sísmica é afim, dada por

$$v(z) = v_s + \alpha(z - z_s),$$

onde a constante α é a taxa de variação da velocidade, a coordenada z_s é a posição vertical da fonte e v_s é a velocidade na fonte. Neste caso, a partir de (8.6), chegamos à equação para a coordenada x do raio em função da profundidade z

$$x(z) = x_s + \int_{z_s}^{z} \frac{p(\zeta)}{\sqrt{1 - p(\zeta)^2}} \, d\zeta, \qquad (8.8)$$

onde a função auxiliar $p(\zeta)$ é dada por

$$p(\zeta) = \left[1 + \frac{\alpha(\zeta - z_s)}{v_s}\right] \operatorname{sen}(\theta).$$

---

[1] Um meio cuja velocidade varia linearmente com a profundidade.

190　　　　　　　　　　　　　　　　　　　　　　　*Capítulo 8. Aplicações da integral*

É possível computarmos a integral em (8.8), usando o método da substituição, introduzindo a variável $q = p(\zeta)$. Neste caso, $dq = p'(\zeta)d\zeta = \alpha\,\mathrm{sen}(\theta)/v_s\,d\zeta$ e os novos limites de integração são

$$q_0 = p(z_s) = \mathrm{sen}(\theta) \tag{8.9}$$

$$q_1 = p(z) = [1 + \alpha(z - z_s)/v_s]\,\mathrm{sen}(\theta)\,, \tag{8.10}$$

fazendo com que expressão para x seja

$$x(z) = x_s + \frac{v_s}{\alpha\,\mathrm{sen}(\theta)} \int_{q_0}^{q_1} \frac{q}{\sqrt{1 - q^2}}\,dq\,. \tag{8.11}$$

Esta integral também pode ser calculada com o método da substituição com a introdução da variável $u = 1 - q^2$. Omitindo os detalhes (que ficam como exercício), a integral definida resultante é dada por

$$x(z) = x_s + \frac{v_s}{\alpha\,\mathrm{sen}(\theta)} \left[\cos(\theta) - \sqrt{1 - q_1^2}\right]\,, \tag{8.12}$$

onde q_1 é dado por (8.10).

Apesar de a expressão para x em função de z estar bem definida, em uma análise superficial é difícil deduzir a geometria da trajetória do raio. Entretanto, é possível determiná-la, começando por reescrever (8.8) de uma forma mais adequada:

$$x - x_s - \frac{v_s\cos(\theta)}{\alpha\,\mathrm{sen}(\theta)} = \frac{v_s}{\alpha\,\mathrm{sen}(\theta)} \sqrt{1 - q_1^2}\,.$$

Em seguida, elevando ao quadrado ambos os lados desta equação, obtemos

$$\left[x - x_s - \frac{v_s\cot(\theta)}{\alpha}\right]^2 = \frac{v_s^2}{\alpha^2\,\mathrm{sen}^2(\theta)}(1 - q_1^2)\,. \tag{8.13}$$

Por fim, usando a definição de q_1 dada por (8.10), podemos reescrever (8.13) como uma equação de circunferência:

$$(x - x_c)^2 + (z - z_c)^2 = R^2\,, \tag{8.14}$$

Cálculo da trajetória de raio de onda sísmica 191

onde x_c, z_c e R são, respectivamente, as coordenadas horizontal e vertical do centro e o raio, que são dados por

$$x_c = x_s + \frac{v_s \cot(\theta)}{\alpha}, \tag{8.15}$$

$$z_c = z_s - \frac{v_s}{\alpha}, \tag{8.16}$$

$$R = \frac{v_s \csc(\theta)}{\alpha}. \tag{8.17}$$

Com efeito, a equação (8.14) mostra que os raios são arcos de circunferência para um meio com velocidade afim. Vale ainda observar que, para cada ângulo de partida θ, mudam a posição horizontal do centro e o raio da circunferência que descreve o raio, mas não a posição vertical do centro, pois z_c não depende de θ. Veja com auxílio da Figura 8.3 a trajetória de dois raios, com ângulos iniciais θ_1 e θ_2, representados pelos arcos de circunferência SB_1 e SB_2.

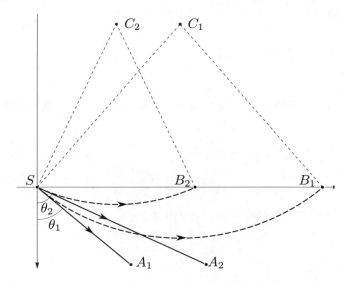

Figura 8.3: Quatro trajetórias de raios: dois segmentos para um meio homogêneo (linhas cheias, SA_1 e SA_2) e dois arcos para um meio afim (linhas tracejadas, SB_1 e SB_2). Os ângulos θ_1 e θ_2 são os ângulos de partida dos pares de raios e os pontos C_1 e C_2 são os centros das circunferências relativas aos raios curvos traçados no meio afim.

Exercícios

8.7   Preencha os detalhes matemáticos da Seção 8.4.2, que mostram que um raio em um meio afim é um arco de circunferência.

8.8   Calcule a coordenada horizontal de um raio para um meio cuja velocidade depende da profundidade segundo

$$v(z) = \frac{1}{\eta_s + \beta(z - z_s)},$$

onde η_s e β são constantes.

Exercícios adicionais

8.9   Calcule a derivada das funções definidas por integrais:

    (a) $K(x) = \displaystyle\int_{\text{sen}(x)}^{\cos(x)} \sqrt{1 - t^2} \, dt$ (c) $M(x) = \displaystyle\int_{\text{sen}(x)}^{\cos(x)} x^3 \, dt$

    (b) $L(x) = \displaystyle\int_{\exp(x)}^{\exp(-x^2)} \ln(t) \, dt$ (d) $N(x) = \displaystyle\int_{\ln(3x)}^{\ln(5x)} \exp(x) \, dt$

8.10   Esboce a região R limitada pelos gráficos das funções a seguir depois calcule a sua área:

    (a) $y = x^3 + x^2$ e $y = 3x^2 + 3x$.   (c) $y = x^2 + 1$ e $y = 2x^2$

    (b) $y = x^3 - 2x$ e $y = x^2$ (d) $y = x^2$ e $y = \sqrt{x}$

8.11   O volume do sólido de revolução no eixo y é dado por

$$V = \int_a^b 2\pi x f(x) \, dx.$$

Sabendo que o topo de um reservatório pode ser aproximado pela curva

$$y = f(x) = (x^2 - 10.000)/2.000,$$

em metros, calcule o seu volume, assumindo-se que a base do reservatório está em $y = 0$. Além disso, sabendo-se que a porosidade do material do sólido é de 25%, calcule o volume do espaço poroso em litros.

Exercícios adicionais 193

8.12 Considere a região R limitada pela curva $y = \tan(x)$, a linha $x = \pi/4$ e o eixo x; primeiro faça um esboço de R, e depois calcule sua área.

8.13 Para o caso com velocidade dependente somente da profundidade, isto é, para $v = v(z)$, o *tempo de percurso* de um raio que parte de (x_s, z_s) com ângulo de partida θ é dado por

$$\tau(z) = \tau_s + \int_{z_s}^{z} \frac{1}{v(\zeta)\sqrt{1 - p(\zeta)^2}}\, d\zeta\,, \tag{8.18}$$

onde $p(\zeta)$ está definido em (8.7) e $\tau_s = \tau(z_s)$. Responda aos seguintes itens:

(a) Calcule o tempo de percurso ao longo de um raio com ângulo inicial θ para um meio homogêneo, isto é para $v = v_s$;

(b) Para o caso do meio com velocidade afim, $v(z) = v_s + \alpha(z - z_s)$, mostre que a equação para tempo de percurso τ se torna

$$\tau(z) = \tau_s + \frac{2}{\alpha} \int_{q_0}^{q_1} \frac{1}{\sqrt{1 - (2q^2 - 1)^2}}\, dq\,,$$

onde $q = p(\zeta) = [1 - \alpha(\zeta - z_s)/v_s]\operatorname{sen}(\theta)$ e q_0 e q_1 são definidos por (8.9) e (8.10), respectivamente;

(c) Calcule a integral do item (b) usando método da substituição trigonométrica, introduzindo a variável ϕ implicitamente por

$$2q^2 - 1 = \cos(\phi)\,.$$

8.14 Calcule a velocidade RMS, sabendo que a velocidade intervalar é dada por

(a) $v(z) = v_0 + az$
(b) $v(z) = \dfrac{1}{s_0 + cz}$
(c) $v(z) = \dfrac{1}{(d_0 + ez)^2}$

8.15 (Vretblad, 2003) Esboce a função

$$f(t) = (x^2 - 1)^2 \operatorname{rect}(x)$$

e mostre que f é de classe C^1, mas não de classe C^2. Além disso, calcule $f'''(t)$.

Capítulo 9

Integral imprópria

Neste capítulo, iremos abordar um tipo de integral definida especial, chamada integral imprópria, bem como alguns desdobramentos teóricos e aplicações. As integrais impróprias aparecem no estudo de problemas cujos intervalos de integração são ilimitados ou quando o integrando possui algum tipo de singularidade, ou ambos os casos.

Tais problemas necessitam de conceitos mais sofisticados sobre classes de funções, das quais tratamos apenas das funções absolutamente integráveis.

Apresentamos a operação da convolução que se serve da integração imprópria, como também algumas aplicações, notadamente as transformadas convolucionais que são amplamente utilizadas em vários campos da matemática aplicada, tais como equações diferenciais, problemas inversos e análise matemática.

Por fim, ao longo do capítulo, apresentaremos algumas aplicações tais como o estudo de funções ondaletas, largamente utilizadas em processamento de sinais e imagens, transformadas convolucionais.

Em particular, serão introduzidas noções de uma teoria peculiar denominada cálculo fracionário, cuja fórmula básica pode ser definida com auxílio da operação da convolução e da diferenciação convencional. Especialmente, serão tratados os casos da derivada e integral de meia ordem, chamados semiderivada e semi-integral, bem como suas aplicações em geofísica.

9.1 Integral imprópria

Uma integral *própria* satisfaz duas condições: o integrando é definido e limitado em todo intervalo de integração e o intervalo de integração é limitado. Quando pelo menos uma das condições não ocorre, dizemos que a integral é *imprópria*.

Sendo assim, dependendo do que impede que a integral seja própria, podemos classificá-la como uma integral imprópria em três tipos, a saber: *tipo I*, em que o intervalo de integração é ilimitado e integrando não possui singularidades; *tipo II*, em que o intervalo de integração é limitado, mas o integrando possui singularidades e *tipo III*, que é uma integral imprópria do tipo I e II ao mesmo tempo. A seguir vamos abordar mais detalhadamente cada um dos três tipos de integrais impróprias.

Uma integral imprópria do tipo I ocorre quando o integrando é uma função limitada (contínua) em todos ponto do intervalo, porém o intervalo é ilimitado em pelo menos um dos extremos, isto é, o intervalo tem o símbolo de ∞ em pelo menos um dos seus limites. Por exemplo, as seguintes integrais são impróprias do tipo I

$$\int_{-\infty}^{1} e^x \, dx, \qquad \int_{-\infty}^{\infty} \frac{1}{x^2 + 1} \, dx, \qquad \int_{1}^{\infty} \frac{1}{x} \, dx, \qquad \int_{-\infty}^{\infty} e^{-x^2} \, dx \, .$$

Para a definição de uma integral imprópria de tipo I, lançamos mão de uma integral de Riemann auxiliar. Sem perda de generalidade, se o intervalo de integração é ilimitado à direita, podemos definir a integral imprópria como sendo

$$\int_{a}^{\infty} f(x) \, dx \stackrel{\text{def}}{=} \lim_{b \to \infty} \int_{a}^{b} f(x) \, dx \, . \tag{9.1}$$

Caso o limite do lado direito exista, dizemos que a integral imprópria é *convergente*, caso contrário, dizemos que a integral é *divergente*. Vale ressaltar que uma integral imprópria não é uma integral de Riemann e sim uma operação de limite associada a uma integral de Riemann auxiliar.

Por exemplo, a integral imprópria de x^{-2} no intervalo $[1, \infty)$ é computada da seguinte forma:

$$\int_{1}^{\infty} \frac{1}{x^2} \, dx = \lim_{b \to \infty} \int_{1}^{b} \frac{1}{x^2} \, dx = \lim_{b \to \infty} \left(-\frac{1}{x} \Big|_{1}^{b} \right) = \lim_{b \to \infty} \left(-\frac{1}{b} + 1 \right) = 1 \, .$$

Por outro lado, a integral imprópria de x^{-1} no intervalo $[1, \infty)$ é divergente pois

$$\int_{1}^{\infty} \frac{1}{x} \, dx = \lim_{b \to \infty} \int_{1}^{b} \frac{1}{x} \, dx = \lim_{b \to \infty} \left(\ln(x) \Big|_{1}^{b} \right) = \lim_{b \to \infty} \big(\ln(b) - 0 \big) = \infty \, .$$

Integral imprópria 197

Para definir uma integral imprópria cujo domínio de integração seja toda a reta real, duas operações de limite e uma integral de Riemann auxiliar devem ser usadas, da seguinte maneira

$$\int_{-\infty}^{\infty} f(x)\,dx \stackrel{\text{def}}{=} \lim_{a\to-\infty} \left(\lim_{b\to\infty} \int_{a}^{b} f(x)\,dx \right). \tag{9.2}$$

Caso os limites do lado direito existam, dizemos que a integral é convergente, caso contrário dizemos que é divergente. Observe que, nas operações de limite, os extremos do intervalo a e b são distintos e independentes um do outro. Este fato é extremamente importante, pois, caso a e b sejam vinculados de alguma forma, o resultado dos limites não mais resultarão em uma integral imprópria do tipo I sobre a reta e sim outro objeto matemático. Um exemplo em que a e b são vinculados encontra-se na definição da integral chamada *valor principal de Cauchy*, abordada na Seção 9.2.

No caso da integral do tipo II, o integrando é uma função descontínua (ilimitada) em algum dos pontos do intervalo de integração. Sem perda de generalidade, podemos considerar que o ponto de descontinuidade seja sempre um dos pontos extremos do intervalo, pois se a descontinuidade for interior ao intervalo de integração, é possível reescrever a integral como a soma de duas integrais com subintervalos justapostos, de modo que ambas sejam do tipo II.

Sendo assim, para a integral imprópria do segundo tipo, se a função tem uma descontinuidade em a, então, sem perda de generalidade, temos a definição

$$\int_{a}^{b} f(x)\,dx \stackrel{\text{def}}{=} \lim_{c\to a-} \int_{c}^{b} f(x)\,dx, \tag{9.3}$$

desde que o limite do lado direito exista, caso em que dizemos que a integral é convergente. Se o limite não existir ou for infinito, dizemos que a integral é divergente. Por exemplo, as seguintes integrais são impróprias do tipo II

$$\int_{-1}^{1} \frac{1}{\sqrt{1-x^2}}\,dx, \qquad \int_{0}^{1} \frac{1}{\sqrt{x}}\,dx, \qquad \int_{0}^{a} \ln(x)\,dx.$$

Por exemplo, para a integral definida da função $f(x) = 1/\sqrt{x}$ no intervalo $[0,1]$, o cálculo é feito utilizando a definição de integral imprópria de segundo tipo, isto é

$$\int_{0}^{1} \frac{1}{\sqrt{x}}\,dx = \lim_{a\to 0+} \int_{a}^{1} \frac{1}{\sqrt{x}}\,dx.$$

Avaliando apenas a integral do lado direito, sem o limite, temos

$$\int_a^1 \frac{1}{\sqrt{x}}\,dx = 2\sqrt{x}\,\Big|_a^1 = 2 - 2\sqrt{a}\,.$$

Portanto,

$$\int_0^1 \frac{1}{\sqrt{x}} = \lim_{a \to 0+} (2 - 2\sqrt{a}) = 2\,.$$

Quando a integral é ao mesmo tempo de tipo I e II, então é denominada integral imprópria do tipo III. Por exemplo, as seguintes integrais são impróprias do terceiro tipo

$$\int_0^\infty \frac{e^{-x}}{x}\,dx, \qquad \int_0^\infty \frac{e^{-x}}{\sqrt{x}}\,dx, \qquad \int_0^\infty \ln(x)e^x\,dx, \qquad \int_1^\infty \frac{\cos(x)}{\ln(x)}\,dx\,.$$

Por fim, vale mencionar que é sempre possível transformar uma integral de tipo I em tipo II e vice-versa. Para o primeiro caso, substituímos a variável que vai para infinito pelo seu inverso. Por exemplo, para transformarmos a integral imprópria de tipo I

$$\int_1^\infty \frac{1}{x}\,dx$$

em uma integral de tipo II, introduzimos a variável $y = 1/x$. Neste caso, temos que $dx = -dy/y^2$ e, além disso, $x \to \infty$ implica em $y \to 0$, fazendo com que a integral se torne

$$\int_0^1 \frac{1}{y}\,dy\,,$$

que é uma integral do tipo II. Para transformarmos uma integral de tipo II em tipo I, uma maneira é introduzirmos a variável $y = f(x)$, onde $f(x)$ é o integrando. Por exemplo, para transformar a integral do tipo II

$$\int_0^a \ln(x)\,dx$$

em tipo I, introduzimos a variável $y = \ln(x)$, o equivale a $x = e^y$, fazendo com que $dx = e^y dy$. Além disso, $x \to 0+$ implica em $y \to -\infty$, fazendo com que a integral se torne em

$$\int_{-\infty}^{\ln(a)} ye^y\,dy\,,$$

que é uma integral do tipo I.

Integral imprópria

9.1.1 Convergência de integrais impróprias

Dizemos que uma integral imprópria, de qualquer tipo, *converge absolutamente*, quando

$$\int_A |f(x)|\, dx = M < \infty \,,$$

para algum número $M \geq 0$. Observe que o intervalo A pode ser limitado ou ilimitado, dependendo do tipo da integral imprópria, porém na definição mais comum temos que $I = [a, \infty)$. No caso da convergência absoluta de uma integral imprópria, denominamos a função f como sendo *absolutamente integrável* em A.

Por exemplo, a função $f(x) = x\,e^{-x^2}$ é absolutamente integrável em $[0, \infty)$. Para comprovar essa propriedade, devemos verificar que a integral imprópria

$$\int_0^\infty |x\,e^{-x^2}|\, dx$$

é finita. Empregando a definição de limite de integral imprópria, temos que

$$\int_0^\infty x\,e^{-x^2}\, dx = \lim_{b \to \infty} \int_0^b x e^{-x^2}\, dx = \lim_{b \to \infty} -\frac{1}{2}\,e^{-x^2}\Big|_0^b = \lim_{b \to \infty} -\frac{1}{2}\left(e^{-b^2} - 1\right) = 1 < \infty \,,$$

mostrando que $f(x)$ é absolutamente integrável em $\mathbb{R}$.

Quando a integral imprópria é convergente, mas não é absolutamente convergente, dizemos que ela *converge condicionalmente* em A e, neste caso, dizemos que a função é *condicionalmente integrável*. A função $\mathrm{sinc}(x)$ é um exemplo clássico de uma função condicionalmente integrável em $\mathbb{R}$, pois apesar de

$$\int_{-\infty}^\infty \mathrm{sinc}(x)\, dx = 1 \,,$$

a integral imprópria

$$\int_{-\infty}^\infty |\mathrm{sinc}(x)|\, dx$$

é divergente. Para a demonstração deste fato, veja Widder (1959).

9.1.2 A área sob a curva da gaussiana

Uma importante integral imprópria do tipo I que naturalmente aparece em vários contextos resulta do problema do cálculo da área sob a curva definida pela função gaussiana. Mais especificamente queremos calcular

$$A = \int_{-\infty}^{\infty} e^{-x^2/2\sigma^2} \, dx \,, \tag{9.4}$$

caso realmente a integral convirja. Para facilitar tomamos $a = 1/2\sigma^2$. O primeiro passo é determinar se a integral (9.4) é convergente. Para isso, a observação crucial é que são válidas as seguintes desigualdades

$$e^{-ax^2} < e^{-ax}, \qquad \text{para } x > 1; \tag{9.5a}$$

$$e^{-ax^2} < 1, \qquad \text{para } -1 \leq x \leq 1; \tag{9.5b}$$

$$e^{-ax^2} < e^{ax}, \qquad \text{para } x < -1 \,. \tag{9.5c}$$

cuja demonstração é deixada como exercício. Reescrevendo a integral (9.4) como a soma de três integrais sobre os três intervalos justapostos que aparecem nas desigualdades, chegamos a

$$\int_{-\infty}^{\infty} e^{-ax^2} \, dx = \int_{-\infty}^{-1} e^{-ax^2} \, dx + \int_{-1}^{1} e^{-ax^2} \, dx + \int_{1}^{\infty} e^{-ax^2} \, dx \,. \tag{9.6}$$

Desta forma, podemos fazer uso das desigualdades (9.5a) a (9.5c), obtendo

$$\int_{-\infty}^{\infty} e^{-ax^2} \, dx < \int_{-\infty}^{-1} e^{ax} \, dx + \int_{-1}^{1} 1 \, dx + \int_{1}^{\infty} e^{-ax} \, dx \tag{9.7}$$

$$= \frac{e^{-a}}{a} + 1 + \frac{e^{-a}}{a} < \infty \tag{9.8}$$

mostrando que, de fato, a integral imprópria em (9.4) é convergente.

Como (9.4) é convergente e o integrando é par, temos que $A = 2\int_0^{\infty} e^{-ax^2} \, dx$ e nosso trabalho é, portanto, computar a integral do lado direito. Para isso, considere a função auxiliar definida por

$$F(t) = 2 \int_0^t e^{-ax^2} \, dx \,, \tag{9.9}$$

de maneira que $A = \lim_{t \to \infty} F(t)$. Pelo teorema fundamental do cálculo, temos que a derivada de $F(t)$ é dada por $F'(t) = 2e^{-at^2}$. Introduzindo a função auxiliar $G(t)$ definida por

$$G(t) = [F(t)]^2 \,, \tag{9.10}$$

Integral imprópria   201

temos que a sua derivada é dada por

$$G'(t) = 2F'(t)F(t) = 8 \int_0^t e^{-a(x^2+t^2)} \, dx \, .$$

Introduzindo a mudança de variável $u = x/t$ nesta integral, obtemos

$$G'(t) = 4 \int_0^1 2t \, e^{-a(u^2+1)t^2} \, du \, . \tag{9.11}$$

Porém, observando-se que

$$2t \, e^{-a(u^2+1)t^2} = \left[\frac{-e^{-a(u^2+1)t^2}}{a(u^2+1)} \right]' \, ,$$

onde o símbolo de derivada é com relação à variável t, concluímos que

$$G'(t) = 4 \int_0^1 \left[\frac{-e^{-a(u^2+1)t^2}}{a(u^2+1)} \right]' \, du \, . \tag{9.12}$$

Neste ponto, iremos comutar a operação da derivada em t com a operação da integral em u. Isto é permitido pois os limites da integral não dependem de t. Portanto

$$G'(t) = 4 \left[\int_0^1 \frac{-e^{-a(u^2+1)t^2}}{a(u^2+1)} \, du \right]' \, , \tag{9.13}$$

o que nos leva a concluir que

$$G(t) = -\frac{4}{a} \int_0^1 \frac{e^{-a(u^2+1)t^2}}{u^2+1} \, du + C \, , \tag{9.14}$$

onde C é uma constante a ser determinada. Pela definição original de $G(t)$ dada por (9.10), temos que $G(0) = 0$, mas, por outro lado, pela expressão anterior,

$$G(0) = -\frac{4}{a} \int_0^1 \frac{1}{u^2+1} \, du + C \, . \tag{9.15}$$

Tal integral pode ser computada pelo métodos do Capítulo 7. Com efeito, a anti-derivada do integrando é uma função tabelada (veja a Tabela 7.1), sendo assim, temos que

$$G(0) = -\frac{4}{a} \big[\arctan(u) \big] \Big|_0^1 + C = -\frac{\pi}{a} + C \, , \tag{9.16}$$

202   *Capítulo 9.   Integral imprópria*

pois $\arctan(1) = \pi/4$ e $\arctan(0) = 0$. Lembrando que $G(0) = 0$, concluímos que $C = \pi/a$.

Prosseguindo, analisamos o comportamento de $G(t)$ quando $t \to \infty$, isto é

$$\lim_{t \to \infty} G(t) = -\frac{4}{a} \lim_{t \to \infty} \int_0^1 \frac{e^{-a(u^2+1)t^2}}{a(u^2+1)} \, du + \frac{\pi}{a} \, . \tag{9.17}$$

Mais uma vez fazemos uma comutação das operações do limite e da integral, concluindo que

$$\lim_{t \to \infty} G(t) = \frac{\pi}{a} \, , \tag{9.18}$$

pois no integrando temos $\lim_{t \to \infty} e^{-ct^2} = 0$, onde $c = a(u^2 + 1) > 0$. Por fim, como $A = \lim_{t \to \infty} F(t) = \lim_{t \to \infty} \sqrt{G(t)}$, concluímos que $A = \sqrt{\pi/a} = \sqrt{2\pi}\,\sigma$, isto é,

$$\int_{-\infty}^{\infty} e^{-x^2/2\sigma^2} \, dx = \sqrt{2\pi}\,\sigma \, . \tag{9.19}$$

Para o caso particular em que $\sigma = 1/\sqrt{2\pi}$, obtemos o clássico resultado

$$\int_{-\infty}^{\infty} e^{-\pi x^2} \, dx = 1 \, . \tag{9.20}$$

Exercícios

9.1   Calcule as seguintes integrais impróprias, usando as definições adequadas.

(a) $\displaystyle\int_0^{\infty} e^{-x} \, dx$ (b) $\displaystyle\int_{-\infty}^1 \frac{1}{x^3} \, dx$

9.2   Considere a ondaleta de Ricker dada por

$$r(t) = \left(1 - 2\pi^2 f_m^2 t^2\right) e^{-\pi^2 f_m^2 t^2} \, ,$$

para $t \in \mathbb{R}$. Mostre que a área sob a sua curva é zero. Para isso, em primeiro lugar mostre que $r(t)$ é integrável e, em seguida, use a parte II do teorema fundamental do cálculo, sabendo que a antiderivada da ondaleta de Ricker é dada por (13.53).

Valor principal de Cauchy 203

9.2 Valor principal de Cauchy

Um caso particular para os limites de integração imprópria do tipo I é quando na operação do limite os extremos do intervalo variam de maneira simétrica, isto é, $a = -b$. Neste caso, não temos mais a definição original de integração sobre a reta, e sim o que denominamos *valor principal de Cauchy*, definido por

$$\fint_{-\infty}^{\infty} f(x)\,dx \overset{\text{def}}{=} \lim_{a \to \infty} \int_{-a}^{a} f(x)\,dx\,. \tag{9.21}$$

Para a integração imprópria do tipo II, temos uma definição similar, assumindo-se que o ponto de singularidade seja o número $c \in (a, b)$. Neste caso, o *valor principal de Cauchy* é definido por

$$\fint_{a}^{b} f(x)\,dx \overset{\text{def}}{=} \lim_{\delta \to 0} \left[\int_{a}^{c-\delta} f(x)\,dx + \int_{c+\delta}^{b} f(x)\,dx \right]. \tag{9.22}$$

Por fim, para a integração imprópria do tipo III, o *valor principal de Cauchy* é definido por

$$\fint_{\infty}^{\infty} f(x)\,dx \overset{\text{def}}{=} \lim_{\delta \to 0} \left[\int_{-1/\delta}^{c-\delta} f(x)\,dx + \int_{c+\delta}^{1/\delta} f(x)\,dx \right], \tag{9.23}$$

onde o ponto de singularidade é c. Caso existam mais pontos singulares, a integral é separada em mais subintegrais, correspondentes a tais pontos.

Vale observar que mesmo que uma integral imprópria não seja convergente, o seu correspondente valor principal de Cauchy pode existir. Por outro lado, se a integral imprópria converge, então o valor principal de Cauchy assume o mesmo valor. Por exemplo, a função $f(x) = 2x$ não é integrável na reta, porém existe seu valor principal, pois

$$\fint_{-\infty}^{\infty} f(x)\,dx = \lim_{a \to \infty} \int_{-a}^{a} 2x\,dx = \lim_{a \to \infty} x^2 \big|_{-a}^{a} = \lim_{a \to \infty} \left(a^2 - a^2 \right) = 0\,.$$

Outro exemplo é a integral imprópria de tipo II,

$$\int_{-2}^{5} \frac{1}{(x-1)^2}\,dx\,,$$

em que a singularidade está em $x = 1$. Apesar de a integral ser divergente, podemos calcular seu valor principal de Cauchy, isto é,

$$\fint_{-2}^{5} \frac{1}{(x-1)^2} \, dx = \lim_{a \to 0+} \left[\int_{-2}^{1-a} \frac{1}{(x-1)^2} \, dx + \int_{1+a}^{5} \frac{1}{(x-1)^2} \, dx \right].$$

Avaliando independentemente cada integral do lado direito, obtemos

$$\int_{-2}^{1-a} \frac{1}{(x-1)^2} \, dx = - \left. \frac{1}{(x-1)} \right|_{-2}^{1-a} = -\frac{1}{a} + \frac{1}{3}$$

e

$$\int_{1+a}^{5} \frac{1}{(x-1)^2} \, dx = - \left. \frac{1}{(x-1)} \right|_{1+a}^{5} = -\frac{1}{4} + \frac{1}{a}.$$

Por fim, computando o termo dentro da operação de limite, obtemos

$$\fint_{-2}^{5} \frac{1}{(x-1)^2} \, dx = \lim_{a \to 0+} \left[-\frac{1}{a} + \frac{1}{3} - \frac{1}{4} + \frac{1}{a} \right] = \frac{1}{12}.$$

Exercícios

9.3 Mostre que

$$\fint_{-\infty}^{\infty} f(x) \, dx = 0$$

para toda função $f(x)$ que seja ímpar.

9.4 Calcule o valor principal de Cauchy das seguintes integrais:

(a) $\displaystyle\int_{-\infty}^{\infty} \frac{1+x}{1+x^2} \, dx$
(b) $\displaystyle\int_{1/2}^{2} \frac{1}{x \ln(x)} \, dx$
(c) $\displaystyle\int_{-\infty}^{\infty} \frac{x}{\sqrt{1+x^2}} \, dx$

9.3 Convolução

Assim como qualquer operação algébrica sobre duas funções (tais como a soma), a convolução também é uma operação que age sobre duas funções previamente conhecidas, gerando uma terceira. No entanto, sua definição prescinde do uso de uma integral imprópria, mostrando-se, portanto, uma operação mais sofisticada que as

Convolução 205

operações algébricas entre funções. É largamente utilizada em métodos matemáticos avançados, entre os quais destacamos: (a) equações diferenciais ordinárias e parciais, em que está associada especialmente nos métodos de construção de soluções baseados na função de Green, (b) teoria de sinais e processamento de imagens, em que é a base para todas as operações de filtragem, (c) probabilidade, em que é usada para a determinação da função de distribuição para combinações lineares de variáveis aleatórias e (d) problemas inversos, em que é usada para modelar a resposta de modelos a excitações do tipo impulsivo[1].

Dadas duas funções f e g e absolutamente integráveis, então a *convolução* entre f e g é dada por

$$(f * g)(x) \stackrel{\text{def}}{=} \int_{-\infty}^{\infty} f(\xi)g(x - \xi)\, d\xi\,, \tag{9.24}$$

onde o símbolo $*$ denota a convolução. Apesar de a notação acima ser a mais correta, pois indica que a convolução é uma operação entre duas funções, normalmente usamos a notação a seguir, menos rigorosa, para denotar a operação

$$w(x) = f(x) * g(x)\,,$$

que deve ser lida como: a função w é o resultado da convolução de f com g, ou, ainda, a função f convolvida com a função g resulta na função w.

Como é uma operação que faz uso da integral, a convolução herda todas as suas propriedades, destacadas na Seção 7.4. Mais especificamente, usando a definição (9.24), é possível deduzir que a convolução possui as seguintes propriedades:

(i) Comutatividade: $f * g = g * f$;

(ii) Associatividade: $(f * g) * h = f * (g * h)$;

(iii) Distributividade: $(f + \alpha g) * h = (f * h) + \alpha(g * h)$;

onde f, g e h são funções e α é uma constante qualquer. Vale notar que essas três propriedades mostram que a convolução se comporta como a operação algébrica da multiplicação.

---

[1]Neste último caso, em especial para a geofísica, as medidas tomadas em campo são sinais convolvidos com operadores que representam filtros naturais e de instrumentação. Sendo assim, um importante problema de difícil resolução é a chamada *deconvolução* em que tenta descobrir uma das funções convolvidas a partir do conhecimento do resultado da convolução e da outra função convolvida.

Além disso, a convolução apresenta uma propriedade interessante em relação à derivada, que pode ser demonstrada a partir da própria definição. Suponha que f seja derivável, então
$$(f * g)' = f' * g.$$
Por outro lado, se g também é derivável, então
$$(f * g)' = f * g'.$$

A interpretação desta propriedade é que basta que apenas uma das funções seja derivável para que o resultado também seja derivável. Isso quer dizer que a convolução produz uma função tão ou mais suave do que as funções convolvidas. Este fato é largamente utilizado em análise matemática, especialmente no estudo de equações diferenciais parciais, como pode ser visto em Folland (1995).

Interpretação geométrica

Uma interpretação geométrica da convolução é considerá-la como uma superposição de duas funções, de modo que uma das funções faça uma varredura da esquerda para direita sobre a outra e, à medida que isto acontece, a área do produto vai sendo calculada. Para ilustrar esta interpretação, vamos considerar as funções

$$f(x) = b_1(x) \quad \text{e} \quad g(x) = \begin{cases} \dfrac{x}{2} + \dfrac{1}{2}, & \text{para } x \in [-1, 1], \\ 0, & \text{caso contrário}, \end{cases}$$

onde b_1 é a função caixa, cujos gráficos podem ser conferidos pela Figura 9.1.

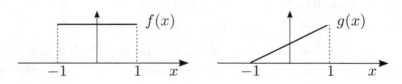

Figura 9.1: As funções f e g, usadas na ilustração geométrica da convolução.

Para esta análise, resultados da convolução são computados para cada um dos valores do conjunto $A = \{-2; -1,6; -1,2; -0,8; -0,4; 0; 0,4; 0,8; 1,2; 1,6; 2\}$ para, paralelamente, serem interpretados graficamente com auxílio da Figura 9.2.

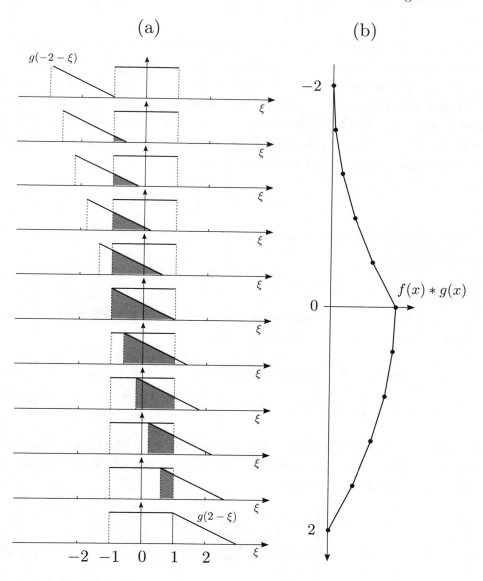

Figura 9.2: Esquema ilustrativo do resultado da convolução.

Para cada abcissa $x \in A$, a área da região hachurada é computada e graficada no gráfico da parte (b) da Figura 9.2. Para cada x, a convolução é dada pela integral

$$h(x) = \int_{-\infty}^{\infty} f(\xi)g(x-\xi)\,d\xi\,,$$

que é a área da região hachurada sob a curva definida pelo integrando $f(\xi)g(x-\xi)$.

Observamos pela sequência de gráficos na Figura 9.2(a), que para cada $x \in A$ a região hachurada muda. A área da região hachurada vai aumentando à medida que a abcissa aumenta de $x = -2$ até $x = 0$, quando a região hachurada tem área máxima igual a um. Depois, conforme a abcissa continua aumentando, a área da região hachurada vai diminuindo até atingir o valor zero em $x = 2$.

Por exemplo, para $x = 0$, temos o seguinte

$$h(0) = \int_{-\infty}^{\infty} f(\xi)g(-\xi)\,d\xi = \int_{-1}^{1} \frac{-\xi}{2} + \frac{1}{2}\,d\xi\,,$$

onde foram usadas as definições de f e g. Prosseguindo com o cálculo da integral definida, obtemos

$$h(0) = \left(\frac{-\xi^2}{4} + \frac{\xi}{2} \right)\Bigg|_{-1}^{1} = 1\,.$$

Em particular, para $x \in [-2, 0)$, observe com auxílio da Figura 9.2 que a área hachurada vai de -1 a $x + 1$. Portanto,

$$h(x) = \int_{-\infty}^{\infty} f(\xi)g(x-\xi)\,d\xi = \int_{-1}^{x+1} \frac{x-\xi}{2} + \frac{1}{2}\,d\xi$$

$$= \frac{(x+1)^2}{4} + \frac{x+1}{2} + \frac{1}{4} = \frac{(x+2)^2}{4}\,,$$

cujos detalhes nos cálculos são deixados como exercício. Deixamos a expressão de $h(x)$ para $x \in [0, 2)$ como exercício, de modo que o resultado final da convolução para de um x arbitrário é dado por

$$h(x) = \begin{cases} 1 - \dfrac{x^2}{4}, & \text{para} \quad 0 \le x < 2\,, \\[2mm] \dfrac{(x+2)^2}{4}, & \text{para} \quad -2 \le x < 0\,, \\[2mm] 0, & \text{caso contrário}\,. \end{cases} \tag{9.25}$$

Convolução 209

Exemplos

Vamos apresentar dois exemplos para ilustrar algebricamente o resultado da convolução de duas funções e em ambos há a presença da função que aqui denominamos *exponencial truncada*, denotada por $e(x)$ e definida como

$$e(x) = h(x)\mathrm{e}^{-x} = \begin{cases} \mathrm{e}^{-x} & x \geq 0\,, \\ 0 & x < 0\,, \end{cases} \tag{9.26}$$

onde $h(x)$ é a função de Heaviside.

No primeiro exemplo, vamos calcular a convolução da exponencial truncada com ela mesma, isto é, $e(x) * e(x)$. Sendo assim, usando a definição da convolução, temos

$$e(x) * e(x) = \int_{-\infty}^{\infty} e(\xi)e(x - \xi)\,d\xi = \int_{0}^{\infty} \mathrm{e}^{-\xi}e(x - \xi)\,d\xi\,,$$

onde foi usada a definição (9.26). Para prosseguir com o cálculo da integral, temos que fazer uma análise sobre a posição relativa do ponto x em relação à variável de integração ξ. Para isso, vamos dividir a análise em dois casos: $x < 0$ e $x \geq 0$.

Se $x < 0$ então a expressão $x - \xi$ também é menor que zero, pois na integral a variável ξ é sempre positiva, fazendo com que $e(x - \xi) = 0$, segundo a definição (9.26). Neste caso, temos

$$e(x) * e(x) = 0\,,$$

para $x < 0$. Por outro lado, para $x \geq 0$ a integral pode ser separada em uma soma de duas outras integrais sobre intervalos justapostos, do seguinte modo

$$e(x) * e(x) = \int_{0}^{x} \mathrm{e}^{-\xi}e(x - \xi)\,d\xi + \int_{x}^{\infty} \mathrm{e}^{-\xi}e(x - \xi)\,d\xi\,.$$

Observando que a segunda integral é nula, pois neste caso o termo $x - \xi < 0$, fazendo com que $e(x - \xi) = 0$, chegamos à seguinte expressão para a convolução

$$e(x) * e(x) = \int_{0}^{x} \mathrm{e}^{-\xi}e(x - \xi)\,d\xi = \int_{0}^{x} \mathrm{e}^{-\xi}\mathrm{e}^{\xi - x}\,d\xi = \mathrm{e}^{-x}\int_{0}^{x} d\xi = x\mathrm{e}^{-x}\,.$$

Concluindo o exemplo, podemos agrupar o resultado da convolução da seguinte forma

$$e(x) * e(x) = \begin{cases} x\,\mathrm{e}^{-x} & \text{se } x \geq 0\,, \\ 0 & \text{se } x < 0\,, \end{cases} \tag{9.27}$$

ou ainda, mais resumidamente, usando a função de Heaviside, $e(x)*e(x) = h(x)xe^{-x}$, cujo gráfico pode ser observado na Figura 9.3.

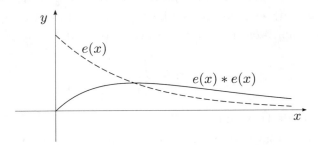

Figura 9.3: Gráficos das funções exponencial truncada $e(x)$ (linha tracejada) e da convolução $e(x) * e(x)$ (linha cheia).

Como um segundo exemplo, vamos calcular a convolução da função caixa $b_a(x)$ com a função exponencial truncada, $e(x)$, isto é,

$$b_a(x) * e(x) = \int_{-\infty}^{\infty} b_a(\xi)e(x-\xi)\,d\xi\,,$$

cuja integral imprópria, após a aplicação da definição da função caixa, torna-se

$$b_a(x) * e(x) = \int_{-a}^{a} e(x-\xi)\,d\xi\,.$$

Para avaliarmos a integral do lado direito, temos que analisar três casos para o posicionamento da variável x em relação ao intervalo $[-a, a]$:

(i) Se $x < -a$, então a expressão $x - \xi$ é certamente negativa, pois $x < -a < \xi$, então $e(x-\xi) = 0$, segundo a definição (9.26). Isso faz com que, neste caso,

$$b_a(x) * e(x) = 0\,.$$

(ii) Se $x \in [-a, a]$, então podemos dividir a integral em uma soma

$$b_a(x) * e(x) = \int_{-a}^{a} e(x-\xi)\,d\xi = \int_{-a}^{x} e(x-\xi)\,d\xi + \int_{x}^{a} e(x-\xi)\,d\xi$$

Para a segunda integral da direita, a variável ξ sempre será maior que x, fazendo com que o termo $x - \xi$ seja negativo e a função $e(x-\xi) = 0$,

Convolução

segundo a definição (9.26). Sendo assim,

$$b_a(x) * e(x) = \int_{-a}^{x} e^{\xi-x} \, d\xi = e^{-x} \left[e^{\xi}\right]\Big|_{\xi=-a}^{\xi=x} = 1 - e^{-a-x},$$

para $x \in [-a, a]$.

(iii) Por fim, se $x > a$, então a variável muda da integral ξ sempre será menor que x, fazendo com que a expressão $x - \xi > 0$. Sendo assim,

$$b_a(x) * e(x) = \int_{-a}^{a} e^{\xi-x} \, d\xi = e^{-x} \left[e^{\xi}\right]\Big|_{\xi=-a}^{\xi=a} = e^{a-x} - e^{-a-x},$$

para $x > a$.

Portanto, para o resultado final da convolução $b_a(x) * e(x)$, podemos agrupar os três casos em uma só expressão

$$b_a(x) * e(x) = \begin{cases} 1 - e^{-a-x}, & \text{para } x > a, \\ e^{a-x} - e^{-a-x}, & \text{para } x \in [-a, a], \\ 0, & \text{para } x < -a, \end{cases}$$

cujo gráfico pode ser observado na Figura 9.4.

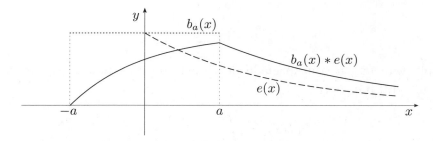

Figura 9.4: Gráficos das funções caixa $b_a(x)$ (linha pontilhada), exponencial truncada $e(x)$ (linha tracejada) e da convolução $b_a(x) * e(x)$ (linha cheia).

Vale notar que, em ambos os exemplos, embora as funções $e(x)$ e $b_a(x)$ tenham descontinuidade de salto, o resultado das convoluções $e(x) * e(x)$ e $b_a(x) * e(x)$ são funções contínuas, mostrando que em geral a convolução, por usar a operação da integral, produz uma função com grau de suavidade maior do que as funções originais.

212 — Capítulo 9. Integral imprópria

Exercícios

9.5 Calcule a seguinte convolução:
$$h(x) * e(x),$$

onde $h(x)$ é a função de Heaviside e $e(x)$ é a exponencial truncada definida pela equação (9.26).

⚡9.6 Mostre que a convolução de duas gaussianas também é uma gaussiana[2]. Isto é, se $h(x) = f(x) * g(x)$, onde $f(x) = \mathrm{e}^{-ax^2}$ e $g(x) = \mathrm{e}^{-bx^2}$, então $h(x) = \alpha\,\mathrm{e}^{-cx^2}$, onde $c = (a+b)/ab$ e $\alpha = \sqrt{\pi/(a+b)}$. Para isso, ao longo do desenvolvimento, use o fato de que $\int_{-\infty}^{\infty} \mathrm{e}^{-mx^2}\,dx = \sqrt{\pi/m}$.

9.4 Transformada de Hilbert

Usando o ferramental apresentado na seções sobre integrais impróprias e valor principal de Cauchy, podemos definir a transformada de Hilbert de uma função f como sendo

$$\hat{f}(x) = \mathcal{H}f(x) \stackrel{\text{def}}{=} PV\big(H(x) * f(x)\big), \tag{9.28}$$

onde a função $H(x)$ é o núcleo de Hilbert, definido como

$$H(x) = \frac{1}{\pi\,x}. \tag{9.29}$$

Mais explicitamente, a transformada de Hilbert de uma função $f(x)$ é dada pela seguinte integral imprópria

$$\mathcal{H}f(x) \stackrel{\text{def}}{=} \int_{-\infty}^{\infty} \frac{f(\xi)}{\pi(x-\xi)}\,d\xi. \tag{9.30}$$

Além das propriedades herdadas pelo fato de ser uma convolução, a transformada de Hilbert possui várias interessantes propriedades, das quais se destacam:

(i) Linearidade. A trasformada da soma de funções é a soma das transformadas e a transformada do produto um função multiplicada por um escalar é igual

---

[2]Este exercício pode ser mais facilmente resolvido com a transformada de Fourier. Para isso, veja a Seção 13.6.

Transformada de Hilbert

ao produto do escalar pela transformada. Estas duas propriedades podem ser agrupadas como

$$\mathcal{H}[\alpha f(x) + \beta g(x)] = \alpha \mathcal{H} f(x) + \beta \mathcal{H} g(x) \,, \tag{9.31}$$

onde α e β são escalares.

(ii) Anti-involução. A transformada de Hilbert aplicada à própria transformada de Hilbert de uma função é o negativo da função, isto é,

$$\mathcal{H}^2 f(x) = -f(x) \,. \tag{9.32}$$

(iii) A transformada de Hilbert de uma função par é uma função ímpar.

(iv) A transformada de Hilbert de uma função ímpar é uma função par.

(v) A transformada de Hilbert da convolução de duas funções é a convolução da transformada de Hilbert de uma função com a outra.

$$\mathcal{H}\big[f(x) * g(x)\big] = \mathcal{H}\big[f(x)\big] * g(x) = f(x) * \mathcal{H}\big[g(x)\big] \,. \tag{9.33}$$

Por exemplo, vamos calcular a transformada de Hilbert da função constante $f(x) = c$. Usando a definição (9.30), temos que

$$\hat{f}(x) = \frac{1}{\pi} \int_{-\infty}^{\infty} \frac{c}{x - \xi} \, d\xi \,.$$

Em seguida, usando a definição do valor principal de Cauchy, segue que

$$\hat{f}(x) = \frac{c}{\pi} \lim_{M \to \infty} \int_{-M}^{M} \frac{1}{x - \xi} \, d\xi \,.$$

Procedendo com o cálculo da integral definida que está dentro da operação do limite, temos que

$$\int_{-M}^{M} \frac{1}{x - \xi} \, d\xi = \ln|x + M| - \ln|x - M| = \ln|(x + M)/(x - M)| \,.$$

Finalmente, aplicando o limite no resultado da integração, obtemos

$$\hat{f}(x) = \frac{c}{\pi} \lim_{M \to \infty} \ln|(x + M)/(x - M)| = \frac{c}{\pi} \lim_{M \to \infty} \ln(1) = 0 \,.$$

214   *Capítulo 9. Integral imprópria*

Sendo assim, concluímos que a transformada de Hilbert de uma função constante é a função nula.

Outro exemplo é o cálculo da transformada de Hilbert da função seno, que é dada pelo valor principal da seguinte integral imprópria

$$\hat{f}(x) = \frac{1}{\pi} \int_{-\infty}^{\infty} \frac{\operatorname{sen}(\xi)}{x - \xi} \, d\xi \,.$$

Reescrevendo $\operatorname{sen}(\xi)$ como sendo

$$\operatorname{sen}(\xi) = \operatorname{sen}(x + \xi - x) = \operatorname{sen}(x)\cos(\xi - x) + \cos(x)\operatorname{sen}(\xi - x)$$

e introduzindo na integral, temos que

$$\hat{f}(x) = \frac{1}{\pi} \int_{-\infty}^{\infty} \operatorname{sen}(x)\frac{\cos(x - \xi)}{x - \xi} - \cos(x)\frac{\operatorname{sen}(x - \xi)}{x - \xi} \, d\xi \,.$$

$$= \frac{\operatorname{sen}(x)}{\pi} \int_{-\infty}^{\infty} \frac{\cos(x - \xi)}{x - \xi} \, d\xi - \frac{\cos(x)}{\pi} \int_{-\infty}^{\infty} \frac{\operatorname{sen}(x - \xi)}{x - \xi} \, d\xi \,.$$

Neste ponto, lembramos que estamos avaliando o valor principal de ambas integrais impróprias do lado direito e, portanto, como o integrando da primeira integral é uma função ímpar, o valor principal é nulo. Com relação à segunda integral,

$$\int_{-\infty}^{\infty} \frac{\operatorname{sen}(x - \xi)}{(x - \xi)} \, d\xi = \int_{-\infty}^{\infty} \frac{\operatorname{sen}(\xi)}{\xi} \, d\xi = \pi \,,$$

em que, na segunda igualdade, foi utilizado o resultado clássico relacionado à função sinc. Portanto, concluímos que a transformada de Hilbert do seno é

$$\mathcal{H}[\operatorname{sen}(x)] = -\cos(x) \,. \tag{9.34}$$

Similarmente ao desenvolvimento da transformada de Hilbert do seno, podemos deduzir que a transformada do cosseno é dada por

$$\mathcal{H}[\cos(x)] = \operatorname{sen}(x) \,, \tag{9.35}$$

cujos detalhes são deixados como exercício. No entanto, podemos usar a propriedade (9.32) para computar a transformada do cosseno. Para isso primeiramente aplicamos a transformada de Hilbert de ambos os lados de (9.34), isto é,

$$\mathcal{H}\big[\mathcal{H}[\operatorname{sen}(x)]\big] = \mathcal{H}[-\cos(x)] \,.$$

Introdução ao cálculo fracionário 215

Por outro lado, aplicando (9.32) do lado esquerdo desta equação, obtemos

$$-\operatorname{sen}(x) = -\mathcal{H}[\cos(x)],$$

onde foi usada a linearidade do lado direito.

A Tabela 9.1 apresenta uma lista de transformada de Hilbert de algumas funções.

Tabela 9.1: Transformadas de Hilbert de algumas funções.

função	$f(x)$	$\mathcal{H}[f](x)$
seno	$\operatorname{sen}(x)$	$-\cos(x)$
cosseno	$\cos(x)$	$\operatorname{sen}(x)$
	$\dfrac{1}{x^2 + 1}$	$\dfrac{x}{x^2 + 1}$
sinc	$\operatorname{sinc}(x)$	$\dfrac{1 - \cos(\pi x)}{\pi x}$
caixa	$b_a(x)$	$\dfrac{1}{\pi} \ln \left| \dfrac{x + a}{x - a} \right|$

Exercícios

9.7 Calcule a convolução da função de Heaviside com ela mesma e mostre que

$$h(x) * h(x) = x\, h(x).$$

9.8 Calcule a transformada de Hilbert das funções da Tabela 9.1.

9.5 Introdução ao cálculo fracionário

As derivadas e as antiderivadas, como vimos nas seções anteriores, sempre são de ordens inteiras, e ordem significa o número de vezes que a operação, derivada ou

216   *Capítulo 9. Integral imprópria*

antiderivada, é aplicada. Não é difícil ampliar nossa concepção para aceitar derivadas
de ordens negativas como sendo antiderivadas, e a derivada de ordem zero como
sendo a própria função. Contudo, a partir do século XVIII, alguns pesquisadores
foram além, ampliando tal concepção para ordens não inteiras. Com efeito, eles
estenderam o conceito da derivada para que se pudesse utilizar ordens fracionárias
(na verdade, ordens reais).

Em outros estudos matemáticos, principalmente de Abel, começava-se a des-
confiar de que as derivadas de ordens que fossem múltiplas de meio $(1/2, 3/2, \ldots)$
detinham papel importante na modelagem de alguns fenômenos observados na natureza.

A seguir, apresentamos uma definição, dentre as muitas existentes, da integral
de ordem fracionária (na verdade, de ordem real), atribuída a Riemann e Liou-
ville (Oldham & Spanier, 1974). Depois, a partir da definição da integral de ordem fracionária, poderemos definir a chamada derivada de ordem fracionária. Por
fim, apresentaremos os casos particulares em que a ordem fracionária é $1/2$, isto é,
mostraremos a semi-integral e a semiderivada, que são a integral e a derivada de
ordem meio, respectivamente.

9.5.1   Integral de ordem fracionária

Com o ferramental apresentado na Seção 9.3, podemos definir a integral fracionária de Riemann-Liouville (RL) de ordem $p > 0$ de uma função $f(x)$ como sendo

$$F^p(x) = I^p f(x) \overset{\text{def}}{=} \frac{1}{\Gamma(p)} \int_{-\infty}^{x} \frac{f(\xi)}{(x - \xi)^{1-p}} \, d\xi \,, \tag{9.36}$$

onde Γ é a função *gama*, definida pela equação (C-1) do Apêndice C. Vale observar
que existem outras definições para integral fracionária, as quais podem ser conferidas em Oldham & Spanier (1974), no entanto entendemos que a definição (9.36) é
suficiente para o nosso objetivo.

Para ilustrar que a definição (9.36) estende o conceito de integral, se tomarmos
$p = 1$, temos que

$$I^1 f(x) = \frac{1}{\Gamma(1)} \int_{-\infty}^{x} f(\xi) \, d\xi \,,$$

mostrando que, de fato, $I^1 f(x)$ é uma integral indefinida de $f(x)$.

Introdução ao cálculo fracionário 217

Introduzindo a função auxiliar $\mu_p(x)$, também chamada de *núcleo da integral de ordem fracionária*, como sendo

$$\mu_p(x) = \frac{1}{\Gamma(p)} \frac{h(x)}{x^{1-p}} , \tag{9.37}$$

onde $h(x)$ é a função de Heaviside, podemos reescrever a definição (9.36) como

$$I^p f(x) \stackrel{\text{def}}{=} \int_{-\infty}^{\infty} \mu_p(x - \xi) f(\xi) \, d\xi , \tag{9.38}$$

que pode ser reconhecida como a operação de convolução

$$I^p f(x) \stackrel{\text{def}}{=} \mu_p(x) * f(x) , \tag{9.39}$$

onde $\mu_p(x)$ é definida em (9.37).

Vale observar que, enquanto derivadas ordinárias de funções elementares também são funções elementares, as derivadas fracionárias de funções elementares são geralmente funções altamente transcendentais (Oldham & Spanier, 1974).

Exemplos

Para ilustrar a operação de integração fracionária, vamos mostrar três exemplos com grau crescente de complexidade. Primeiramente vamos computar a integral fracionária de ordem $p > 0$ da função de Heaviside, definida em (1.28). Portanto, usando a definição (9.38),

$$I^p h(x) = \int_{-\infty}^{\infty} \mu_p(x - \xi) h(\xi) \, d\xi = \frac{1}{\Gamma(p)} \int_{-\infty}^{\infty} \frac{h(x - \xi) h(\xi)}{(x - \xi)^{1-p}} \, d\xi .$$

Para o caso em que $x < 0$, $I^p h(x) = 0$, pois a expressão $h(x - \xi) h(\xi) = 0$ para todo $\xi \in \mathbb{R}$. Por outro lado, para $x > 0$, usamos a própria definição da função de Heaviside, chegando a

$$I^p h(x) = \frac{1}{\Gamma(p)} \int_0^x \frac{1}{(x - \xi)^{1-p}} \, d\xi .$$

Sendo assim, para $x > 0$, computando a integral resultante temos

$$I^p h(x) = \frac{1}{\Gamma(p)} \left. \frac{-(x - \xi)^p}{p} \right|_0^x = \frac{x^p}{\Gamma(p + 1)} ,$$

onde foi utilizada a propriedade da função gama de que $p\Gamma(p) = \Gamma(p+1)$. Na Figura 9.5 são mostrados dois exemplos de integral fracionária aplicada à função de Heaviside, a saber: $I^{2,25}h(x) = \dfrac{x^{2,25}}{\Gamma(3,25)}$ e $I^{0,25}h(x) = \dfrac{x^{0,25}}{\Gamma(1,25)}$.

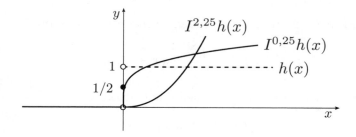

Figura 9.5: Gráficos das funções de Heaviside (linha tracejada) e suas integrais fracionárias (linhas cheias), para $p = 2,25$ e $p = 0,25$.

Como um segundo exemplo, vamos computar a integral fracionária de ordem $p > 0$ da função rampa

$$r(x) = \begin{cases} x, & x \geq 0, \\ 0, & x < 0. \end{cases} \qquad (9.40)$$

Aplicando a definição da integral fracionária, obtemos

$$I^p r(x) = \frac{1}{\Gamma(p)} \int_{-\infty}^{\infty} \mu_p(x-\xi) r(\xi)\, d\xi = \frac{1}{\Gamma(p)} \int_{-\infty}^{\infty} \frac{h(x-\xi)}{(x-\xi)^{1-p}} r(\xi)\, d\xi.$$

Para o caso em que $x < 0$, $I^p r(x) = 0$, pois a expressão $h(x-\xi)r(\xi) = 0$ para todo $\xi \in \mathbb{R}$. Para $x > 0$, usamos a definição da função rampa na integral anterior e para resolvermos a integral resultante, introduzimos a variável $u = x - \xi$, isto é,

$$\begin{aligned} I^p r(x) &= \frac{1}{\Gamma(p)} \int_0^x \frac{\xi}{(x-\xi)^{1-p}}\, d\xi = \frac{1}{\Gamma(p)} \int_0^x \frac{x-u}{u^{1-p}}\, du \\ &= \frac{1}{\Gamma(p)} \left[x \int_0^x u^{p-1}\, du - \int_0^x u^p\, du \right]. \end{aligned}$$

Após simples integração e alguma manipulação algébrica, obtemos

$$I^p r(x) = \frac{x^{p+1}}{\Gamma(p+2)}.$$

Na Figura 9.6 são mostrados dois exemplos da integral fracionária da função rampa, a saber: $I^{1,25}r(x) = \dfrac{x^{2,25}}{\Gamma(3,25)}$ e $I^{0,25}r(x) = \dfrac{x^{1,25}}{\Gamma(2,25)}$.

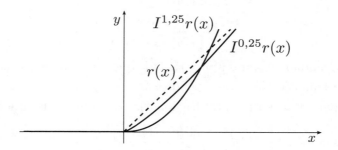

Figura 9.6: Gráficos das funções rampa (linha tracejada) e suas integrais fracionárias (linhas cheias), para $p = 1,25$ e $p = 0,25$.

Por fim, como um terceiro exemplo, vamos calcular a integral fracionária de ordem $p > 0$ de uma função potência

$$f(x) = \begin{cases} x^b, & x \geq 0, \\ 0, & x < 0, \end{cases} \qquad (9.41)$$

onde $b > 1$. Usando a definição da integral fracionária, temos que

$$I^p f(x) = \mu_p(x) * f(x) = \int_{-\infty}^{\infty} \mu_p(x - \xi) f(\xi)\, d\xi\,.$$

Para o caso em que $x < 0$, $I^p f(x) = 0$, pois a expressão $h(x - \xi)f(\xi) = 0$ para todo $\xi \in \mathbb{R}$. Para $x > 0$, usando as definições da função de Heaviside $h(\xi)$ e de $f(\xi)$, temos que

$$I^p f(x) = \dfrac{1}{\Gamma(p)} \int_0^{\infty} \dfrac{h(x-\xi)}{(x-\xi)^{1-p}} \xi^b\, d\xi = \dfrac{1}{\Gamma(p)} \int_0^x \xi^b (x-\xi)^{p-1}\, d\xi\,.$$

Introduzindo a variável $u = \xi/x$ na integral resultante, obtemos

$$\begin{aligned} I^p f(x) &= \dfrac{1}{\Gamma(p)} \int_0^1 x^b u^b x^{p-1}(1-u)^{p-1} x\, du \\ &= \dfrac{x^{b+p}}{\Gamma(p)} \int_0^1 u^b (1-u)^{p-1}\, du\,. \end{aligned}$$

Reconhecendo essa integral[3] como sendo a função beta $B(b+1,p)$, obtemos

$$I^p f(x) = \frac{x^{b+p}}{\Gamma(p)} B(b+1,p)$$
$$= \frac{x^{b+p}}{\Gamma(p)} \frac{\Gamma(b+1)\Gamma(p)}{\Gamma(b+p+1)},$$

onde na última igualdade usamos a propriedade que relaciona a função beta à função gama, dada pela equação (C-8) do Apêndice C.

Portanto, para $x > 0$ a integral fracionária de ordem p da função x^b é

$$I^p x^b = \frac{\Gamma(b+1)}{\Gamma(b+p+1)} x^{b+p}. \tag{9.42}$$

Podemos aplicar $p = 1$ a essa expressão, para forçar a integral fracionária ser uma integral simples (de ordem um). Assim,

$$I x^b = \frac{\Gamma(b+1)}{\Gamma(b+2)} x^{b+1} = \frac{\Gamma(b+1)}{(b+1)\Gamma(b+1)} x^{b+1} = \frac{x^{b+1}}{(b+1)},$$

que, a menos da constante de integração, é a própria antiderivada de x^b, como esperávamos.

9.5.2 Derivada de ordem fracionária

De posse da integral de ordem fracionária, basta aplicar uma operação de derivação simples para definir a derivada fracionária. Mais especificamente, a *derivada fracionária* de ordem p de uma função $f(x)$ é dada por

$$D^p f(x) \stackrel{\text{def}}{=} D^n I^q f(x), \tag{9.43}$$

onde D representa a operação de derivada comum. Aqui o número $q = n - p$ é a ordem da integração fracionária, em que n é o menor inteiro tal que $n > p$.

Por exemplo, se quisermos aplicar uma derivada de ordem $p = 2{,}75$, n deve ser 3 e, portanto, em primeiro lugar aplicamos uma integral fracionária de ordem $q = 0{,}25$, e em seguida aplicamos a derivada comum de ordem três, isto é,

$$D^{2,75} f(x) = D^3 I^{0,25} f(x).$$

---

[3]veja a equação (C-7) do Apêndice C

Introdução ao cálculo fracionário

Para ilustrar a operação da derivação fracionária, vamos computar a derivada fracionária de ordem p da função de Heaviside. Para isso, segundo a definição dada por (9.43) devemos aplicar a derivada de ordem inteira n à integral fracionária $I^{n-p}h(x)$, dada por

$$I^{n-p}h(x) = \frac{x^{n-p}}{\Gamma(n-p+1)},$$

para $x > 0$. Aplicando a derivada de ordem n à função $I^{n-p}h(x)$, obtemos

$$D^n I^{n-p}h(x) = D^n \frac{x^{n-p}}{\Gamma(n-p+1)} = (n-p)(n-p-1)\cdots p\frac{x^{-p}}{\Gamma(n-p+1)}.$$

Lembrando que $\Gamma(n-p+1) = (n-p)\Gamma(n-p) = (n-p)(n-p-1)\cdots p\Gamma(p)$, obtemos $D^p h(x) = 1/(x^p \Gamma(p))$ para $x > 0$. Por outro lado, para $x < 0$, $D^p h(x) = 0$. Ambos os casos podem ser resumidos com auxílio da própria função de Heaviside, isto é,

$$D^p h(x) = \frac{h(x)}{x^p \Gamma(p)}.$$

Por exemplo, as derivadas fracionárias de ordem $p = 3/4$ e $p = 1/2$ da função de Heaviside são

$$D^{3/4}h(x) = \frac{h(x)}{\Gamma(3/4) x^{3/4}} \quad \text{e} \quad D^{1/2}h(x) = \frac{h(x)}{\Gamma(1/2) x^{1/2}},$$

cujos gráficos podem ser observados na Figura 9.7.

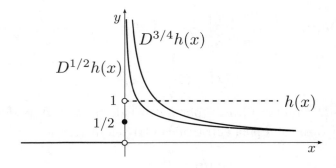

Figura 9.7: Gráficos da função de Heaviside (linha tracejada) e suas derivadas fracionárias (linhas cheias) de ordem $p = 3/4$ e $p = 1/2$.

9.5.3 Calculo fracionário de ordem meia

Embora a definição da integral e derivada de ordem fracionária seja válida para qualquer ordem real, em aplicações mais relevantes, a ordem predominante são os múltiplos de meio. Tanto assim que a integral e derivada de ordem $1/2$ recebem a denominação especial de *semi-integral* e *semiderivada*, respectivamente.

Semi-integral

Para a operação de integração de meia ordem, a semi-integração, usamos o núcleo da operação da integral fracionária geral com $p = 1/2$ e, para facilitar a notação, denotamos $\mu_{1/2}(x)$ simplesmente por $\mu(x)$. Sendo assim, *o núcleo da operação semi-integral* é dado por

$$\mu(x) \;=\; \frac{h(x)}{\sqrt{\pi x}}\,, \tag{9.44}$$

em que sabemos[4] que $\Gamma(1/2) = \sqrt{\pi}$.

Uma maneira de avaliar se essa função é o núcleo da semi-integração é realizar a semi-integração dela própria para verificar se o resultado final é uma integração de ordem um inteira. Procedendo dessa forma, temos

$$I^{1/2}\mu(x) = \mu(x) * \mu(x) = \int_{-\infty}^{\infty} \mu(\xi)\mu(x - \xi)\,d\xi\,.$$

Introduzindo o núcleo da integral fracionária $\mu(x)$, definida em (9.37), obtemos

$$I^{1/2}\mu(x) = \frac{1}{\pi} \int_{-\infty}^{\infty} \frac{h(\xi)}{\sqrt{\xi}} \frac{h(x - \xi)}{\sqrt{x - \xi}}\,d\xi = \frac{1}{\pi} \int_{0}^{x} \frac{1}{\sqrt{x\xi - \xi^2}}\,d\xi$$

$$= \frac{1}{\pi} \int_{0}^{x} \frac{2}{x} \frac{1}{\sqrt{1 - (2\xi/x - 1)^2}}\,d\xi\,. \tag{9.45}$$

Se $x < 0$, então $I^{1/2}\mu(x) = 0$, mas, por outro lado, se $x > 0$, podemos introduzir implicitamente a variável θ pela substituição trigonométrica

$$\operatorname{sen}(\theta) = 2\xi/x - 1\,,$$

---

[4]O resultado $\Gamma(1/2) = \sqrt{\pi}$ é um resultado clássico da análise matemática, obtido com auxílio da função beta no Apêndice C.3. Também pode ser obtido por outras técnicas que fogem ao escopo deste texto, veja, por exemplo, Widder (1959), página 371.

Introdução ao cálculo fracionário 223

transformando a integral acima em

$$I^{1/2}\mu(x) = \frac{1}{\pi}\int_{-\pi/2}^{\pi/2} \frac{2}{x}\frac{1}{\cos(\theta)}\frac{x}{2}\cos(\theta)\,d\theta = \frac{1}{\pi}\int_{-\pi/2}^{\pi/2} d\theta = 1\,.$$

A conclusão é que

$$\mu(x)*\mu(x) = I_{1/2}[\mu(x)] = h(x)\,,$$

isto é, a semi-integral de $\mu(x)$ é a própria função de Heaviside, que é o núcleo da integração simples. Sendo assim, para uma função integrável f qualquer, temos que

$$\mu*(\mu*f) = (\mu*\mu)*f = h*f = F\,,$$

mostrando que a convolução de $\mu(x)$ com uma função $f(x)$ produz o que se convenciona chamar de sua semi-integral.

Semiderivada

Para calcular a semiderivada de uma função, basta computar sua semi-integral e em seguida computar a derivada do resultado, isto é,

$$D^{1/2}f(x) = DI^{1/2}f(x)\,. \tag{9.46}$$

A Tabela 9.2 mostra alguns exemplos de semiderivadas e semi-integrais para algumas funções mais simples[5].

Exercícios

9.9 Seja h é a função de Heaviside. Mostre que para $x < 0$ são válidas as expressões

    (a) $h(x-\xi)h(\xi) = 0$ para todo $\xi \in \mathbb{R}$;

    (b) $h(x-\xi)r(\xi) = 0$ para todo $\xi \in \mathbb{R}$, onde r é a função rampa (9.40);

    (c) $h(x-\xi)f(\xi) = 0$ para todo $\xi \in \mathbb{R}$, onde f é definida em (9.41).

9.10 Calcule a semiderivada da função rampa, definida em (9.40).

---

[5]Para funções mais complexas e funções especiais, consultar Oldham & Spanier (1974).

224   Capítulo 9. Integral imprópria

Tabela 9.2: Semi-integrais e semiderivadas para algumas funções potência, para $x > 0$. Para a quarta linha da tabela, há a restrição de que $p > -1$.

função f	semi-integral $I^{1/2}f$	semiderivada $D^{1/2}f$
c	$2c\sqrt{\dfrac{x}{\pi}}$	$\dfrac{c}{\sqrt{\pi x}}$
x	$\dfrac{4}{3}\dfrac{x^{3/2}}{\sqrt{\pi}}$	$2\sqrt{\dfrac{x}{\pi}}$
$\sqrt{x}$	$\dfrac{\sqrt{\pi}}{2}x$	$\dfrac{\sqrt{\pi}}{2}$
x^p	$\dfrac{\Gamma(p+1)}{\Gamma(p+3/2)}x^{p+1/2}$	$\dfrac{\Gamma(p+1)}{\Gamma(p+1/2)}x^{p-1/2}$

9.6 Função delta de Dirac

Existem várias maneiras de se definir a função $\delta(x)$, porém aqui adotamos a definição por meio da sua *propriedade filtrante*. Isto é, a função *delta de Dirac* $\delta(x)$ é uma função tal que é sempre válida a expressão

$$\int_{-\infty}^{\infty} \delta(x-\xi)\phi(\xi)\,d\xi = \phi(x) \tag{9.47}$$

para qualquer função ϕ que seja suficientemente "boa", chamada *função teste*. Um exemplo de função teste suficientemente boa para nossos fins é qualquer função ϕ que seja suave e que seja nula fora do intervalo $[-M, M]$ para algum M.

Em outras palavras, podemos entender a definição de $\delta(x)$ por meio da sua ação sobre uma função teste qualquer, realizada por meio da integral (9.47). Como se pode perceber, o nome *propriedade filtrante* vem do fato de que a função delta seleciona o valor da função teste em $\xi = x$. Em particular para $x = 0$, a propriedade filtrante é dada por

$$\int_{-\infty}^{\infty} \delta(\xi)\phi(\xi)\,d\xi = \phi(0)\,, \tag{9.48}$$

que pode ser entendida como uma definição alternativa da função delta de Dirac.

Vale ressaltar que a função delta de Dirac não é verdadeiramente uma função, segundo a definição clássica fornecida na Seção 1.1. Ao contrário, a função delta de Dirac faz parte do que se chama funções generalizadas, que só fazem sentido quando operam em integrais impróprias. Portanto, vale dizer que estritamente a delta de Dirac não possui sentido quando fora de tal integral. Isso quer dizer que, quando se trabalha algebricamente com funções generalizadas, deve se lembrar que tais operações fazem sentido somente quando operam sobre função testes como integrandos de integrais impróprias.

Apesar de não de ser uma função de acordo com a definição clássica, apresentada no Capítulo 1, a delta de Dirac possui como representação gráfica uma seta apontada para cima, como mostrado na Figura 9.8.

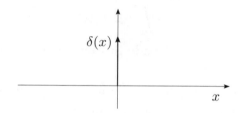

Figura 9.8: A representação gráfica da função delta de Dirac é uma seta apontada para cima.

Podemos observar que o lado esquerdo de (9.47) se trata, na verdade, da operação da convolução. Portanto, podemos reescrever (9.47) como

$$\delta(x) * \phi(x) = \phi(x), \qquad (9.49)$$

indicando que a função $\delta(x)$ é o elemento neutro da convolução.

Uma importante propriedade da função delta de Dirac é a sua relação com a função de Heaviside. Com efeito, em se tratando de distribuição, a derivada da função de Heviside é a função delta

$$h'(x) = \delta(x), \qquad (9.50)$$

ou, alternativamente, a função de Heaviside é uma antiderivada da função delta, isto é

$$\int_{-\infty}^{x} \delta(\xi)\,d\xi = h(x)\,. \tag{9.51}$$

Esta propriedade pode ser mais rigorosamente provada com base na própria ação de derivada da Heaviside sobre uma função teste φ. Avaliando a integral

$$\int_{-\infty}^{\infty} h'(\xi)\varphi(\xi)\,d\xi$$

pelo método da integração por partes, obtemos

$$\int_{-\infty}^{\infty} h'(\xi)\varphi(\xi)\,d\xi = h'(\xi)\varphi(\xi)\Big|_{-\infty}^{\infty} - \int_{-\infty}^{\infty} h(\xi)\varphi'(\xi)\,d\xi\,.$$

O primeiro termo do lado direito é nulo pois a função teste φ se anula no infinito. Portanto,

$$\int_{-\infty}^{\infty} h'(\xi)\varphi(\xi)\,d\xi = -\int_{0}^{\infty} \varphi'(\xi)\,d\xi = -\varphi(\xi)\Big|_{0}^{\infty} = \varphi(0)\,,$$

mostrando que h' satisfaz a propriedade filtrante (9.48), o que por sua vez mostra que $h' = \delta$.

Esta propriedade é usada em uma grande variedade de problemas, especialmente em equações diferenciais e aplicações da transformada de Fourier em análise de sinais. Em particular, é essencial no cálculo da refletividade no problema da geração de dados sísmicos sintéticos pelo *modelo convolucional* abordado na seção seguinte.

Exercícios

9.11 Mostre que a função distribuição $\rho(x) = x\delta(x)$ é nula, isto é, $\rho(x) = 0$ para todo x.

9.12 Mostre que $\displaystyle\int_{-\infty}^{\infty} f(\xi)\delta(a\xi - x)\,d\xi = \frac{1}{|a|}f(x/a).$

9.7 O modelo convolucional para geração de dados sísmicos sintéticos

O método chamado *modelagem convolucional* ou *modelo convolucional* é o mais simples para se produzir dados sísmicos sintéticos. Apesar de sua simplicidade, é

O modelo convolucional para geração de dados sísmicos sintéticos 227

muito eficaz e por isso largamente empregado em processos mais complicados de inversão sísmica e de controle de qualidade do modelo geológico.

Em geral, o modelo convolucional assume que o modelo geológico seja composto por camadas plano-paralelas e homogêneas, significando que as interfaces entre as camadas são planas e horizontais e que em cada camada as propriedades físicas são constantes. Esta simplificação decorre do fato de que a modelagem convolucional representa um experimento sísmico ao longo de uma coluna geológica.

Com base nas hipóteses sobre o modelo geológico, a velocidade, a densidade e, por consequência, a impedância podem ser interpretadas como uma soma funções de Heaviside reescaladas e deslocadas, isto é, soma de termos do tipo $\alpha h(z - c)$. Por exemplo a impedância pode ser descrita do seguinte modo

$$I(z) = \sum_{k=1}^{n} \alpha_k h(z - z_k)\,, \tag{9.52}$$

onde os coeficientes z_k e α_k são, respectivamente, a profundidade onde ocorre a k-ésima interface e o salto do valor da impedância em z_k.

Por exemplo, considere o modelo geológico composto por seis camadas, de modo que a sua impedância seja definida por (9.52), com os valores de α_k e z_k, para $k = 1, 2, \ldots, 7$, que estão na tabela mostrada na parte (a) da Figura 9.9. Na parte (b) da Figura 9.9 é mostrada o gráfico da impedância deste modelo de seis camadas.

Associadas às hipóteses sobre o modelo geológico são assumidas para a propagação de ondas três hipóteses principais:

(i) Incidência normal das ondas. Mais precisamente, assume-se que o campo de ondas somente propaga na direção vertical, de modo que as reflexões sejam com ângulo de incidência nulo. Outra interpretação da incidência normal é que as frentes de onda são planas e horizontais, paralelas às interfaces do modelo.

(ii) Estacionaridade do pulso sísmico. Em geral, o pulso sísmico, usualmente definido como uma ondaleta, muda ao longo da coluna geológica, devido à atenuação e outros fatores, comumente ficando mais estirado para maiores profundidades. Portanto esta hipótese negligencia tais fatores assumindo que a forma do pulso é a mesma ao longo de todo o tempo de simulação.

(iii) Superposição de reflexões primárias. Esta hipótese é decorrente do princí-

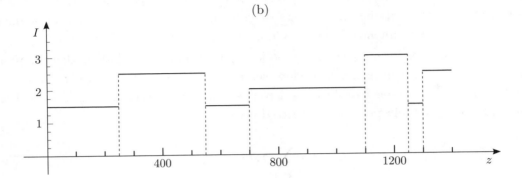

Figura 9.9: Exemplo de uma função que descreve a impedância no modelo geológico tipicamente assumido pelo modelo convolucional. O modelo é composto por seis camadas homogêneas, cujas interfaces encontram-se em z_k. Em (a) seguem os valores dos coeficientes α_k e z_k para $k = 1, 2, \ldots, 6$, e em (b) é mostrada o gráfico da impedância como função da profundidade em metros.

pio da superposição, cujo desdobramento, neste caso, é assumir que cada interface contribui independentemente apenas com uma reflexão, de modo que outros tipos de evento, especialmente as múltiplas, sejam desconsiderados no modelo convolucional.

9.7.1 Refletividade

Para o caso de incidência normal, o *coeficiente de reflexão normal* expressa a fração da amplitude da onda plana vertical que é refletida na interface plana que separa os meios 1 e 2. Trata-se de um valor adimensional dado por

$$R = \frac{I_2 - I_1}{I_2 + I_1}, \qquad (9.53)$$

onde $I_k = \rho_k v_k$ é a *impedância acústica* da camada k e v_k e ρ_k são, respectivamente, a velocidade da onda compressional e a densidade desta camada. Por outro lado,

O modelo convolucional para geração de dados sísmicos sintéticos 229

o *coeficiente de transmissão normal* por sua vez expressa a fração da amplitude da onda plana vertical que é transmitida através da interface:

$$T = \frac{2I_1}{I_2 + I_1} \, . \tag{9.54}$$

Observe que em ambos os casos a onda atravessa do meio 1 para o meio 2.

Os coeficientes de reflexão e transmissão são medidas locais, pois são definidos sobre a interface que separa duas camadas homogêneas. Como definir, portanto, ambos coeficientes para um meio cujas propriedades variam suavemente com a profundidade? A resposta é dada pela *refletividade* e *transmissibilidade*, que são quantidades que medem, respectivamente, a capacidade relativa de uma porção de um material em refletir e transmitir uma onda incidente. No caso do modelo convolucional a medida relevante é a refletividade, portanto, no que se segue, é dada ênfase na sua definição.

A refletividade e o coeficiente de reflexão certamente estão relacionados, mas não são iguais, pois o primeiro mede efeivamente a capacidade relativa de uma porção de um material em refletir uma onda indicente, enquanto o segundo mede a capacidade total de que a mesma porção irá refletir tal onda. Com efeito, a distinção entre ambos é similar à distinção entre densidade e massa, respectivamente. Além disso, no contexto do modelo convolucional, como a refletidade é uma medida relativa ao longo de uma linha vertical imaginária, sua unidade é $1/m$ ou (m^{-1}), enquanto o coeficiente de reflexão é adimensional.

Para passarmos de um meio discreto para um meio contínuo, vamos redefinir o coeficiente de reflexão como sendo

$$R(z, a) = \frac{I(z + a) - I(z - a)}{I(z + a) + I(z - a)} \, ,$$

onde z é a profundidade e a é um pequeno incremento positivo. Neste caso, observe que $R(z, 0) = 0$ e que para uma interface em $z = z_k$, temos que $I_2 = I(z_k + a)$ e $I_1 = I(z_k - a)$, de modo que $R(z, a)$ estende a definição do coeficiente de reflexão, dada por (9.53).

Portanto, a refletividade pode ser definida a partir do coeficiente de reflexão da seguinte forma

$$r(z) = \lim_{\delta z \to 0} \frac{R(z, \delta z)}{2 \delta z} \, , \tag{9.55}$$

caso este limite exista. Portanto, inserindo a definição de $R(z, \delta z)$, obtemos

$$
\begin{aligned}
r(z) &= \lim_{\delta z \to 0} \left[\frac{I(z + \delta z) - I(z - \delta z)}{2\delta z} \frac{1}{I(z + \delta z) + I(z - \delta)} \right] \\
&= \frac{I'(z)}{2I(z)} .
\end{aligned}
\tag{9.56}
$$

Por exemplo, se assumirmos impedância como descrita pela equação (9.52), então sua derivada é dada por $I'(z) = \sum_{k=1}^{n} \alpha_k \delta(z - z_k)$, de modo que a refletividade também é uma soma de funções delta de Dirac deslocadas e multiplicadas por constantes, isto é,

$$
r(z) = \sum_{k=1}^{n} \beta_k \delta(z - z_k) .
\tag{9.57}
$$

Aqui, o coeficiente β_k mede o contraste relativo entre as impedâncias antes e depois de z_k, isto é, β_k é o coeficiente de reflexão da k-ésima interface

$$
\beta_k = \frac{I_k - I_{k-1}}{I_k + I_{k-1}} ,
\tag{9.58}
$$

onde $I_k = \rho_k v_k$ e $I_0 = 0$. Na Figura 9.10, a parte (a) mostra o modelo de impedância e na parte (b) a refletividade. Observe que a cada salto na impedância da parte (a) é gerada uma função delta de Dirac em (b), porém com amplitude dada pelo coeficientes β_k.

O traço sísmico é essencialmente composto pela amplitude em função do tempo, de modo que cada delta de Dirac presente na refletividade gera um evento de reflexão. Portanto há a necessidade de se representar a refletividade em função do chamado *tempo duplo*, que é o tempo que leva para ocorrer a reflexão em cada interface. Sendo assim, para transformar a profundidade em tempo duplo e vice-versa, é usada a seguinte relação implícita

$$
t = \tau(z) = 2 \int_0^z \frac{1}{v(\zeta)} \, d\zeta ,
\tag{9.59}
$$

onde $v = v(z)$ é a velocidade do meio, dependente da profundidade. Desta maneira, podemos considerar $r(t) = r(z(t))$, onde a função $z(t)$ é obtida com a inversa de τ definida em (9.59).

O modelo convolucional para geração de dados sísmicos sintéticos

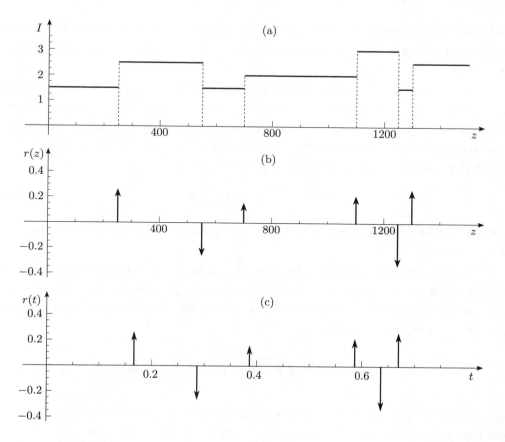

Figura 9.10: Cálculo da refletividade. Na parte (a) é mostrada a impedância em função da profundidade e na parte (b) é mostrada a refletividade computada a partir da impedância de (a). Na parte (c) é mostrada a função refletividade em função do tempo duplo.

Sendo assim, a partir da refletidade em profundidade (9.57), chegamos à refletidade em função do tempo, dada por

$$r(t) = \sum_{k=1}^{n} \beta_k \delta(t - t_k), \qquad (9.60)$$

onde β_k são dadas por (9.58) e as constantes t_k são definidas pela relação $t_k = \tau(z_k)$.

Veja por exemplo a parte (c) da Figura 9.10, que mostra a refletividade em função do tempo duplo. Observe que os intervalos entre consecutivos deltas estão estirados ou comprimidos em comparação aos respectivos intervalos na parte (b) da Figura 9.10.

Uma vez que a refletividade esteja em função tempo duplo, e usando as hipóteses de superposição de reflexões primárias e estacionaridade do pulso, o modelo convolucional, por fim, assume que um registro sísmico é o resultado da convolução da refletividade $r(t)$ e assinatura da fonte (ondaleta) $w(t)$. Mais especificamente, pelo modelo convolucional um traço sísmico é dado por

$$s(t) = w(t) * r(t) + n(t), \tag{9.61}$$

onde $n(t)$ é a função que descreve o ruído, que, para facilitar, assumimos como nulo, isto é, $n(t) \equiv 0$.

Para um modelo geológico descrito por uma função de impedância do tipo (9.52), a equação que descreve o traço sísmico pode ser simplificada. Em primeiro lugar, particularizando a transformação de profundidade para tempo para as coordenadas das interface, obtemos

$$t_n = \tau(z_n) = 2 \int_0^{z_n} \frac{1}{v(\zeta)} \, d\zeta = 2 \sum_{k=1}^{n-1} \frac{\Delta z_k}{v_k}, \tag{9.62}$$

onde $\Delta z_k = z_{k+1} - z_k$. A partir da expressão para t_n, para um dado t, podemos computar a transformação de profundidade para tempo como sendo

$$t = t_n + \Delta t,$$

em que $\Delta t = (z - z_n)/v_n$ e n é o maior inteiro tal que $z_n < z$. Em seguida, inserimos a refletividade em tempo, dada por (9.60), em (9.61), chegando a

$$s(t) = w(t) * \sum_{k=1}^{n} \beta_k \delta(t - t_k) = \sum_{k=1}^{n} \beta_k \, w(t) * \delta(t - t_k),$$

onde, na segunda igualdade, foi usada a linearidade da operação da convolução. Usando a propriedade filtrante da função delta de Dirac, obtemos

$$s(t) = \sum_{k=1}^{n} \beta_k w(t - t_k), \tag{9.63}$$

Exercícios adicionais 233

que é uma soma ponderada de ondaletas deslocadas, onde β_k e t_k são respectivamente dados por (9.57) e (9.62).

Uma interpretação para (9.63) é o princípio da superposição, que diz que cada termo do somatório contribui independentemente com um evento de reflexão, deslocado do tempo t_k e escalado pela refletividade β_k. Veja na Figura 9.11 o traço sísmico construído a partir da interpretação gráfica do princípio da superposição associado à equação (9.63).

Exercícios

9.13 Sabendo que a velocidade é dada por $v(z) = v_0 + az$, onde a e v_0 são constantes positivas, use (9.59) para obter uma relação entre o tempo duplo e a profundidade.

9.14 Dados os valores de z_k (metros) e α_k na tabela abaixo, esboce a função de impedância em função da profundidade. Em seguida, compute e esboce os gráficos da refletividade em função da profundidade e do tempo.

k	1	2	3	4	5	6	7
z_k	0	300	400	450	900	1.100	1.300
α_k	2,0	1,0	0,2	$-0,5$	$-0,7$	0,5	0,5

Exercícios adicionais

9.15 Dada integral imprópria de tipo I

$$\int_0^\infty \frac{1}{x^2 + 1}\, dx,$$

faça a substituição $y = 1/x$ para transformá-la em uma integral própria.

9.16 Transforme as seguintes integrais impróprias de tipo I em integrais de tipo II.

(a) $\int_{-\infty}^1 e^x\, dx$
(b) $\int_1^\infty \frac{1}{x^2}\, dx$

9.17 Transforme as seguintes integrais impróprias de tipo II em integrais de tipo I.

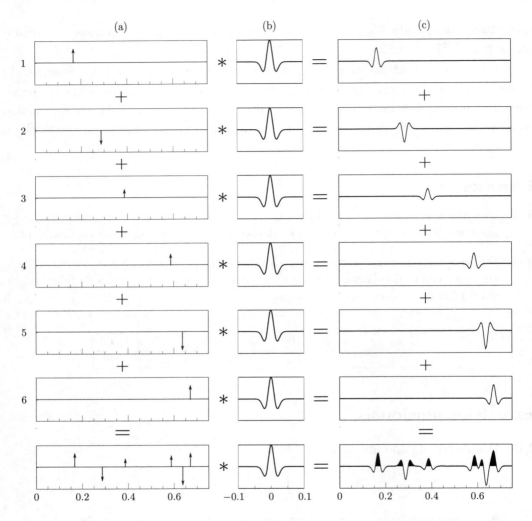

Figura 9.11: Cálculo de um traço sísmico sintético por meio do modelo convolucional. Na coluna (a) são mostradas os deltas de refletividade para a k-ésima interface em tempo, na coluna (b) é mostrada a ondaleta e na coluna (c) é mostrado o traço sísmico, que é o resultado da convolução para cada linha. Na sétima linha, que é a soma das linhas de 1 a 6, é mostrado em (a) a refletividade e em (c) o resultado da convolução da refletidade com a ondaleta, que é o traço sísmico final.

Exercícios adicionais   235

$$\text{(a)} \quad \int_0^1 \frac{1}{\sqrt{1-x^2}}\, dx \qquad\qquad \text{(b)} \quad \int_0^1 \frac{1}{\sqrt{x}}\, dx$$

9.18 Calcule as seguintes integrais impróprias, usando as definições adequadas:

$$\text{(a)} \quad \int_0^\infty x\mathrm{e}^{-x}\, dx \qquad\qquad \text{(b)} \quad \int_{-1}^1 \frac{1}{x^{2/3}}\, dx$$

9.19 Sabendo que $\int_{-\infty}^\infty \mathrm{sinc}(\omega)\, d\omega = 1$, resolva os seguintes itens:

    (a)   Mostre que

$$\int_{-\infty}^\infty \frac{\mathrm{sen}(\omega)}{\omega}\, d\omega = \pi\,.$$

    (b)   Usando o item (a), mostre que

$$\int_{-\infty}^\infty \frac{\mathrm{sen}(\omega)\cos(\omega)}{\omega}\, d\omega = \frac{\pi}{2}\,.$$

    (c)   Usando o item (b), mostre que

$$\int_{-\infty}^\infty \frac{\mathrm{sen}^2(\omega)}{\omega^2}\, d\omega = \pi virg$$

    empregando o método da integração por partes.

⚡9.20 Calcule a área sob a curva da ondaleta de Gabor do tipo cosseno, isto é, calcule

$$I = \int_{-\infty}^\infty \cos(2\pi m x)\mathrm{e}^{-x^2/2\sigma^2}\, dx$$

e mostre que $I = \sqrt{2\pi}\,\sigma\mathrm{e}^{-2\pi^2 m\sigma^2}$. Para isso, reescreva $\cos(2\pi m x)$ usando a identidade de Euler (D-4), conclua que $I = (I_1 + I_2)$, onde cada I_k é a área de uma gaussiana adequada.

9.21 Dada a função caixa definida como

$$b_a(x) = h(x+a) - h(x-a)\,,$$

onde $h(x)$ é a função de Heaviside, responda aos seguintes ítens:

    (a)   Esboce a função caixa $b_a(x)$.

    (b)   Calcule a convolução $t_a(x) = (b_a * b_a)(x)$.

    (c)   Calcule a convolução $r_a(x) = (f_a * t_a)(x)$.

236   *Capítulo 9. Integral imprópria*

    (d)   Esboce as funções $t_a(x)$ e $r_a(x)$ calculadas nos itens anteriores.

    (e)   Explique as semelhanças e diferenças entre as funções $b_a(x)$, $t_a(x)$ e $r_a(x)$.

9.22 Dada duas funções absolutamente integráveis, a *correlação* é definida como

$$h(x) = (f \star g)(x) = \int_{-\infty}^{\infty} f(\xi)g(\xi + x)\, d\xi \tag{9.64}$$

Mostre que:

    (a)   A correlação é antissimétrica, isto é $f \star g = -g \star f$;

    (b)   Se f (ou g) é par, então $f \star g = f * g$;

    (c)   Se $(f \star g) \star (f \star g) = (f \star f) \star (g \star g)$.

9.23 Dada uma função absolutamente integrável, a *autocorrelação* (não normalizada) é definida como

$$h(x) = (f \star f)(x)\,, \tag{9.65}$$

onde $\star$ é a operação de correlação definida em (9.64). Mostre que

    (a)   Se f é periódica, então h é periódica com mesmo período de f;

    (b)   Se f é real, então h é par;

    (c)   O máximo de h ocorre na origem, isto é, mostre que

$$h'(0) = 0 \qquad \text{e} \qquad h''(0) > 0\,.$$

9.24 (Hildebrand, 1962) Calcule, caso seja possível, a convolução dos seguintes pares de funções:

    (a) $f(x) = \text{rect}(x)$ e $g(x) = \text{sen}(ax)$ (c) $f(x) = \mathrm{e}^{-ax}$ e $g(x) = \mathrm{e}^{-bx}$

    (b) $f(x) = x$ e $g(x) = \text{sen}(ax)$ (d) $f(x) = \text{sen}(ax)$ e $g(x) = \text{sen}(bx)$

9.25 (Bracewell, 2000) Considere as seguintes funções:

$$d(x) = (1-x)h(x), \qquad e(x) = \mathrm{e}^{x}h(x), \qquad f(x) = x^2 h(x), \qquad s(x) = \text{sen}(x)h(x)\,,$$

onde $h(x)$ é a função de Heaviside. Calcule as seguintes convoluções:

Exercícios adicionais

(a) $p(x) = (f * e)(x)$

(b) $q(x) = 2(s * s)(x)$

(c) $r(x) = (d * e)(x)$

(d) $s(x) = (h * e)(x)$

(e) $t(x) = (e * e)(x)$

Capítulo 10

Equações diferenciais de primeira ordem

Nos capítulos anteriores, vimos que existe uma relação estreita entre funções e suas derivadas, ou ainda, entre funções e suas antiderivadas. Neste capítulo trataremos do problema cujo objetivo é descobrir uma função tal que ela própria e sua derivada estejam relacionadas por meio de uma equação proposta. Este assunto, intitulado genericamente como *equações diferenciais ordinárias* (EDO) de primeira ordem, trata do problema da existência, unicidade e construção da função (ou funções) que seja solução para tal equação.

No decorrer do capítulo, apresentaremos um teorema que, sob determinadas condições, garante a existência e unicidade de solução de problemas de valor inicial, compostos por uma EDO e uma condição inicial. Além disso, serão apresentados os principais métodos algébricos para sua obtenção de soluções de EDO, os quais são baseados nas seguintes classificações de equações: separáveis, homogêneas, lineares, de Bernoulli e de Riccati.

Por fim apresentaremos alguns exemplos de aplicação clássicos, tais como a lei de Malthus, a lei do resfriamento de Newton, a lei do decaimento radioativo e o modelo logístico. Além disso, apresentaremos uma equação diferencial que rege a evolução da curvatura de frente de onda para um meio verticalmente estratificado como um exemplo de equação de Bernoulli.

240   *Capítulo 10. Equações diferenciais de primeira ordem*

10.1 Definições e propriedades

Em uma equação algébrica, procuramos valores para a incógnita que fazem com que a sentença matemática fique verdadeira. Por exemplo, numa equação do tipo

$$ax + b = 0\,,$$

para $a \neq 0$, sabemos que x tem que valer $-b/a$ para que a sentença fique verdadeira. Quando um valor torna a sentença verdadeira, ele recebe o nome de *solução*.

No caso de equações diferenciais, não procuramos por um valor, mas sim por alguma função que torne uma sentença verdadeira. Além disso, em uma equação diferencial, tanto a própria função incógnita quanto sua(s) derivada(s) aparecem na equação. Analogamente ao problema da equação algébrica, quando existe uma função que torna a sentença verdadeira, ela também recebe o nome de solução.

Por exemplo, a mais simples equação diferencial é dada por

$$y'(x) = 0.$$

Devemos ler a equação acima do seguinte modo: qual é a função $y = y(x)$ cuja derivada vale zero para todo x? Neste caso, a resposta é

$$y(x) = c\,,$$

onde c é uma constante qualquer. Observe que a solução não é única, mas isso não é importante no momento.

De maneira mais formal, uma equação diferencial ordinária (EDO) de primeira ordem pode ser descrita como

$$F(x, y, y') \;=\; 0 \tag{10.1}$$

também conhecida por *forma geral*. Na equação acima, x é a variável independente e y é a função incógnita e y' é a sua derivada. A função F descreve a relação funcional entre as variáveis descritas. Outra forma muito comum de se representar uma EDO é por meio da *forma padrão* ou *explícita*

$$y' \;=\; f(x, y)\,, \tag{10.2}$$

Definições e propriedades   241

onde a derivada fica isolada no lado esquerdo da equação.

Vale observar que uma equação na forma explícita pode sempre ser representada na forma geral, mas o contrário nem sempre é possível. Por exemplo, a equação diferencial

$$(y')^2 y + xy^2 + x^2 = 0$$

só pode ser representada na forma geral, mas a equação

$$y'y + xy^2 + x^2 = 0 \,,$$

que está na forma geral, pode ser representada na forma explícita por

$$y' = -\frac{xy^2 + x^2}{y} \,.$$

Uma equação diferencial é denominada *autônoma* quando a variável independente não aparece explicitamente na equação diferencial, isto é, quando $y' = f(y)$. Fisicamente, se a variável independente é o tempo, uma equação autônoma pode expressar uma lei que independe do tempo em que é aplicada. Por exemplo, as seguintes equações são autônomas

(a) $y' = y^2$,   (b) $y' = \text{sen}(y)$,   (c) $y' = \text{e}^{-y}$.

Além disso, equações autônomas permitem análises qualitativas sobre o comportamento das possíveis soluções, mesmo antes de serem computadas explicitamente. Como tais análises são baseadas em estudos sobre a estabilidade da solução da EDO no espaço de fase, não as apresentamos no presente texto. Contudo, para saber mais sobre tal metodologia, o leitor pode consultar Boyce & Diprima (2002).

Um *problema de valor inicial* (PVI) é a combinação de uma equação diferencial com uma condição inicial, que nada mais é que uma condição sobre o valor da função em um ponto. Normalmente um PVI é apresentado na sua forma mais geral como

$$\begin{cases} F(x,y,y') &= 0 \,, \\ y(x_0) &= y_0 \,, \end{cases} \tag{10.3a}$$

onde y_0 é um valor constante, ou ainda

$$\begin{cases} y' &= f(x,y) \,, \\ y(x_0) &= y_0 \,, \end{cases} \tag{10.3b}$$

242   *Capítulo 10. Equações diferenciais de primeira ordem*

onde a equação diferencial está na forma explícita. Como saber se um PVI tem solução ou não e, caso tenha, a solução é única? O seguinte teorema, fornece uma resposta parcial a estas questões, na medida em que apresenta condições suficientes para a existência e unicidade de solução de um PVI.

Teorema 10.1 (Existência e unicidade de solução para PVI)

Seja o PVI na forma explícita,

$$\begin{cases} y' &= f(x,y) \\ y(x_0) &= y_0 \end{cases} \tag{10.4}$$

Se f e $\partial_y f$ (derivada de f somente com relação a y) são funções contínuas em (x_0, y_0) então existe solução única para (10.4) em um intervalo que contem x_0.

Vale observar que o Teorema 10.1 provê somente condições suficientes para a existência e unicidade de solução. Isso quer dizer que podem haver PVIs que não satisfazem tais condições, mas que, ainda assim, possuem soluções únicas, como, por exemplo, o seguinte PVI

$$\begin{cases} y' &= x^{-1/2}\,, \\ y(0) &= 1\,. \end{cases} \tag{10.5}$$

Ele não satisfaz as condições do Teorema 10.1, mas ainda assim possui a solução única $y = 2x^{1/2} + 1$, cuja verificação fica como exercício.

Além disso, vale comentar que existem casos em que o PVI satisfaz as condições do Teorema 10.1, garantindo que exista uma solução única, porém impossível de ser expressa em termos de funções elementares.

Dependendo do formato da função do lado direito da equação diferencial na forma explícita (10.2), podemos classificar a equação como: separável, homogênea e linear, entre outras. O importante é que tal classificação conduz a uma metodologia específica para a obtenção de solução associada ao tipo da equação.

Exercícios

10.1 Mostre que $y = 2x^{1/2} + 1$ é solução de (10.5). Por que esta função não satisfaz as condições do Teorema 10.1?

Equações separáveis 243

10.2 Equações separáveis

Quando a equação diferencial puder ser escrita da forma

$$y' = \frac{f(x)}{g(y)}, \tag{10.6}$$

então é chamada de *equação separável*. Neste caso, podemos reescrever (separar) a equação acima como

$$g(y)\, y' = f(x).$$

O lado esquerdo pode ser visto como uma regra da cadeia da função $h(x) = G(y(x))$, onde G é uma antiderivada de g. Neste caso, temos

$$h'(x) = f(x).$$

Pelo teorema fundamental do cálculo, temos que $h(x)$ é uma antiderivada de $f(x)$, isto é,

$$h(x) = \int f(x)\, dx + c.$$

Por outro lado, somente a integral acima não resolve o problema, pois a incógnita original é y. Entretanto, sabemos $h(x) = G(y(x))$, portanto basta calcularmos uma antiderivada de g, isto é,

$$G(y) = \int g(y)\, dy,$$

de modo que y e x ficam vinculados por meio da equação

$$\int g(y)\, dy = \int f(x)\, dx + c, \tag{10.7}$$

onde c é uma constante arbitrária. Na prática, portanto, uma EDO separável é levada ao problema de se calcular duas antiderivadas, uma para cada lado de (10.7)

Dependendo das funções f e g, podemos empregar técnicas de integração vistas na Seção 7.5 para cada lado da equação, obtendo, portanto, uma equação que relaciona de maneira implícita as variáveis y e x. Com sorte, é possível se explicitar a solução $y = y(x)$.

Por exemplo, a equação diferencial

$$y' = -xy^3 \tag{10.8}$$

é separável, pois pode ser escrita na forma $y'(x) = f(x)g(y)$, onde $f(x) = -x$ e $g(y) = y^{-3}$. Portanto, para obtermos uma solução, temos que achar as antiderivadas de ambos os lados da equação

$$\int y^{-3} dy = -\int x dx \,,$$

levando à equação

$$-\frac{y^{-2}}{2} = -\frac{x^2}{2} + c \,,$$

que, após manipulação algébrica, torna-se

$$y(x) = \pm \sqrt{\frac{1}{x^2 - 2c}} \,, \tag{10.9}$$

onde c é uma constante arbitrária.

Para o caso de um PVI que envolva uma EDO separável, podemos usar diretamente o TFC para computar ambas as integrais. Por exemplo, para o PVI

$$\begin{cases} y' &= -xy^3 \\ y(0) &= 1 \end{cases} \tag{10.10}$$

sabemos que a solução geral é dada por (10.9). Impondo a condição inicial $y(0) = 1$, obtemos $c = -1/2$, de modo que a solução para (10.8) é

$$y(x) = (x^2 + 1)^{-1/2} \,. \tag{10.11}$$

Por outro lado, alternativamente, poderíamos considerar a equação composta por duas integrais definidas

$$\int_1^y \eta^{-3} \, d\eta = \int_0^x \xi \, d\xi$$

que já levam em consideração nos seus limites inferiores a condição inicial $y(0) = 1$. Procedendo com a integração, obtemos

$$-\frac{\eta^{-2}}{2} \bigg|_1^y = -\frac{\xi^2}{2} \bigg|_0^x \,,$$

que é levada a

$$-y^{-2} + 1 = -x^2 \,,$$

que por sua vez é levada à solução (10.11).

10.2.1 Equações homogêneas

Quando a equação diferencial puder ser escrita da forma

$$y' = \varphi(y/x),$$

(10.12)

então será chamada de *equação homogênea*. Neste caso, como veremos em seguida, podemos introduzir a variável $z = y/x$ a fim de transformar a equação em uma EDO separável.

Introduzindo a variável $z = y/x$ na equação (10.12), obtemos $(zx)' = \varphi(z)$. Por outro lado, usando a regra do produto para derivadas, temos que $(zx)' = z + x\,z'$. Portanto, isolando z', obtemos a seguinte equação diferencial auxiliar, onde a incógnita é z, dada por,

$$z' = \frac{\varphi(z) - z}{x},$$

(10.13)

que por sua vez é uma equação separável, isto é,

$$\frac{1}{\varphi(z) - z} z' = \frac{1}{x}.$$

cuja solução é dada implicitamente pela seguinte equação

$$\int \frac{1}{\varphi(z) - z}\, dz = \ln|x|.$$

A resolução desta integral indefinida depende da função φ. Se tudo correr bem, isto é, se a função φ permitir o cálculo da integral em termos de funções elementares, então a equação acima fornecerá uma relação implícita entre x e y, que, com sorte, poderá ser convertida para uma função $y = y(x)$.

Por exemplo, a equação diferencial

$$y' = \frac{x^2 + y^2}{xy}$$

(10.14)

é homogênea, pois, ao introduzirmos a variável auxiliar $z = y/x$, o lado direito se torna

$$\frac{x^2 + y^2}{xy} = \frac{x}{y} + \frac{y}{x} = \frac{1}{z} + z,$$

246 Capítulo 10. Equações diferenciais de primeira ordem

que é uma função $\varphi(z)$. Portanto, segundo (10.13), temos uma nova equação diferencial (separável) na variável z dada por

$$z' = \frac{\varphi(z) - z}{x} = \frac{1}{zx},$$

que pode ser facilmente resolvida, fornecendo implicitamente a solução por meio da equação $z^2 = 2\ln|x| + 2c$. Por fim, substituindo a variável z por y/x obtemos a solução

$$y^2 = 2x^2(\ln|x| + c), \tag{10.15}$$

onde c é uma constante arbitrária.

Exercícios

10.2 Resolver as equações separáveis

(a) $y' = xy$;   (b) $y' = (xy)^2$;   (c) $\mu' = -2x\mu$.

10.3 Resolver as equações homogêneas

(a) $y' = \left(\dfrac{y}{x}\right)^2$;   (b) $y' = \dfrac{xy}{x^2 + y^2}$.

10.3 Equações lineares

Quando uma equação diferencial puder ser escrita na forma

$$y' + py = q, \tag{10.16}$$

onde p e q são duas funções dadas, então é chamada de *equação linear*. Observe que ambas funções p e q devem ser não nulas, pois, caso contrário, a equação linear é na verdade uma equação separável.

Para achar a solução da equação acima, devemos nos lembrar da regra da derivada do produto de funções

$$(fg)' = f'g + fg',$$

onde f e g são duas funções diferenciáveis quaisquer. Comparando o lado direito da regra acima com o lado esquerdo de (10.16), notamos que de alguma forma são

Equações lineares 247

semelhantes. Para ajudar na nossa analogia, vamos multiplicar a equação diferencial (10.16) por uma função μ, ainda por ser determinada

$$\mu\, y' + \mu\, p\, y = \mu q\,, \tag{10.17}$$

e considerar $f = y$ e $g = \mu$ na regra da derivada do produto, isto é,

$$y'\mu + y\mu' \;=\; (y\mu)'\,. \tag{10.18}$$

Agora sim, comparando (10.17) e (10.18), impomos as seguintes condições para a função auxiliar μ

$$\mu\, p = \mu'\,, \tag{10.19}$$

$$(y\mu)' = \mu q\,, \tag{10.20}$$

que constitui um conjunto de duas equações diferenciais ordinárias a serem resolvidas. Observe que (10.19) é uma equação que envolve μ, que é uma incógnita, e p, que é uma função dada. Portanto, tal equação diferencial é usada para a determinação do fator integrante μ.

Podemos notar que (10.19) é uma equação separável, isto é, a equação

$$\mu' = \mu p\,,$$

tem como solução

$$\mu(x) = \exp\left[P(x)\right]\,, \tag{10.21}$$

onde $P(x)$ é uma antiderivada de $p(x)$. Observe que a constante de integração para o fator integrante é desprezada, e a razão para isto é deixada como exercício.

Voltando à analogia com a regra do produto, temos que a equação diferencial pode ser escrita como

$$(y\mu)' = \mu q\,,$$

cuja solução é obtida pela integração direta

$$y(x) = \mu(x)^{-1} \int^{x} \mu(s)q(s)\, ds + c\,, \tag{10.22}$$

onde $\mu(x)$ é dado por (10.21). Substituindo a expressão de μ em (10.22), obtemos a solução geral da equação linear

$$y(x) = \exp\left[-P(x)\right] \int^{x} \exp\left[P(s)\right] q(s)\, ds + c\,. \tag{10.23}$$

onde c é uma constante arbitrária, que é definido com a imposição da condição inicial.

Por exemplo, a equação diferencial

$$y' - 2xy = 2x \tag{10.24}$$

é linear, pois está na forma $y' + p(x)y = q(x)$, onde $p(x) = -2x$ e $q(x) = 2x$. Para utilizarmos a fórmula, precisamos em primeiro lugar determinar a expressão para o fator integrante, que é solução da seguinte equação diferencial auxiliar

$$\frac{\mu'}{\mu} = p(x) = -2x \,,$$

que é uma equação separável. Fica como exercício que $\mu(x)$ é dado por

$$\mu(x) = \mathrm{e}^{-x^2} \,.$$

Portanto, a solução da EDO linear é dada por

$$y(x) = \frac{1}{\mu(x)} \int q(x)\mu(x)dx = \frac{1}{\mu(x)} \int 2x\mathrm{e}^{-x^2} dx \,,$$

onde foi usado (10.22). A integral do lado direito pode ser resolvida pelo método da substituição com $u = -x^2$, de modo que a solução é

$$y(x) = \frac{1}{\mu(x)} \left(\mathrm{e}^{-x^2} + c \right) = 1 + c\mathrm{e}^{-x^2} \,, \tag{10.25}$$

onde c é uma constante arbitrária. Fica como exercício mostrar que (10.25) é solução de (10.24).

10.3.1 Equações de Bernoulli

Uma equação diferencial de Bernoulli é uma equação diferencial de primeira ordem não linear que possui a seguinte forma

$$y' = a\,y + b\,y^\gamma \,, \tag{10.26}$$

onde a e b são funções necessariamente não nulas. Caso a ou b sejam nulas, a equação de Bernoulli se resume em uma EDO linear. O expoente γ deve ser não

Equações lineares 249

nulo e também diferente de um, pois caso $\gamma = 0$ a equação é linear e se $\gamma = 1$ a equação é separável.

Qualquer equação de Bernoulli pode ser transformada em uma EDO linear, bastando-se introduzir a variável $u = y^{1-\gamma}$. Calculando a derivada de u, obtemos $u' = (1 - \gamma) y^{-\gamma} y'$ e, substituindo y' pela expressão, (10.26) obtemos

$$u' = (1 - \gamma) y^{-\gamma} \left[a\, y + b\, y^{\gamma} \right] = (1 - \gamma)\, a\, y^{1-\gamma} + (1 - \gamma)\, b\,.$$

Por fim, obtemos a EDO linear na variável u

$$u' = (1 - \gamma)a\, u + (1 - \gamma)b\,,$$

que pode ser resolvida pelo método da seção anterior. Fica como exercício mostrar que a solução é dada por

$$u(x) = \frac{1}{\mu(x)} \int^{x} \mu(\xi)(1 - \gamma)b(\xi)\, d\xi\,,$$

onde $\mu(x) = \int^{x} a(\xi)\, d\xi$.

Exercícios

10.4 Mostre que a constante de integração do fator integrante é desnecessária para a construção da solução da equação linear. Para isso, considere $\mu(x) = C \exp[P(x)]$ e substitua em (10.23).

10.5 Mostre que (10.25) é solução de (10.24).

10.6 Resolver as equações lineares

$\quad$ (a) $\;\; y' + 2xy = 2x;$ $\qquad\qquad\qquad$ (b) $\;\; y' - 2xy = -2x.$

10.7 Resolver as equações de Bernoulli

$\quad$ (a) $\;\; y' = \dfrac{1}{x}\, y + x\, y^2\,,$ $\qquad\qquad$ (b) $\;\; y' = \dfrac{1}{x}\, y + y^2\,.$

250 Capítulo 10. Equações diferenciais de primeira ordem

10.4 Equações de Riccati

Uma equação diferencial de Riccati é uma equação diferencial de primeira ordem não linear que possui a seguinte forma

$$y' = p + q\,y + r\,y^2\,,\tag{10.27}$$

em que p, q e r são funções dadas. Necessariamente, tanto p quanto r devem ser não nulas para que (10.27) seja de Riccati, caso contrário é classificada como outro tipo de equação. Com efeito, se r é nulo, a equação se reduz a uma equação linear, tratada na Seção 10.3 e, por outro lado, se p é nulo então é uma equação de Bernoulli (Seção 10.3.1).

Uma equação de Riccati pode ser transformada em uma equação diferencial linear de segunda ordem. Para isso, deve-se introduzir a variável u implicitamente por meio de $ry = -u'/u$. Calculando a derivada segunda de u

$$u'' = (-ury)' = -u'ry - ury' - ur'y = u(r^2y^2 - ry' - r'y)\,,$$

onde foi usado o fato de que $u' = -ury$. Substituindo y' dada por (10.27), obtemos

$$u'' = -ur(p + qy) + r'y = -rpu + qu' - \frac{r'}{r}u'\,,$$

onde foi usado o fato de que $u' = -ury$ e $y = -u'/ru$. Por fim, reorganizando tal equação, obtemos

$$u'' + au' + bu = 0\,,\tag{10.28}$$

onde $a = r'/r - q$ e $b = rp$. Por exemplo, fica como exercício mostrar que a equação de Riccati $x^2y' + 2xy - y^2 = 1$ é levada à seguinte EDO de segunda ordem

$$u'' + \frac{1}{x^4}u = 0\,,$$

bastando-se introduzir implicitamente a variável u por meio de $u' = -yu/x^2$.

Note que (10.28) é uma equação diferencial de segunda ordem linear e homogênea e pode, portanto, admitir duas soluções independentes (veja Tygel & de Oliveira (2005)). Como veremos a seguir, com o conhecimento de uma solução particular da equação é possível construir outra solução mais geral.

Equações de Riccati 251

Portanto, suponha que y_1 seja uma solução de uma equação de Riccati, isto é, $y_1' = p + qy_1 + ry_1^2$, para p, q e r dados. Vamos tentar obter uma solução u alternativa, dada implicitamente por

$$y = y_1 + \frac{1}{u}.$$

Fica como exercício mostrar que u satisfaz uma EDO linear dada por

$$u' + au = b,$$

onde $a = (q + 2ry_1)$ e $b = -r$, a qual pode ser resolvida pelo método da Seção 10.3.

Este resultado é interessante pois com o conhecimento de qualquer solução simples, mesmo que obtida por tentativa e erro, é possível construir uma solução geral para a equação de Riccati. Por exemplo, para a equação

$$y' = -2 + y + y^2 \tag{10.29}$$

é possível verificar que $y = 1$ é uma solução. Procurando, portanto, uma solução do tipo $y = 1 + 1/u$, chegamos à EDO linear

$$u' + 3u = 1,$$

cuja solução geral é $u = 1/3 + c\,\mathrm{e}^{-3x}$. Portanto a solução geral da equação (10.29) é

$$y = 1 + \frac{3\mathrm{e}^{3x}}{c + \mathrm{e}^{3x}}.$$

Por fim vale comentar que da mesma forma que qualquer EDO de Riccati é transformada em uma EDO de segunda ordem homogênea correspondente, o contrário também é válido. Veja o Exercício 10.10.

Exercícios

10.8 (Bender & Orszag, 1999) Mostre que a função

$$y(x) = \frac{1}{x} + \frac{a}{x^2} \frac{c_1 - \mathrm{e}^{2a/x}}{c_1 + \mathrm{e}^{2a/x}}$$

é solução da EDO de Riccati $x^4 y' = a^2 - x^4 y^2$.

252   *Capítulo 10. Equações diferenciais de primeira ordem*

10.9 Sabendo que y_1 é solução de $y' = p + qy + ry^2$, onde p, q e r são funções dadas, mostre que a substituição $y = y_1 + 1/u$ leva à EDO linear

$$u' + au = b \,,$$

onde $a = (q + 2ry_1)$ e $b = -r$.

10.10 Dada a EDO de segunda ordem homogênea

$$u'' + mu' + nu = 0 \,,$$

onde m e n so funções conhecidas, mostre que por meio da introdução da variável y implicitamente por $u' = uny$, chega-se à EDO de Riccati

$$y' = 1 - \left(\frac{n'}{n} + m \right) y + ny^2 \,.$$

10.5 Exemplos clássicos de aplicação

As equações diferenciais são amplamente usadas para modelar fenômenos naturais. Nesta seção, apresentamos alguns exemplos, desde os clássicos sobre crescimento populacional, decaimento radioativo e resfriamento, como também um exemplo que surge do estudo da evolução da curvatura de frente de onda sísmica.

10.5.1   Lei de Malthus

Considere que o número de indivíduos de uma população n dependa do tempo t e que a população inicial seja dada por n_0. A *lei de Malthus* descreve que a taxa de crescimento populacional no instante t é diretamente proporcional ao número de indivíduos naquele instante. A lei de Malthus pode ser descrita matematicamente pelo seguinte PVI

$$\begin{cases} n'(t) &= \gamma\, n(t) \,, \\ n(t_0) &= n_0 \,, \end{cases} \tag{10.30}$$

onde $n_0 > 0$ é a população inicial e $\gamma > 0$ é a constante de proporcionalidade, que pode ser interpretada como a taxa relativa da fertilidade da população, que é independente do tempo, mas que está vinculada à própria população.

Como pode se perceber, a lei de Malthus é descrita por uma EDO separável, cuja solução pode ser obtida pelo método da Seção 10.2. Neste caso,

$$n(t) = n_0 \, e^{\gamma(t-t_0)},$$

onde n_0 é a população inicial em $t = t_0$. Veja na Figura 10.1 um exemplo do gráfico de uma função que descreve o número de indivíduos de uma população que segue a lei de Malthus.

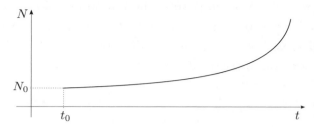

Figura 10.1: Gráfico de uma função exponencial que modela o crescimento populacional segundo a lei de Malthus.

Observe que, mesmo que n_0 e γ sejam pequenos e que o número de indivíduos cresça lentamente, após um certo tempo a população cresce rapidamente, de onde é cunhado o termo *crescimento exponencial*.

10.5.2 Lei do decaimento radioativo

A emissão de partículas radioativas é imprevisível quando se trata de apenas de poucos átomos, porém quando se observa um grande conjunto de átomos do mesmo isótopo, passa a valer uma lei rege a quantidade proporcional desta substância ao longo do tempo, a chamada *lei do decaimento radioativo*, que diz o seguinte

> A taxa de decrescimento da quantidade de um elemento radioativo em instante t é proporcional à própria quantidade neste instante.

Traduzindo em termos matemáticos, a lei do decaimento radioativo pode ser expressa pelo seguinte PVI

$$\begin{cases} p'(t) = -\alpha \, p(t), \\ p(t_0) = p_0, \end{cases} \qquad (10.31)$$

onde $p'(t)$ é a taxa de decaimento, $p(t)$ é a quantidade de átomos deste elemento no instante t e $\alpha > 0$ é a constante de decaimento, que é independente do tempo, mas que está associada ao elemento radioativo.

Como podemos perceber, a lei do decaimento é uma equação separável, cuja solução é dada por

$$p(t) = p_0 \, e^{-\alpha(t-t_0)},$$

onde $p_0 = p(t_0)$ é a quantidade de isótopos no tempo inicial $t = t_0$.

Um exemplo do gráfico para a solução do decaimento radioativo pode ser visto na Figura 10.2. Observe que o decaimento radioativo é elevado no início do processo, mas vai se atenuando com o passar do tempo.

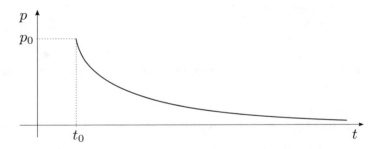

Figura 10.2: Gráfico de uma função exponencial que modela o decaimento radioativo.

10.5.3 Lei do resfriamento de Newton

Suponha que a temperatura de um corpo varie com tempo e seja descrita pela função $T(t)$. Além disso, suponha que a temperatura inicial deste corpo seja $T(0) = T_0$ e a temperatura ambiente seja T_a. Intuitivamente, sabemos que se T_0 for muito maior (ou muito menor) do que T_a, então há uma tendência de que o corpo esfrie (ou aqueça) muito rapidamente no início do processo. Ao contrário, se T_0 for próximo a T_a, o resfriamento (ou aquecimento) ocorre muito devagar.

Esta análise empírica indica que a taxa de resfriamento no instante t é tanto maior quanto for a diferença entre a temperatura do corpo e a temperatura ambiente neste instante. Esta é a chamada *lei do resfriamento de Newton* e pode ser expressa pelo seguinte PVI

$$\begin{cases} T'(t) = -k(T(t) - T_a), \\ T(t_0) = T_0, \end{cases} \quad (10.32)$$

onde T_0 é a temperatura inicial do corpo, T_a é a temperatura ambiente e $k > 0$ é a condutividade térmica do material que constitui o corpo (suposta constante ao longo do tempo).

A EDO da lei do resfriamento também é uma equação separável, fazendo com que as seguintes integrais, uma de cada lado da equação, devam ser computadas

$$\int_{T_0}^{T} \frac{1}{\mathcal{T} - T_a} d\mathcal{T} = -k \int_{t_0}^{t} d\tau.$$

Resolvendo tais integrais, chegamos à solução do PVI

$$T(t) = T_a + (T_0 - T_a)e^{-k(t-t_0)}.$$

Na Figura 10.3 observamos dois gráficos correspondentes a duas possíveis soluções da lei do resfriamento. Na verdade, como se pode perceber, a lei do resfriamento

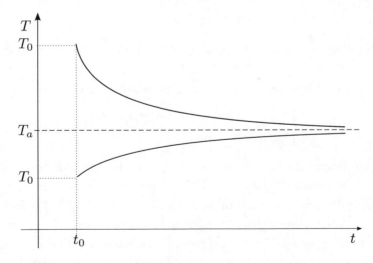

Figura 10.3: Gráfico da solução da lei de resfriamento de Newton.

tanto serve para o resfriamento quanto para o aquecimento de um corpo. Este fato pode ser verificado pela equação diferencial, pois o termo $(T(t) - T_a)$ pode ser

256   *Capítulo 10. Equações diferenciais de primeira ordem*

negativo ou positivo. No instante inicial, se $T_0 > T_a$, isto é, se a temperatura inicial é maior que a temperatura ambiente, então o termo $(T(t) - T_a) > 0$. Isso, por sua vez, quer dizer que a derivada é negativa, o que acaba por indicar que haverá resfriamento. Analogamente, se $T_0 < T_a$, então a derivada é positiva, indicando que haverá aquecimento.

Por fim, observe que a lei do resfriamento pode ser vista como uma generalização da lei do decaimento radioativo, bastando se definir adequadamente as constantes presentes na equação diferencial.

10.5.4   O modelo logístico

O modelo logístico, também conhecido como *modelo de Verhulst*, é uma revisão do modelo de Malthus, não mais considerando como constante a fertilidade da população em estudo. Neste modelo a fertilidade vai decaindo linearmente com o aumento da população, indicando que quanto maior a população menos condições ela própria terá para se reproduzir devido à limitação de suporte. Por exemplo, haverá menos espaço, ou menos comida. Sendo assim, a fertilidade é dada por

$$\gamma = \gamma_0 \left[1 - n/q \right],$$

onde n é a população, $q > 0$ é a população máxima suportada e γ_0 é a fertilidade inicial.

Portanto, o PVI que representa o modelo logístico é dado por

$$\begin{cases} n'(t) &= \gamma_0 \left[1 - n(t)/q \right] n(t), \\ n(t_0) &= n_0. \end{cases} \tag{10.33}$$

onde n_0 é a população inicial medida no tempo inicial t_0. Vale notar que o modelo logístico é uma extensão da lei de Malthus, pois se "$q = \infty$" ele se reduz à lei de Malthus, indicando que não há limitações para a reprodução dos indivíduos. Por outro lado, se a população atinge o valor q em algum tempo, isso faz com que a fertilidade seja nula, isto é, $\gamma = 0$, indicando que, neste momento, a população fica estacionária, não havendo crescimento nem decrescimento a partir de então.

Para calcularmos sua solução, observe primeiramente que a equação logística é separável, isto é, pode ser escrita como

$$g(n)n' = f(t),$$

Exemplos clássicos de aplicação 257

onde $g(n) = 1/(q-n)n$ e $f(t) = \gamma_0/q$. Para resolvê-la, observamos que a antiderivada do lado direito é $\int f(t)dt = \gamma_0 t/q + c$, onde c é uma constante que ainda está por ser determinada. Para a integral indefinida que aparece do lado esquerdo, empregamos o método das frações parciais. Neste caso, devemos achar as constantes a e b tais que

$$\frac{1}{(q-n)n} = \frac{a}{q-n} + \frac{b}{n}.$$

Fica como exercício mostrar que $a = b = 1/q$, de modo que tal integral indefinida seja

$$\int \frac{1}{(q-n)n}\, dn = \frac{1}{q} \ln\left(\frac{n}{q-n}\right). \tag{10.34}$$

Portanto, a solução da EDO se apresenta por meio da equação

$$\frac{1}{q} \ln\left(\frac{n}{q-n}\right) = \frac{\gamma_0 t}{q} + c, \tag{10.35}$$

a partir da qual podemos isolar n, para obter uma solução explícita. Sabendo que em $t = t_0$, a população vale n_0, substituindo estes valores na equação solução (10.35), chegamos ao valor de c, isto é,

$$c = \frac{1}{q}\left[\ln\left(\frac{n_0}{q-n_0}\right) - \gamma_0 t_0\right]. \tag{10.36}$$

Substituindo c em (10.35) e isolando n, fica como exercício mostrar que a solução do modelo logístico é dada por

$$n(t) = \frac{q\, n_0}{n_0 + (q - n_0)\, \mathrm{e}^{-\gamma_0(t-t_0)}}, \tag{10.37}$$

onde q é a população máxima suportada, γ_0 é a fertilidade inicial, n_0 é a população inicial e t_0 é o tempo inicial.

Na Figura 10.4 são mostradas dois exemplos de solução para a equação logística, uma para $n_0 > q$ e outra para $n_0 < q$. No primeiro caso, em que a população inicial é pouco maior do que a população máxima suportada ($n_0 > q$) a população decresce rapidamente (exponencialmente) convergindo ao limite populacional q. Por outro lado, quando a população inicial é bem menor que a população máxima suportada, o crescimento é acelerado (exponencial), indicando que neste período inicial o

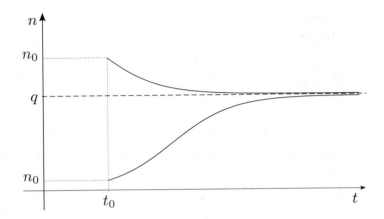

Figura 10.4: Gráfico típico de dois tipos de solução do modelo logístico. Ambas convergem para a população máxima suportada q. A curva acima da assíntota $n = q$ representa o caso em que a população inicial é maior que a população máxima suportada e, por outro lado, a curva abaixo de $n = q$ representa o caso em que a população inicial é menor que a máxima suportada.

comportamento segue a lei de Malthus. Contudo, ao passo que o número de indivíduos vai aumentando, o crescimento populacional diminui progressivamente, levando a população convergir lentamente ao limite populacional q.

Por fim, vale observar que com as relações obtidas no Exercício 10.12, é possível levantar o questionamento de quando ocorre a estabilização de uma população seguindo o modelo logístico. Como a taxa de crescimento é máxima no momento em que a população é metade da máxima suportada, pode-se estimar, através de análise gráfica, quanto vale a própria população máxima suportada e em quanto tempo ela será atingida.

Com efeito esta análise foi empregada pelo geofísico Hubbert, dando origem à curva de Hubbert, usada para a análise do estimativa do pico de produção de petróleo em território estadunidense, abordada na próxima seção.

Exercícios

10.11 Complete os detalhes da obtenção da solução do modelo logístico, isto é,

    (a)   Calcule (10.34), usando o método de integração das frações parciais;

A curva de Hubbert – previsão do pico de produção de petróleo 259

(b) Insira a constante de integração (10.36) na equação (10.35) e obtenha a solução (10.37).

10.12 Mostre que ponto de maior crescimento (ou decrescimento), isto é, o ponto de derivada máxima (ou mínima) da curva logística pode ser calculado a partir da própria EDO logística (10.33).

(a) Usando (10.33), mostre que a derivada de segunda ordem de n é dada por

$$n''(t) = \gamma_0 \left[1 - 2n(t)/q\right];$$

(b) Usando o item anterior, mostre que, no ponto de derivada máxima $t = t_*$, a população vale a metade da população máxima suportada, isto é, t_* é tal que $n(t_*) = q/2$.

(c) Use (10.37) para calcular explicitamente t_*, chegando a

$$t_* = t_0 + \frac{1}{\gamma_0} \ln \left(\frac{q - n_0}{n_0} \right) \tag{10.38}$$

10.6 A curva de Hubbert – modelo logístico aplicado à previsão do pico de produção de petróleo

O petróleo é considerado como um bem finito e se interpretarmos os poços produtores como indivíduos de uma população que se alimenta de petróleo, podemos empregar o modelo logístico para estudar o crescimento desta população. Ainda mais importante, podemos estimar em quanto tempo tal bem irá durar até ser todo consumido.

O geofísico Hubbert analisou os dados de produção anual e produção acumulada de petróleo do território estadunidense e verificou que se ajustavam ao modelo logístico. Segundo Deffeys (2001), Hubbert elaborou um gráfico de dispersão da produção acumulada n versus a produção anual relativa n'/n e percebeu que a nuvem de pontos a partir do ano de 1932 até 1955 seguia fortemente um padrão linear (veja a Figura 10.5).

Observe que a equação diferencial logística rearranjada a partir de (10.33), resulta em

$$\frac{n'(t)}{n(t)} = \gamma_0(1 - n(t)/q), \tag{10.39}$$

onde, neste contexto, n é a produção acumulada de petróleo e n' é produção anual e t é o tempo medido em anos. Portanto ao considerarmos todo o lado esquerdo de (10.39) como uma variável dependente, o lado direito é uma função afim de n, cujo gráfico é uma reta no plano $n \times n'/n$.

Sendo assim, ao ajustar uma reta aos pontos do gráfico da Figura 10.5, o que de fato está sendo feito é assumir que o modelo logístico, representado pela equação diferencial, é aquele que melhor exprime o comportamento dos dados. A partir do ajuste pode-se estimar os valores γ_0 e q para esta população, com os quais modela-se completamente a curva logística, a partir da qual pode se obter o ano de pico de produção (veja o Exercício 10.13).

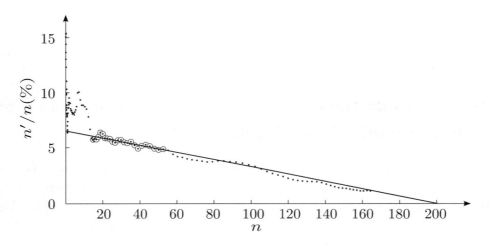

Figura 10.5: Gráfico de dispersão da produção acumulada n versus a produção anual relativa n'/n. Os dados indicados com círculos, relativos aos anos de 1932 a 1955, são os que Hubbert utilizou para a sua análise. A reta ajustada fornece os parâmetros q e γ_0.

Na Figura 10.6, observamos os gráficos da produção anual e produção acumulada de óleo. Os dados reais são representados pelos pontos e as curvas logísticas que são construídas a partir do análise gráfica são as curvas em linha cheia. Os dados utilizados por Hubbert, de 1932 a 1955, estão assinalados com círculos.

A curva de Hubbert – previsão do pico de produção de petróleo

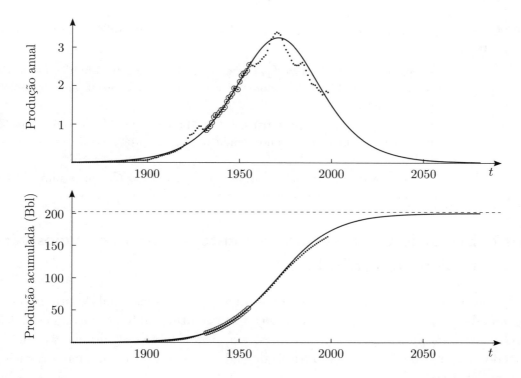

Figura 10.6: Gráficos da produção estadunidense de petróleo: produção anual (acima) e produção acumulada (abaixo) em função do tempo (em anos). Os dados indicados com círculos, relativos aos anos de 1932 a 1955, são os que Hubbert utilizou para a sua análise.

Exercícios

10.13 Considere os parâmetros que Hubbert utilizou para estimar o ano t_* em que a produção de petróleo é máxima em território estadunidense:

(i)   Tempo inicial da análise (t_0): 1932 (anos)
(ii) Produção acumulada inicial ($n0$): 14,788 (bilhões de barris);
(iii) Taxa de consumo intrínsica (γ_0): 6,5 %;
(iv) Reserva total provada (q): 200,75 (bilhões de barris).

Use a fórmula (10.38) para concluir que a previsão para o ano do pico de produção foi em 1971, lembrando que o pico aconteceu de fato em 1970.

262 *Capítulo 10. Equações diferenciais de primeira ordem*

10.14 Usando a fórmula (10.38) realize uma análise de sensibilidade, de acordo com os itens.

(a) Caso a reserva de petroleo (q) aumente em 10%, de 200,75 bilhões de barris para 220,825 bilhões, em quantos anos muda o pico de produção de petróleo estadunidense?

(b) Caso a taxa de consumo intrínsica (γ_0) diminua em 10%, isto é, de 6,5% para 5,85%, em quantos anos muda o pico de produção do petróleo estadunidense?

(c) A partir dos itens anteriores avalie qual parâmetro tem mais impacto na obtenção da estimativa do ano do pico de produção.

10.7 Evolução de curvatura de frente de onda em meios verticalmente estratificados

Neste exemplo, vamos mostrar como uma equação diferencial de primeira ordem pode ser usada para modelar a evolução de curvatura de frente de onda sísmica em meios verticalmente estratificados. Porém, a fim de prosseguirmos com nosso estudo, devemos definir o que são frente de onda, raio de curvatura e meio verticalmente estratificado:

Frente de onda é o lugar geométrico dos pontos que possuem o mesmo tempo de percurso. Para o caso em que estamos nos focando, isto é, para o plano vertical, a frente de onda é uma curva plana contida neste plano;

Raio de curvatura (r) em um ponto de uma curva (frente de onda) é o raio da circunferência que melhor aproxima tal curva de onda neste ponto. Observe que o raio de curvatura é uma medida local, significando que ao longo de uma curva ele é função de cada ponto na curva;

Meio verticalmente estratificado implica que qualquer propriedade, especialmente a velocidade da onda sísmica, é função apenas da profundidade, isto é, $v = v(z)$. Além disso, para simplificar a nossa análise, consideramos também que a velocidade é de classe C^1, isto é, v' existe e é contínua.

O nosso objetivo é encontrar uma equação diferencial que modele a a evolução da curvatura de uma frente de onda para um meio verticalmente estratificado. Em

Evolução de curvatura de frente de onda em meios verticalmente estratificados 263

geral, tais meios são suaves por partes, de modo que a velocidade é também uma função suave por partes. Porém, para darmos início à construção da equação diferencial, vamos assumir que tal meio pode ser aproximado por um meio multicamadas horizontais, composto por n camadas homogêneas com a mesma espessura δz. Veja a Figura 10.7. Vamos deduzir a fórmula do raio de curvatura para este meio e, no momento adequado, estudaremos o que acontece no limite quando $\delta z \to 0$.

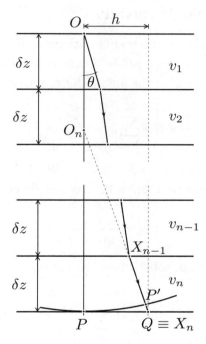

Figura 10.7: Meio verticalmente estratificado aproximado por um meio multicamadas horizontais, com espaçamento vertical constante δz.

Para a nossa abordagem, iremos nos limitar somente a dois raios dos que estão associados à frente de onda: o raio vertical $\overline{OP}$ e o raio inclinado $\overline{OQ}$, cujo ângulo de partida é θ. Por fim, para a nossa análise, vamos considerar as seguintes hipóteses adicionais:

(i) O ângulo de partida θ é suficientemente pequeno de modo que o ponto P' que pertence à frente de onda de P, esteja no segmento $\overline{X_n X_{n+1}}$, como mostrado na Figura 10.7;

264   *Capítulo 10. Equações diferenciais de primeira ordem*

(ii) O ponto O_n que é a intersecção do prolongamento do segmento $\overline{X_n X_{n+1}}$ com o raio $\overline{OP}$. Podemos observar que O_n é um vértice do triângulo retângulo ΔPO_nQ (Veja Figura 10.7);

(iii) A distância de O_n a P, denotada por r_n, é o raio de curvatura da frente de onda em P. Isso quer dizer que a curvatura em P vale $\kappa_n = 1/r_n$.

10.7.1   Evolução do raio de curvatura

Como vamos trabalhar com um meio multicamadas horizontais, herdamos todo o conhecimento adquirido na Seção 6.4. Dado o ângulo de partida θ, usando a equação (6.22), observamos que a distância $\overline{PQ}$ é, na verdade, o meio-afastamento h e vale

$$\overline{PQ} = p \sum_{k=1}^{n} \frac{v_k \delta z}{\sqrt{1 - (v_k p)^2}} \, .$$

onde p é o parâmetro de raio, dado por $p = \operatorname{sen}(\theta_n)/v_n$. Por outro lado, usando o triângulo ΔPO_nQ, mostrado na Figura 10.7, o raio de curvatura é dado por

$$r_n = \frac{\overline{PQ}}{\tan(\theta_n)} \, .$$

Lembrando que $\operatorname{sen}(\theta_n) = v_n p$, substituindo as expressões, concluímos que o raio de curvatura é

$$r_n = \frac{\sqrt{1 - (v_n p)^2}}{v_n} \sum_{k=1}^{n} \frac{v_k}{\sqrt{1 - (v_k p)^2}} \delta z \, . \tag{10.40}$$

A soma acima é uma soma de Riemann para o intervalo $[0, z]$, em que $z = n\delta z$, de modo que quando $n \to \infty$, isto é, quando $\delta z \to 0$, chegamos à integral

$$r(z) = \frac{\sqrt{1 - [v(z)p]^2}}{v(z)} \int_0^z \frac{v(\zeta)}{\sqrt{1 - [v(\zeta)p]^2}} \, d\zeta \, . \tag{10.41}$$

Introduzindo a quantidade auxiliar

$$a(z) = \frac{\sqrt{1 - [v(z)p]^2}}{v(z)} \, , \tag{10.42}$$

Evolução de curvatura de frente de onda em meios verticalmente estratificados 265

podemos reescrever r como

$$r(z) = a(z) \int_0^z \frac{1}{a(\zeta)}\, d\zeta \,, \tag{10.43}$$

que é uma equação integral cuja incógnita é raio de curvatura. Tal equação integral pode ser transformada em uma equação diferencial, bastando-se computar a derivada de r, portanto

$$r'(z) = a'(z) \int_0^z \frac{1}{a(\zeta)}\, d\zeta + a(z) \left[\int_0^z \frac{1}{a(\zeta)}\, d\zeta \right]' \,,$$

onde foi usada a regra do produto em (10.43). Por fim, obtemos

$$r'(z) = a'(z)\frac{r(z)}{a(z)} + 1 \,,$$

onde foi usada a própria equação (10.43) na primeira parcela e o teorema fundamental do cálculo na segunda parcela do lado direito. Fica como exercício mostrar que

$$\frac{a'(z)}{a(z)} = -\frac{1}{1 - [v(z)p]^2}\frac{v'(z)}{v(z)} \,,$$

de modo que para $p = 0$ (raio vertical) obtemos a seguinte equação diferencial de primeira ordem

$$r'(z) = -\frac{v'(z)}{v(z)}r(z) + 1 \,, \tag{10.44}$$

que é uma EDO linear cuja solução geral pode ser obtida com o método da Seção 10.3.

10.7.2 Evolução da curvatura

A *curvatura* (κ) em um ponto de uma linha é uma medida do quanto esta linha é curva (ou o quanto ela é não reta) neste ponto. É uma medida local, significando que para cada ponto da linha haverá um valor de curvatura. Quantitativamente, a curvatura é definida como

$$\kappa = 1/r \,,$$

onde r é o raio de curvatura. Por exemplo, a curvatura de uma circunferência é uma constante não nula e a curvatura de uma linha reta é igual a zero, pois os raios de curvatura nestes casos são constante e zero, respectivamente.

266   *Capítulo 10. Equações diferenciais de primeira ordem*

Sendo assim, para obtermos uma equação diferencial para a curvatura, basta substituirmos $r = 1/\kappa$ em (10.44), isto é

$$\left[\frac{1}{\kappa(z)}\right]' = -\frac{v'(z)}{v(z)}\frac{1}{\kappa(z)} + 1.$$

Desenvolvendo tal equação, podemos concluir que a equação que rege a curvatura da frente de onda é dada por

$$\kappa'(z) = \frac{v'(z)}{v(z)}\kappa(z) - \kappa(z)^2, \qquad (10.45)$$

que é uma equação de Bernoulli (veja Seção 10.3.1) com $\gamma = 2$.

Exercícios

10.15 Mostre que
$$\frac{a'(z)}{a(z)} = -\frac{1}{1 - [v(z)p]^2}\frac{v'(z)}{v(z)}$$

onde a função $a(z)$ é definida em (10.42).

10.16 Calcule a curvatura da frente de onda para um meio homogêneo. Para esse caso, deduza que a equação da evolução da curvatura é uma EDO separável.

Exercícios adicionais

10.17 Resolva as equações diferenciais separáveis:

(a) $y' = x$.   (c) $y' = y\cot(x)$;   (e) $y' = xy^2 + x$;

(b) $y' = -y/x$;   (d) $y' = e^{x-y}$;   (f) $y' = -\dfrac{\cot(y)}{x}$.

10.18 Resolva as equações diferenciais homogêneas:

(a) $y' = e^{y/x} + \dfrac{x}{y}$;   (b) $y' = \dfrac{x}{y} + 1$;   (c) $y' = -\dfrac{x+y}{y}$.

Exercícios adicionais 267

10.19 Considere o problema de valor inicial:

$$\begin{cases} x'(t) & = & \dfrac{x\,(x-5)}{4} \\ x(0) & = & 2\,, \end{cases}$$

onde $x = x(t)$ é a função procurada e t é a variável independente. (sugestão: use o método das frações parciais)

10.20 Considere a equação diferencial ordinária,

$$p' = \lambda p \ln(k/p),$$

onde $p = p(t) > 0$ e λ e k são constantes positivas. Resolva os seguintes itens:

(a) Introduza a substituição de variáveis $q = \ln(k/p)$; e calcule q';

(b) mostre que a solução é dada por $p(t) = k(p(0)/k)^{e^{-\lambda t}}$;

(c) esboçe o gráfico de $p(t)$ para $t \geq 0$.

10.21 Classifique a equação diferencial abaixo e em seguida e encontre a solução do problema de valor inicial

$$\begin{cases} y' & = & \dfrac{(x-1)y^5}{x^2(2y^3 - y)}, \\ y(1) & = & 1. \end{cases}$$

10.22 Ache a solução das seguintes equações diferenciais lineares

(a) $y' - \tan(x)y = \cos(x)$;

(b) $y' - \dfrac{4y}{x} - x\sqrt{y} = 0$;

(c) $y' - \dfrac{y}{x} = x$;

(d) $y' + \dfrac{2y}{x} = x^3$;

(e) $y' + \dfrac{y}{x} = -xy^2$;

(f) $2xy\, y' - y^2 = -x$.

10.23 Ache a solução das seguintes equações de Bernoulli

(a) $y' = -\dfrac{y}{x} + y^3$

(b) $y' = -2\dfrac{y}{x} - x\cos(x)y^3$

(c) $y' = -\dfrac{y}{3} - e^x y^4$

(d) $y' = -\dfrac{y}{x} + x\ln(x)y^2$

10.24 (Rainville, 1943) Transforme as seguintes equações diferenciais: as de segunda ordem transforme em equações de Riccati e vice-versa.

Capítulo 10. Equações diferenciais de primeira ordem

(a) $xy'' + y' + xy = 0$

(b) $y' = 1 - x^2 + y^2$

(c) $(1 - x^2)y'' - 2xy' + 6y = 0$

(d) $y' = 1 + x^2 y - xy^2$

(e) $v'' + v = 0$

(f) $xy' = 1 + y + xy^2$

10.25 Usando a solução particular y_1 fornecida, ache a solução geral das seguintes equações de Riccati

(a) $y' = x^3 + \dfrac{2}{x}y - \dfrac{1}{x}y^2, \quad y_1(x) = -x^2$

(b) $y' = 2\tan(x)\sec(x) - \operatorname{sen}(x)y^2, \quad y_1(x) = \sec(x)$

(c) $y = \dfrac{1}{x^2} - \dfrac{1}{x}y - y^2, \quad y_1(x) = x^{-1}$

(d) $y' = 1 + \dfrac{y}{x} - \dfrac{y^2}{x}, \quad y_1(x) = x$

⚡**10.26** (Bender & Orszag, 1999) Ache a solução geral das seguintes equações de Riccati. Primeiramente, por tentativa e erro, ache uma primeira solução simples e depois, usando a metodologia apresentada, ache a solução geral.

(a) $xy' + xy^2 + x^2/2 = 1/4$;

(b) $x^2 y' + 2xy - y^2 = a$;

(c) $y' + y^2 + \operatorname{sen}(2x)y = \cos(2x)$;

(d) $xy' - 2y - ay^2 = bx^4 x$;

(e) $y' + y^2 + (2x + 1)y + 1 + x + x^2 = 0$.

10.27 Se y é solução de uma equação de Riccati, então $v = 1/y$ também satisfaz uma equação de Riccati (possivelmente outra).

⚡**10.28** Calcule a curvatura da frente de onda para os seguintes casos

(a) Meio afim: $v(z) = v_0 + \alpha z$. Para este segundo caso, substitua $v(z)$ em (10.45), transforme a equação de Bernoulli em uma equação linear e resolva com o método da Seção 10.3.

(b) Meio com vagarosidade afim: $v(z) = 1/\eta(z)$, onde $\eta(z) = \eta_0 + \alpha z$. Para este caso, repita o procedimento do item anterior.

Capítulo 11

Série de potências

Neste capítulo, apresentamos resultados básicos sobre série de potências, que constitui ferramenta essencial da análise matemática, bem como algumas de suas aplicações. Em geral, sua maior utilização é a capacidade de construir novas funções, bem como de proporcionar novas representações para funções já conhecidas.

Para os objetivos deste capítulo, são inicialmente apresentados conceitos básicos sobre sequências e séries numéricas, levando em conta principalmente os critérios de convergência. Além disso apresentamos três tipos básicos de séries, que acabam por ajudar no estudo de convergência de séries mais complexas, a saber: as séries geométricas, harmônicas e o conceito de séries alternadas.

Nas três últimas seções deste capítulo, são descritos três exemplos de aplicações distintas de séries de potências. Em primeiro lugar, é mostrado como podem ser aplicadas diretamente para o cálculo de integrais definidas, cujos integrandos não possuem antiderivadas. Em seguida, as séries são utilizadas para se buscar soluções de equações diferenciais, especialmente para equações que não possuem solução em termos de funções usuais. Por fim, apresentamos um simples exemplo de como uma série de potências pode auxiliar na modelagem de um problema geofísico.

Por fim vale comentar que a série de potências serve como base para uma teoria mais geral chamada série de funções, na qual se enquadra a teoria das séries de Fourier, que são objeto de estudo do próximo capítulo.

11.1 Sequências numéricas

Uma *sequência* é um conjunto ordenado de números reais indexado pelos números naturais. Mais especificamente, uma sequência é uma função $x : \mathbb{N} \to \mathbb{R}$, que possui a seguinte notação:

$$(x_n) = (x_1,\ x_2,\ \ldots,\ x_n, \ldots)\,. \tag{11.1}$$

Observe que qualquer sequência possui infinitos (da cardinalidade dos naturais) números. Além disso, não devemos confundir uma sequência com um conjunto, mesmo que possuam os mesmos elementos, pois em uma sequência a ordem em que os elementos estão dispostos é relevante, enquanto em um conjunto, não.

Como exemplo, apresentamos algumas sequências que serão utilizadas ao longo do texto:

$$(a_n) \ = \ 1,\quad \frac{1}{2},\quad \frac{1}{3},\quad \frac{1}{4},\quad \frac{1}{5},\quad \cdots \tag{11.2a}$$

$$(b_n) \ = \ -1,\quad 1,\quad -1,\quad 1,\quad -1,\quad \cdots \tag{11.2b}$$

$$(c_n) \ = \ 1,\quad 3,\quad 5,\quad 7,\quad 9,\quad \cdots \tag{11.2c}$$

$$(d_n) \ = \ 1,\quad 1,\quad 1,\quad 1,\quad 1,\quad 1,\quad \cdots \tag{11.2d}$$

$$(e_n) \ = \ 3,\quad 3{,}1,\quad 3{,}14,\quad 3{,}141,\quad 3{,}1415,\quad \cdots \tag{11.2e}$$

Existem, basicamente, duas maneira de se definir uma sequência. A primeira delas é através da descrição n-ésimo elemento, também conhecido por termo geral, por meio de uma função dependente da sua ordem, isto é,

$$x_n = f(n)\,,$$

onde $n \in \mathbb{N}$. Tal fómula expressa diretamente a relação funcional entre um número natural e um número real, necessária para a definição de sequência. Por exemplos as sequências de (11.2a) a (11.2d) possuem as seguintes expressões para o termo geral

$$a_n = \frac{1}{n},\quad b_n = (-1)^n,\quad c_n = 2n - 1,\quad d_n = 1\,.$$

Outra maneira muito comum de se definir uma sequência é por meio de uma relação iterativa, da qual as mais usuais são as relações de primeira ordem, descrita por

$$x_n = g(x_{n-1})\,,$$

Sequências numéricas 271

e as de segunda ordem

$$x_n = g(x_{n-1}, x_{n-2}).$$

onde x_0 e x_1 são números dados. Por exemplo, é possível representar as sequências (b_n), (c_n) e (d_n) por meio das seguintes relações iterativas

$$b_n = -b_{n-1}, \quad b_1 = -1,$$
$$c_n = c_{n-1} + 2, \quad c_1 = 1,$$
$$d_n = d_{n-1}, \quad d_1 = 1.$$

Um clássico exemplo de uma sequência gerada por uma relação iterativa de segunda ordem é a famosa *sequência de Fibonacci*, que pode ser definida como

$$f_n = f_{n-1} + f_{n-2}, \tag{11.3}$$

para $n = 3, 4, \ldots$, onde $f_1 = f_2 = 1$. Sendo assim, os onze primeiros termos da sequência de Fibonacci são

$$1, 1, 2, 3, 5, 8, 13, 21, 34, 55, 89, \ldots. \tag{11.4}$$

Uma sequência (x_n) é *limitada* quando existe algum número real finito e não negativo M, tal que $|x_n| < M$ para todo n, do contrário a sequência é chamada de *ilimitada*. Por exemplo, as sequências (a_n), (b_n), (d_n) e (e_n) são limitadas, mas a sequência (c_n) é ilimitada.

Uma sequência (x_n) é *monotônica* quando algum dos seguintes casos é válido:

i. Quando $x_k < x_{k+1}$, para todo k, então (x_n) é crescente;

ii. Quando $x_k \leq x_{k+1}$, para todo k, então (x_n) é não decrescente:

iii. Quando $x_k > x_{k+1}$, para todo k, então (x_n) é decrescente:

iv. Quando $x_k \geq x_{k+1}$, para todo k, então (x_n) é não crescente:

Por exemplo, todas as sequências em (11.2) são monotônicas com exceção da sequência (b_n). Mais especificamente, (a_n) é decrescente, (c_n) é crescente, (e_n) é crescente. A sequência (d_n) é constante, portanto é ao mesmo tempo não decrescente e não crescente.

Uma sequência é denominada *convergente* a um número x quando, para qualquer tolerância t, existe um natural n_t (que depende de t) tal que $|x_k - x| < t$ para qualquer k que seja maior que n_t. Neste caso, denotamos

$$a_n \to a, \qquad \text{quando} \quad n \to \infty.$$

Quando uma sequência não é convergente, podem acontecer duas situações: ela é simplesmente não-convergente, caso em que não existe o limite, ou divergente, quando o limite tende a $\pm\infty$. Por exemplo, analisando os exemplos (11.2), concluímos que

(a) $a_n = \dfrac{1}{n}$ é convergente, pois $a_n \to 0$, quando $n \to \infty$

(b) $b_n = (-1)^n$ é não convergente;

(c) $c_n = 2n - 1$ é divergente, pois $c_n \to \infty$, quando $n \to \infty$

(d) $d_n = 1$ é convergente, pois $d_n \to 1$, quando $n \to \infty$

(e) e_n é convergente, pois $e_n \to \pi$, quando $n \to \infty$

A teoria que trata das sequências numéricas possui uma grande quantidade de teoremas e resultados, dos apenas três são apresentados a seguir na forma de propriedades

(i) Se $x_n \to M$ e $x_n \to L$, então $M = L$. Isso quer dizer que o limite de uma sequência convergente é único;

(ii) Se (a_n) é convergente, então é limitada. Isso quer dizer que o fato de uma sequência ser limitada é uma condição necessária para a convergência, mas não suficiente. Em outras palavras, caso a sequência seja ilimitada, com certeza não é convergente.

(iii) Sejam as sequências convergentes (a_n) e (b_n) tais que $a_n \to L$ e $b_n \to M$. Sejam as sequências $c_n = a_n + b_n$ e $d_n = a_n b_n$, então $c_n \to L + M$ e $d_n \to LM$.

Podemos notar que tais propriedades assumem a convergência da(s) sequência(s), porém fica a pergunta: como saber ou demonstrar que uma sequência é convergente ou não? O seguinte teorema, que é um dos resultados mais importantes sobre convergência de sequências, fornece uma resposta parcial a este problema, na medida em que apresenta condições suficientes para convergência.

Sequências numéricas 273

Teorema 11.1 (Condições suficientes para convergência)
Se uma sequência é monotônica e limitada, então ela é convergente.

Por exemplo, mostraremos que a sequência $x_n = (2^n + 3^n)^{1/n}$ é convergente. Em primeiro lugar, sabendo que $2^n < 3^n$, temos a seguinte desigualdade

$$2^n < 2^n + 3^n < 3^n + 3^n = 2 \times 3^n$$

para $n > 1$. Tomando a raiz n-ésima de ambos os lados, obtemos

$$2 < x_n < 2^{1/n} \times 3 < 2 \times 3 = 6$$

para $n > 1$, o que mostra que a sequência é limitada. Em seguida, vamos mostrar que (x_n) é monotônica. Para isso, considere a potência x_n^{n+1}

$$x_n^{n+1} = (2^n + 3^n)^{1+1/n} = (2^n + 3^n)x_n = 2^n x_n + 3^n x_n.$$

Como $x_n > 2$ e $x_n > 3$ (fica como exercício), temos que

$$x_n^{n+1} > 2^n 2 + 3^n 3 = 2^{n+1} + 3^{n+1} = x_{n+1}^{n+1}$$

Tomando a raiz de ordem $n+1$ de ambos os lados, obtemos a desigualdade $x_n > x_{n+1}$, para $n > 1$, mostrando que a sequência é decrescente. Portanto, como (x_n) é limitada e descrescente, ela é convergente, embora ainda não saibamos para qual valor ela converge.

Outro teorema importante sobre convergência de sequências é o teorema do confronto, apresentado a seguir. Basicamente ele nos permite avaliar se uma sequência é convergente, baseando-se no conhecimento de duas outras sequências, cujos termos gerais limitam o termo geral da primeira. Podemos dizer que todos os testes de convergência de sequências apresentados na próxima seção são consequência do teorema do confronto.

Teorema 11.2 (Teorema do confronto)
Sejam três sequências (a_n), (b_n) e (x_n) tais que seus termos cumprem a desigualdade $a_k \leq x_k \leq b_k$ para todo $k > m$. Se ambas as sequências (a_n) e (b_n) convergem para o mesmo número L, então certamente a sequência (x_n) também converge a L, isto é, se $a_n \to L$ e $b_n \to L$ então $x_n \to L$.

Por exemplo, sabendo-se que a sequência $b_n = 1/n$ é convergente a zero, então pelo teorema do confronto, certamente a sequência $x_n = \operatorname{sen}(n)/n$ também é convergente a zero, pois seus termos cumprem a desigualdade $-1/n < x_n < 1/n$.

274   *Capítulo 11. Série de potências*

Exercícios

11.1 Encontre o termo geral das sequências a seguir

(a) $1/2,\ -2/3,\ 3/4,\ -4/5\ \dots$

(b) $2,\ 5,\ 10,\ 17,\ 26,\ 37,\ 50,\dots$

(c) $-1,\ 3,\ -6,\ 10,\ -15,\ 21,\ -28,\dots$

(d) $-1,\ 0,\ 1,\ 0,\ -1,\ 0,\ 1,\ 0\ \dots$

11.2 Calcule os quatro primeiro termos das seguintes sequências

(a) $x_n = 1 + (-1)^n$;

(b) $x_n = 1 + (-2)^n$;

(c) $x_n = n! + (-1)^n x_{n-1}$;

(d) $x_n = \dfrac{n}{n+1}$;

(e) $x_n = \left(1 + \dfrac{1}{n+1}\right)^{n+1}$,

onde, no item (c), $x_1 = 1$.

11.3 Dada a sequência $x_n = (a^n + b^n)^{1/n}$, onde a e b são maiores que um, mostre que $x_n > a$ e $x_n > b$ para $n > 1$.

11.4 Usando o teorema do confronto, mostre que $x_n = 2^{1/n}$ é convergente e que seu limite vale um, isto é, $\lim\limits_{n\to\infty} x_n = 1$.

11.2 Séries numéricas

Com base em uma sequência qualquer, é possível construir uma nova sequência que, intuitivamente, faz o papel de "integral" da sequência original. Considere que S_n seja a soma parcial de uma sequência (a_n) até o n-ésimo termo, isto é,

$$S_n = a_1 + a_2 + \cdots + a_n = \sum_{k=1}^{n} a_k\,,$$

também conhecida por *reduzida* ou *parcial*. Quando $n \to \infty$, o objeto (S_n) passa a ser chamado de *série*, sendo denotada por

$$\sum_{k=1}^{\infty} a_k.$$

Observe que, apesar de haver uma nomenclatura e resultados teóricos próprios, uma série também pode ser considerada uma sequência das reduzidas, herdando, portanto, todas as propriedades apresentadas na Seção 11.1.

Séries numéricas 275

Dizemos que uma série é convergente quando a sequência das reduzidas (S_n) converge a um número finito S, isto é, $S_n \to S$, e neste caso S é chamado de *soma* da série. Nesse caso, costumamos denotar a série como

$$S = \lim_{n \to \infty} S_n = \sum_{k=1}^{\infty} a_k\,.$$

Se a série não converge, então o número S não existe, pois ou os valores das parciais podem ficar oscilando, ou então S tende a $\pm\infty$. Em ambos os casos dizemos que a série é *divergente*.

Para fixar o conceito de convergência, vejamos alguns exemplos de séries definidas pelas parciais:

(a) $A_n = \displaystyle\sum_{k=1}^{n} k = 1 + 2 + 3 + \cdots + n$. Neste caso $A_n \to \infty$, ou seja, a série é divergente;

(b) $B_n = \displaystyle\sum_{k=1}^{n} (-1)^k = -1 + 1 - 1 + 1 - 1 + \cdots + (-1)^n$. Neste caso, o limite não existe, pois as parciais ficam oscilando entre -1 e 0;

(c) $C_n = \displaystyle\sum_{k=1}^{n} (-1)^k k = -1 + 2 - 3 + 4 - 5 + \cdots + (-1)^n n$. Neste caso, o limite não existe, pois as parciais ficam trocando de sinal, tendendo para $-\infty$ e ∞, alternadamente;

(d) $D_n = \displaystyle\sum_{k=1}^{n} 2^{-k} = 1/2 + 1/4 + 1/8 + 1/16 + \cdots + 1/2^n$. Neste caso, a série é convergente, isto é, $D_n \to 1$, e a justificativa deste fato encontra-se na Seção 11.3.1, que trata de séries geométricas.

Assim como no caso das sequências, a teoria que descreve as séries possuem uma grande quantidade teoremas e resultados, cujas demonstrações podem ser encontradas em Knopp (1956). Dentre os quais apresentamos alguns mais importantes na forma de propriedades:

(i) Uma série que é convergente permanece convergente se todos os seus termos

276   *Capítulo 11. Série de potências*

forem multiplicados por um escalar α. Isto é, se $A = \sum_k a_k$ então

$$\sum_{k=1}^{\infty}(\alpha a_k) = \alpha A.$$

(ii)   Duas séries convergentes podem ser somadas termo a termo. Isto é, se $A = \sum_k a_k$ e $B = \sum_k b_k$, então

$$\sum_{k=1}^{\infty}(a_k + b_k) = A + B.$$

(iii)   Se uma série é convergente, então necessariamente a sequência de seus termos (a_n) converge para zero, isto é, $a_n \to 0$. Cuidado, pois o contrário quase sempre não ocorre, isto é, o fato de $a_n \to 0$ não garante que a série seja convergente.

(iv)   Uma série que é convergente permanece convergente mesmo se seus primeiros k termos forem desprezados, ou ainda se um número finito de termos for somado à série. O mesmo acontece para uma série divergente.

(v)   Uma série que é convergente, com todos os termos positivos, permanece convergente mesmo se um número infinito de termos for desprezado. Esse fato não é necessariamente verdade para séries divergentes.

Exercícios

11.5   Qual é o valor da série cuja parcial é dada por $E_n = \sum_{k=1}^{n} 2^{-k-1} = 1/4 + 1/8 + 1/16 + \cdots + 1/2^n$. Para isso use a propriedade (i) sobre a série do item (d).

11.6   Considere a afirmação: se uma série $\sum_{k=1}^{\infty} a_k$ é convergente então $\sum_{k=1}^{\infty} \sqrt{a_k}$ também é convergente. É verdadeira ou falsa a afirmação? Caso seja verdadeira, prove, caso contrário, forneça um contraexemplo.

11.3 Tipos de séries

As séries podem ser agrupadas de acordo com a lei de formação do seu termo geral. Alguns tipos de séries aparecem com mais frequência nas aplicações e estudos teóricos e por isso é dado destaque ao seu estudo.

11.3.1 Série geométrica

Quando o k-ésimo termo da série tem a expressão $a_k = \alpha r^k$, chamamos a série

$$S = \sum_{n=1}^{\infty} \alpha r^{n-1} = \alpha + \alpha r^1 + \alpha r^2 + \cdots + \alpha r^n + \cdots$$

de *série geométrica*, onde α é um escalar qualquer e $r \neq 0$ é chamado de *razão* da série. Se $|r| < 1$, então a série geométrica converge para o valor $\alpha/(1-r)$, isto é,

$$\alpha + \alpha r^1 + \alpha r^2 + \cdots + \alpha r^n + \cdots = \frac{\alpha}{1-r}.$$

Por outro lado, se $|r| \geq 1$, a série geométrica diverge. Ambos resultados sobre a convergência são deixados como exercício.

Um clássico exemplo de série geométrica é a famosa série associada ao *paradoxo de Zenão*, dada por

$$\frac{1}{2} + \frac{1}{4} + \frac{1}{8} + \cdots + \frac{1}{2^n} + \cdots$$

que converge para o valor 1, isto é,

$$\sum_{n=1}^{\infty} \frac{1}{2^n} = 1.$$

11.3.2 Série alternada

Suponha que todos os números a_k sejam positivos, isto é, $a_k > 0$ para todo $k \in \mathbb{N}$. Então a série

$$S = \sum_{n=1}^{\infty} (-1)^{n-1} a_n = a_1 - a_2 + a_3 - a_4 + \ldots + (-1)^{n+1} a_n$$

é chamada de *série alternada*. Em outras palavras, os termos da série alternada têm sinais contrários alternadamente. Uma série alternada é convergente quando os seus termos cumprirem dois requisitos:

(i) Se existir um número m tal que $a_{n+1} < a_n$ para $n > m$. Isto é, a sequência (a_n) é decrescente a partir de um certo termo.

(ii) Se $a_n \to 0$, isto é, se a sequência (a_n) convergir a zero.

Por exemplo, a *série harmônica*

$$1 + \frac{1}{2} + \frac{1}{3} + \frac{1}{4} + \frac{1}{5} + \cdots + \frac{1}{n} + \cdots$$

é divergente (veja o Exercício 11.11), porém a sua versão alternada

$$1 - \frac{1}{2} + \frac{1}{3} - \frac{1}{4} + \frac{1}{5} - \cdots + (-1)^{n-1}\frac{1}{n} + \cdots$$

é convergente, pois o termo geral, que vale $a_n = (-1)^{n-1}\dfrac{1}{n}$, é convergente a zero.

Exercícios

11.7 Mostre que a n-ésima parcial de uma série geométrica tem como soma $\alpha(1-r^n)/(1-r)$, isto é,

$$S_n = \sum_{k=1}^{n} \alpha r^{k-1} = \alpha\frac{1-r^n}{1-r}\,.$$

11.8 Use o exercício anterior para mostrar que se $|r| < 1$, a série geométrica converge para $\alpha/(1-r)$ e que se $|r| \geq 1$, a série geométrica diverge.

11.4 Testes de convergência

Dada uma série numérica, a informação mais importante que devemos obter sobre ela é se é convergente ou não. Essa tarefa pode ser muito difícil para séries quaisquer, portanto foram desenvolvidos testes que ajudam a confirmar a sua convergência. Os testes aqui expostos são os mais comuns, porém testes mais sofisticados podem ser encontrados em Knopp (1956).

Testes de convergência

11.4.1 Teste da comparação

O teste da comparação pode ser visto como o teste mais fundamental a partir do qual vários outros são deduzidos. Basicamente, ele exige como hipótese que já se saiba que uma determinada série seja convergente ou divergente, para que ela sirva de base para comparação a outra série em questão.

> **Teorema 11.3 (Teste da comparação)**
>
> *Considere uma série $\sum c_n$ que desejamos averiguar se é convergente ou não. Se uma série $\sum a_n$ é tal que $a_n < c_n$, para todo $n > n_0$, então temos os seguintes resultados:*
>
> *1. Se $\sum a_n$ é divergente, então $\sum c_n$ é divergente.*
>
> *2. Se $\sum c_n$ é convergente, então $\sum a_n$ é convergente.*

Por exemplo, como saber se a série

$$\sum_{n=1}^{\infty} \frac{1}{n^n} \tag{11.5}$$

é convergente? Pela Seção 11.3.1, sabemos que a série geométrica associada ao paradoxo de Zanão, $\sum 2^{-n}$ é convergente. Além disso, como $2^n < n^n$, para $n > 2$, seus termos gerais obedecem a desigualdade

$$\frac{1}{n^n} < \frac{1}{2^n},$$

para $n > 2$. Portanto, segundo o item 2 do teste de comparação, podemos concluir que a série (11.5) também é convergente.

Por outro lado a série

$$\sum_{n=1}^{\infty} \frac{n+1}{n^2}$$

é divergente segundo o item 1 do teste da comparação, pois seu termo geral atende à desigualdade

$$\frac{n+1}{n^2} = \left(\frac{n+1}{n}\right) \frac{1}{n} > \frac{1}{n},$$

cujo lado direito é o termo geral da série harmômica, que é divergente (Exercício 11.11).

11.4.2 Teste da razão de d'Alembert

O teste da razão de d'Alembert é um dos mais utilizados, talvez por sua simplicidade. Sua dedução, que não será apresentada, é baseada no teste da comparação com base na série geométrica.

Teorema 11.4 (Teste da razão de d'Alembert)

Dada uma série, cujo termo geral é a_n, calcula-se a razão

$$r_n = \frac{|a_{n+1}|}{|a_n|} \tag{11.6}$$

e verifica-se o limite quando $n \to \infty$,

$$R = \lim_{n \to \infty} r_n \,, \tag{11.7}$$

onde R pode ser um valor finito ou infinito. Podem ocorrer três situações

   (i)   *Se $R < 1$, então a série $\sum a_n$ é convergente.*

  (ii)   *Se $R > 1$, (incluindo $R = \infty$), então a série $\sum a_n$ é divergente.*

 (iii)   *Se $R = 1$, então o teste da razão é inconclusivo.*

Por exemplo, a série $\sum 1/n!$ é convergente, pois

$$R = \lim_{n \to \infty} \frac{1/(n+1)!}{1/n!} = \lim_{n \to \infty} \frac{1}{n+1} = 0 < 1 \,,$$

de acordo com o primeiro caso do teste da razão. Por outro lado, a série

$$\sum_{n=1}^{\infty} \frac{n^n}{n!}$$

é divergente, pois

$$R = \lim_{n \to \infty} \frac{(n+1)^{(n+1)}/(n+1)!}{n^n/n!} = \lim_{n \to \infty} \frac{(n+1)^n/n!}{n^n/n!} = \lim_{n \to \infty} \left(\frac{n+1}{n}\right)^n = \mathrm{e} \,,$$

onde e é o número de Euler (ou número neperiano)[1]. Como $R = \mathrm{e} > 1$, pelo teste da razão a série é divergente.

---

[1] O número e com precisão de 12 casas decimais é $2,718281828459$.

Testes de convergência 281

11.4.3 Teste da raiz de Cauchy

O teste da raiz de Cauchy também é baseado no teste da comparação com base na série geométrica. Em geral, é o segundo método mais utilizado, pois, caso o teste da razão de d'Alembert seja inconclusivo, o teste da raiz de Cauchy ainda pode chegar a alguma conclusão.

Teorema 11.5 (Teste da raiz de Cauchy)

Dada uma série, cujo termo geral é a_n, calcula-se a raiz n-ésima

$$\rho_n = |a_n|^{1/n}$$

e verifica-se o limite quando $n \to \infty$,

$$\lim_{n \to \infty} \rho_n = R,$$

onde R pode ser um valor finito ou infinito. Podem ocorrer três situações:

(i) *Se $R < 1$, então a série $\sum a_n$ é convergente.*

(ii) *Se $R > 1$, então a série $\sum a_n$ é divergente.*

(iii) *Se $R = 1$, então o teste da raiz é inconclusivo.*

Vamos mostrar um exemplo em que o teste da razão falha, mas ainda assim o teste da raiz apresenta sua conclusão. Sendo assim, considere a série

$$\sum_{n=0}^{\infty} \frac{3 - (-1)^n}{2^n}.$$

Em primeiro lugar, vamos tentar usar o teste da razão para verificar se tal série é convergente. Examinemos, portanto, a razão r_n, dada por

$$r_n = \frac{3 - (-1)^{n+1}}{2^{n+1}} \frac{2^n}{3 - (-1)^n} = \frac{1}{2} \frac{3 - (-1)^{n+1}}{3 - (-1)^n} = \begin{cases} 1, & \text{para } n \text{ par,} \\ \dfrac{1}{4}, & \text{para } n \text{ ímpar.} \end{cases}$$

Como podemos concluir, não existe o limite de r_n quando $n \to \infty$, mostrando que o teste da razão não pode ser aplicado. Por outro lado, para usar o teste da raiz, consideremos ρ_n

$$\rho_n = \left(\frac{3 - (-1)^n}{2^n} \right)^{1/n} = \frac{(3 - (-1)^n)^{1/n}}{2}.$$

282   *Capítulo 11. Série de potências*

Quando $n \to \infty$, temos que $(3 - (-1)^n)^{1/n} \to 1$ de modo que $R = \lim_{n\to\infty} \rho_n = 1/2 < 1$, o que mostra que a série é convergente segundo o teste da raiz. O motivo que faz com que o teste da raiz seja um pouco mais robusto que o teste da razão, é que este último depende fortemente da ordenação dos termos da série, o que é indiferente para o teste da raiz.

11.4.4   Teste da integral de Cauchy

O teste da integral de Cauchy é o método mais poderoso dos apresentados aqui, mas também é relativamente o mais difícil de se empregar, pois envolve técnicas de integração. Como veremos mais adiante, existem situações em que os testes da razão e da raiz são inconclusivos, mas que o teste da integral de Cauchy fornece alguma conclusão.

Teorema 11.6 (Teste da integral de Cauchy)

Seja $\sum u_k$ uma série com termos positivos e seja $f(x)$ uma função tal que $u_k = f(k)$. Se f é decrescente e contínua para $x \geq 1$ e

$$\lim_{x\to\infty} f(x) = 0 \,,$$

então tanto a série

$$\sum_{k=1}^{\infty} u_k$$

quanto a integral imprópria

$$\int_t^{\infty} f(x)dx$$

convergem ou divergem, onde t é um número qualquer escolhido no intervalo $[1, \infty)$.

Para ilustrar a aplicação do teste da integral de Cauchy, vamos determinar se a série

$$\sum_{n=1}^{\infty} \frac{1}{n^2}$$

é convergente ou não. Porém, para fins didáticos, primeiramente aplicamos o teste da razão de d'Alembert para determinar se a série converge ou não.

Testes de convergência 283

Sendo assim, o termo geral da série é $a_n = 1/n^2$, implicando que a razão dos termos consecutivos seja

$$r_n = \frac{|a_{n+1}|}{|a_n|} = \frac{n^2}{(n+1)^2}\,.$$

Verificando o limite quando $n \to \infty$, obtemos

$$R = \lim_{n\to\infty} r_n = \lim_{n\to\infty} \frac{n^2}{(n+1)^2} = 1\,,$$

mostrando que o teste da razão é inconclusivo. Fica como exercício mostrar que o teste da raiz também é inconclusivo.

Por outro lado, para aplicar o teste da integral, tomamos $t = 1$ e escolhemos $f(x) = 1/x^2$ como função associada à série. Observe que esta função é decrescente, contínua e que $\lim_{x\to\infty} f(x) = 0$, cumprindo as hipóteses que nos habilitam a usar o teste. Portanto, computando a integral imprópria, temos que

$$\int_1^\infty \frac{1}{x^2}\,dx = \lim_{M\to\infty} \left.\frac{-1}{x}\right|_1^M = \lim_{M\to\infty} -\frac{1}{M} + 1 = 1\,,$$

que é um valor finito, levando-nos a concluir que a série é convergente.

Exercícios

11.9 Determine a convergência ou não das séries a seguir, usando o teste da <u>razão</u>.

$$\text{(a)} \ \sum_{n=1}^\infty \frac{1}{n} \qquad \text{(b)} \ \sum_{n=0}^\infty \frac{n}{2^n} \qquad \text{(c)} \ \sum_{n=0}^\infty \frac{2^n}{n!} \qquad \text{(d)} \ \sum_{n=1}^\infty \frac{n!}{n^n}$$

11.10 Usando o teste da <u>raiz</u>, determine a convergência ou não das séries a seguir.

$$\text{(a)} \ \sum_{n=1}^\infty \left(\frac{n}{n+1}\right)^{n^2} \qquad\qquad \text{(b)} \ \sum_{n=1}^\infty e^{-n^2}$$

11.11 Use o teste da integral para mostrar que a série harmônica $\sum_{n=1}^\infty \frac{1}{n}$ é divergente.

⚡11.12 Use o teste da comparação para mostrar que $\sum_{n=1}^\infty \frac{1}{n(n+1)}$ é convergente e em seguida calcule a sua soma.

11.5 Séries de potências

Uma série de potência é um tipo particular de série numérica em que o termo geral é um número elevado a uma potência inteira multiplicado por uma constante dependente da ordem do termo. Mais especificamente, uma *série de potências*, como o próprio nome diz, é representada pela seguinte expressão:

$$\sum_{k=0}^{\infty} c_k (x - x_0)^k \,,$$

onde as constantes c_k e x_0 são denominadas *coeficientes* e *centro da série*, respectivamente. Observe que tal objeto é dependente da variável x, fazendo com que ele se candidate a uma função. Para que isso se concretize, devemos estudar a convergência da série dada para cada x em um intervalo. O conjunto dos pontos x para os quais a série é convergente é chamado *intervalo de convergência* da série.

Teorema 11.7 (Convergência de séries de potências)

Considere a seguinte série de potências:

$$\sum_{k=0}^{\infty} c_k (x - x_0)^k \,.$$

Então, somente uma das seguintes situações ocorre:

(i)   *A série converge somente para $x = x_0$; ou*

(ii) *A série converge absolutamente para todo x; ou*

(iii) *Existe um número $R > 0$ para o qual a série*

   (i)   *converge absolutamente para todo $x \in (x_0 - R, x_0 + R)$;*

   (ii) *diverge para todo x tal que $|x - x_0| > R$;*

   (iii) *pode convergir ou não nos extremos $x = x_0 + R$ e $x = x_0 - R$, isto é, os extremos do intervalo são casos para os quais este teorema nada conclui;*

A constante R é chamada *raio de convergência* e o intervalo $(x_0 - R, x_0 + R)$ é o *intervalo de convergência* da série. O caso em que a série converge absolutamente para todo x pode ser interpretado como um caso o raio de convergência é infinito e neste caso, abusamos da notação e escrevemos $R = \infty$.

Séries de potências   285

Para os extremos do intervalo de convergência a análise deve ser feita pontualmente, substituindo-se x por $x_0 \pm R$ na série, utilizando-se todo o ferramental apresentado nas seções anteriores.

Para calcularmos o raio de convergência, podemos nos servir da equação

$$R = \lim_{k \to \infty} \left| \frac{a_{k+1}}{a_k} \right|. \tag{11.8}$$

Por exemplo, para acharmos o intervalo de convergência da série

$$\sum_{n=0}^{\infty} \frac{1}{n+1}(x-1)^n$$

em primeiro lugar devemos computar o raio de convergência, que é dado por

$$R = \lim_{n \to \infty} \left| \frac{a_{n+1}}{a_n} \right| = \lim_{n \to \infty} \frac{1/(n+2)}{1/(n+1)} = \lim_{n \to \infty} \frac{n+1}{n+2} = 1.$$

Sendo assim, a série é convergente no intervalo aberto $(x_0 - R, x_0 + R) = (0, 2)$. Entretanto, para determinarmos precisamente o intervalo de convergência, temos que analisar a convergência nos extremos do intervalo. Para $x = 2$ temos que a série de potências se torna a série numérica

$$\sum_{n=0}^{\infty} \frac{1}{n+1}$$

que é a série harmônica, sendo, portanto, divergente. Por outro lado, para $x = 0$ a série se torna a seguinte série alternada

$$\sum_{n=0}^{\infty} \frac{(-1)^n}{n+1}$$

que é convergente. Portanto, concluímos que o intervalo de convergência é $[0, 2)$.

11.5.1 Séries de Taylor

A partir da construção do polinômio de Taylor, podemos definir um novo objeto matemático, chamado *série de Taylor*. Suponha que a função f possua derivadas de

286   *Capítulo 11. Série de potências*

todas as ordens, então a série de Taylor de f centrada em um ponto x_0 é definida
por

$$T(x) = \sum_{k=0}^{\infty} \frac{f^{(k)}(x_0)}{k!}(x - x_0)^k . \tag{11.9}$$

Repare que, se truncarmos essa série, obteremos um polinômio de Taylor. Além
disso, a série de Taylor é um tipo especial de série de potências onde os coeficientes
são

$$a_k = \frac{f^{(k)}(x_0)}{k!}$$

e, portanto, herdam suas propriedades e características. Isso quer dizer que é possível
calcular o intervalo de convergência de uma série de Taylor.

Pode-se provar que, dadas algumas condições, a série de Taylor representa a
função f original em algum intervalo I. Em outras palavras, a série de Taylor pode
substituir totalmente a função neste intervalo. Quando isso acontece, dizemos que
f é *analítica* em I.

11.5.2 Exemplos

Nos dois exemplos que se seguem, construiremos a série de Taylor para duas
funções muito conhecidas, a saber: a função exponencial e a função seno.

Função exponencial

Considerando $f(x) = e^x$, a série de Taylor em torno de $x_0 = 0$ é

$$e_n(x) = \sum_{k=0}^{n} \frac{f^{(k)}(0)}{k!}x^k . \tag{11.10}$$

Por outro lado, como f é a função exponencial, então todas as suas derivadas são
$f^{(k)}(x) = e^x$, implicando que $f^{(k)}(0) = 1$. Portanto, a série de Taylor da função
exponencial é

$$e(x) = \sum_{n=0}^{\infty} \frac{x^n}{n!} , \tag{11.11}$$

ou ainda

$$e(x) = 1 + x + \frac{x^2}{2} + \frac{x^3}{6} + \cdots + \frac{x^n}{n!} + \cdots \tag{11.12}$$

Séries de potências 287

Função seno

Considerando $f(x) = \text{sen}(x)$, o polinômio de Taylor de grau n em torno de $x_0 = 0$ é

$$s_n(x) = \sum_{k=0}^{n} \frac{f^{(k)}(0)}{k!} x^n. \tag{11.13}$$

Por outro lado, como f é a função seno, então temos a seguinte tabela de valores para as derivadas

$$
\begin{aligned}
f(0) &= \text{sen}(0) = 0 \\
f'(0) &= \cos(0) = 1 \\
f''(0) &= -\text{sen}(0) = 0 \\
f'''(0) &= -\cos(0) = -1 \\
f^{(4)}(0) &= \text{sen}(0) = 0 \\
f^{(5)}(0) &= \cos(0) = 1
\end{aligned}
$$

Sendo assim, o termo geral da k-ésima derivada aplicada ao ponto $x_0 = 0$ é

$$f^{(k)}(0) = \begin{cases} 0, & \text{se } k \text{ é par}, \\ (-1)^{(k-1)/2}, & \text{se } k \text{ é ímpar}. \end{cases} \tag{11.14}$$

Portanto, a série de Taylor para a função seno é

$$s(x) = \sum_{n \text{ é ímpar}} \frac{(-1)^{(n-1)/2}}{n!} x^n, \tag{11.15}$$

ou, reescrevendo,

$$s(x) = \sum_{n=0}^{\infty} (-1)^n \frac{x^{2n+1}}{(2n+1)!}, \tag{11.16}$$

ou ainda

$$s(x) = x - \frac{x^3}{3!} + \frac{x^5}{5!} - \frac{x^7}{7!} + \frac{x^9}{9!} - \cdots. \tag{11.17}$$

Graças a essa representação de Taylor, quando x é muito próximo de zero, isso nos permite escrever a seguinte aproximação

$$\text{sen}(x) \approx x, \qquad (|x| \ll 1). \tag{11.18}$$

288   *Capítulo 11. Série de potências*

Exercícios

11.13 Calcule o intervalo de convergência e o raio de convergência das seguintes séries de potência.

(a) $\displaystyle\sum_{n=1}^{\infty} \frac{(x+3)^n}{(n+2)2^n}$

(c) $\displaystyle\sum_{n=1}^{\infty} \frac{(n!)^2(2n+2)!}{(2n)![(n+1)!]^2}x^n$

(b) $\displaystyle\sum_{n=1}^{\infty} \frac{x^{2n+1}}{4^n}$

(d) $\displaystyle\sum_{n=1}^{\infty} \frac{(-1)^n x^{2n}}{(n!)^2 4^n}$

11.14 Encontre a série de Taylor de $f(x) = 3x^2 + 2x - 1$ em torno do ponto $x_0 = 1$.

11.6 Cálculo de integrais definidas

Algumas funções não possuem antiderivada que possa ser expressa em termos de funções elementares. Isso faz com que o cálculo de integrais definidas dessas funções seja mais difícil porque a segunda parte do Teorema Fundamental do Cálculo não pode ser usada explicitamente. Entretanto, se tivermos uma representação do integrando por meio de uma série de potências, podemos usá-la para avaliar uma integral definida, desde que o intervalo de integração esteja contido no intervalo de convergência da série.

Função seno-integral

Como primeiro exemplo, consideramos a representação por série de potências da função *seno-integral*, que pode ser definida por

$$S(x) = \int_0^x \frac{\operatorname{sen}(t)}{t}\, dt . \tag{11.19}$$

Observe que o integrando é a função sinc não normalizada.

O procedimento adotado é considerar a série de Taylor da função $\operatorname{sen}(\xi)$ em torno de $\xi = 0$

$$\operatorname{sen}(\xi) = \xi - \frac{\xi^3}{3!} + \frac{\xi^5}{5!} - \frac{\xi^7}{7!} + \cdots .$$

Cálculo de integrais definidas

Sendo assim,

$$\frac{\text{sen}(\xi)}{\xi} = 1 - \frac{\xi^2}{3!} + \frac{\xi^4}{5!} - \frac{\xi^6}{7!} + \cdots,$$

ou ainda, usando a notação de somatório com termo geral,

$$\frac{\text{sen}(\xi)}{\xi} = \sum_{n=0}^{\infty} \frac{(-1)^n \xi^{2n}}{(2n+1)!}.$$

Podemos, portanto, substituir $\text{sen}(\xi)/\xi$ pelo série na integral e computar a anti-derivada de cada termo da série, isto é,

$$S(x) = \int_0^x \sum_{n=0}^{\infty} \frac{(-1)^n t^{2n}}{(2n+1)!} \, dt = \sum_{n=0}^{\infty} \int_0^x \frac{(-1)^n t^{2n}}{(2n+1)!}$$

$$= \sum_{n=0}^{\infty} \frac{(-1)^n x^{2n+1}}{(2n+1)(2n+1)!}.$$

Como para qualquer $x > 0$ trata-se de uma série alternada, cujo termo geral converge para zero, podemos afirmar que é convergente.

Integrais de Fresnel

Como segundo exemplo, consideramos a avaliação em um ponto das *integrais de Fresnel*, que são definidas por

$$S(x) = \int_0^x \text{sen}(t^2) \, dt \tag{11.20}$$

e

$$C(x) = \int_0^x \cos(t^2) \, dt \tag{11.21}$$

Mais especificamente, vamos calcular o valor de $S(1)$, isto é desejamos calcular a integral definida

$$S(1) = \int_0^1 \text{sen}(t^2) \, dt.$$

O integrando não possui antiderivada que seja expressa em termos de funções elementares, então não podemos nos servir da segunda parte do Teorema Fundamental do Cálculo. Entretanto, sabemos computar sua série de Taylor em torno do ponto

$x_0 = 0$. Para isso, primeiro consideramos a série de Taylor da função $\text{sen}(\xi)$ em torno de $\xi = 0$

$$\text{sen}(\xi) = \xi - \frac{\xi^3}{3!} + \frac{\xi^5}{5!} - \frac{\xi^7}{7!} + \cdots .$$

Em seguida, basta considerarmos a substituição $\xi = t^2$, obtendo

$$\text{sen}(t^2) = t^2 - \frac{t^6}{3!} + \frac{t^{10}}{5!} - \frac{t^{14}}{7!} + \cdots .$$

Apesar de não conseguirmos achar a antiderivada da função original, podemos computar a antiderivada da série de Taylor, integrando-a termo a termo:

$$
\begin{aligned}
\int_0^1 \text{sen}(t^2)\, dt &= \int_0^1 \left(t^2 - \frac{t^6}{3!} + \frac{t^{10}}{5!} - \frac{t^{14}}{7!} + \cdots \right) dt \\
&= \left(\frac{t^3}{3} - \frac{t^7}{7 \cdot 3!} + \frac{t^{11}}{11 \cdot 5!} - \frac{t^{15}}{15 \cdot 7!} + \cdots \right) \Big|_0^1 \\
&= \frac{1}{3} - \frac{1}{7 \cdot 3!} + \frac{1}{11 \cdot 5!} - \frac{1}{15 \cdot 7!} + \cdots
\end{aligned}
$$

Podemos observar que é uma série alternada, cujo termo geral converge para zero, de onde se conclui que é convergente. Adicionando os primeiros quatro termos, temos o valor aproximado de $0,31026$.

Exercícios

11.15 Calcular a série que representa a integral

$$\int_0^x e^{-t^2}\, dt .$$

Em seguida, para $x = 1$, calcular seu valor aproximado com quatro termos da série.

11.16 Calcule a série que representa a integral definida

$$\int_0^\pi \cos(\theta^2)\, d\theta$$

e aproxime seu valor adicionando os quatro primeiro termos.

Solução de EDO por séries de potências   291

11.7 Solução de EDO por séries de potências

Algumas equações diferenciais ordinárias não possuem soluções em termos de funções elementares, simplesmente porque algumas funções não possuem antiderivadas que possam ser expressas em termos de tais funções. Entretanto, as séries de potências têm a capacidade de representar funções, incluindo as que não podem ser expressas em termos de funções elementares. Portanto podem auxiliar na tarefa de obtenção de soluções. Esta capacidade é explorada ao máximo nos métodos de obtenção de soluções de equações diferenciais ordinárias e parciais, como pode ser verificado em (Tygel & de Oliveira, 2005).

No que se segue apresentamos duas maneiras de utilizar as séries de potências: o método dos coeficientes indeterminados, que trabalha diretamente com a obtenção dos coeficientes da séries, e o método da série de Taylor, que usa recursivamente a própria equação diferencial para obter valores das derivadas de ordens superiores no ponto inicial a fim de se compor os coeficientes da série.

11.7.1 Método dos coeficientes indeterminados

O objetivo neste exemplo é usar a série de potências para resolver o problema de valor inicial da equação de Malthus

$$\begin{cases} y' & = & y\,, \\ y(0) & = & 1\,. \end{cases} \tag{11.22}$$

A solução do problema não é difícil de descobrir, pois por integração simples obtemos a solução $y(x) = e^x$. Contudo, apenas para ilustrar o processo, vamos calcular a solução da maneira proposta por esta seção.

Primeiro, assumimos que a solução pode ser escrita como uma série de potências

$$y(x) = a_0 + a_1 x + a_2 x^2 + a_3 x^3 + a_4 x^4 + \cdots, \tag{11.23}$$

onde os coeficientes a_k são, até o momento, desconhecidos. Com efeito, no contexto deste método os coeficientes a_k são as incógnitas do problema.

O primeiro coeficiente a_0 é obtido com a imposição da condição inicial, pois como a função deve satisfazer a condição $y(0) = 1$, devemos ter $a_0 = 1$, pois

$$1 = y(0) = a_0 + a_1 0 + a_2 0^2 + a_3 0^3 + a_4 0^4 + \cdots = a_0\,.$$

Os outros coeficientes são obtidos com a própria equação diferencial, mas antes devemos ter em mãos a derivada da função dada pela série. Sendo assim, derivando termo a termo a série de potências, obtemos

$$y'(x) = a_1 + 2a_2 x + 3a_3 x^2 + 4a_4 x^3 + \cdots.$$

Como a equação diferencial impõe que $y' = y$, devemos igualar as duas séries de potência, isto é

$$a_0 + a_1 x + a_2 x^2 + a_3 x^3 + a_4 x^4 + \cdots = a_1 + 2a_2 x + 3a_3 x^2 + 4a_4 x^3 + \cdots.$$

Para que essa equação seja satisfeita, devemos igualar os coeficientes dos termos de mesmas potências, obtendo a sequencia de igualdades

$$\begin{aligned} a_1 &= a_0 \\ 2a_2 &= a_1 \\ 3a_3 &= a_2 \\ 4a_4 &= a_3 \\ &\vdots \\ na_n &= a_{n-1} \\ &\vdots \end{aligned}$$

Observe que a_0 aparece somente na primeira equação, mas a_1 aparece na primeira e na segunda equações, a_2 aparece na segunda e na terceira equações e assim por diante. Podemos então substituir a_1 por $2a_2$ na primeira equação, obtendo $a_0 = 2a_2$; em seguida podemos substituir a_2 por $3a_3$ nesta nova equação obtendo $a_0 = 2 \times 3a_3$. Esse processo de substituição pode ser repetido n vezes, levando à seguinte relação:

$$a_0 = 1\, a_1 = 1 \times 2\, a_2 = 1 \times 2 \times 3\, a_3 = 1 \times 2 \times 3 \times 4\, a_4 = \cdots$$
$$= 1 \times 2 \times 3 \times 4 \times \cdots \times (n-1) \times n\, a_n$$
$$= n!\, a_n.$$

Como $a_0 = 1$ podemos concluir desta relação que o n-ésimo coeficiente a_n é

$$a_n = \frac{1}{n!}.$$

*Solução de EDO por séries de potências*293

Por fim, substituindo os coeficientes a_n de volta na série (11.23), obtemos

$$y(x) = 1 + \frac{x}{1!} + \frac{x^2}{2!} + \frac{x^3}{3!} + \frac{x^4}{4!} + \cdots = e^x \,,$$

como esperado (confira pela equação (11.12) na página 286).

Naturalmente, esse é um problema de valor inicial que sabemos resolver, bastando lembrar que a função exponencial é a derivada dela própria. Porém, a real utilidade deste método está em estudar os problemas de valor inicial que sejam de difícil resolução por métodos analíticos. Para saber mais detalhes, consulte Boyce & Diprima (2002) ou Knopp (1956).

11.7.2   Método da série de Taylor

Neste segundo exemplo, consideramos a seguinte problema de valor inicial de primeira ordem não linear

$$\begin{cases} y' & = & (y + x)^2 \,, \\ y(0) & = & 1 \,, \end{cases} \tag{11.24}$$

que, ao contrário de (11.22), não possui solução fechada escrita em termos de funções elementares. Considerando que a solução possa ser escrita como uma série de Taylor em torno de $x = 0$, isto é,

$$y(x) = a_0 + a_1 x + a_2 x^2 + a_3 x^3 + \cdots \,,$$

onde $a_n = y^{(n)}(0)/n!$, o problema, portanto, traduz-se em computar as derivadas de y em $x = 0$. Para isso, utilizamos a própria equação diferencial, isolando y', para calcular recursivamente as derivadas de qualquer ordem de y. Em primeiro lugar, usando a regra da cadeia em (11.24), temos que

$$y'' = 2(y + x)y' = 2(y + x)^3 \,,$$

onde, na segunda igualdade, foi usado o fato de que $y' = (y + x)^2$. Prosseguindo, a derivada de terceira ordem é

$$y''' = 6(y + x)^2 y' = 6(y + x)^4 \,.$$

294   *Capítulo 11. Série de potências*

Observando as derivadas de segunda e terceira ordem, podemos generalizar a expressão da derivada de n-ésima ordem como sendo

$$y^{(n)} = (n-2)!(y+x)^{n-1},$$

cuja demonstração pode ser feita por indução. Como em $x = 0$ a função vale $y(0) = 1$, temos que

$$y^{(n)}(0) = (n-2)!(y(0)+0)^{n-1} = (n-2)!.$$

Fazendo com que os coeficientes da série de Taylor sejam

$$a_n = \frac{(n-2)!}{n!} = \frac{1}{n(n-1)}$$

para $n > 2$. Sendo assim, a solução de (11.24) é dada pela série

$$y(x) = 1 + x + \frac{1}{2}x^2 + \frac{1}{6}x^3 + \frac{1}{12}x^4 + \cdots + \frac{1}{n(n-1)}x^n + \cdots. \qquad (11.25)$$

Vale observar que a equação diferencial em (11.24) é uma equação de Riccati, abordada na Seção 10.4. Porém, com a substituição $u = x + y$, o PVI (11.24) é transformado em

$$\begin{cases} u' &= 1 + u^2, \\ u(0) &= 1, \end{cases} \qquad (11.26)$$

cuja EDO é separável. Fica como exercício mostrar que a solução geral deste PVI é dada implicitamente por $\arctan(u) = x + c$, ou ainda $u = \tan(x + c)$. Como a condição inicial exige que $u(0) = 1$, devemos ter $c = \pi/4$ e, voltando para a variável original, obtemos

$$y(x) = \tan(x + \pi/4) - x, \qquad (11.27)$$

que é a solução de (11.24). Fica como exercício verificar que a série de Taylor da função (11.27) é a série (11.25).

Vale mencionar que o método da série de potências pode ser utilizado em equações de ordem superiores, especialmente para problemas de valor inicial e de contorno que consideram equações diferenciais de segunda ordem. Tal utilização dá origem a novos métodos e funções, que pertencem ao ramo da matemática que chamamos de *métodos de matemática aplicada*, os quais podem ser encontrados em Tygel & de Oliveira (2005).

O potencial elétrico total de uma camada   295

Exercícios

11.17 Use o método dos coeficientes indeterminados para obter uma solução para os seguintes PVI:

(a) $\begin{cases} y' &=& x+y, \\ y(0) &=& 0 \end{cases}$
(b) $\begin{cases} y' &=& -xy, \\ y(0) &=& 1 \end{cases}$
(c) $\begin{cases} (1-x)y' &=& y, \\ y(0) &=& 1 \end{cases}$

11.18 Tratando (11.26) como uma EDO separável, calcule sua solução (resp: $u(x) = \tan(x + \pi/4)$). Calcule os quatro primeiros termos da série de Taylor de $y(x) = \tan(x + \pi/4)$ em torno de $x = 0$ e compare com (11.25).

11.19 Ache uma solução para o PVI não linear

$$\begin{cases} y' &=& x+y^2, \\ y(0) &=& 0 \end{cases}$$

usando o método da série de Taylor.

11.8 O potencial elétrico total de uma camada

Neste exemplo, vamos calcular o *potencial elétrico total* de uma camada de espessura H, gerado por uma corrente elétrica em um fonte pontual S da superfície. Dado um ponto X da superfície a uma distância x do ponto S, veja Figura 11.1, o campo potencial medido é a soma do campo potencial gerado diretamente por S como também das fontes virtuais C_k e D_k, para $k = 1, 2, \ldots$.

Em geral, o *potencial elétrico* v é dado por meio da seguinte equação

$$v(\ell) = \frac{\rho I}{2\pi \ell} \,,$$

onde ℓ é a distância entre o ponto de aplicação da corrente e o ponto de medição, I é a corrente elétrica e ρ é a resistividade do material por onde passa a corrente. Portanto, o potencial gerado diretamente por S é dado por

$$v_0 = \frac{\rho_1 I}{2\pi x} \,,$$

onde ρ_1 é a resistividade da primeira camada.

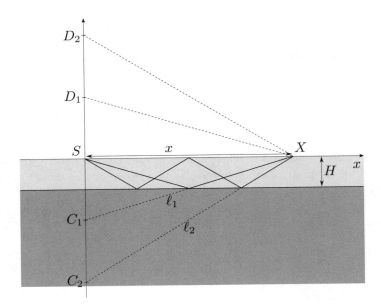

Figura 11.1: Potencial elétrico de uma camada de espessura H, medido a uma distância de r_0 metros.

Observando a Figura 11.1, notamos que cada fonte virtual C_k e D_k contribui com um potencial v_k que é dado por

$$v_k = \mathcal{R}^k \frac{\rho_1 I}{2\pi \ell_k(x)},$$

onde $\ell_k(x) = \sqrt{x^2 + (2kH)^2}$ e a constante $\mathcal{R}$ é o coeficiente de reflexão dado por

$$\mathcal{R} = \frac{\rho_2 - \rho_1}{\rho_2 + \rho_1}. \tag{11.28}$$

Portanto, somando-se todas as contribuições das fontes virtuais, chegamos ao potencial total, dado pela série

$$v(x) = v_0 + 2\sum_{k=1}^{\infty} v_k = \frac{\rho_1 I}{2\pi}\left[\frac{1}{x} + 2\sum_{k=1}^{\infty}\frac{\mathcal{R}^k}{\ell_k(x)}\right]. \tag{11.29}$$

Assumindo-se que os parâmetros do modelo não mudem com a exceção do ponto de medição, o potencial total depende somente de x, de modo que o lado direito da

O potencial elétrico total de uma camada   297

expressão (11.29) é um candidato a ser uma função de x. Porém, para que isso se verifique realmente, para cada x a série deve convergir.

Vamos, portanto, analisar a convergência da série (11.29) de acordo com o teste da razão, dado pelo Teorema 11.4. Para tanto, iremos analisar o fator $R = \lim_{k\to\infty} r_k$, onde r_k é dado por

$$r_k = \frac{|\mathcal{R}^{k+1}|}{|\ell_{k+1}|}\frac{|\ell_k|}{|\mathcal{R}^k|} = |\mathcal{R}|\frac{\ell_k}{\ell_{k+1}}\,.$$

Observando que $\mathcal{R}$ é constante, resta-nos analisar o quociente ℓ_k/ℓ_{k+1}, que pode ser reescrito como

$$\frac{\ell_k}{\ell_{k+1}} = \frac{\sqrt{x^2 + (2kH)^2}}{\sqrt{x^2 + (2(k+1)H)^2}} = \frac{\sqrt{(x/k)^2 + (2H)^2}}{\sqrt{(x/k)^2 + (2H)^2(1 + 1/k)^2}}\,.$$

Portanto, quando $k \to \infty$ as expressões $(x/k)^2$ e $(1 + 1/k)^2$ convergem respectivamente a zero e um, fazendo com que a expressão ℓ_k/ℓ_{k+1} convirja a um, o que, por sua vez, faz com que

$$R = \lim_{k\to\infty} r_k = \lim_{k\to\infty} |\mathcal{R}|\frac{\ell_k}{\ell_{k+1}} = |\mathcal{R}|\,,$$

indicando que a série converge somente se $|\mathcal{R}| < 1$, pelo Teorema 11.4. Entretanto, como $\rho_1 \neq \rho_2$, é possível concluir (exercício) que $|\mathcal{R}| < 1$ sempre, provando que a série (11.29) é convergente. Sendo assim, como a série converge para x arbitrário, concluímos que (11.29) é uma função bem definida.

Exercícios

11.20 Sabendo-se que $\rho_1 \neq \rho_2$, conclua que o coeficiente de reflexão $\mathcal{R}$, dado por (11.28), sempre é menor do que um em módulo, isto é, $|\mathcal{R}| < 1$. Em outras palavras, mostre que

$$-1 < \frac{\rho_2 - \rho_1}{\rho_2 + \rho_1} < 1$$

sempre que $\rho_1 \neq \rho_2$.

298   *Capítulo 11. Série de potências*

Exercícios adicionais

11.21 Ache um termo geral para as sequências:

    (a) $0, 3, 6, 9, 12, \ldots$ (b) $x, 1, x^{-1}, x^{-2}, \ldots$ (c) $1, 1, 2, 6, 24, 120, \ldots$

11.22 Assumindo que (c_n) seja a sequência de Fibonacci dada por (11.3), calcule os seis primeiros termos das seguintes sequências:

    (a) $d_n = c_{n-1}/c_n$ (b) $e_n = 1/d_n$ (c) $f_n = c_n + d_n$ (d) $g_n = d_n - c_n$

11.23 (Razão áurea) Seja (r_n) a sequência formada pela razão entre subsequentes termos da sequência de Fibonacci, isto é, $r_n = f_{n+1}/f_n$. Resolva os seguintes itens:

    (a)   Calcule os sete primeiros termos da sequência (r_n);

    (b)   Mostre que $r_{n+1} = 1 + 1/r_n$ e $r_{n+2} = (2r_n + 1)/(r_n + 1)$;

    (c)   Baseado no item anterior, mostre que os termos de ordem ímpar formam uma subsequência crescente e limitada, portanto, convergente; analogamente, mostre que os termos de ordem par formam uma subsequência decrescente e limitada;

    (d)   Mostre, baseado, no item anterior, que a sequência (r_n) é convergente e calcule seu limite, que é chamado *razão áurea* $r = (1 + \sqrt{5})/2$..

11.24 Definindo $I_n = \int_0^\pi \operatorname{sen}^{2n}(x)\, dx$, mostre que vale a seguinte relação iterativa

$$I_n = \frac{2n - 1}{2n}\, I_{n-1}\, ,$$

em que $I_0 = \pi$. Em seguida, calcule I_5.

11.25 Construa a série geométrica correspondente aos parâmetros e calcule o seu valor:

    (a) $r = 1/10,\ \alpha = 1$ (b) $r = -1/2,\ \alpha = 2$ (c) $r = -3/5,\ \alpha = 25$

11.26 Determine a série geométrica que possui como soma as seguinte funções:

    (a) $\dfrac{1}{1 + x}$ (b) $\dfrac{4}{2 - x}$

⚡11.27 Sabendo que $\displaystyle\sum_{n=1}^{\infty} \frac{n}{2^n}$ é convergente, calcule a sua soma.

Exercícios adicionais 299

11.28 Usando o teste da razão, analise a convergência das seguintes séries:

$$\text{(a)} \quad \sum_{n=1}^{\infty} n^4 e^{-n^2} \qquad \text{(b)} \quad \sum_{n=1}^{\infty} \frac{(-1)^{n-1} 2^n}{n^2} \qquad \text{(c)} \quad \sum_{n=1}^{\infty} \frac{(-1)^{n-1} n}{n^2 + 1}$$

11.29 Considere a série $\sum c_n$, cujo termo geral é

$$c_n = \left\{ \begin{array}{ll} 2^{-(n+1)} & \text{para } n \text{ ímpar}, \\ 2^{-n/2} & \text{para } n \text{ par}. \end{array} \right.$$

Use o teste da razão e verifique que é inconclusivo. Porém, use o teste da raiz e mostre que a série é convergente.

11.30 Usando o teste da <u>integral de Cauchy</u>, verifique a convergência ou não das séries a seguir:

$$\text{(a)} \quad \sum_{n=1}^{\infty} \frac{1}{n} \qquad \text{(b)} \quad \sum_{n=1}^{\infty} \frac{n}{n^2 + 1} \qquad \text{(c)} \quad \sum_{n=1}^{\infty} n e^{-n^2} \qquad \text{(d)} \quad \sum_{n=1}^{\infty} \frac{1}{n \ln(n)}$$

11.31 A função *zeta de Riemann* é definida pela série

$$\zeta(p) = \sum_{n=1}^{\infty} \frac{1}{n^p}, \tag{11.30}$$

para $p > 1$. É muito utilizada em teoria de números, pois está relacionada com a distribuição dos números primos (Knopp, 1956). Alguns de seus valores notáveis são: $\zeta(2) = \pi^2/6$, $\zeta(4) = \pi^4/90$ e $\zeta(6) = \pi^6/945$. Resolva os sguintes itens:

(a) Mostre que o testes da razão e da raiz são inclusivos para analisar a convergência da série;

(b) Mostre a série é convergente usando o teste da integral de Cauchy.

11.32 Construa uma série geométrica correspondente às funções racionais a seguir e analise seu intervalo de convergência:

$$\text{(a)} \quad \frac{1}{1 + x^2} \qquad \text{(b)} \quad \frac{4}{2 - x} \qquad \text{(c)} \quad \frac{5}{2 + 3x} \qquad \text{(d)} \quad \frac{x}{x - 1}$$

11.33 Calcule a soma das séries geométricas a seguir e analise o seu intervalo de convergência:

$$\text{(a)} \quad 1 + \frac{1}{x} + \frac{1}{x^2} + \frac{1}{x^3} + \frac{1}{x^4} + \cdots$$

(b) $1 + \cos^2(\theta) + \cos^4(\theta) + \cos^6(\theta) + \cos^8(\theta) + \cdots$

11.34 Determine qual é o intervalo de valores de x para os quais ambas as séries a seguir convirjam para o mesmo valor:

$$\frac{1}{2} - \frac{3x}{4} + \frac{9x^2}{8} - \frac{27x^3}{16} + \frac{81x^4}{32} - \cdots$$
$$-1 - (3x + 3) - (3x + 3)^2 - (3x + 3)^3 - \cdots$$

11.35 Encontre a série de Taylor das seguintes funções, em torno do ponto $x_0 = 0$.

(a) $f(x) = \cos(x)$

(b) $f(x) = e^{-x}$

(c) $f(x) = \dfrac{1}{x - 1}$

(d) $f(x) = \cosh(x)$

(e) $f(x) = \ln(x + 1)$

(f) $f(x) = \sqrt{1 + x}$

(g) $f(x) = e^{-x^2}$

(h) $f(x) = \sqrt{1 + x^2}$

11.36 Considere a série de Taylor da função exponencial

$$e^t = \sum_{n=0}^{\infty} \frac{t^n}{n!} \, .$$

Substitua, nesta série, t por $-x$ e $-x^2$ e compare os resultados com as letras (b) e (e) do exercício anterior.

11.37   (a)   Encontre a série geométrica que representa $\dfrac{1}{1 + x}$.

(b) Integre de ambos os lados e determine a série que representa $\ln(1 + x)$.

(c) Calcule a série de Taylor de $\ln(1 + x)$ em torno de $x = 0$ e compare com o item anterior.

(d) Use o item (b) ou (c) para encontrar a série que representa $\ln(2)$.

11.38 Seja a função $f(x)$ definida como

$$f(x) = \begin{cases} 0, & \text{se } x = 0 \, , \\ e^{-1/x^2}, & \text{se } x \neq 0 \, . \end{cases}$$

Resolva os seguintes itens:

(a) Esboce o gráfico da função $f(x)$.

(b) Calcule sua série de Taylor em torno de $x_0 = 0$.

(c) Mostre que a série de Taylor não converge para qualquer $x \neq 0$.

(d) Analise o raio de convergência da série e explique o que "deu errado".

11.39 Encontre o raio de convergência e o intervalo de convergência destas séries de potência:

Exercícios adicionais

301

(a) $\displaystyle\sum_{n=0}^{\infty} \frac{(x-1)^n}{2^n}$

(d) $\displaystyle\sum_{n=0}^{\infty} \alpha^{n^2} x^n$, onde $0 < \alpha < 1$

(b) $\displaystyle\sum_{n=0}^{\infty} \frac{1}{n!} x^n$

(e) $\displaystyle\sum_{n=0}^{\infty} \frac{(n!)^3}{(3n)!} x^n$

(c) $\displaystyle\sum_{n=0}^{\infty} \frac{n!}{n^n} x^n$

(f) $\displaystyle\sum_{n=0}^{\infty} \frac{n!}{a^{n^2}} x^n$, onde $a > 1$

Os exercícios (d), (e) e (f) foram transcritos de Knopp (1956).

11.40 Calcule o raio de convergência da série a seguir, bem como da sua derivada:

$$\sum_{n=0}^{\infty} \frac{x^n}{n^3 2^n} \, .$$

11.41 (Courant, 1936) Obtenha a aproximação por séries para as seguintes integrais definidas

(a) $\displaystyle\int_0^{1/2} \frac{1}{\sqrt{1-x^4}} \, dx$

(b) $\displaystyle\int_0^1 \frac{\ln(1+x)}{x} \, dx$

(c) $\displaystyle\int_5^{10} \frac{1}{\sqrt{1+x^4}} \, dx$

11.42 Calcule a série geométrica correspondente à função racional:

$$\frac{1}{1+x^2} \, .$$

Em seguida, calcule a integral indefinida, chegando a uma série que representa a função $\arctan(x)$. Finalmente, use a expressão resultante para concluir que:

$$\frac{\pi}{4} = 1 - \frac{1}{3} + \frac{1}{5} - \frac{1}{7} + \frac{1}{9} - \frac{1}{11} + \cdots$$

11.43 (Knopp, 1956) Sabendo que as séries de potência $\sum a_n x^n$ e $\sum b_n x^n$ têm raios de convergência α e β, calcule o raio de convergência das séries a seguir:

(a) $\sum (a_n + b_n) x^n$

(c) $\sum (a_n b_n) x^n$

(b) $\sum (a_n - b_n) x^n$

(d) $\sum (a_n / b_n) x^n$

Capítulo 12

Série de Fourier

Neste capítulo prosseguimos com o paradigma apresentado no Capítulo 11 e abordaremos mais uma forma alternativa de representar funções. Neste caso, apresentamos a representação de funções periódicas por meio de séries de Fourier, que são um tipo de série trigonométrica.

Ao longo do capítulo, com auxílio de teoremas e exemplos, mostraremos que há uma associação entre sequências numéricas e funções periódicas que cumprem condições específicas, de modo que tais funções passem a ser representadas alternativamente por tais sequências. A transformação das sequências numéricas em funções periódicas e vice-versa são operações intimamente ligadas e são denominadas síntese e análise harmônica, respectivamente.

Mostraremos também quais são as condições específicas que uma função periódica deve satisfazer para ter uma representação em série de Fourier. Além disso, apresentaremos exemplos de séries de Fourier, em que avaliamos empiricamente a relação entre o grau de continuidade de uma função e o decaimento da sequência numérica associada.

Por fim, apresentaremos um exemplo de aplicação de série de Fourier no problema genericamente denominado descritores de Fourier, em que se usa os coeficientes de uma série de Fourier para classificar o formato do contorno de uma imagem de um grão.

12.1 Séries trigonométricas

Dadas duas sequências de números reais (α_n) e (β_n) e um número x em um intervalo I, podemos construir a *série trigonométrica*

$$\frac{\alpha_0}{2} + \sum_{n=1}^{\infty} \left[\alpha_n \cos(w_n x) + \beta_n \sen(w_n x)\right], \qquad (12.1)$$

onde α_n e β_n são independentes de x e $w_n = cn$, para alguma constante $c \neq 0$. O fator $\alpha_0/2$ foi adicionado à série por uma conveniência que fará sentido mais adiante.

Essa série constitui um objeto matemático que depende de x, no entanto não sabemos ainda se é uma representação de alguma função, embora pareça que sim. Com efeito, o requisito básico para seja uma função é que para cada $x \in I$, a série trigonométrica convirja para algum número real. Caso uma série trigonométrica represente alguma função, então ela será necessariamente periódica, o que constitui uma propriedade cuja demonstração deixamos como exercício.

A série trigonométrica, quando convergente, pode ser entendida como uma espécie de transformação que leva pares de sequências numéricas a funções periódicas, denominamos *síntese harmônica*, o que pode ser esquematizado graficamente por meio do diagrama da Figura 12.1.

Figura 12.1: Diagrama esquemático que mostra a síntese harmônica no papel de uma transformação que leva um par de sequências a uma função periódica.

Para ilustrar o processo da síntese harmônica, vamos considerar um simples exemplo em que iremos sintetizar uma função usando uma série trigonométrica (12.1), em que $c = 1$, $a_0 = 0$ e as sequências numéricas são

$$(\alpha_n) = (1, 1, 0, 0, \ldots)$$
$$(\beta_n) = (1, -1, 0, 0, \ldots)$$

Neste caso temos, portanto, que $w_n = n$ e usando a expressão (12.1), obtemos

$$\frac{\alpha_0}{2} + \sum_{n=1}^{\infty} \left[\alpha_n \cos(w_n x) + \beta_n \operatorname{sen}(w_n x)\right] = \cos(x) + \operatorname{sen}(x) + \cos(2x) - \operatorname{sen}(2x).$$

Usando as identidades trigonométricas da página 390, chegamos à conclusão de que

$$\frac{\alpha_0}{2} + \sum_{n=1}^{\infty} \left[\alpha_n \cos(w_n x) + \beta_n \operatorname{sen}(w_n x)\right] = 2\cos\left(\frac{3x}{2}\right)\left[\cos\left(\frac{x}{2}\right) - \operatorname{sen}\left(\frac{x}{2}\right)\right].$$

Portanto, podemos representar o resultado deste exemplo por meio do esquema mostrado na Figura 12.2.

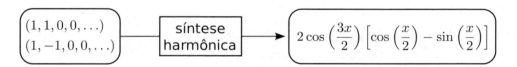

Figura 12.2: Diagrama esquemático da síntese harmônica do exemplo descrito no texto.

Para este primeiro exemplo apresentado, a série trigonométrica claramente converge, pois, afinal de contas, ela é uma soma finita de dois senos e dois cossenos. No próximo exemplo, a convergência não é claramente garantida a priori, entretanto, como iremos notar pela teoria apresentada mais adiante, os coeficientes da série trigonométrica deste segundo exemplo satisfazem o critério que garante que a série seja convergente.

À luz da interpretação de que a série trigonométrica é uma operação que transforma duas sequências numéricas em uma função periódica, a seguinte questão fundamental deve ser abordada: Quais são as condições sobre as sequências numéricas (α_n) e (β_n) para que exista uma função?

O teorema a seguir apresenta condições mais gerais sobre as sequências numéricas, para que casos particulares de séries trigonométricas sejam convergentes.

306
Capítulo 12. Série de Fourier

Teorema 12.1 (Convergência de séries trigonométricas)

Se as sequências (α_n) e (β_n) são de variação limitada[1] e convergentes a zero, então as séries trigonométricas

$$\frac{\alpha_0}{2} + \sum_{n=1}^{\infty} \alpha_n \cos(nx), \quad e \quad \sum_{n=1}^{\infty} \beta_n \operatorname{sen}(nx)$$

são uniformemente convergentes.

A prova deste teorema pode ser encontrada em Tolstov (1976). Repare que o teorema estabelece condições suficientes para que estas séries trigonométricas em particular sejam convergentes. Isso quer dizer que podem existir outras sequências, que não são de variação limitada, que gerariam séries trigonométricas convergentes, mas com certeza as sequências de variação limitada vão gerar séries trigonométricas convergentes.

12.1.1 O núcleo de Poisson

Como segundo exemplo de síntese harmônica, vamos apresentar o *núcleo de Poisson*, que pode ser definido como o limite da seguinte série trigonométrica

$$P(x; r) = \frac{1}{2} + \sum_{n=1}^{\infty} r^n \cos(nx), \tag{12.2}$$

onde entendemos r como um parâmetro fixo, porém arbitrário no intervalo $[0, 1)$. O núcleo de Poisson é um exemplo de série trigonométrica cujos coeficientes formam uma sequência de variação limitada (Exercício 12.2), satisfazendo as condições do Teorema 12.1 e, portanto, garantindo a sua convergência.

O que faremos a seguir é deduzir uma expressão *fechada* para o núcleo de Poisson, isto é vamos determinar uma expressão em termos de funções usuais, apresentadas no Capítulo 1.

Em primeiro lugar, decompomos a série em uma soma de duas séries da seguinte

---

[1]Uma sequência (α_n) é de variação limitada quando a série $\sum |\alpha_n - \alpha_{n+1}|$ é convergente.

Séries trigonométricas 307

forma

$$P(x;r) = \frac{1}{2} + \sum_{n=1}^{\infty} r^n \Big[\cos \big((n-1)x \big) \cos(x) - \operatorname{sen} \big((n-1)x \big) \operatorname{sen}(x) \Big]$$

$$= \frac{1}{2} + r \cos(x) \sum_{n=1}^{\infty} r^{n-1} \cos \big((n-1)x \big) - r \operatorname{sen}(x) \sum_{n=1}^{\infty} r^{n-1} \operatorname{sen} \big((n-1)x \big) .$$

onde usamos o fato de que $\cos(nx) = \cos \big((n-1)x \big) \cos(x) - \operatorname{sen} \big((n-1)x \big) \operatorname{sen}(x)$, para $n \geq 1$. Vamos analisar as duas séries presentes nos termos da expressão acima. Observe que a série do primeiro termo pode ser reescrita como

$$\sum_{n=1}^{\infty} r^{n-1} \cos \big((n-1)x \big) = 1 + r \cos(x) + r^2 \cos(2x) + \cdots = \frac{1}{2} + P(x;r)$$

e introduzindo a série associada ao núcleo de Poisson

$$Q(x;r) = \sum_{n=1}^{\infty} r^n \operatorname{sen}(nx) , \tag{12.3}$$

concluímos que a série do segundo termo pode ser reescrita como

$$\sum_{n=1}^{\infty} r^{n-1} \operatorname{sen} \big((n-1)x \big) = 0 + r \operatorname{sen}(x) + r^2 \operatorname{sen}(2x) + \cdots = Q(x;r) .$$

Neste ponto, vale observar que a série (12.3) também satisfaz as condições do Teorema 12.1, tendo, portanto, garantida a sua convergência. Portanto, substituindo ambos somatórios por suas expressões, temos que

$$P(x;r) = \frac{1}{2} + \cos(x) \Big[\frac{1}{2} + P(x;r) \Big] - r \operatorname{sen}(x) Q(x;r) . \tag{12.4}$$

Por outro lado, também podemos desenvolver $Q(x;r)$ de modo semelhante ao que foi feito para $P(x;r)$, obtendo

$$Q(x;r) = r \cos(x) Q(x;r) + r \operatorname{sen}(x) \Big[\frac{1}{2} + P(x;r) \Big] . \tag{12.5}$$

Este resultado fica como exercício, onde são usados as definições de $P(x;r)$ e $Q(x;r)$ e o fato de que $\operatorname{sen}(nx) = \operatorname{sen} \big((n-1)x \big) \cos(x) + \cos \big((n-1)x \big) \operatorname{sen}(x)$.

308   *Capítulo 12. Série de Fourier*

Reagrupando as equações (12.4) e (12.5), montamos um sistema linear de duas equações e duas incógnitas

$$\begin{cases} 2a\,P + 2b\,Q = c \\ -2b\,P + 2a\,Q = b \end{cases}$$

cujos coeficientes são $a = 1 - r\cos(x)$, $b = r\operatorname{sen}(x)$ e $c = 1 + \cos(x)$ e onde, para simplificar, $P = P(x;r)$ e $Q = Q(x;r)$. A solução deste sistema é dada por

$$P = \frac{1}{2}\frac{ac - b^2}{a^2 + b^2} \qquad \text{e} \qquad Q = \frac{1}{2}\frac{b(a + c)}{a^2 + b^2}$$

que, após a substituição dos coeficientes a, b e c, torna-se

$$P = \frac{1}{2}\frac{1 - r^2}{1 - 2r\cos(x) + r^2} \qquad \text{e} \qquad Q = \frac{r\operatorname{sen}(x)}{1 - 2r\cos(x) + r^2}\,.$$

Portanto concluímos que tanto a série que define o núcleo de Poisson quanto a sua série associada podem ser reescritas em termos de funções elementares, isto é,

$$\frac{1}{2} + \sum_{n=1}^{\infty} r^n \cos(nx) = \frac{1}{2}\frac{1 - r^2}{1 - 2r\cos(x) + r^2}\,, \tag{12.6}$$

$$\sum_{n=1}^{\infty} r^n \operatorname{sen}(nx) = \frac{r\operatorname{sen}(x)}{1 - 2r\cos(x) + r^2}\,. \tag{12.7}$$

Por fim, vale comentar que o fato de podermos determinar a forma fechada de uma função representada por uma série trigonométrica, como é o caso do núcleo de Poisson, ocorre raramente. Isso só foi possível graças a identidades trigonométricas e pela similaridade da série trigonométrica que define o núcleo de Poisson com a série geométrica.

Exercícios

12.1 Supondo que (12.1) represente uma função em $[a, b]$, para $p = 2\pi/c$. Mostre que

$$f(x + p) = f(x)\,,$$

para todo $x \in [a, b]$. Assumindo que $b - a \geq p$, mostre que $f(x)$ é periódica em $\mathbb{R}$.

12.2 Mostre que a sequência $(a_n) = r, r^2, r^3, \ldots, r^n, \ldots$ para $r \in [0, 1)$, é de variação limitada, o que garante que a série trigonométrica do núcleo de Poisson é convergente.

Séries de Fourier 309

12.2 Séries de Fourier

Séries de Fourier são um tipo particular de séries trigonométricas em que o intervalo de estudo I é simétrico, do tipo $[-L, L]$, e em que as sequências (α_n) e (β_n) sejam dadas e, principalmente, construídas a partir de alguma função conhecida.

Isto é, uma *série de Fourier* é definida como

$$\frac{a_0}{2} + \sum_{n=1}^{\infty} \left[a_n \cos(\omega_n x) + b_n \operatorname{sen}(\omega_n x) \right], \tag{12.8}$$

para $x \in [-L, L]$, onde $\omega_n = n\pi/L$ e a_0, (a_n) e (b_n) são dadas pelas seguintes equações:

$$a_0 = \frac{1}{L} \int_{-L}^{L} f(\xi) \, d\xi, \tag{12.9a}$$

$$a_n = \frac{1}{L} \int_{-L}^{L} f(\xi) \cos(w_n \xi) \, d\xi, \tag{12.9b}$$

$$b_n = \frac{1}{L} \int_{-L}^{L} f(\xi) \operatorname{sen}(w_n \xi) \, d\xi. \tag{12.9c}$$

Para exemplificar a construção de uma série de Fourier, vamos novamente utilizar o núcleo de Poisson $P(x; r)$. Afinal, como sabemos a sua forma fechada e também sua representação por série trigonométrica, ao utilizarmos as expressões (12.9a)-(12.9c) para montar a sua série de Fourier (12.8) compará-la com à série trigonométrica (12.2).

Neste ponto, vamos resumir o que tentamos fazer. Se usarmos os coeficientes a_0, (a_n) e (b_n) dados pelas equações (12.9a)-(12.9c) para montar uma série trigonométrica, podemos denotá-la formalmente por

$$f(x) \sim \frac{a_0}{2} + \sum_{n=1}^{\infty} \left[a_n \cos(\omega_n x) + b_n \operatorname{sen}(\omega_n x) \right], \tag{12.10}$$

A utilização do símbolo $\sim$ indica apenas que a série é relacionada à função $f(x)$ no intervalo $[-L, L]$ na medida em que os coeficientes *dependem* de $f(x)$. Com efeito, *a priori*, não há obrigação alguma para a série trigonométrica (12.8) seja convergente e mesmo que seja, também não há garantia *a priori* que convirja para a função

310   *Capítulo 12. Série de Fourier*

$f(x)$, da qual os coeficientes dependem. Para o símbolo $\sim$ se transformar em uma igualdade, a função $f(x)$ deve satisfazer condições, as quais são tratadas na próxima seção.

12.2.1   Análise de Fourier

Na seção anterior, descobrimos que, por meio da síntese de Fourier, os termos de duas sequências numéricas, ao serem utilizadas na série trigonométrica, podem dar origem a uma função periódica. Este processo nos motiva a investigar o seguinte questionamento: dada uma função, será que existem duas sequências numéricas que a sintetizam via série de Fourier? Em outras palavras, mais especificamente, queremos responder às seguintes perguntas:

> *Quais são as condições que uma função $f(x)$ no intervalo $[-L, L]$ deve cumprir, a fim de que existam sequências de números (a_n) e (b_n) tais que $f(x)$ possa ser representada por uma série trigonométrica? Caso a função cumpra as condições, como computar as sequências de números?*

As respostas a tais perguntas são fornecidas pelo processo que denominamos *análise de Fourier*, que é resumido por meio de um teorema, o qual estabelece condições sobre a função para que existam as sequências de números que, ao serem utilizadas na série trigonométrica, sintetizem a própria função. Além disso, o mesmo teorema mostra como computar os termos das sequências de números para que a síntese seja bem-sucedida.

Com efeito, a análise de Fourier pode fornecer uma nova representação de uma função, baseada na construção da série trigonométrica definida pela síntese de Fourier. Portanto, embora ambas operações sejam distintas, elas estão intimamente ligadas, pois uma é o inverso da outra. Veja a Figura 12.3.

Além disso, o Teorema 12.2, enunciado a seguir, mostra como construímos os coeficientes da série de Fourier a partir da função dada. Embora tais condições façam com que o teorema seja válido para uma classe de funções muito restrita, tal classe cobre a maioria das funções que aparecem em aplicações físicas.

Séries de Fourier

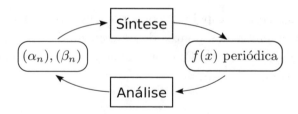

Figura 12.3: Diagrama que sumariza a relação entre a síntese e a análise de Fourier: a análise de Fourier gera as duas sequências de números que, ao serem utilizadas no processo da síntese de Fourier, reconstroem a função periódica original.

Teorema 12.2 (Série de Fourier)

Dada uma função definida no intervalo $[-L, L]$ e suave por partes[2], então nos pontos de continuidade ela pode ser representada pela série de Fourier:

$$f(x) = \frac{a_0}{2} + \sum_{n=1}^{\infty} \left[a_n \cos(w_n x) + b_n \, \text{sen}(w_n x) \right], \qquad (12.11)$$

para $x \in (-L, L)$, onde $w_n = n\pi/L$ e os coeficientes a_0, a_n e b_n são dados por

$$a_0 = \frac{1}{L} \int_{-L}^{L} f(\xi) \, d\xi, \qquad (12.12)$$

$$a_n = \frac{1}{L} \int_{-L}^{L} f(\xi) \cos(w_n \xi) \, d\xi, \qquad (12.13)$$

$$b_n = \frac{1}{L} \int_{-L}^{L} f(\xi) \, \text{sen}(w_n \xi) \, d\xi, \qquad (12.14)$$

para $n = 1, 2, \ldots$ Nos extremos do intervalo, para $x = \pm L$, a série de Fourier converge para

$$\frac{f(L) + f(-L)}{2}. \qquad (12.15)$$

---

[2]Uma função *suave por partes* significa que tanto ela quanto a sua derivada sejam contínuas por partes, isto é, ambas possuem um número finito de descontinuidades do tipo salto.

312   *Capítulo 12. Série de Fourier*

O Teorema 12.2 só diz respeito à convergência dos pontos de continuidade de $f(x)$. O que acontece então nos pontos de descontinuidade de salto? Nestes casos, pode-se demonstrar que a série de Fourier converge para a média dos limites laterais no ponto de descontinuidade, isto é

$$\frac{a_0}{2} + \sum_{n=1}^{\infty} \left[a_n \cos(w_n \sigma) + b_n \operatorname{sen}(w_n \sigma) \right] = \frac{f(\sigma+) + f(\sigma-)}{2}, \qquad (12.16)$$

onde σ é um ponto de descontinuidade de salto qualquer[3].

12.2.2   Periodização

Graças ao Teorema 12.2 funções definidas em um intervalo simétrico que sejam suaves por partes podem ser representadas por séries trigonométricas. O que acontece então com valores fora do intervalo? Como séries trigonométricas sempre dão origem a funções periódicas, a reconstrução da função original também será periódica. Veja um exemplo deste efeito na Figura 12.4

Como a análise de Fourier irá produzir uma função periódica no com período $2L$, todas as funções que sejam iguais no intervalo $[-L, L]$ serão reconstruídas como a mesma função periódica (veja a Figura 12.4). Podemos portanto tirar proveito desta característica e ao invés de aplicarmos a análise de Fourier na função original, podemos aplicá-la a qualquer outra função $\tilde{f}$ que seja igual à função original f ao menos em algum subintervalo de interesse.

Uma maneira usual de criar tal função $\tilde{f}$ é por meio do método apresentado na Seção 2.6, cuja fórmula é dada por

$$\tilde{f}(x) = f(x - 2kL), \quad \text{para } x \in [(2k-1)L, (2k+1)L] \qquad (12.17)$$

para k inteiro, de modo que $\tilde{f}$ está definida para todo x em $\mathbb{R}$. Observe que a função $\tilde{f}$ não é contínua, no entanto ainda satisfaz o requisito para ser representada por série de Fourier, pois é suave por partes.

---

[3]Observe que tal expressão também é válida para todos os pontos de continuidade, pois os limites laterais são iguais, fazendo com que o lado direito se reduza ao próprio valor da função.

Exemplos

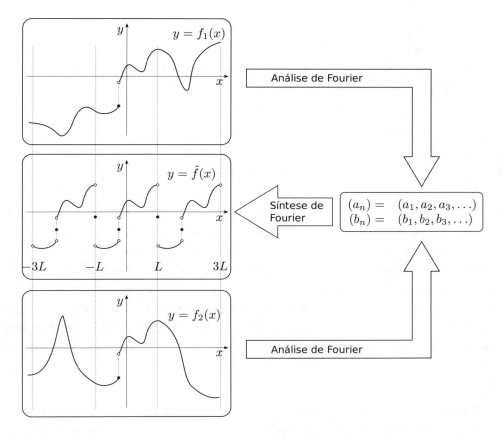

Figura 12.4: A série de Fourier só consegue representar a função original no intervalo $[-L, L]$; A análise de Fourier de duas funções $f_1(x)$ e $f_2(x)$, distintas na reta porém iguais em $[-L, L]$, dão origem às mesmas sequências numéricas (a_n) e (b_n) e portanto as funções sintetizadas (reconstruídas) são iguais em $[-L, L]$. Observe ainda que a função reconstruída é periódica com período $2L$.

12.3 Exemplos

Para fixar os conceitos apresentados até então sobre as séries trigonométricas e seu papel na análise e síntese de Fourier, nesta seção mostraremos exemplos em que calculamos a série de Fourier das seguintes funções:

(i) função $f(x) = \text{sgn}(x)$, que é uma função ímpar cuja reconstrução resulta na função onda quadrada;

(ii) função $f(x) = \pi - |x|$, que é uma função par cuja reconstrução resulta na função onda triangular;

(iii) função $f(x) = h(x)x(x - \pi)$, que é uma função nem par nem ímpar cuja reconstrução resulta na função parabólica truncada.

Porém, antes, vale destacar como é o procedimento realizado em geral. Em primeiro lugar, devemos ter a garantia de que a função a ser representada por sua série de Fourier seja necessariamente suave por partes pelo menos no intervalo de interesse, tipicamente o intervalo simétrico $[-L, L]$. Caso a função não cumpra tal condição fora do intervalo, iszo não é importante para a análise de Fourier.

Em segundo lugar, utilizamos o Teorema 12.2 para computar os coeficientes da série de Fourier que representa a função dada. Nesta etapa vale a pena utilizar todas as propriedades relacionadas a funções pares e ímpares, bem como algumas expressões convenientes que envolvem senos e cossenos aplicados a ângulos múltiplos inteiros de π. O uso de tais propriedades, listadas na Tabela 12.1, não é indispensável, mas altamente recomendável, pois aceleram o cálculo dos coeficientes da série.

Tabela 12.1: Propriedades importantes para o cálculo dos coeficientes da série de Fourier. Aqui n é um inteiro positivo e a uma constante positiva qualquer.

(a)	$\text{sen}(n\pi) = 0$
(b)	$\cos(n\pi) = (-1)^n$
(c)	Se f é ímpar, então $\int_{-a}^{a} f(x)\,dx = 0$
(d)	Se f é par, então $\int_{-a}^{a} f(x)\,dx = 2\int_{0}^{a} f(x)\,dx$
(e)	O produto de duas funções pares é uma função par
(f)	O produto de duas funções ímpares é uma função par
(g)	O produto de duas funções, uma par e outra ímpar, resulta em uma função ímpar

Exemplos

12.3.1 Função onda quadrada

Neste exemplo, vamos calcular a série de Fourier da função sinal, $f(x) = \text{sgn}(x)$, no intervalo $(-\pi, \pi)$. Tal função, como podemos perceber, é suave por partes no intervalo e portanto satisfaz as condições do Teorema 12.2, podendo ser representada por uma série de Fourier.

A função periódica gerada pela síntese de Fourier convencionamos denominar *função onda quadrada*, que pode ser definida como

$$q(x) = \begin{cases} 1, & \text{para } 0 < x < \pi, \\ -1, & \text{para } -\pi < x < 0, \end{cases} \qquad (12.18)$$

para o intervalo $(-\pi, \pi)$, cujo gráfico pode ser observado com auxílio da Figura 12.5.

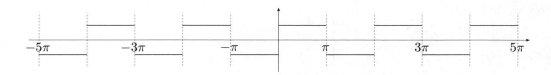

Figura 12.5: A função periódica onda quadrada no intervalo $(-5\pi, 5\pi)$.

Como a função é ímpar no intervalo, temos que

$$a_0 = \frac{1}{\pi} \int_{-\pi}^{\pi} q(x)\, dx = 0.$$

Os coeficientes a_n, de acordo com a equação (12.13), são

$$a_n = \frac{1}{\pi} \int_{-\pi}^{\pi} q(x) \cos(nx)\, dx,$$

porém como o integrando $q(x)\cos(nx)$ é uma função ímpar, pois é produto de uma função ímpar, $q(x)$, por uma função par, $\cos(nx)$, temos que

$$a_n = 0.$$

Para calcular os coeficientes b_n, usamos a equação (12.14)

$$b_n = \frac{1}{\pi} \int_{-\pi}^{\pi} q(x) \operatorname{sen}(nx)\, dx.$$

Porém, como o integrando é uma função par, pois é produto de duas funções ímpares, $q(x)$ e sen(nx), a integral da expressão de b_n pode ser simplificada, segundo a propriedade (d) da Tabela 12.1, fazendo com que os coeficientes b_n sejam

$$b_n = \frac{2}{\pi}\int_0^\pi q(x)\operatorname{sen}(nx)\,dx = \frac{2}{\pi}\int_0^\pi \operatorname{sen}(nx)\,dx = -\frac{2}{\pi}\frac{\cos(nx)}{n}\bigg|_0^\pi$$
$$= \frac{2}{\pi}\frac{-\cos(n\pi)+\cos(0)}{n}\,.$$

Quando n é par, temos que $b_n = 0$, por outro lado, quando n é ímpar, temos que $b_n = 4/n\pi$. Sendo assim, os coeficientes b_n podem ser escritos como

$$b_n = \left(1-(-1)^n\right)\frac{2}{n\pi}\,,$$

ou ainda

$$b_n = \begin{cases} \dfrac{4}{n\pi}, & \text{para } n \text{ ímpar}\,, \\ 0, & \text{para } n \text{ par}\,. \end{cases}$$

Por fim, concluímos que a função $q(x)$ dada pela definição (12.18), no intervalo $(-\pi,\pi)$, possui a seguinte série de Fourier

$$q(x) = 2\sum_{n=1}^{\infty}\frac{1-(-1)^n}{n\pi}\operatorname{sen}(nx) = \frac{4}{\pi}\sum_{n=1}^{\infty}\frac{\operatorname{sen}\left((2n-1)x\right)}{(2n-1)}\,, \qquad (12.19)$$

cujos os gráficos dos seis primeiros termos são apresentados na Figura 12.6.

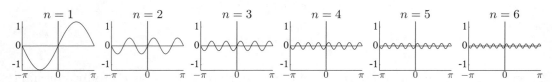

Figura 12.6: Os seis primeiro termos da série de Fourier da função $q(x)$ definida em (12.18) no intervalo $(-\pi,\pi)$.

Assim como no exemplo anterior, podemos observar pela Figura 12.6 que as amplitudes dos termos decaem significativamente, fato que está de acordo com a expressão geral do termo b_n.

Exemplos

As seis primeiras parciais da série de Fourier, que são o truncamento da série com um determinado número de termos, podem ser observadas com auxílio da Figura 12.7. Pelo fato das amplitudes dos termos decaírem bastante, podemos concluir que aos primeiros termos cabe a construção da forma básica da função, deixando para os termos de ordem superiores a reconstrução da função em regiões próximas à descontinuidades.

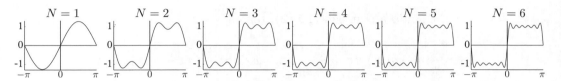

Figura 12.7: As seis primeiras parciais da série de Fourier da função $q(x)$ definida em (12.18) no intervalo $(-\pi, \pi)$.

A Figura 12.8 mostra a função onda quadrada e a soma parcial de sua série de Fourier com oito termos. Observe que, nas regiões onde há descontinuidade, a aproximação tem o comportamento oscilante mais pronunciado.

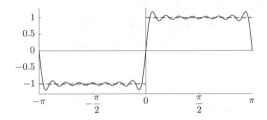

Figura 12.8: A função $q(x)$ definida em (12.18) no intervalo $(-\pi, \pi)$ (linha tracejada) e sua série de Fourier truncada com oito termos (linha cheia).

12.3.2 Função onda triangular

Vamos calcular a série de Fourier da função $t(x) = \pi - |x|$ para o intervalo $(-\pi, \pi)$, que dá origem à função periódica conhecida por *onda triangular*, cujo gráfico pode ser observado com auxílio da Figura 12.9.

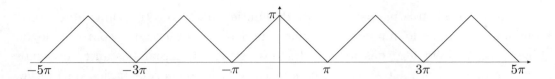

Figura 12.9: A função periódica onda triangular no intervalo $(-5\pi, 5\pi)$.

Nesse caso, usando a equação (12.12), temos

$$a_0 = \frac{1}{\pi}\int_{-\pi}^{\pi} m(x)\,dx = \frac{2}{\pi}\int_0^{\pi} \pi - x\,dx = \frac{2}{\pi}\left[\pi x - \frac{x^2}{2}\right]\Big|_0^{\pi} = \pi\,,$$

onde foi usado o fato da função ser par no intervalo.

Os coeficientes a_n, de acordo com a equação (12.13), são

$$a_n = \frac{1}{\pi}\int_{-\pi}^{\pi}(\pi - |x|)\cos(nx)\,dx = \frac{2}{\pi}\int_0^{\pi}(\pi - x)\cos(nx)\,dx\,,$$

onde foi usado o fato do integrando ser par no intervalo. A integral resultante pode ser resolvida pelo método de integração por partes, chegando-se a

$$a_n = \frac{2}{\pi}\left[\frac{(\pi - x)\operatorname{sen}(nx)}{n}\Big|_0^{\pi} - \frac{\cos(nx)}{n^2}\Big|_0^{\pi}\right] = -\frac{2}{\pi}\frac{(-1)^n - 1}{n^2}\,.$$

ou ainda,

$$a_n = \begin{cases} \dfrac{4}{n^2\pi}, & \text{para } n \text{ ímpar}\,, \\ 0, & \text{para } n \text{ par}\,. \end{cases}$$

Usando a equação (12.14), vamos calcular os coeficientes b_n:

$$b_n = \frac{1}{\pi}\int_{-\pi}^{\pi}(\pi - |x|)\operatorname{sen}(nx)\,dx\,.$$

Observando que o integrando é uma função ímpar no intervalo $(-\pi, \pi)$, pois é produto de uma função par, $\pi - |x|$, com uma função ímpar, $\operatorname{sen}(x)$, de acordo com a propriedade (c) da Tabela 12.1, temos que

$$b_n = 0\,.$$

Por fim, podemos concluir que a função $t(x) = \pi - |x|$, no intervalo $(-\pi, \pi)$, possui a série de Fourier

$$t(x) = \frac{\pi}{2} - \sum_{n=1}^{\infty} \frac{2}{\pi} \frac{(-1)^n - 1}{n^2} \cos(nx) = \frac{\pi}{2} + \frac{4}{\pi} \sum_{n=1}^{\infty} \frac{\cos\big((2n-1)x\big)}{(2n-1)^2}, \qquad (12.20)$$

cujos gráficos dos seis primeiros termos são apresentados na Figura 12.10. Tais gráficos estão na mesma escala, o que nos permite concluir, ao menos visualmente, que a amplitude de cada termo decai rapidamente. Com efeito, veremos que este comportamento tem ligação direta com o fato da função ser completamente contínua, incluindo nos extremos do intervalo.

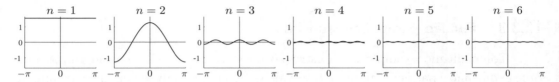

Figura 12.10: Os seis primeiros termos da série de Fourier da função $m(x) = \pi - |x|$ no intervalo $(-\pi, \pi)$.

Os gráficos das seis primeiras parciais da série de Fourier, que são o truncamento da série em determinado número de termos, podem ser observados com auxílio da Figura 12.11.

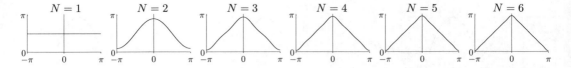

Figura 12.11: As seis primeiras parciais da série de Fourier da função $m(x) = \pi - |x|$. no intervalo $(-\pi, \pi)$.

Como podemos perceber, com poucos termos a série de Fourier representa razoavelmente a função onda triangular, ao menos visualmente. Tanto assim que a sexta parcial mostrada no gráfico da Figura 12.12(a) praticamente reproduz a função original a menos de erro quase imperceptível. No entanto, o erro existe e pode ser visualizado com auxílio da gráfico da Figura 12.12(b).

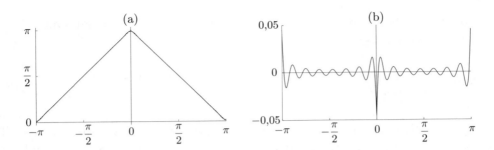

Figura 12.12: Em (a): a função $m(x) = \pi - |x|$ no intervalo $(-\pi, \pi)$ (linha tracejada) e parcial com oito seis (linha cheia); em (b), o erro entre a função e a parcial de sua série de Fourier com seis termos.

12.3.3 Função parabólica truncada

Como último exemplo de construção de séries de Fourier consideramos uma função que não é par nem ímpar no intervalo $(-\pi, \pi)$, que convencionamos denominar *função parabólica truncada*, definida por

$$s(x) = \begin{cases} \pi x - x^2, & x \in [0, \pi] \\ 0, & \text{caso contrário} \end{cases} \quad (12.21)$$

cujo gráfico pode ser observado pela Figura 12.13.

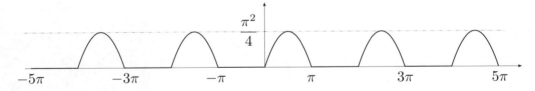

Figura 12.13: A função parabólica truncada em $(-5\pi, 5\pi)$.

Em primeiro lugar, vamos computar o coeficiente a_0 dado por (12.12):

$$a_0 = \frac{1}{\pi} \int_{-\pi}^{\pi} s(x)\, dx = \frac{1}{\pi} \int_0^{\pi} \pi x - x^2\, dx$$
$$= \frac{\pi^2}{6}$$

Exemplos 321

Para calcular os coeficientes a_n, usamos a definição dada por (12.13), isto é,

$$a_n = \frac{1}{\pi} \int_{-\pi}^{\pi} s(x) \cos(nx)\, dx = \frac{1}{\pi} \int_0^{\pi} (\pi x - x^2) \cos(nx)\, dx\,.$$

A integral pode ser computada com auxílio do método de integração por partes, em que escolhemos $u = (\pi x - x^2)$ e $dv = \cos(nx)\, dx$. Desta forma, obtemos

$$a_n = \frac{1}{\pi} \left[(\pi x - x^2) \frac{\operatorname{sen}(nx)}{n} \Big|_0^{\pi} - \int_0^{\pi} (\pi - 2x) \frac{\operatorname{sen}(nx)}{n}\, dx \right].$$

Observando que o primeiro termo do lado direito vale zero e que a integral resultante também pode ser computada por integral por partes, com a escolha $u = (\pi - 2x)$ e $dv = \operatorname{sen}(nx)/n\, dx$, temos que

$$\begin{aligned} a_n &= \frac{1}{\pi} \left[(\pi - 2x) \frac{\cos(nx)}{n^2} \Big|_0^{\pi} + 2 \int_0^{\pi} \frac{\cos(nx)}{n^2}\, dx \right] \\ &= -\frac{\cos(n\pi) + 1}{n^2}\,, \end{aligned}$$

onde observamos que a integral do lado direito vale zero.

Os coeficientes b_n, por sua vez, são calculados com base em (12.14), isto é,

$$b_n = \frac{1}{\pi} \int_{-\pi}^{\pi} s(x) \operatorname{sen}(nx)\, dx = \frac{1}{\pi} \int_0^{\pi} (\pi x - x^2) \operatorname{sen}(nx)\, dx\,.$$

De modo similar ao cálculo dos coeficientes a_n, podemos empregar o método da integração por partes para calcular os coeficientes b_n, do seguinte modo

$$b_n = \frac{1}{\pi} \left[-(\pi x - x^2) \frac{\cos(nx)}{n} \Big|_0^{\pi} + \int_0^{\pi} (\pi - 2x) \frac{\cos(nx)}{n}\, dx \right].$$

Aplicando novamente a integração por partes à integral resultante, obtemos

$$\begin{aligned} b_n &= \frac{1}{\pi} \left[(\pi - 2x) \frac{\operatorname{sen}(nx)}{n^2} \Big|_0^{\pi} + 2 \int_0^{\pi} \frac{\operatorname{sen}(nx)}{n^2}\, dx \right] \\ &= \frac{2}{\pi} \frac{1 - \cos(n\pi)}{n^3}\,. \end{aligned}$$

Por fim, podemos concluir que a função $s(x)$, no intervalo $(-\pi, \pi)$, possui a série de Fourier

$$s(x) = \frac{\pi^2}{12} - \sum_{n=1}^{\infty} \left[\frac{\cos(n\pi) + 1}{n^2} \cos(nx) + \frac{2}{\pi} \frac{\cos(n\pi) - 1}{n^3} \operatorname{sen}(nx) \right] \tag{12.22}$$

cujos seis primeiros termos são mostrados na Figura 12.14(a). Examinando a amplitude de cada termo, observamos que os três primeiros dominam a síntese de Fourier, fato que é também observado pelas das parciais mostradas na Figura 12.14(b), em que a terceira parcial já sintetiza razoavelmente bem a parabólica truncada.

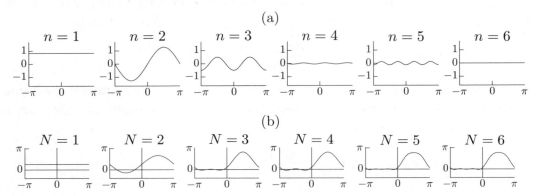

Figura 12.14: Série de Fourier da função parabólica truncada em $(-\pi, \pi)$: (a) os seis primeiros termos; (b) as seis primeiras parciais.

Com efeito, observando a Figura 12.15(a) a sexta parcial já se parece tanto com a parabólica truncada que, ao menos visualmente, a diferença é imperceptível. Entretanto, a Figura 12.15(b) evidencia que ainda existe erro devido ao truncamento da série de Fourier, principalmente nos pontos onde a função não é diferenciável ($x_k = k\pi$ para $k \in \mathbb{Z}$).

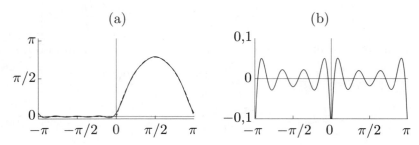

Figura 12.15: (a) a função $s(x)$ no intervalo $(-\pi, \pi)$ (linha tracejada) e a parcial da sua série de Fourier com seis termos (linha cheia); (b) o erro entre a função e a parcial de sua série de Fourier com seis termos.

Séries de senos e de cossenos de Fourier 323

12.4 Séries de senos e de cossenos de Fourier

Suponha que uma função esteja definida somente para metade do intervalo, isto é, $[0, L]$, de modo que não sabemos ou não nos importamos com a definição para a outra metade do intervalo. Então podemos estender a definição de $f(x)$ de diversas maneiras, dentre as quais

$$f_0(x) = \begin{cases} f(x), & x \in [0, L] \, , \\ 0, & x \in [-L, 0) \, . \end{cases}$$

Entretanto, do ponto de vista da representação por séries de Fourier existem duas extensões que são extremamente importantes, a saber:

$$f_I(x) = \begin{cases} f(x), & x \in [0, L] \, , \\ -f(-x), & x \in [-L, 0] \, , \end{cases}$$

$$f_P(x) = \begin{cases} f(x), & x \in [0, L] \, , \\ f(-x), & x \in [-L, 0) \, . \end{cases}$$

Como veremos a seguir, tiraremos proveito do fato de que $f_I(x)$ é uma função ímpar e $f_P(x)$ é uma função par.

Com efeito, se representarmos $f_I(x)$ por uma série de Fourier obtemos:

$$f_I(x) = \sum_{n=1}^{\infty} b_n \, \mathrm{sen}(w_n x) \, , \tag{12.23}$$

onde

$$b_n = \frac{1}{L} \int_{-L}^{L} f_I(x) \, \mathrm{sen}(w_n x) \, dx = \frac{2}{L} \int_0^L f(x) \, \mathrm{sen}(w_n x) \, dx \, . \tag{12.24}$$

Porém, se nos restringimos ao intervalo $[0, L]$, podemos representar diretamente $f(x)$ pela série (12.23), isto é:

$$f(x) = \sum_{n=1}^{\infty} b_n \, \mathrm{sen}(w_n x) \, , \tag{12.25}$$

onde b_n é dado por (12.24).

Similarmente, $f(x)$ pode ser representada por uma série de cossenos, como

$$f(x) = \frac{a_0}{2} + \sum_{n=1}^{\infty} a_n \cos(w_n x) \, , \tag{12.26}$$

onde

$$a_n = \frac{2}{L} \int_0^L f(x) \cos(w_n x)\, dx\,.$$ (12.27)

Em ambos os casos, nos pontos fora do intervalo $[0, L]$ a série de Fourier vai convergir para a extensão associada ao tipo de série: à extensão ímpar, caso seja série de senos, ou à extensão par, caso seja série de cossenos. Tais resultados podem ser formalizados por meio do seguinte teorema.

Teorema 12.3 (Série de senos e cossenos de Fourier) *Seja f suave por partes no intervalo $[0, L]$, então neste intervalo, $f(x)$ pode ser expandida por uma série de cossenos*

$$\frac{a_0}{2} + \sum_{n=1}^{\infty} a_n \cos(w_n x)$$ (12.28)

ou por uma série de senos

$$\sum_{n=1}^{\infty} b_n \operatorname{sen}(w_n x)\,,$$ (12.29)

onde os coeficientes a_n e b_n são dados por

$$a_n = \frac{2}{L} \int_0^L f(x) \cos(w_n x) dx\,,$$ (12.30)

$$b_n = \frac{2}{L} \int_0^L f(x) \operatorname{sen}(w_n x) dx\,.$$ (12.31)

Com relação à extensão $f_0(x)$, observamos que $f_0(x) = [f_I(x) + f_P(x)]/2$ e, usando as respectivas representações de Fourier, obtemos

$$f_0(x) = \frac{a_0}{4} + \frac{1}{2} \sum_{n=1}^{\infty} a_n \cos(w_n x) + b_n \operatorname{sen}(w_n x)\,,$$

onde a_n e b_n são dados por (12.30) e (12.31), respectivamente.

Outra característica interessante é que podemos representar funções tipicamente pares por séries de senos e vice-versa, como, por exemplo,

$$\cos(x) = \frac{8}{\pi} \sum_{n=1}^{\infty} \frac{n \operatorname{sen}(2nx)}{4n^2 - 1}\,,$$

Estudo da convergência de séries de Fourier 325

em $x \in [0, \pi)$, cuja dedução fica como exercício.

É importante notar que dependendo da escolha da extensão, a série resultante pode ter uma taxa de convergência mais rápida ou mais lenta. Veremos este efeito na Seção 12.5.1 em que iremos apresentar um exemplo de uma função definida em $[0, L]$ que será representada tanto por uma série de senos ou quanto por uma série de cossenos. Neste exemplo, veremos que efetivamente a série de cossenos, relacionada à escolha da extensão par, tem uma taxa de convergência maior do que a série de senos.

Exercícios

12.3 Dada a função $f(x) = \begin{cases} x, & 0 \leq x \leq a \\ a, & a \leq x \leq 2a \end{cases}$ definida para $x \in [0, 2a]$. Resolva os itens

    (a) Esboce a função no intervalo $[0, 2a]$.

    (b) Calcule a série de cossenos no intervalo $[0, 2a]$.

    (c) Calcule a série de senos no intervalo $[0, 2a]$.

    (d) Esboce os resultados esperados dos itens (b) e (c) no intervalo $[-2a, 2a]$.

    (e) Qual das duas séries apresenta maior velocidade e por quê?

12.4 Repita o exercício anterior para a função

$$g(x) = \begin{cases} x, & 0 \leq x \leq a \\ 2a - x, & a \leq x \leq 2a \end{cases}$$

definida para $x \in [0, 2a]$.

12.5 Resolva os seguintes itens

    (a) Expanda a função $f(x) = \operatorname{sen}(x)$ em uma série de cossenos em $[0, \pi]$.

    (b) Expanda a função $f(x) = \cos(x)$ em uma série de senos em $[0, \pi]$.

    (c) É possível expandir a função $f(x) = \operatorname{sen}(x)$ em uma série de cossenos em $[-\pi, \pi]$? Explique sua resposta.

12.5 Estudo da convergência de séries de Fourier

Como motivação para abordarmos a convergência de séries de Fourier, tomamos como ponto de partida os exemplos da seção anterior. Com efeito, podemos observar que, dos três exemplos, a série de Fourier da função onda triangular e da função parabólica truncada são as que convergem mais rapidamente a ponto de não distinguirmos, pelo menos visualmente, a função original e sua reduzida com seis termos. Além disso, observamos também que ambas as funções são contínuas, ao passo que a onda quadrada é descontínua nos extremos do intervalo. Sendo assim, parece que há uma correlação positiva entre a regularidade da função e a velocidade de convergência de sua série de Fourier.

12.5.1 Estudo empírico

Podemos examinar a questão da convergência da série sob o ponto de vista do decaimento dos coeficientes, pois quanto mais rápido decaírem menos termos são necessários para que a função sintetizada seja próxima da função original.

No que se segue calcularemos a série de Fourier de duas funções que, embora sejam distintas no domínio da reta, são iguais no intervalo $[0, \pi]$.

Vamos computar a série de Fourier para a função $f(x) = x$ no intervalo $(-\pi, \pi)$. Primeiramente como tal função é suave no intervalo em questão, ela é apta, portanto, a ser representa por uma série de Fourier. A função periódica $s(x)$ reconstruída pela síntese de Fourier é conhecida por função *dente-de-serra*, cujo gráfico pode ser conferido pela Figura 12.16

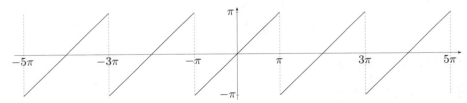

Figura 12.16: A função periódica dente-de-serra no intervalo $(-5\pi, 5\pi)$.

Vamos calcular a série de Fourier da função dente-de-serra para o intervalo $(-\pi, \pi)$. Nesse caso, usando a equação (12.12), temos

$$a_0 = \frac{1}{\pi} \int_{-\pi}^{\pi} s(x)\, dx = \frac{1}{\pi} \int_{-\pi}^{\pi} x\, dx = \frac{1}{\pi} \left[\frac{x^2}{2} \right]_{-\pi}^{\pi} = \frac{1}{2\pi}(\pi^2 - \pi^2) = 0\,.$$

Os coeficientes a_n, de acordo com a equação (12.13), são

$$a_n = \frac{1}{\pi} \int_{-\pi}^{\pi} s(x) \cos(nx)\, dx = \frac{1}{\pi} \int_{-\pi}^{\pi} x \cos(nx)\, dx\,.$$

Estudo da convergência de séries de Fourier   327

Observando que o integrando é ímpar em $(-\pi, \pi)$, segundo a propriedade (c) da Tabela 12.1, temos que $a_n = 0$.

Finalmente, por meio da equação (12.14), vamos calcular os coeficientes b_n:

$$b_n = \frac{1}{\pi} \int_{-\pi}^{\pi} s(x) \operatorname{sen}(nx)\, dx = \frac{1}{\pi} \int_{-\pi}^{\pi} x \operatorname{sen}(nx)\, dx = \frac{2}{\pi} \int_{0}^{\pi} x \operatorname{sen}(nx)\, dx\,,$$

onde a última igualdade se deve às propriedades (d) e (f) da Tabela 12.1. A integral resultante também é resolvida pelo método de integração por partes por meio das seguintes substituições: $u = x$ e $dv = \operatorname{sen}(nx)\, dx$, levando a

$$du = dx \quad \text{e} \quad v = -\frac{\cos(nx)}{n}\,,$$

fazendo com que a expressão dos coeficientes b_n seja

$$b_n = \frac{2}{\pi} \left\{ -\left[x \frac{\cos(nx)}{n} \right]_0^\pi + \int_0^\pi \frac{\cos(nx)}{n} dx \right\}$$

$$= -\frac{2}{\pi} \frac{\pi \cos(n\pi) - 0 \cos(0)}{n} + \frac{2}{\pi} \left[\frac{\operatorname{sen}(nx)}{n^2} \right]_0^\pi .$$

Segundo a propriedade (a) da Tabela 12.1, o segundo termo do lado direito vale zero, determinando a expressão final para os coeficientes b_n:

$$b_n = -\frac{2\cos(n\pi)}{n} = (-1)^{n+1} \frac{2}{n}\,, \tag{12.32}$$

onde foi usada a propriedade (b) da Tabela 12.1.

Por fim, podemos concluir que a função $s(x) = x$, no intervalo $(-\pi, \pi)$, possui a série de Fourier

$$s(x) = 2 \sum_{n=1}^{\infty} (-1)^{n+1} \frac{\operatorname{sen}(nx)}{n}\,, \tag{12.33}$$

cujos gráficos dos seis primeiros termos podem ser vistos na Figura 12.17. Observe que a igualdade em (12.33) só é válida para o intervalo aberto $(-\pi, \pi)$, então o que acontece em $x = \pm\pi$? Para responder a essa pergunta, basta utilizar a equação (12.16), que diz respeito ao valor que a série de Fourier assume nos pontos de descontinuidade de salto. Neste caso, portanto, temos que em $x = k\pi$ a série assume o valor zero, isto é,

$$2 \sum_{n=1}^{\infty} (-1)^{n+1} \frac{\operatorname{sen}(nk\pi)}{n} = 0\,, \tag{12.34}$$

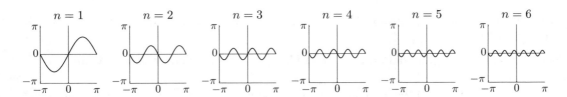

Figura 12.17: Os seis primeiros termos da série de Fourier da função $s(x) = x$, para $-\pi < x < \pi$.

pois $\operatorname{sen}(nk\pi) = 0$.

Podemos observar que as amplitudes dos termos vão decaindo, o que é consistente com a fórmula (12.32). A interpretação desse fato é que os primeiros termos tendem a sintetizar razoavelmente a função $s(x) = x$ no intervalo $(-\pi, \pi)$.

Os termos de ordens superiores são responsáveis por sintetizar as descontinuidades e sutilezas da função. Este fato pode ser observado com auxílio da Figura 12.18, que mostra as seis primeiras parciais[4]

$$S_N(x) = 2\sum_{n=1}^{N}(-1)^{n+1}\frac{\operatorname{sen}(nx)}{n}$$

da série de Fourier, para $N = 1, \ldots, 6$.

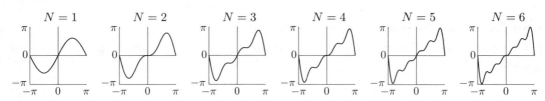

Figura 12.18: As seis primeiras parciais da série de Fourier da função $s(x) = x$, para $-\pi < x < \pi$.

Na Figura 12.19 podemos observar os gráficos da função dente-de-serra e a parcial da sua série de Fourier com oito termos no intervalo $(-\pi, \pi)$. Observe que visualmente nas bordas a oscilação da parcial é mais proeminente, que deve-se ao fato de que há uma grande descontinuidade de salto na proximidade desta região.

---

[4]Uma parcial S_n da série $\sum_{k=1}^{\infty} a_k$ é uma série truncada em $k = N$, isto é $S_N = \sum_{n=1}^{N} a_n$

Estudo da convergência de séries de Fourier

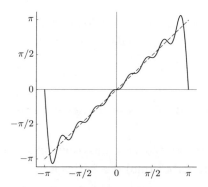

Figura 12.19: A função $s(x) = x$, para $-\pi < x < \pi$, (linha tracejada) e a parcial com oito termos da sua série de Fourier (linha cheia).

Vamos computar a série de Fourier para a função módulo $m(x) = |x|$ no intervalo $[-\pi, \pi]$, que dá origem à função onda triangular deslocada horizontalmente por π. Vamos aproveitar a série de Fourier da função onda triangular $t(x)$, dada por (12.20), para computar os coeficientes. Isto é, sabendo que

$$m(x) = t(x - \pi)$$

e que

$$t(x) = \frac{\pi}{2} + \frac{4}{\pi} \sum_{n=1}^{\infty} \frac{\cos\big((2n-1)x\big)}{(2n-1)^2},$$

temos que

$$m(x) = \frac{\pi}{2} + \frac{4}{\pi} \sum_{n=1}^{\infty} \frac{\cos\big((2n-1)(x-\pi)\big)}{(2n-1)^2} \quad (12.35)$$

$$= \frac{\pi}{2} - \frac{4}{\pi} \sum_{n=1}^{\infty} \frac{\cos\big((2n-1)x\big)}{(2n-1)^2}, \quad (12.36)$$

onde foi usada a propriedade do cosseno da soma de dois ângulos. A análise da convergência da série, bem como a análise gráfica dos termos e das parciais é completamente similar ao que foi feito para a função onda triangular.

Prosseguindo com a análise empírica da convergência, primeiramente vamos estabelecer uma comparação gráfica sobre o decaimento dos coeficientes das séries de Fourier da função dente-de-serra e função onda triangular deslocada.

Se tomarmos um número c no intervalo $(0, \pi)$, sabemos que o valor de ambas as funções quando aplicadas em $x = c$ deve ser igual, isto é,

$$s(c) = m(c) = c,$$

para todo $c \in (0, \pi)$. Portanto iremos usar esta constatação como critério de comparação.

Sendo assim, tomando $c = \pi/3$, sabemos que ambas séries de Fourier convergem para este valor, porém resta saber qual das séries converge mais rapidamente. Computando as parciais das séries avaliadas em $x = c$, podemos gerar duas sequências numéricas

$$s_n = \sum_{k=1}^{n} (-1)^{k+1} \frac{\operatorname{sen}(k\pi/3)}{k}, \tag{12.37}$$

$$m_n = \frac{\pi}{2} - \frac{4}{\pi} \sum_{k=1}^{n} \frac{\cos\bigl((2k-1)\pi/3\bigr)}{(2k-1)^2}, \tag{12.38}$$

isto é, s_n e m_n são geradas a partir das parciais das séries de Fourier da função dente-de-serra e onda triangular, respectivamente. Dispondo graficamente ambas as sequências (Figura 12.20) notamos que (m_n) converge muito mais rápido ao valor $1/3$ do que (s_n).

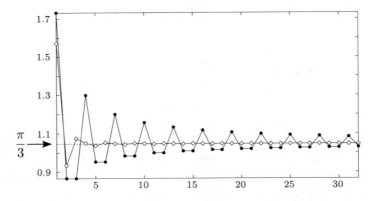

Figura 12.20: Análise da convergência pontual para $x = \pi/3$ das séries de Fourier da função dente-de-serra (círculos pretos) e onda triangular (losangos brancos).

Estudo da convergência de séries de Fourier 331

De fato, o tipo de convergência das séries de Fourier depende fortemente da qualidade da função que será representada pela série. O termo qualidade se refere à continuidade da função e de suas derivadas e, nesse sentido, concluiremos nesta seção que quanto maior a qualidade, mais rápida é a convergência da série.

12.5.2 Ordem de convergência

Como vimos, ao menos empiricamente, quanto mais regular a função, maior será a taxa de decaimento dos coeficientes da sua série de Fourier. A interpretação deste fato é que a função mais regular pode ser razoavelmente bem reconstruída com os primeiros termos da série. Por outro lado, funções com descontinuidades de salto ou com derivadas descontínuas necessitam de um número bem maior de termos para serem reconstruídas razoavelmente.

Na prática a grande importância da análise da convergência é tentar prever a qualidade da síntese de Fourier caso a série seja truncada. Apesar da análise da convergência ser qualitativamente compreensível, é desejável uma ferramenta que nos permita realizá-la de modo quantitativo. E é justamente isso que fornece o seguinte teorema, cuja prova pode ser encontrada em Tygel & de Oliveira (2005).

> **Teorema 12.4 (Decaimento dos coeficientes de Fourier)**
> *Seja f uma função periódica e suave por partes que tenha ao menos p derivadas contínuas. Então existe uma constante $C > 0$ tal que*
> $$|b_n| \leq \frac{C}{n^p}$$
> $$|a_n| \leq \frac{C}{n^p}$$
> *para todo $n \in N$.*

Com efeito, observando o gráfico dos coeficientes mostrado na Figura 12.20, notamos que os mesmos apresentam um decaimento do tipo n^{-1} para os coeficientes da extensão ímpar (função dente de serra) e n^{-2} para os coeficientes da extensão par (função onda triangular).

12.6 Análise granulométrica via série de Fourier

Em estudos petrográficos, principalmente de rochas sedimentares, existe o método da análise granulométrica para inferência das propriedades geométricas dos seus grãos. Basicamente por meio de seções laminares de amostras de rochas, o estudo granulométrico pode ser feito com imagens microscópicas digitais, similares à imagem mostrada pela Figura 12.21.

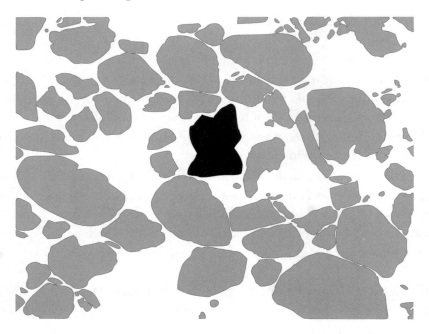

Figura 12.21: Imagem simplificada em tons de cinza de uma lâmina de rocha sedimentar: os grãos da rocha são os corpos cinzas e em branco o espaço poroso. O grão central, destacado em preto, é analisado em detalhe no decorrer no texto.

Considere um grão com a forma mostrada pela imagem da Figura 12.22. Por hipótese, consideramos que seu interior é todo preenchido por material homogêneo e que a sua borda é suave por partes.

Como tratamos de imagens bidimensionais, vamos considerar que todos os objetos a serem analisados sejam regiões fechadas e limitadas no plano. Para uma dada região D, consideramos o seu contorno como sendo denotado por Γ. Vamos

Análise granulométrica via série de Fourier

Figura 12.22: Um grão de rocha (à esquerda) e seu contorno (à direita).

considerar também que existe um ponto $C \equiv (x_c, y_c)$ interior a D, tal que todo o ponto $X \equiv (x, y)$ do contorno "enxerga" C. Isto quer dizer que todo o segmento de reta que liga C a X está completamente contido em D (veja a Figura 12.23). Esta hipótese equivale a assumir que a curva Γ tem a *forma estrelada* (do inglês, *star-shapped*).

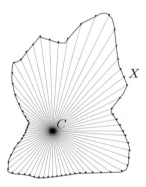

Figura 12.23: O grão analisado tem a forma estrelada, pois existe ao menos um ponto interior C tal que todos os segmentos de retam que o conectam a pontos da borda são interiores ao grão.

Para cada ponto $X \equiv (x, y) \in \Gamma$, construímos o segmento de reta CX e consideramos duas quantidades: a distância r de C a X e o ângulo θ que CX faz com o eixo horizontal, dados, respectivamente, por

$$r = \sqrt{(x - x_c)^2 + (y - y_c)^2}, \tag{12.39}$$

$$\theta = \arctan\left(\frac{y - y_c}{x - x_c}\right). \tag{12.40}$$

Como a curva Γ é em forma estrelada, podemos afirmar que para cada θ existe somente um único r, de modo que podemos construir uma função que relaciona θ e r, isto é, podemos considerar

$$r = f(\theta), \qquad (12.41)$$

para $\theta \in (0, 2\pi]$. Por exemplo, o contorno do grão mostrado na Figura 12.22 dá origem à função radial mostrada Figura 12.24.

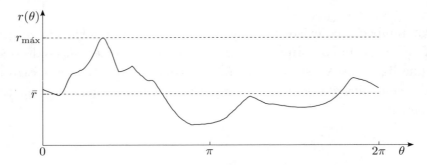

Figura 12.24: A função radial $r = f(\theta)$ obtida a partir do contorno do grão da Figura 12.22. Observe que r é periódica com período 2π.

O que torna tão interessante a função radial (12.41) é que se trata de uma função periódica e, portanto, apta a ser completamente representada pela série de Fourier dada por

$$r = f(\theta) = \frac{a_0}{2} + \sum_{n=1}^{\infty} a_n \cos(n\theta) + b_n \operatorname{sen}(n\theta),$$

onde os coeficientes a_0, a_n e b_n, para $n = 1, 2, \ldots$, são respectivamente dados por (12.12), (12.13) e (12.14). Reproduzimos aqui tais equações, especializando-as para $L = \pi$

$$a_0 = \frac{1}{\pi} \int_0^{2\pi} f(\theta)\, d\theta,$$

$$a_n = \frac{1}{\pi} \int_0^{2\pi} f(\theta)\, \cos(n\theta)\, d\theta,$$

$$b_n = \frac{1}{\pi} \int_0^{2\pi} f(\theta)\, \operatorname{sen}(n\theta)\, d\theta.$$

Análise granulométrica via série de Fourier

Entretanto, a partir da representação da série de Fourier, existe uma outra representação alternativa, mais adequada ao problema de caracterização de contorno, dada por

$$r = r_0 + \sum_{n=1}^{\infty} r_n \cos(n\theta - \phi_n),$$

onde $r_0 = a_0/2$ é o raio médio do contorno, $r_n =$ e ϕ_n são respectivamente a amplitude e fase do n-ésimo harmônico.

Uma interpretação geométrica é que cada harmônico n dá uma contribuição qualitativamente diferente ao formato da curva. Com efeito, os termos de ordem baixa fornecem o formato mais geral do contorno, enquanto os de ordem elevada fornecem os detalhes. Para ilustrar esta interpretação, observe a Figura 12.25.

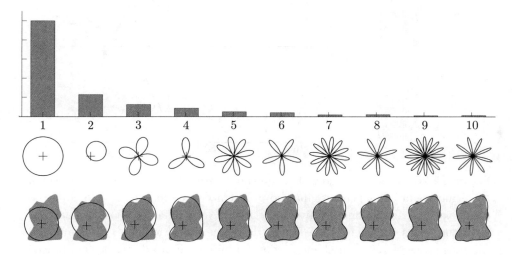

Figura 12.25: Harmônicos do contorno do grão da Figura 12.22. Na linha superior são mostrados os pesos relativos dos harmônicos, que são mostrados na linha do meio. Na linha inferior são mostrados os contornos parcialmente sintetizados com os termos de 1 até a ordem do harmônico.

Prosseguindo com a interpretação geométrica, podemos criar, por exemplo, versões suavizadas do contorno analisado. Por exemplo, truncando a série de Fourier para $N = 1, 2, 4$ e 16, produzimos os contornos filtrados, mostrados na Figura 12.26.

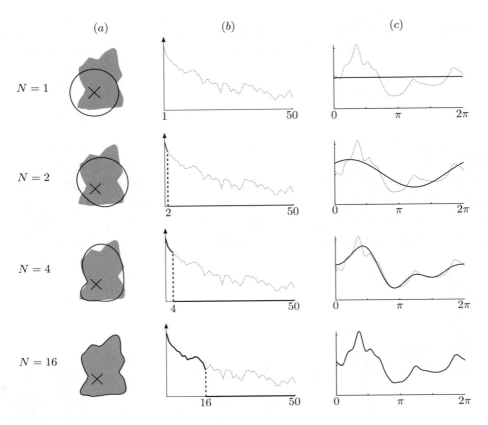

Figura 12.26: Versões filtradas do contorno do grão da Figura 12.22. Na coluna (a) é mostrada a imagem original do grão em cinza sobreposta pelo contorno produzido com um número finito de termos. Na coluna (b) são mostrados as amplitudes dos coeficientes em função do índice do harmônico. Na coluna (c) são mostrados os raios sintetizados com um número finito de termos em função do ângulo.

12.6.1 Descritores de forma

Na análise granulométrica existem os descritores de forma, que são atributos que caracterizam a geometria dos grãos, por meio dos quais pode se classificar e qualificar os grãos que compõem uma amostra. Segundo Barret (1980), os mais importantes são os denominados forma, arrendondamento e textura, os quais, nesta ordem, qualificam o contorno do grão em nível crescente de detalhes. A forma mede o

Análise granulométrica via série de Fourier

formato geral do grão, o arrendondamento dá uma medida da suavidade do contorno e a textura exprime o comportamento de micro escala do contorno.

Em uma tentativa de definir quantitavamente os três descritores, Ehrlich & Weinberg (1970) propuseram uma medida denominada *coeficiente de rugosidade* e definida como

$$P_{jk} = \left[\frac{1}{2} \sum_{n=j}^{k} a_n^2 + b_n^2 \right]^{1/2} \quad (12.42)$$

onde a_n e b_n são os coeficientes da série de Fourier que descreve o contorno. Os índices j e k são escolhidos de tal modo a cobrirem uma faixa de índices dos harmônicos. Tipicamente, são escolhidas três faixas de índices, que cobrem, respectivamente os harmônicos de baixa, média e alta ordem.

Por exemplo, para os dois grãos mostrados na Figura 12.27, calculamos três coeficientes de rugosidade, cujos resultados estão dispostos na própria figura.

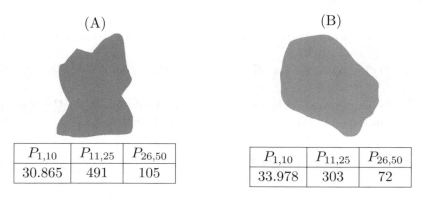

Figura 12.27: Os dois grãos em análise de rugosidade.

Observe que a razão entre os coeficientes $P_{11,25}$ e $P_{1,10}$ é sensivelmente menor no grão B do que no grão A. Isso quer dizer que na composição o contorno do grão B existe uma concentração mais alta de harmônicos de baixa ordem, indicando que o grão B é mais circular que o grão A. Similarmente, analisando a relação $P_{26,50}/P_{1,10}$, concluimos que o grão A é mais texturizado que o grão B.

338   *Capítulo 12. Série de Fourier*

Exercícios

⚡12.6 O núcleo de um contorno de uma região é o conjunto de todos os pontos C que são visíveis por todo os pontos do contorno. Resolva os seguintes itens

    (a)   Mostre que o núcleo de uma circunferência é todo o círculo;

    (b)   Mostre que o núcleo do contorno de qualquer conjunto convexo é o próprio conjunto;

    (c)   Forneça um exemplo de um conjunto não-convexo, cujo contorno possua um núcleo não vazio.

    (d)   Qual é o núcleo da estrela de Davi (estrela de seis pontas)?

12.7 Para um quadrado com vértices em $(1,0)$, $(0,1)$, $(-1,0)$ e $(0,-1)$, obtenha a função $r = f(\theta)$, que é a distância do contorno à origem em função do ângulo. Em seguida calcule a sua série de Fourier, e esboce o contorno obtido com o truncamento da série com 1, 2 e 3 termos.

Exercícios adicionais

⚡12.8 Mostre que as funções abaixo são periódicas e calcule seu período fundamental:

    (a) $f(x) = \text{sen}(2x) + \cos(3x)$ (b) $f(x) = \text{sen}(3x) - \cos(x)$

12.9 Procedendo de maneira similar ao desenvolvimento do núcleo de Poisson, ache uma expressão sintética para o núcleo de Dirichlet, dado por

$$D_n(x) = 1 + 2 \sum_{k=1}^{n} \cos(kx). \tag{12.43}$$

12.10 Calcule a série de Fourier das funções a seguir, no intervalo $(-\pi, \pi)$:

    (a) $f(x) = x^3$ (c) $h(x) = e^{ax}$ (e) $v(x) = |\cos(x)|$

    (b) $g(x) = a$ (d) $u(x) = 2x^3$ (f) $w(x) = \cos^2(x)$

onde a é uma constante.

12.11 Calcule a série de Fourier da seguintes funções, definidas em $(-\pi, \pi)$:

Exercícios adicionais 339

(a) $f(x) = x^2$

(b) $g(x) = \begin{cases} -1, & \text{se } x < 0\,, \\ 1, & \text{se } x \geq 0\,. \end{cases}$

(c) $h(x) = \begin{cases} \pi + x, & \text{se } x < 0\,, \\ \pi - x, & \text{se } x \geq 0\,. \end{cases}$

(d) $i(x) = \begin{cases} -x, & \text{se } x < 0\,, \\ 0, & \text{se } x \geq 0\,. \end{cases}$

(e) $j(x) = \begin{cases} \text{sen}(x), & \text{se } 0 < x < \pi\,, \\ 0, & \text{se } x \leq 0\,. \end{cases}$

(f) $k(x) = \begin{cases} \cos(x/2), & \text{se } |x| < \pi\,, \\ \pi - x, & \text{se } x \geq \pi\,, \\ \pi + x, & \text{se } x \leq -\pi\,, \end{cases}$

Esboce o gráfico da função como também os primeiros termos de Fourier. Observe a convergência da série de (b) para $x = 0$.

12.12 Use o resultado da letra (a) do exercício anterior para mostrar que

$$\sum_{n=1}^{\infty} \frac{1}{n^2} = \frac{\pi^2}{6}\,.$$

12.13 Considere a função definida no intervalo $(-2\pi, 2\pi)$

$$f(x) = \begin{cases} -2\pi - x, & \text{para } -2\pi < x < -\pi\,, \\ 2\pi - x, & \text{para } \pi < x < 2\pi\,, \\ x, & \text{para } -\pi \leq x \leq \pi\,, \end{cases}$$

e resolva os seguintes itens:

(a) esboce o gráfico da função;

(b) calcule a sua série de Fourier; e,

(c) restringindo-se ao intervalo $[-\pi, \pi]$, analise a convergência nos pontos $x = -\pi$ e $x = \pi$, comparando com o exemplo 1 da Seção 12.3. Para isso, examine o decaimento dos coeficientes de ambas as séries.

12.14 Usando a equação (12.33), substitua x por $\pi/2$ e descubra que

$$\frac{\pi}{4} = 1 - \frac{1}{3} + \frac{1}{5} - \frac{1}{7} + \frac{1}{9} - \frac{1}{11} + \cdots$$

12.15 Considere as funções a seguir, no intervalo $(-\pi, \pi)$:

(a) $f_1(x) = -x$;

(b) $f_2(x) = \begin{cases} x + \pi, & -\pi < x < -\pi/2\,, \\ -x, & -\pi/2 < x < \pi/2\,, \\ x - \pi, & \pi/2 < x < \pi\,, \end{cases}$

340   *Capítulo 12. Série de Fourier*

e responda aos seguintes itens

- (i)   Em primeiro lugar, esboce ambas as funções.
- (ii)   Em seguida, encontre as séries de Fourier que as representam no intervalo $(-\pi, \pi)$.
- (iii)   Substitua $x = \pi/2$ em ambas as séries de Fourier e analise a convergência das séries numéricas resultantes.
- (iv)   Substitua $x = \pi/4$ em ambas as séries de Fourier e analise a convergência das séries numéricas resultantes.

12.16 Calcule a série de Fourier das funções

(a) $f(x) = \begin{cases} 1, & -2 \le x < 0 \\ 0, & 0 \le x < 1 \\ 1, & 1 \le x \le 2 \end{cases}$

(b) $g(x) = \begin{cases} 0, & -L \le x < 0 \\ e^x, & 0 \le x \le L \end{cases}$

(c) $h(x) = \operatorname{sen}^2(x)$, $x \in [-\pi, \pi]$.

12.17 Calcule a série de Fourier da função $f(x) = \operatorname{sen}(\alpha x)$ no intervalo $[-\pi, \pi]$, onde α é um número não inteiro.

12.18 Calcular as séries de Fourier das seguintes funções em $[-\pi, \pi]$:

(a) $f(x) = \begin{cases} \cos(x), & x \in (-\pi/2, \pi/2) \\ 0, & c.c. \end{cases}$

(b) $g(x) = x(x^2 - \pi)$.

Capítulo 13

Transformada de Fourier

O resultado principal do Capítulo 12 é que uma função periódica suave por partes pode ser representada completamente por sua série de Fourier e que se uma série trigonométrica é convergente então ela representa uma função periódica. Entretanto, na geofísica, e em outras disciplinas aplicadas, existe uma grande variedade de funções não periódicas o que leva ao seguinte questionamento: é possível obter uma represenção alternativa para tais funções?

Neste capítulo, portanto, abordamos resultados que mostram como uma função que cumpre determinadas condições pode ser representada por uma integral imprópria, conhecida por integral de Fourier. Apesar de ser muito similar a uma série trigonométrica, suas propriedades e resultados enquadram-se em uma teoria que possui escopo mais geral, que pode ser genericamente chamada de teoria de Fourier.

Ao longo do capítulo, são apresentadas as condições para a sua existência, bem como as três formas mais comuns de representação: forma real, complexa e polar. Na sequência apresentamos cinco exemplos básicos que usam essencialmente a definição da transformada de Fourier, seguidos pela apresentação das principais propriedades, que servem para acelera e simplificar o cálculo da transformada.

Por fim, é apresentada a construção de transformadas de Fourier de algumas funções que não cumprem as condições suficientes que garantem a existência da transformada de Fourier, mas que mesmo assim admitem transformada, tais como função delta de Dirac, constante, função de Heaviside, sinal e seno e cosseno.

13.1 Transformada de Fourier

Uma função não periódica que cumpra condições específicas sobre a regularidade e integrabilidade pode ter uma representação alternativa, similar à série de Fourier, denominada genericamente por representação espectral. Nesta seção apresentamos de maneira não rigorosa, os principais passos e condições para a obtenção da representação espectral de uma função, caso em que genericamente é chamado de *análise espectral* ou *análise de Fourier*. Adicionalmente também são apresentados as condições e os mecanismos para a construção de uma função a partir de tal representação espectral. Este problema, que tem o objetivo oposto da análise de Fourier, é chamado *síntese espectral* ou *síntese de Fourier*. Por fim, apresentamos o teorema que unifica a análise e síntese de Fourier, chamado Teorema da transformada de Fourier.

13.1.1 Motivação: da série à integral de Fourier

Consideremos uma função não periódica f absolutamente integrável definida para todos os reais. Além disso, consideremos também a função f_L periódica de período $2L$, construída a partir da função f da seguinte maneira

$$f_L(x) = f(x - 2kL), \quad \text{para } x \in [(2k-1)L, (2k+1)L],$$

onde k é um número inteiro. Em outras palavras a função f_L é uma função periódica criada a partir do truncamento da função f no intervalo $[-L, L]$. (Veja Figura 13.1).

Na Figura 13.1 observamos o efeito do truncamento da função f para três valores de L. Tal função não periódica f pode ser considerada como o caso limite da função f_L quando L tende ao infinito, isto é

$$f(x) = \lim_{L \to \infty} f_L(x),$$

para todo $x \in \mathbb{R}$.

No que se segue analisamos os desdobramentos sobre a série de Fourier de f_L quando $L \to \infty$.

Transformada de Fourier

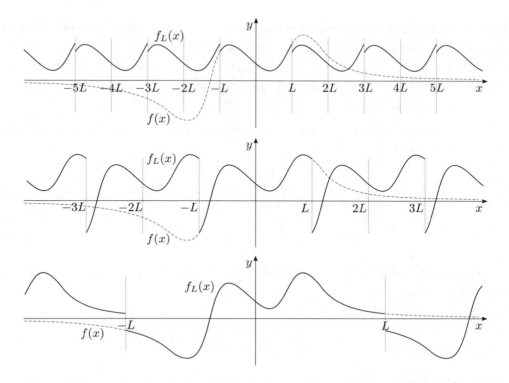

Figura 13.1: A função periódica $f_L(x)$ (linha cheia) é gerada a partir da função não periódica $f(x)$ (linha tracejada). De cima para baixo é mostrado o efeito do truncamento quando o período aumenta, indicando que no limite $L \to \infty$, a função periódica é igual à função original.

A série de Fourier de f_L, dada por (12.11), pode ser reescrita como

$$f_L(x) = \frac{a_0}{2} + \sum_{n=1}^{\infty} \left[a_n \cos(n\Delta\omega\, x) + b_n \operatorname{sen}(n\Delta\omega\, x) \right],$$

onde $\Delta\omega = \pi/L$ e os coeficientes a_n e b_n são dados por

$$a_n = \frac{1}{L} \int_{-L}^{L} f_L(\xi) \cos(n\Delta\omega\, \xi)\, d\xi,$$

$$b_n = \frac{1}{L} \int_{-L}^{L} f_L(\xi) \operatorname{sen}(n\Delta\omega\, \xi)\, d\xi,$$

para $n = 1, 2, \ldots$. Observe que o coeficiente a_0 pode ser encarado como um caso especial de a_n, para $n = 0$, pois sua expressão é dada por

$$a_0 = \frac{1}{L} \int_{-L}^{L} f_L(\xi)\, d\xi \,.$$

A partir das expressões dos coeficientes de Fourier, definimos as seguintes funções auxiliares

$$a(s) = \frac{1}{\pi} \int_{-L}^{L} f_L(\xi) \cos(s\,\xi)\, d\xi \,, \tag{13.1}$$

$$b(s) = \frac{1}{\pi} \int_{-L}^{L} f_L(\xi) \operatorname{sen}(s\,\xi)\, d\xi \,, \tag{13.2}$$

de modo que os coeficientes a_n e b_n podem ser definidos com auxílio destas funções da seguinte forma

$$a_n = a(n\Delta\omega)\,\Delta\omega \,,$$
$$b_n = b(n\Delta\omega)\,\Delta\omega \,.$$

Ao substituir tais expressões na série de Fourier, obtemos

$$f_L(x) = \frac{a_0}{2} + \sum_{n=1}^{\infty} \Big[a(n\Delta\omega) \cos(n\Delta\omega\, x) + b(n\Delta\omega) \operatorname{sen}(n\Delta\omega\, x) \Big] \Delta\omega \,.$$

Vamos analisar o que acontece com a série de Fourier quando L tende ao infinito. Em primeiro lugar, como a função é absolutamente integrável, quando $L \to \infty$, existe uma constante M tal que

$$\lim_{L\to\infty} \int_{-L}^{L} f_L(\xi)\, d\xi = \int_{-\infty}^{\infty} f(\xi)\, d\xi = M < \infty \,.$$

Portanto, avaliando o que acontece com o coeficiente a_0, concluímos que:

$$\lim_{L\to\infty} a_0 = \lim_{L\to\infty} \frac{M}{L} = 0 \,,$$

isto é, o coeficiente a_0 vai para zero quando L tende ao infinito.

Transformada de Fourier

Além disso, quando L tende ao infinito, a série de Fourier

$$f_L(x) = \sum_{n=1}^{\infty} \Big[a(n\Delta\omega)\cos(n\Delta\omega\, x) + b(n\Delta\omega)\operatorname{sen}(n\Delta\omega\, x) \Big] \Delta\omega$$

converge para uma integral imprópria, pela própria definição de integral de Riemann, pois $\Delta\omega \to 0$ e $n\Delta\omega = \omega$. Isto é,

$$\lim_{L\to\infty} f_L(x) = \int_0^{\infty} \big[a(\omega)\cos(\omega x) + b(\omega)\operatorname{sen}(\omega x) \big]\, d\omega\,, \tag{13.3}$$

onde a e b são funções definidas por

$$a(s) = \frac{1}{\pi} \int_{-\infty}^{\infty} f(\xi)\cos(s\,\xi)\, d\xi\,, \tag{13.4}$$

$$b(s) = \frac{1}{\pi} \int_{-\infty}^{\infty} f(\xi)\operatorname{sen}(s\,\xi)\, d\xi\,. \tag{13.5}$$

A representação integral da função f dada por (13.3) é conhecida por *integral de Fourier* e todo o processo de construção desta representação a partir de uma função dada é chamada *análise de Fourier*.

13.1.2 Síntese de Fourier

Na seção anterior, vimos que dada uma função f construímos uma representação alternativa chamada integral de Fourier. O ponto mais importante é que, dada uma função f, são construídas duas funções auxiliares a_f e b_f, utilizadas na representação alternativa. Vamos, portanto, abordar um outro ponto de vista que é a resposta à seguinte pergunta: *dadas duas funções a e b quaisquer, qual será a função construída?*

Dadas duas funções $a(\omega)$ e $b(\omega)$ e um número real t, consideremos o objeto matemático

$$\int_0^{\infty} \big[a(\omega)\cos(\omega t) + b(\omega)\operatorname{sen}(\omega t) \big]\, d\omega\,, \tag{13.6}$$

o qual denominamos *síntese de Fourier*. Como tal objeto depende do número real t ele tem o potencial para se consolidar como uma função de t. Porém, isso só é garantido caso a integral imprópria (13.6) seja convergente para cada t.

346   *Capítulo 13. Transformada de Fourier*

Na verdade, o termo "quaisquer" na pergunta não pode ser levado a cabo, pois as funções a e b não podem ser quaisquer, uma vez que a integral (13.6) da síntese de Fourier deve ser convergente. Em geral, as condições suficientes sobre as funções a e b que garantem a convergência de (13.6) são de que a e b sejam suaves por partes e absolutamente integráveis.

Por exemplo, podemos efetuar uma síntese de Fourier escolhendo as funções $a(\omega)$ e $b(\omega)$ como sendo

$$a(\omega) = \begin{cases} \operatorname{sen}(\omega), & x \in [0,\pi), \\ 0, & \text{caso contrário} \end{cases} \qquad \text{e} \qquad b(\omega) = \begin{cases} \cos(\omega), & x \in [0,\pi), \\ 0, & \text{caso contrário}. \end{cases}$$

Observe que a e b são funções suaves por partes e absolutamente integráveis e, portanto, existe a síntese de Fourier $s(t)$, dada por

$$s(t) = \int_0^\pi \operatorname{sen}(\omega)\cos(\omega t) + \cos(\omega)\operatorname{sen}(\omega t)\, d\omega = \int_0^\pi \operatorname{sen}(\omega + \omega t)\, d\omega$$

$$= \frac{\operatorname{sen}(\pi(t+1))}{t+1} = \pi \operatorname{sinc}(t+1).$$

Portanto, a partir das funções a e b, é sintetizada a função s por meio da integral (13.6), graças ao fato de elas satisfazerem as condições suficientes para a síntese.

Contudo, vale observar que as condições para existência da síntese de Fourier são apenas suficientes, pois pode haver o caso em que a e b não as satisfaçam, mas mesmo assim existe a síntese. Um exemplo deste caso é quando as funções $a_s(\omega)$ e $b_s(\omega)$ escolhidas para a síntese são

$$a_s(\omega) = \frac{\operatorname{sen}(\omega)}{\omega},$$

$$b_s(\omega) = \frac{\cos(\omega)}{\omega},$$

as quais não são absolutamente integráveis. Aplicando a equação que define a síntese de Fourier, temos

$$\int_0^\infty \frac{\operatorname{sen}(\omega)}{\omega}\cos(\omega t) + \frac{\cos(\omega)}{\omega}\operatorname{sen}(\omega t)\, d\omega = \int_0^\infty \frac{\operatorname{sen}(\omega + \omega t)}{\omega}\, d\omega,$$

que pode ser resolvida bastando-se introduzir a mudança de variável $u = (t+1)\omega$. Tal integral depende de t, portanto, vamos analisar o que acontece para três casos: $t > -1$, $t = -1$ e $t < -1$,

Para o caso em que $t > -1$, temos que

$$\int_0^\infty \frac{\operatorname{sen}(\omega + \omega t)}{\omega} d\omega = \int_0^\infty \frac{\operatorname{sen}(u)}{u} du = \frac{\pi}{2},$$

onde a última igualdade é um resultado clássico relacionado à função sinc, que fica como exercício (Exercício 9.19 na pág. 235). Por outro lado, para o caso em que $t < -1$, temos que

$$\int_0^\infty \frac{\operatorname{sen}(\omega + \omega t)}{\omega} d\omega = \int_0^{-\infty} \frac{\operatorname{sen}(u)}{u} du = -\int_0^\infty \frac{\operatorname{sen}(v)}{v} dv$$
$$= -\frac{\pi}{2},$$

onde foi feita a mudança de variável $v = -u$. Finalmente para $t = -1$, a integral é nula. Resumindo os três casos em uma notação mais sintética, obtemos

$$\int_0^\infty \frac{\operatorname{sen}(\omega + \omega t)}{\omega} d\omega = \frac{\pi}{2} \operatorname{sgn}(t+1),$$

onde $\operatorname{sgn}(t)$ é a função sinal definida em (1.29) (página 24).

Portanto, para este exemplo a escolha das funções a_s e b_s, mesmo não sendo absolutamente integráveis, gera uma função por meio da integral que representa a síntese de Fourier, segundo o esquema da Figura 13.2.

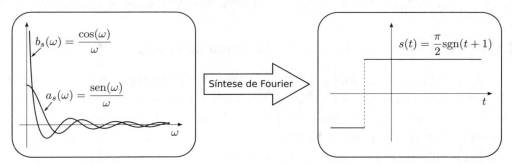

Figura 13.2: As funções $\operatorname{sen}(\omega)/\omega$ e $\cos(\omega)/\omega$ são levadas à função $\pi \operatorname{sgn}(t+1)/2$ por meio da síntese de Fourier.

Este caso, em que as funções a e b sintetizam uma função, mesmo não honrando as condições suficientes, é abordado mais detalhamente na Seção 13.7.

348   *Capítulo 13. Transformada de Fourier*

13.1.3   Transformada de Fourier

Se uma função f é suave por partes e absolutamente integrável, então a *análise de Fourier* fornece as funções $a_f(\omega)$ e $b_f(\omega)$, que, ao serem empregadas na síntese de Fourier, dada por (13.6), reconstroem a própria função f. Em outras palavras, a análise de Fourier age no sentido contrário da síntese de Fourier[1] e ambas operações estão relacionadas por meio do seguinte teorema:

Teorema 13.1 (Transformada de Fourier na forma real)

Se uma função real qualquer $f : \mathbb{R} \to \mathbb{R}$, suave por partes e absolutamente integrável, então ela pode ser representada da seguinte forma integral

$$f(t) = \int_0^\infty a_f(\omega)\cos(\omega t) + b_f(\omega)\operatorname{sen}(\omega t)\, d\omega\,, \tag{13.7}$$

onde as funções $a_f(\omega)$ e $b_f(\omega)$ são definidas por

$$a_f(\omega) = \frac{1}{\pi} \int_{-\infty}^\infty f(t)\cos(\omega t)\, dt\,, \tag{13.8}$$

$$b_f(\omega) = \frac{1}{\pi} \int_{-\infty}^\infty f(t)\operatorname{sen}(\omega t)\, dt\,. \tag{13.9}$$

A integral em (13.7) *é denominada* transformada inversa de Fourier *e o par de funções $a_f(\omega)$ e $b_f(\omega)$ é denominado* transformada de Fourier *na forma real.*

13.1.4   Transformada de Fourier na forma complexa

Além do par de expressões (13.8) e (13.9), que define a transformada de Fourier na forma real, existe outra definição mais compacta para se representar a análise de Fourier, que se serve de números complexos (Apêndice D), chamada *transformada de Fourier na forma complexa*, ou simplesmente transformada de Fourier.

O que faremos em seguida é a dedução do par de transformadas de Fourier na forma complexa a partir da forma real, apresentada na seção anterior. Definindo a função complexa $\hat{f}$

$$\hat{f}(\omega) = \pi\big[a_f(\omega) - ib_f(\omega)\big]\,, \tag{13.10}$$

---

[1] Vale observar que a síntese de Fourier é representada pela transformada inversa de Fourier e a análise de Fourier é representada pela transformada de Fourier.

Transformada de Fourier 349

onde $i = \sqrt{-1}$ é o número imaginário puro e as funções $a_f(\omega)$ e $b_f(\omega)$ são dadas por (13.8) e (13.9), respectivamente. Observe que a notação do acento circunflexo (ˆ) em $\hat{f}$ é para indicar que esta função é fortemente relacionada à função f, que dá origem a a_f e b_f.

Usando as definições de a_f e b_f em (13.10), obtemos a expressão para $\hat{f}$

$$\hat{f}(\omega) = \int_{-\infty}^{\infty} f(t) \big[\cos(\omega t) - i \operatorname{sen}(\omega t) \big] \, dt \, .$$

Por fim, fazendo uso da relação de Euler[2], chegamos a transformada de Fourier na forma complexa

$$\hat{f}(\omega) = \int_{-\infty}^{\infty} f(t) \mathrm{e}^{-i\omega t} \, dt \, , \tag{13.11}$$

que é uma forma alternativa à forma real, todavia, certamente, é a forma mais comum apresentada pelos textos que lidam com o assunto. Tanto assim, que denominamos (13.11) simplesmente por *transformada de Fourier*.

Vamos portanto deduzir a transformada de Fourier inversa na forma complexa, a partir da forma real. Com efeito, podemos reescrever a integral de Fourier (13.13) da seguinte forma

$$f(t) = \int_{0}^{\infty} a_f(\omega) \frac{\mathrm{e}^{i\omega t} + \mathrm{e}^{-i\omega t}}{2} + b_f(\omega) \frac{\mathrm{e}^{i\omega t} - \mathrm{e}^{-i\omega t}}{2i} \, d\omega \, ,$$

onde foram utilizadas as relações entre seno e cosseno e a exponencial complexa, dadas por

$$\cos(\xi) = \frac{\mathrm{e}^{i\xi} + \mathrm{e}^{-i\xi}}{2} \qquad \text{e} \qquad \operatorname{sen}(\xi) = \frac{\mathrm{e}^{i\xi} - \mathrm{e}^{-i\xi}}{2i} \, .$$

Rearranjando os termos, obtemos

$$f(t) = \frac{1}{2} \int_{0}^{\infty} [a_f(\omega) - ib_f(\omega)] \mathrm{e}^{i\omega t} \, d\omega + \frac{1}{2} \int_{0}^{\infty} [a_f(\omega) + ib_f(\omega)] \mathrm{e}^{-i\omega t} \, d\omega$$

$$= \frac{1}{2\pi} \int_{0}^{\infty} \hat{f}(\omega) \, \mathrm{e}^{i\omega t} \, d\omega + \frac{1}{2\pi} \int_{0}^{\infty} \hat{f}(-\omega) \, \mathrm{e}^{-i\omega t} \, d\omega \, .$$

As funções a_f e b_f são par e ímpar, respectivamente, portanto o termo entre colchetes da segunda integral pode ser escrito como $\hat{f}(-\omega)/\pi$.

---

[2]Relação de Euler: $\mathrm{e}^{i\xi} = \cos(\xi) + i \operatorname{sen}(\xi)$

350   *Capítulo 13. Transformada de Fourier*

Por fim, a segunda integral pode ser reescrita trocando-se os limites e sinais da integral, resultando em

$$f(t) = \frac{1}{2\pi} \int_0^\infty \hat{f}(\omega) e^{i\omega t} \, d\omega + \frac{1}{2\pi} \int_{-\infty}^0 \hat{f}(\omega) e^{i\omega t} \, d\omega \, .$$

de modo que, concatenando as integrais, o resultado final é

$$f(t) = \frac{1}{2\pi} \int_{-\infty}^\infty \hat{f}(\omega) \, e^{i\omega t} \, d\omega \, , \tag{13.12}$$

que é a transformada de Fourier inversa na forma complexa, ou simplesmente *transformada de Fourier inversa*.

Portanto, coletando os resultados (13.11) e (13.12), o Teorema 13.1 pode ser reescrito como o Teorema 13.2, enunciado a seguir.

Teorema 13.2 (Transformada de Fourier na forma complexa)
Dada uma função real qualquer $f : \mathbb{R} \to \mathbb{R}$, *suave por partes e absolutamente integrável, ela pode ser representada da seguinte forma integral*

$$f(t) = \frac{1}{2\pi} \int_{-\infty}^\infty F(\omega) e^{i\omega t} \, d\omega \, , \tag{13.13}$$

onde a função complexa $F(\omega)$ *é dada por*

$$\hat{f}(\omega) = \int_{-\infty}^\infty f(t) e^{-i\omega t} \, dt \, . \tag{13.14}$$

$F(\omega)$ *definida em* (13.14) *é denominada* transformada de Fourier *e* (13.13) *é denominada* transformada de Fourier inversa.

Vale mencionar que ambas as transformadas são denotadas com auxílio da letra $\mathscr{F}$ (F caligráfico). Sendo assim temos as seguintes notações

$$\hat{f}(\omega) = \mathscr{F}\big[f(t)\big] \, , \tag{13.15}$$

$$f(t) = \mathscr{F}^{-1}\big[\hat{f}(\omega)\big] \, , \tag{13.16}$$

para indicar as transformadas de Fourier direta e inversa, respectivamente. Outra observação interessante é que as transformadas de Fourier direta e inversa se parecem muito uma com a outra, a menos do fator 2π e do sinal do expoente. Esse fato será explorado mais adiante para a elaboração de uma propriedade.

Transformada de Fourier 351

No contexto da transformada de Fourier na forma complexa, a função $\hat{f}(\omega)$ dada por (13.14) é uma função complexa e, portanto, pode ser representada na sua forma polar

$$\hat{f}(\omega) = A(\omega)\,e^{i\phi(\omega)}\,, \tag{13.17}$$

onde $A(\omega)$ e $\phi(\omega)$ são denominados o *espectro de amplitudes* e *espectro de fases* de $f(t)$, respectivamente, dados por

$$A(\omega) = \pi\sqrt{a_f(\omega)^2 + b_f(\omega)^2}\,, \tag{13.18}$$

$$\phi(\omega) = \arctan\big(b_f(\omega)/a_f(\omega)\big)\,. \tag{13.19}$$

O par de funções A e ϕ é denominado *forma polar* da transformada de Fourier.

Supondo que a transformada de Fourier de uma função seja fornecida em forma polar, para reconstituir a forma real temos as seguintes equações

$$a_f(\omega) = A(\omega)\cos\big(\phi(\omega)\big)/\pi \tag{13.20}$$

e

$$b_f(\omega) = A(\omega)\,\mathrm{sen}\,\big(\phi(\omega)\big)/\pi\,, \tag{13.21}$$

ou usando diretamente (13.17) para reconstituir a forma complexa.

Embora as formas complexa e polar da transformada de Fourier contenham exatamente a mesma informação, muitas vezes, dependendo do problema, é mais fácil interpretar o espectro de uma função com a forma polar.

13.1.5 Transformadas seno e cosseno de Fourier

Suponha que uma função f suave por partes e absolutamente integrável esteja definida somente para t positivo. Na prática pode acontecer que não se conheça f para t negativo ou simplesmente não seja relevante a definição de f para a parte negativa. O problema é que uma função deste tipo não admite transformada de Fourier, que exige que a função esteja definida para toda a reta.

Uma maneira de resolver esta limitação é estender a definição de f para reta toda. Isso pode ser feito de diversas maneiras, dentre as quais as mais naturais são por meio das seguintes funções par e ímpar:

$$f_P(t) = \begin{cases} f(t), & t \geq 0 \\ f(-t), & t < 0 \end{cases} \qquad f_I(t) = \begin{cases} f(t), & t \geq 0 \\ -f(-t), & t < 0 \end{cases}\,.$$

Desta forma, como tanto f_P quanto f_I estão definidas em toda reta, ambas admitem transformadas de Fourier. Além disso, pelo fato de serem par e ímpar, respectivamente, há um desdobramento que serve como motivação para a definição de duas transformadas associadas à transformada de Fourier.

Aplicando, sem perda de generalidade, a transformada de Fourier na forma real à função f_I, obtemos

$$a_I(\omega) = \frac{1}{\pi} \int_{-\infty}^{\infty} f_I(t) \cos(\omega t)\, dt \quad \text{e} \quad b_I(\omega) = \frac{1}{\pi} \int_{-\infty}^{\infty} f_I(t) \operatorname{sen}(\omega t)\, dt\,.$$

Como f_I é ímpar, os integrandos $f_I(t) \cos(\omega t)$ e $f_I(t) \operatorname{sen}(\omega t)$ são respectivamente ímpar e par, fazendo com que

$$a_I(\omega) = 0 \qquad \text{e} \qquad b_I(\omega) = \frac{2}{\pi} \int_{0}^{\infty} f(t) \operatorname{sen}(\omega t)\, dt\,.$$

Definindo $\hat{f}_s(\omega) = \pi b_I(\omega)/2$, pelo Teorema 13.1 concluímos que para $t > 0$ a função f pode ser representada por

$$f(t) = \frac{2}{\pi} \int_{0}^{\infty} \hat{f}_s(\omega) \operatorname{sen}(\omega t)\, d\omega\,.$$

Este resultado pode ser formalizado por meio do seguinte teorema:

Teorema 13.3 (Transformada seno de Fourier)

Se uma função $f : [0, \infty) \to \mathbb{R}$ é suave por partes e absolutamente integrável, então ela pode ser representada da seguinte forma integral

$$f(t) = \frac{2}{\pi} \int_{0}^{\infty} \hat{f}_s(\omega) \operatorname{sen}(\omega t)\, d\omega\,, \tag{13.22}$$

onde $\hat{f}_s(\omega)$, denominada transformada seno de Fourier, *é dada por*

$$\hat{f}_s(\omega) = \int_{0}^{\infty} f(t) \operatorname{sen}(\omega t)\, dt\,. \tag{13.23}$$

A integral em (13.22) *é denominada* transformada seno de Fourier inversa.

Similarmente, fica como exercício mostrar que o par da transformada de Fourier na forma real de função f_P é dado por

$$a_P(\omega) = \frac{2}{\pi} \int_{0}^{\infty} f(t) \cos(\omega t)\, dt \qquad \text{e} \qquad b_P(\omega) = 0\,.$$

Transformada de Fourier   353

Sendo assim, definindo $\hat{f}_c(\omega) = \pi a_P(\omega)/2$, pelo Teorema 13.1 concluímos que para $t > 0$ a função f pode ser representada por

$$f(t) = \frac{2}{\pi} \int_0^\infty \hat{f}_s(\omega) \cos(\omega t)\, d\omega\,.$$

Tal resultado pode ser formalizado por meio do seguinte teorema:

Teorema 13.4 (Transformada cosseno de Fourier)
Se uma função $f : [0, \infty) \rightarrow \mathbb{R}$ *é suave por partes e absolutamente integrável, então ela pode ser representada da seguinte forma integral*

$$f(t) = \frac{2}{\pi} \int_0^\infty F_s(\omega) \cos(\omega t)\, d\omega\,, \tag{13.24}$$

onde $\hat{f}_c(\omega)$, *denominada* transformada cosseno de Fourier, *é dada por*

$$\hat{f}_c(\omega) = \int_0^\infty f(t) \cos(\omega t)\, dt\,. \tag{13.25}$$

A integral em (13.24) *é denominada* transformada cosseno de Fourier inversa.

Vale ressaltar que em ambas transformadas seno e cosseno de Fourier, a informação da função f para t negativo é irrelevante. A interpretação deste fato é que, mesmo que a função original seja definida para valores negativos, ao se computar $\hat{f}_s(\omega)$ ou $\hat{f}_c(\omega)$, tais valores não são utilizados. Com efeito, observe que as integrais em (13.8) e (13.9) não utilizam valores de f para $t < 0$. Sendo assim, não é possível se recuperar o valor de f em $t < 0$ com a representação (13.22) ou (13.24), a menos que f fosse originalmente ímpar ou par; de fato, o que vai se encontrar em $t < 0$ são os valores $f_I(t)$ e $f_P(t)$.

Exercícios

13.1 Calcule a síntese de Fourier para as funções dadas:

$$a(\omega) = \frac{\cos(\omega)}{\omega} \quad \text{e} \quad b(\omega) = \frac{\text{sen}(\omega)}{\omega}\,.$$

13.2 Suponha que a função f esteja definida somente para números negativos e que a função g esteja definida somente para $t > t_0$. Como fazer para que ambas tenham representação por transformada seno (ou cosseno) de Fourier?

13.2 Exemplos de transformada de Fourier

Para ilustrar as operações de síntese e análise de Fourier na forma real e complexa, apresentamos cinco exemplos, três dos quais são similares aos exemplos do capítulo de séries de Fourier, apresentados na Seção 12.3.

13.2.1 Função caixa

Neste primeiro exemplo, vamos calcular a transformada de Fourier da função caixa $b_\ell(x)$, dada por

$$b_\ell(x) = \begin{cases} 1, & -\ell < x < \ell\,, \\ 0, & \text{caso contrário}\,, \end{cases}$$

onde ℓ é uma constante positiva. Em primeiro lugar, verificamos que a função caixa possui os requisitos para ser transformada, pois é uma função suave por partes e também absolutamente integrável, isto é,

$$\int_{-\infty}^{\infty} |b_\ell(x)|\, dx = \int_{-\ell}^{\ell} 1\, dx = 2\ell < \infty\,.$$

Sendo assim, podemos computar sua transformada de Fourier, dada por

$$\hat{b}_\ell(\omega) = \frac{1}{\pi} \int_{-\infty}^{\infty} b_\ell(x) \mathrm{e}^{-i\omega x}\, dx\,.$$

Usando a definição da função caixa, chegamos a

$$\hat{b}_\ell(\omega) = \int_{-\ell}^{\ell} \mathrm{e}^{-i\omega x}\, dx = \left.\frac{\mathrm{e}^{-i\omega x}}{-i\omega}\right|_{-\ell}^{\ell} = \frac{\mathrm{e}^{-i\omega\ell} - \mathrm{e}^{i\omega\ell}}{-i\omega} = 2\,\frac{\mathrm{sen}(\ell\omega)}{\omega}\,,$$

onde na última igualdade foi usada a identidade de Euler para o seno, dada pela equação (D-3) que pode ser conferida na página 404. Observe no diagrama da Figura 13.3 a função b_ℓ e sua transformada de Fourier $\hat{b}_\ell(\omega)$.

A função $\hat{b}_\ell$ pode ser reescrita como

$$\hat{b}_\ell(\omega) = 2\ell\,\mathrm{sinc}(\ell\omega/\pi)\,, \tag{13.26}$$

usando-se a função sinc, definida em (3.9). Portanto, segundo (13.13), a representação integral da função caixa é

$$b_\ell(t) = \frac{\ell}{\pi} \int_{-\infty}^{\infty} \mathrm{sinc}(\ell\omega/\pi)\mathrm{e}^{i\omega t}\, d\omega\,.$$

Exemplos de transformada de Fourier

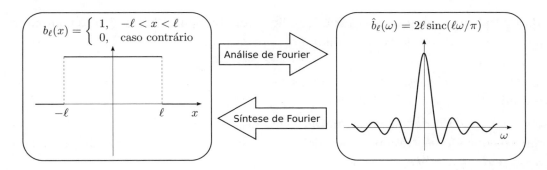

Figura 13.3: A função $b_\ell(x)$ e sua transformada de Fourier.

A partir da representação integral de Fourier da função caixa, podemos estabelecer o importante resultado de que a função sinc é integrável. Com efeito, se escolhemos $t = 0$, então temos que $b_\ell(0) = 1$ e, portanto,

$$1 = \frac{\ell}{\pi} \int_{-\infty}^{\infty} \text{sinc}(\ell\omega/\pi)\, d\omega\,.$$

Para o caso particular em que $\ell = \pi$, obtemos o clássico resultado

$$\int_{-\infty}^{\infty} \text{sinc}(\omega)\, d\omega = 1\,, \tag{13.27}$$

que constitui uma das propriedades da função sinc (Seção 3.4). Para mais resultados consulte Gearhart & Shultz (1990).

13.2.2 Função dente-de-serra truncada

Neste exemplo, vamos proceder com a análise de Fourier da função dente-de-serra truncada, definida por

$$s_\ell(x) = \begin{cases} x, & -\ell < x < \ell\,, \\ 0, & \text{caso contrário}\,, \end{cases}$$

onde ℓ é uma constante positiva. Em primeiro lugar observamos que a função s_ℓ é suave por partes e absolutamente integrável, isto é,

$$\int_{-\infty}^{\infty} |s_\ell(x)|\, dx = \int_{-\ell}^{\ell} x\, dx = \ell^2 < \infty\,.$$

Portanto, como a função satisfaz as condições do Teorema 13.2, podemos computar a sua transformada de Fourier, dada por

$$\hat{s}_\ell(\omega) = \frac{1}{\pi} \int_{-\infty}^{\infty} s_\ell(x)\, e^{-i\omega t}\, dx = \frac{1}{\pi} \int_{-\ell}^{\ell} x e^{-i\omega t}\, dx\,,$$

onde foi usada a definição da função dente-de-serra truncada. A integral do lado direito pode ser resolvida pelo método de integração por partes. Com efeito, tomando $u = x$ e $dv = e^{-i\omega t}dx$, obtemos

$$\begin{aligned}\hat{s}_\ell(\omega) &= \left[-x\frac{e^{-i\omega t}}{-i\omega}\bigg|_{-\ell}^{\ell} + \int_{-\ell}^{\ell} \frac{e^{-i\omega t}}{-i\omega}\, dx \right] \\ &= 2i \left[\frac{\ell\omega\cos(\ell\omega) - \operatorname{sen}(\ell\omega)}{\omega^2} \right]. \end{aligned} \qquad (13.28)$$

Note que $\hat{s}_\ell$ é uma função imaginária pura, fato que poderia ser deduzido antes mesmo do cálculo da transformada, pois a função s_ℓ é ímpar. Confira pelo diagrama da Figura 13.4 a função $s_\ell(x)$ e a sua transformada de Fourier $\hat{s}_\ell(\omega)$.

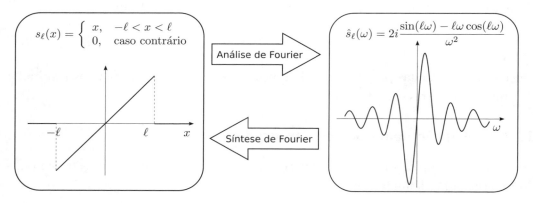

Figura 13.4: A função s_ℓ e sua transformada de Fourier.

Por fim a representação integral da função dente-de-serra truncada segundo (13.13) é dada por

$$s_\ell(t) = \frac{i}{\pi} \int_{-\infty}^{\infty} \frac{\ell\omega\cos(\ell\omega) - \operatorname{sen}(\ell\omega)}{\omega^2} e^{i\omega t}\, d\omega\,.$$

Exemplos de transformada de Fourier 357

13.2.3 Função triângulo

Como terceiro exemplo, vamos calcular a transformada de Fourier da função triângulo $t_\ell(x)$, definida por

$$t_\ell(x) = \begin{cases} \ell - |x|, & -\ell < x < \ell, \\ 0, & \text{caso contrário}, \end{cases}$$

onde ℓ é uma constante positiva. A função triângulo é absolutamente integrável, pois

$$\int_{-\infty}^{\infty} |t_\ell(x)| \, dx = \int_{-\ell}^{\ell} \ell - |x| \, dx = 2 \int_0^\ell \ell - x \, dx$$

$$= 2\left[\ell x - \frac{x^2}{2}\right]_0^\ell = \ell^2 < \infty,$$

e também suave por partes, portanto ela possui transformada de Fourier, dada por

$$\hat{t}_\ell(\omega) = \frac{1}{\pi} \int_{-\infty}^{\infty} t_\ell(x) \mathrm{e}^{-i\omega x} \, dx.$$

Usando a própria definição da função triângulo, temos que

$$\hat{t}_\ell(\omega) = \int_{-\ell}^{\ell} \left(\ell - |x|\right) \mathrm{e}^{-i\omega x} \, dx = \int_{-\ell}^{0} \left(\ell + x\right) \mathrm{e}^{-i\omega x} \, dx + \int_0^\ell \left(\ell - x\right) \mathrm{e}^{-i\omega x} \, dx.$$

As duas integrais do lado direito podem ser resolvidas usando-se o método de integração por partes, chegando a

$$\hat{t}_\ell(\omega) = \frac{2}{\omega^2} \left(1 - \cos(\ell\omega)\right).$$

Neste ponto consideramos a relação trigonométrica $1 - \cos(\ell\omega) = 2\,\mathrm{sen}^2(\ell\omega/2)$, cuja dedução fica como exercício (Exercício A.4), para obtermos

$$\hat{t}_\ell(\omega) = \frac{4\,\mathrm{sen}^2(\ell\omega/2)}{\omega^2}.$$

Por fim, $\hat{t}_\ell(\omega)$ pode ser reescrita como

$$\hat{t}_\ell(\omega) = \ell^2 \,\mathrm{sinc}^2(\ell\omega/2\pi),$$

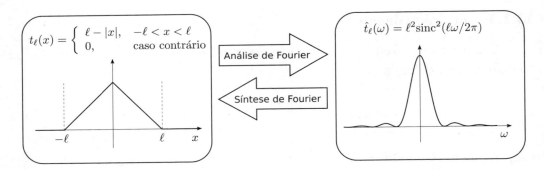

Figura 13.5: A função $t_\ell(\omega)$ e sua transformada de Fourier $\hat{t}_\ell(\omega)$.

onde a função sinc é definida em (3.9). Observe no diagrama da Figura 13.5 a função $t_\ell(x)$ e a sua transformada de Fourier.

Segundo (13.13), a representação integral da função triângulo é dada por

$$t_\ell(x) = \frac{\ell^2}{2\pi} \int_{-\infty}^{\infty} \text{sinc}^2(\ell\omega/2\pi)\, e^{i\omega x}\, d\omega,$$

a partir da qual podemos estabelecer o resultado de que o quadrado da função sinc é integrável. Para isso escolhemos $x = 0$, de modo que $t_\ell(0) = \ell$ e, portanto,

$$\ell = \frac{\ell^2}{2\pi} \int_{-\infty}^{\infty} \text{sinc}^2(\ell\omega/2\pi)\, d\omega.$$

Para o caso em que $\ell = 2\pi$, obtemos o resultado

$$\int_{-\infty}^{\infty} \text{sinc}^2(\omega)\, d\omega = 1, \qquad (13.29)$$

que constitui mais uma das propriedades da função sinc (Seção 3.4).

13.2.4 Função parabólica truncada

Neste quarto exemplo vamos calcular a transformada de Fourier da função parabólica truncada $p_\ell(x)$, definida por

$$p_\ell(x) = \begin{cases} \ell x - x^2, & 0 < x < \ell, \\ 0, & \text{caso contrário}, \end{cases}$$

Exemplos de transformada de Fourier 359

onde ℓ é uma constante positiva. A função parabólica truncada é suave por partes e absolutamente integrável, pois

$$\int_{-\infty}^{\infty} |p_\ell(x)|\, dx = \int_0^\ell \ell x - x^2\, dx = \left[\frac{\ell x^2}{2} - \frac{x^3}{3}\right]_0^\ell = \frac{\ell^3}{6} < \infty\,,$$

portanto ela admite transformada de Fourier. Este exemplo difere dos anteriores pois a função parabólica truncada não é par nem ímpar, implicando que ambas as funções do par de transformada de Fourier real $a(\omega)$ e $b(\omega)$ são não nulas, dadas por

$$a(\omega) = \frac{1}{\pi} \int_{-\infty}^{\infty} p_\ell(x) \cos(\omega x)\, dx\,,$$

$$b(\omega) = \frac{1}{\pi} \int_{-\infty}^{\infty} p_\ell(x)\, \mathrm{sen}(\omega x)\, dx\,.$$

Prosseguindo com o cálculo de $a(\omega)$, segue que

$$a(\omega) = \frac{1}{\pi} \int_0^\ell (\ell x - x^2) \cos(\omega x)\, dx\,,$$

que pode ser computada usando integração por partes por duas vezes seguidas (veja o Exercício 13.4), resultando em

$$a(\omega) = \frac{2}{\pi \omega^3} \left[\mathrm{sen}(\ell\omega) - \ell\omega \cos^2(\ell\omega/2)\right]\,, \tag{13.30}$$

onde foi usada a identidade trigonométrica (d) do Exercício 13.3.

Por outro lado $b(\omega)$ é dado por

$$b(\omega) = \frac{1}{\pi} \int_0^\ell (\ell x - x^2)\, \mathrm{sen}(\omega x)\, dx$$

que também pode ser computada usando integração por partes por duas vezes seguidas (veja o Exercício 13.4), o que resulta em

$$b(\omega) = \frac{1}{\pi \omega^3} \left[4\,\mathrm{sen}^2(\ell\omega/2) - \ell\omega\, \mathrm{sen}(\ell\omega)\right]\,, \tag{13.31}$$

onde foi usada a identidade trigonométrica (c) do Exercício 13.3. Observe no diagrama da Figura 13.6 a função $p_\ell(x)$ e o seu par de funções da transformada de Fourier real.

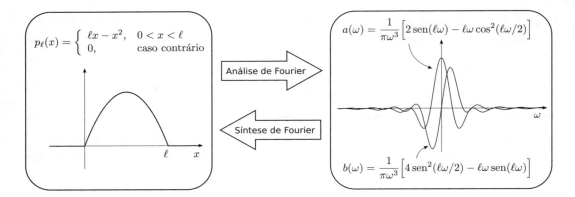

Figura 13.6: A função $p_\ell(x)$ e seu par de funções da transformada de Fourier real. Como p_ℓ não é par nem ímpar, ambas as funções a e b são não nulas.

Para computar a transformada de Fourier na forma complexa, usamos (13.10), chegando a

$$\hat{p}_\ell(\omega) = \frac{2}{\omega^3}\left[\operatorname{sen}(\ell\omega) - \ell\omega \cos^2(\ell\omega/2)\right]$$
$$- \frac{i}{\omega^3}\left[4\operatorname{sen}^2(\ell\omega/2) - \ell\omega \operatorname{sen}(\ell\omega)\right] \qquad (13.32)$$

13.2.5 Função gaussiana

Neste exemplo vamos computar a transformada de Fourier da função gaussiana, dada por $\psi(t) = \beta e^{-t^2/2\sigma^2}$. Como ψ é integrável na reta (Seção 9.1.2) e é suave, então satisfaz as condições do Teorema 13.2 e, portanto, admite a transformada de Fourier. Aplicando diretamente a definição, a transformada de Fourier de ψ é

$$\hat{\psi}(\omega) = \int_{-\infty}^{\infty} \beta e^{-t^2/2\sigma^2}\, e^{-i\omega t}\, dt = \beta \int_{-\infty}^{\infty} e^{-t^2/2\sigma^2 - i\omega t}\, dt\,.$$

Para computar a integral do lado direito, basta completar o quadrado do expoente, isto é $-t^2/2\sigma^2 - i\omega t = -(t/\sqrt{2}\,\sigma + i\sigma\omega/\sqrt{2})^2 + (i\sigma\omega/\sqrt{2})^2$, fazendo com que

$$\hat{\psi}(\omega) = \beta e^{(i\sigma\omega/\sqrt{2})^2} \int_{-\infty}^{\infty} e^{-(t/\sqrt{2}\,\sigma + i\sigma\omega/\sqrt{2})^2}\, dt\,.$$

Introduzindo na integral a variável auxiliar $u = t/\sqrt{2}\,\sigma + i\sigma\omega/\sqrt{2}$, temos que

$$\hat{\psi}(\omega) = \beta\sqrt{2}\,\sigma e^{(i\sigma\omega/\sqrt{2})^2} \int_{-\infty}^{\infty} e^{-u^2}\, du.$$

Como tal integral vale $\sqrt{\pi}$ (veja Seção 9.1.2), temos, por fim, que a transformada de Fourier de ψ é

$$\hat{\psi}(\omega) = \beta\sqrt{2\pi}\,\sigma e^{-\sigma^2\omega^2/2}. \tag{13.33}$$

Observe que $\hat{\psi}$ também é uma gaussiana, o que nos leva a importante conclusão: transformada de Fourier de gaussianas também são gaussianas (veja Figura 13.7).

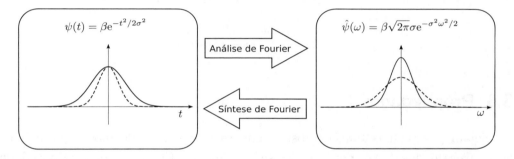

Figura 13.7: Duas gaussianas $p_\ell(x)$ e suas respectivas transformadas de Fourier, que também são gaussianas. As linhas cheias representam o par original e as linhas tracejadas representam o par com valor de σ diminuído em relação ao valor original.

Outra observação interessante é que os efeitos gráficos causados pela variação de σ são contrários nas duas gaussianas. Se o valor de σ aumenta, o gráfico de ψ fica mais suave, mas o gráfico de $\hat{\psi}$ tem a sua amplitude aumentada e ao mesmo tempo fica mais comprimido. Por outro lado, se o valor de σ diminui, o gráfico de ψ fica mais comprimido, com amplitude constante, mas o gráfico de $\hat{\psi}$ tem a sua amplitude diminuída, além de ficar mais estirado. Para observar estes efeitos veja a Figura 13.7.

Por fim, vale comentar que a transformada de Fourier da gaussiana pode ser calculada de maneira alternativa, fazendo uso de propriedades abordadas na seção seguinte (Seção 13.3.6).

362   *Capítulo 13. Transformada de Fourier*

Exercícios

13.3 Deduza as seguinte identidades trigonométricas:

(a) $\operatorname{sen}(x) = 2\cos(x/2)\cos(x/2)$ (c) $1 - \cos(x) = 2\operatorname{sen}^2(x/2)$

(b) $\cos(x) = \cos^2(x/2) - \operatorname{sen}^2(x/2)$ (d) $1 + \cos(x) = 2\cos^2(x/2)$

13.4 Compute as duas integrais seguintes usando o método da integração por partes por duas vezes seguidas.

$$a(\omega) = \frac{1}{\pi} \int_0^\ell (\ell x - x^2)\cos(\omega x)\,dx$$

$$b(\omega) = \frac{1}{\pi} \int_0^\ell (\ell x - x^2)\operatorname{sen}(\omega x)\,dx$$

13.3 Propriedades

Sejam f e g duas funções absolutamente integráveis, de modo que existam suas transformadas de Fourier, $\hat{f}$ e $\hat{g}$, respectivamente. Então valem as propriedades relacionadas na Tabela 13.1, cujas deduções podem ser encontradas em Bracewell (2000). Ao longo desta seção, abordaremos mais detalhadamente cada uma das propriedades e também apresentaremos alguns exemplos de sua utilização.

13.3.1 Linearidade

A propriedade da linearidade da transformada de Fourier implica duas coisas: que transformada de Fourier da soma de duas ou mais funções é igual à soma das suas transformadas de Fourier, isto é

$$\mathscr{F}\big[f(t) + g(t)\big] = \mathscr{F}\big[f(t)\big] + \mathscr{F}\big[g(t)\big], \tag{13.34}$$

e que uma constante multiplicativa à função pode ser comutada com a transformada de Fourier, isto é,

$$\mathscr{F}\big[\alpha\, f(t)\big] = \alpha\mathscr{F}\big[f(t)\big], \tag{13.35}$$

Propriedades 363

Tabela 13.1: Principais propriedades da transformada de Fourier.

Propriedade	Função $h(t) = \ldots$	Transformada $\hat{h}(\omega) = \ldots$
(a) Linearidade	$\alpha f(t) + \beta g(t)$	$\alpha \hat{f}(\omega) + \beta \hat{g}(\omega)$
(b) Dualidade	$\hat{f}(t)$	$2\pi f(-\omega)$
(c.1) Transformada da derivada	$f'(t)$	$-i\omega\,\hat{f}(\omega)$
(c.2) Transformada da k-ésima derivada	$f^{(k)}(t)$	$(-i\omega)^k\,\hat{f}(\omega)$
(d.1) Derivada da transformada	$tf(t)$	$i\hat{f}'(\omega)$
(d.2) k-ésima derivada da transformada	$t^k\,f(t)$	$i^k\,\hat{f}^{(k)}(\omega)$
(e) Transformada de translação	$f(t-a)$	$\mathrm{e}^{-i\omega a}\hat{f}(\omega)$
(f) Transformada da modulação	$\mathrm{e}^{iat}f(t)$	$\hat{f}(\omega - a)$
(f.1) Transf. da modulação por cosseno	$\cos(at)f(t)$	$\dfrac{\hat{f}(\omega + a) + \hat{f}(\omega - a)}{2}$
(f.2) Transf. da modulação por seno	$\mathrm{sen}(at)f(t)$	$\dfrac{\hat{f}(\omega + a) - \hat{f}(\omega - a)}{2}$
(g) Transformada da dilatação	$f(at)$	$\dfrac{1}{|a|}\hat{f}(\omega/a)$

para uma constante α real. Estas duas propriedades podem ser combinadas em uma só do seguinte modo

$$\mathscr{F}\big[\alpha f(t) + \beta g(t)\big] = \alpha\mathscr{F}\big[f(t)\big] + \beta\mathscr{F}\big[g(t)\big]. \tag{13.36}$$

Por exemplo, vamos usar a propriedade da linearidade para calcular a transformada de Fourier da função $g(x)$ definida como

$$g(x) = \begin{cases} \dfrac{x}{2} + \dfrac{1}{2}, & \text{para } x \in [-1, 1], \\ 0, & \text{caso contrário}. \end{cases}$$

Em primeiro lugar observe que as funções caixa e dente-de-serra truncada são as extensões par e ímpar da função g, isto é $g(x) = \big(b_1(x) + s_1(x)\big)/2$. Para calcular, portanto, a transformada de Fourier de g, basta usar a propriedade da linearidade, isto é

$$\hat{g}(\omega) = \mathscr{F}\left[\frac{1}{2}b_1(x) + \frac{1}{2}s_1(x)\right] = \frac{1}{2}\hat{b}_1(\omega) + \frac{1}{2}\hat{s}_1(\omega).$$

Recorrendo às transformadas de Fourier de b_ℓ e s_ℓ, dadas por (13.26) e (13.28) e especializando para $\ell = 1$, obtemos

$$\hat{g}(\omega) = \text{sinc}(\omega/\pi) - i\left[\frac{\omega\cos(\omega) - \text{sen}(\omega)}{\omega^2}\right]. \tag{13.37}$$

13.3.2 Dualidade

As integrais impróprias que definem as transformadas de Fourier direta e inversa são muito similares com exceção do fator multiplicativo e do sinal do expoente. Este fato é utilizado na propriedade conhecida como dualidade, que é extremamente útil no cálculo de transformadas de Fourier.

Considere uma função real f suave por partes e absolutamente integrável. Seja g a transformada de Fourier de f

$$g(\omega) = \int_{-\infty}^{\infty} f(t)\mathrm{e}^{-i\omega t}\,dt.$$

Além de ser a transformada de Fourier de f, podemos ressaltar que g nada mais é do que uma função construída por meio de uma integral imprópria, afinal de contas para cada número ω é associado um único número $g(\omega)$ por meio da integral.

Portanto, como g é uma função, ela própria pode ter sua transformada de Fourier, desde que seja suave por partes e absolutamente integrável. Assumindo que g admita transformada de Fourier, vamos computá-la

$$\mathscr{F}\left[g(t)\right] = \int_{-\infty}^{\infty} g(t)\mathrm{e}^{-i\omega t}\,dt.$$

Vamos alterar a integral da seguinte forma: trocamos a variável de integração de t por u e associamos o sinal negativo à variável ω, chegando a

$$\mathscr{F}\left[g(t)\right] = \int_{-\infty}^{\infty} g(u)\mathrm{e}^{i(-\omega)u}\,du.$$

Propriedades 365

Observe que a integral do lado direito é a própria transformada inversa de Fourier de g, porém aplicada em $-\omega$ e sem o fator multiplicativo $(2\pi)^{-1}$. Portanto, temos que

$$\mathscr{F}\big[g(t)\big] = 2\pi f(-w)\,, \tag{13.38}$$

isto é, $\hat{g}(\omega) = 2\pi f(-w)$.

Esta propriedade torna-se importante no cálculo de algumas transformadas de Fourier de algumas funções não triviais. Por exemplo, sabemos pela Seção 13.2.1 que a transformada de Fourier da função caixa b_ℓ é a função sinc multiplicada por um fator constante

$$\mathscr{F}\big[b_\ell(t)\big] = 2\ell\,\mathrm{sinc}(\ell\omega/\pi)\,.$$

Portanto, usando a dualidade, podemos computar com relativa facilidade a transformada de Fourier da função sinc. Tomando $\ell = \pi$, usando a propriedade (13.38) e a linearidade, temos que

$$\mathscr{F}\big[\,\mathrm{sinc}(t)\big] = b_\pi(\omega)\,, \tag{13.39}$$

onde foi usado o fato de que a função b_π é par, isto é $b_\pi(-w) = b_\pi(\omega)$.

13.3.3   Mudança de escala

Quando a variável independente sofre uma mudança de escala, isto é, quando $x \to \alpha x$ na definição de uma nova função, podemos aproveitar o conhecimento da transformada de Fourier na função original para computar a transformada de Fourier desta nova função.

Mais especificamente se $g(x) = f(ax)$, para $a \neq 0$, então

$$\hat{g}(\omega) = \frac{1}{|a|}\hat{f}(\omega/a)\,. \tag{13.40}$$

A prova deste teorema é obtida aplicando-se diretamente a definição da transformada de Fourier e é deixada como exercício.

Por exemplo, pela propriedade da dualidade foi deduzido que a transformada de Fourier da função sinc é a função caixa b_π. Qual é, portanto, a transformada de Fourier da função $g(t) = \mathrm{sen}(t)/t$? Observando que $g(t) = \mathrm{sinc}(t/\pi)$, podemos usar o teorema da escala

$$\hat{f}(\omega) = \pi b_\pi(\pi\omega) = \pi b_1(\omega)\,,$$

366   *Capítulo 13. Transformada de Fourier*

onde a segunda passagem é deixada como exercício.

A interpretação desta propriedade é que a compressão de uma função em um domínio resulta na expansão no outro, e vice-versa. Por exemplo, se o fator de escala é muito grande, isso significa que a função é comprimida no domínio original e, portanto, para sintetizá-la são necessárias senóides de altas frequências, fazendo com que o espectro seja expandido. Em uma situação limite em que o fator de escala seja arbitrariamente grande de tal modo que a função fique muito concentrada ao redor de um ponto, a transformada de Fourier se aproxima de uma constante. Esta situação limite é abordada na Seção 13.7 que trata da transformada de Fourier de funções generalizadas.

13.3.4   Translação

Se uma função é criada a partir de outra através de uma translação horizontal, então as transformadas de Fourier desta duas funções serão relacionadas através de uma relação bem definida que depende do quanto foi transladado. Mais especificamente, se $g(x) = f(x - c)$ então suas transformadas de Fourier satisfazem a equação

$$\hat{g}(\omega) = \mathrm{e}^{-i\omega c}\hat{f}(\omega)\,, \tag{13.41}$$

onde $\hat{f} = \mathscr{F}[f(x)]$ e $\hat{g} = \mathscr{F}[g(x)]$. A prova desta propriedade segue diretamente da aplicação da transformada de Fourier à g e é deixada como exercício.

Como exemplo da propriedade da transformada da translação, vamos computar a transformada de Fourier da função parábola truncada deslocada de $\ell/2$ para esquerda, isto é, da função $q_\ell(x) = p_\ell(x + \ell/2)$, onde p_ℓ é a parábola truncada definida em (13.32). Aplicando a propriedade da translação, obtemos

$$\begin{aligned}
\hat{q}_\ell(\omega) &= \mathrm{e}^{i\omega\ell/2}\hat{p}_\ell(\omega) = [\cos(\omega\ell/2) + i\,\mathrm{sen}(\omega\ell/2)][\pi a(\omega) - i\pi b(\omega)] \\
&= \pi\big[\cos(\omega\ell/2)a(\omega) + \mathrm{sen}(\omega\ell/2)b(\omega)\big] - i\pi\big[\cos(\omega\ell/2)b(\omega) + \mathrm{sen}(\omega\ell/2)a(\omega)\big]\,,
\end{aligned}$$

lembrando que, neste caso, $c = -\ell/2$. Contudo, levando em conta que $q_\ell(x)$ é uma função par, sabemos de antemão que a parte imaginária de $\hat{q}_\ell(\omega)$ é nula, fazendo com que

$$\hat{q}_\ell(\omega) = \pi\big[\cos(\omega\ell/2)a(\omega) + \mathrm{sen}(\omega\ell/2)b(\omega)\big]\,.$$

Propriedades 367

Substituindo $a(\omega)$ e $b(\omega)$ por suas expressões dadas por (13.30) e (13.31) obtemos

$$\hat{q}_\ell(\omega) = \frac{2\cos(\omega\ell/2)}{\omega^3}\left[\operatorname{sen}(\ell\omega) - \ell\omega\cos^2(\ell\omega/2)\right]$$
$$+ \frac{\operatorname{sen}(\omega\ell/2)}{\omega^3}\left[4\operatorname{sen}^2(\ell\omega/2) - \ell\omega\operatorname{sen}(\ell\omega)\right]. \tag{13.42}$$

Após manipulação algébrica, utilizando as identidades trigonométricas do Exercício 13.3, chegamos a

$$\hat{q}_\ell(\omega) = \frac{2}{\omega^3}\left[2\operatorname{sen}(\ell\omega/2) - \ell\omega\cos(\ell\omega/2)\right] \tag{13.43}$$

cuja dedução completa fica como exercício.

13.3.5 Modulação da amplitude

Quando multiplicamos uma função qualquer por um seno ou um cosseno, produzimos uma função modulada cuja transformada de Fourier pode ser obtida a partir da transformada da função original. Mais genericamente dada uma função f, se definirmos $g(x) = \mathrm{e}^{iax} f(x)$, então

$$\hat{g}(\omega) = \hat{f}(\omega - a). \tag{13.44}$$

A demonstração desta propriedade pode ser feita por meio do uso da dualidade.

Podemos usar (13.44) para particularizar para a modulação com uma função seno ou cosseno. Com efeito, se $g_1(x) = \operatorname{sen}(ax) f(x)$, então

$$\hat{g}_1(\omega) = \frac{1}{2}\left[\hat{f}(\omega + a) - \hat{f}(\omega - a)\right]. \tag{13.45}$$

Por outro lado, se $g_2(x) = \cos(ax) f(x)$, então

$$\hat{g}_2(\omega) = \frac{1}{2}\left[\hat{f}(\omega + a) + \hat{f}(\omega - a)\right]. \tag{13.46}$$

13.3.6 Transformada da derivada

Se uma função é a derivada de outra, então as transformadas de Fourier de ambas estão relacionadas por uma equação. Graças a este fato, é possível se computar

368   *Capítulo 13. Transformada de Fourier*

diretamente a transformada de Fourier da derivada de uma função conhecendo-se a transformada da função original. Mais especificamente, se $g(x) = f'(x)$, para uma função f diferenciável, então

$$\hat{g}(\omega) = i\omega \hat{f}(\omega) \,. \tag{13.47}$$

Esta propriedade pode ser generalizada para qualquer ordem de derivada, isto é, se se $g(x) = f^{(n)}(x)$, para uma função f n vezes diferenciável, então

$$\hat{g}(\omega) = (i\omega)^n \hat{f}(\omega) \,. \tag{13.48}$$

A demonstração desta propriedade pode ser feita por meio de integração por partes aplicada à integral de Fourier e é deixada como exercício.

O dual da propriedade (13.48) é que se $g(x) = x^n f(x)$ então

$$\hat{g}(\omega) = i^n \hat{f}^{(n)}(\omega) \,, \tag{13.49}$$

conhecida como a propriedade da derivada da transformada. Para demonstrar esta propriedade, utiliza-se a propriedade da dualidade em conjunto com (13.48), que fica também como exercício.

Para ilustrar o uso de ambas propriedades (13.48) e (13.49), vamos apresentar uma maneira alternativa de computar a transformada de Fourier da gaussiana definida como $\psi(t) = \beta e^{-t^2/2\sigma^2}$. Computando a derivada de $\psi(t)$, fica como exercício mostrar que

$$\psi'(t) = -\frac{t}{\sigma^2}\psi(t) \,, \tag{13.50}$$

que relaciona a função Gaussiana com sua derivada. Aplicando a transformada de Fourier em ambos os lados desta equação, obtemos

$$\mathscr{F}\big[\psi'(t)\big] = \mathscr{F}\Big[-\frac{t}{\sigma^2}\psi(t)\Big] \,. \tag{13.51}$$

Para calcular esta expressão, no lado esquerdo de (13.51) usamos a propriedade da transformada da derivada, enquanto no lado direito usamos a propriedade da derivada da transformada.

Com efeito, usando tais propriedades chegamos a $-i\omega\,\hat{\psi}(\omega) = i\hat{\psi}'(\omega)/\sigma^2$, onde $\hat{\psi}$ é a transformada de Fourier de ψ. Tal equação pode ser escrita como uma equação diferencial separável

$$\hat{\psi}'(\omega) = -\sigma^2\omega\hat{\psi}(\omega) \,,$$

Transformada de Fourier da ondaleta de Gabor 369

cuja solução geral é dada por $\ln(\hat{\psi}(\omega)) = -\sigma^2\omega^2/2 + c$ onde c é uma constante arbitrária a ser determinada. Portanto, a transformada de Fourier da gaussiana é dada por

$$\hat{\psi}(\omega) = C\mathrm{e}^{-\sigma^2\omega^2/2}$$

onde C é uma constante que pode ser determinada examinando-se o valor de $\hat{\psi}(\omega)$ para um dado $\omega = \omega_0$. Tomando $\omega = 0$, observamos que $C = \hat{\psi}(0)$, mas por outro lado, pela definição da transformada de Fourier de $\psi(t)$, temos que

$$\hat{\psi}(0) = \int_{-\infty}^{\infty} \beta\mathrm{e}^{-t^2/2\sigma^2}\,\mathrm{e}^{-i0t}\,dt = \beta\sqrt{2\pi}\,\sigma\,,$$

fazendo com que $C = \beta\sqrt{2\pi}\,\sigma$, de modo que a transformada da gaussiana seja dada por

$$\hat{\psi}(\omega) = \beta\sqrt{2\pi}\,\sigma\,\mathrm{e}^{-\sigma^2\omega^2/2}\,,$$

como esperado (confira com a equação (13.33)).

Exercícios

13.5 Usando diretamente a definição de transformada de Fourier, demonstre as seguintes propriedades: (a) linearidade, (b) mudança de escala, (c) translação, (d) modulação de amplitude e (e) transformada da derivada.

13.6 Mostre que $b_\pi(\pi x) = b_1(x)$ onde b_ℓ é a função caixa, definida em (1.32).

13.7 Mostre a generalização da propriedade da derivada da transformada, isto é, mostre que

$$\mathscr{F}\big[x^n f(x)\big] = i^n\,\hat{f}^{(n)}(\omega)\,,$$

onde $\hat{f}^{(n)}$ é a n-ésima derivada de $\hat{f}$. Para isso, use a propriedade da dualidade sobre a propriedade da transformada da n-ésima derivada (13.48).

13.4 Transformada de Fourier da ondaleta de Gabor

Uma função modulada clássica é a ondaleta de Gabor (Seção 3.3), que é o produto de um seno (ou cosseno) por uma gaussiana. Em outras palavras, podemos dizer que a ondaleta de Gabor é a modulação de um seno (ou cosseno) por uma gaussiana.

Para calcular a transformada de Fourier da ondaleta de Gabor do tipo cosseno, dada por $g_c(x) = \cos(m\pi x)g(x)$, onde $g(x) = \mathrm{e}^{-x^2/2\sigma^2}$, podemos usar simplesmente a propriedade da modulação da amplitude, chegando a

$$\hat{g}_c(\omega) = \frac{1}{2}\left[\hat{g}(\omega + m\pi) + \hat{g}(\omega - m\pi)\right]$$

onde $\hat{g}$ é a transformada de Fourier da gaussiana. Substituindo $\hat{g}$ por sua expressão em (13.33), obtemos a transformada de Fourier da ondaleta de Gabor do tipo cosseno

$$\hat{g}_c(\omega) = \frac{\sqrt{2\pi}\,\sigma}{2}\left[\mathrm{e}^{-\sigma^2(\omega+m\pi)^2/2} + \mathrm{e}^{-\sigma^2(\omega-m\pi)^2/2}\right], \qquad (13.52)$$

que é a soma de duas gaussianas simetricamente dispostas em relação ao eixo vertical. Pela Figura 13.8 podemos observar duas ondaletas de Gabor do tipo cosseno, com

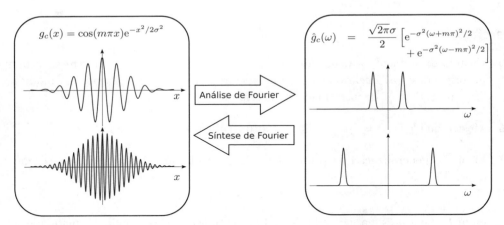

Figura 13.8: Duas ondaletas de Gabor com cossenos de diferentes frequências e suas transformadas de Fourier, que são duas gaussianas dispostas simetricamente. Note que neste caso o parâmetro σ é igual para ambas.

diferentes parâmetros m, e suas transformadas de Fourier. Observe que quanto maior o fator m, mais afastadas são as gaussianas no espectro, indicando que a banda de frequência da ondaleta de Gabor é composta por frequências mais altas.

Exercícios

13.8 Calcule a transformada de Fourier da ondaleta de gabor do tipo seno.

13.9 Faça uma análise gráfica do comportamento do espectro de amplitude da ondaleta do tipo cosseno para avaliar efeito da variação o parâmetro σ, mantendo a frequência m constante.

13.5 Transformada de Fourier da ondaleta de Ricker

A definição da ondaleta de Ricker é baseada na derivada de segunda ordem da função Gaussiana, dada por $\psi(t) = \beta e^{-t^2/2\tau^2}$, onde $\tau > 0$ e β são parâmetros que controlam a forma do gráfico da função. Computando a primeira e a segunda derivadas de $\psi(t)$, obtemos

$$s(t) = \psi'(t) = -\frac{\beta}{\tau^2}\, t\, e^{-t^2/2\tau^2}\,, \tag{13.53}$$

$$r(t) = \psi''(t) = -\frac{\beta}{\tau^4}\left(\tau^2 - t^2\right) e^{-t^2/2\tau^2}\,, \tag{13.54}$$

onde, τ e β satisfaçam critérios a serem estabelecidos para a definição da ondaleta de Ricker.

Em primeiro lugar é imposto o critério de normalização $r(0) = 1$, de modo que, por (13.54), deve ser satisfeita a equação $r(0) = -\frac{\beta}{\tau^2} = 1$,, fazendo com que os parâmetros τ e β devam satisfazer à condição $\beta = -\tau^2$. Obtemos a forma genérica da ondaleta de Ricker, dada por

$$r(t) = \left(1 - t^2/\tau^2\right) e^{-t^2/2\tau^2}\,, \tag{13.55}$$

onde τ faz o papel de controlar o formato da ondaleta. Observe que, substituindo β por $-\tau^2$, a gaussiana mãe, que dá origem à ondaleta de Ricker, fica dada por

$$\psi(t) = -\tau^2 e^{-t^2/2\tau^2}\,. \tag{13.56}$$

Contudo, o parâmetro τ não é o mais adequado para parametrizar a ondaleta. Portanto, é necessária a imposição de um segundo critério para que se defina o valor de τ. O critério escolhido é o da espessura da ondaleta, que estabelece que a distância entre os dois vales da ondaleta deve ser igual a um valor preestabelecido. Porém, para a compreensão de tal valor, é necessário um estudo espectral da ondaleta de Ricker que, por sua vez, necessita de resultados preliminares sobre a transformada de Fourier da função Gaussiana, que são apresentados a seguir.

Como a ondaleta de Ricker é igual à derivada de segunda ordem da Gaussiana dada em (13.56), podemos fazer uso da propriedade da transformada da derivada, chegando a

$$\hat{r}(\omega) = -\omega^2 \hat{\psi}(\omega) = \sqrt{2\pi}\,\tau^3\,\omega^2 e^{-\tau^2\omega^2/2}, \qquad (13.57)$$

onde, na segunda igualdade, utilizamos a transformada de Fourier da gaussiana, dada por (13.33). Os gráficos da ondaleta de Ricker e sua transformada de Fourier podem ser conferidos pela Figura 13.9

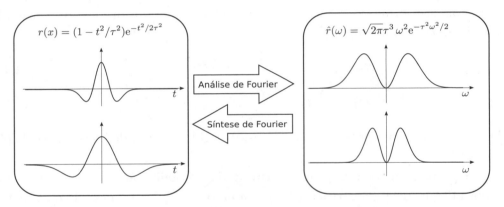

Figura 13.9: Duas ondaletas de Ricker com diferentes parâmetros τ e suas respectivas transformadas de Fourier. Observe que, como esperado, quanto mais estirada a ondaleta, mais comprimida é seu espectro de amplitude.

Como podemos observar, o espectro de amplitude possui dois máximos locais, os quais chamamos frequência de pico. Para computá-los, buscamos os pontos críticos de $\hat{r}$, por meio da condição de que nestes pontos, a derivada de (13.57) é nula. Portanto, fica como exercício mostrar que a derivada vale

$$\hat{r}'(\omega) = \tau^2 \sqrt{2\pi}\,[2\omega - \tau^2\omega^3] e^{-\tau^2\omega^2/2},$$

cujas raízes são $\omega_0 = 0$, e $\omega_p = \pm\sqrt{2}/\tau$. Embora a função esteja definida para frequência angular ω, é preferível trabalharmos com a frequência pelo fato de ser uma

Teorema da convolução

grandeza mais naturalmente compreendida. Portanto, introduzimos a frequência de pico como sendo $f_p = \omega_p/2\pi = \sqrt{2}/2\pi\tau$.

Desta relação, podemos substituir τ por $\sqrt{2}/2\pi f_p$ na expressão da ondaleta de Ricker, para obtermos sua expressão mais usual

$$r(t) = \left(1 - 2\pi^2 f_p^2 t^2\right) e^{-\pi^2 f_p^2 t^2} , \tag{13.58}$$

que é parametrizada em termos da frequência de pico f_p.

Exercícios

13.10 Mostre que a distância entre os dois pontos de mínimo da ondaleta de Ricker é dada por

$$t_2 - t_1 = \frac{\sqrt{6}}{\pi f_p} ,$$

onde f_p é a frequência de pico e t_1 e t_2 são os pontos de mínimo de $r(t)$.

13.11 Definindo $a = t_2 - t_1$ como uma medida da largura da ondaleta de Ricker, ache a expressão de f_p em função de a e substitua em (13.58), para obter uma definição alternativa da ondaleta de Ricker.

13.6 Teorema da convolução

O teorema da convolução pode ser sucintamente declarado como: *a convolução é transformada em produto*, propiciando uma poderosa ferramenta para o cálculo de convoluções. Este resultado é tão significativo que o enunciamos na forma de um teorema.

374   *Capítulo 13. Transformada de Fourier*

Teorema 13.5 (Teorema da convolução)

Sejam $f(t)$ e $g(t)$ duas funções absolutamente integráveis, de modo que existam suas transformadas de Fourier, $\hat{f}(\omega)$ e $\hat{g}(\omega)$, respectivamente. Se a função $h(t)$ é a convolução de f e g, isto é, se

$$h(t) = f(t) * g(t),$$

então a sua transformada de Fourier é dada por

$$\hat{h}(\omega) = \hat{f}(\omega)\hat{g}(\omega). \tag{13.59}$$

Em outras palavras, a transformada de Fourier da convolução é o produto das transformadas de Fourier, isto é

$$\mathscr{F}\{f(t) * g(t)\} = \mathscr{F}\{f(t)\} \times \mathscr{F}\{g(t)\}. \tag{13.60}$$

A prova deste teorema é feita aplicando-se diretamente as definições da convolução e integral de Fourier e é deixada como exercício.

Como uma multiplicação de funções é muito menos complicada do que uma convolução, em muitos casos vale a pena computar a transformada inversa do produto das transformadas de Fourier de duas funções, para obter a convolução. Isto pode ser resumido pela equação

$$f(t) * g(t) = \mathscr{F}^{-1}\{\hat{f}(\omega) \times \hat{g}(\omega)\},$$

que pode ser entendida até mesmo como uma definição alternativa para a convolução.

Para ilustrar o teorema da convolução, vamos mostrar que a convolução de duas gaussianas também é uma gaussiana (veja Exercício 9.6 na página 212). Isto é, dadas as gaussianas $f(x) = e^{-ax^2}$ e $g(x) = e^{-bx^2}$ então

$$f(x) * g(x) = \alpha\, e^{-cx^2},$$

onde $c = ab/(a+b)$ e $\alpha = \sqrt{\pi/(a+b)}$.

Em primeiro lugar, de (13.33), sabemos que a transformada de Fourier da gaussiana $\psi(x) = \beta e^{-x^2/2\sigma^2}$ é dada por $\hat{\psi}(\omega) = \beta\sqrt{2\pi}\,\sigma e^{-\sigma^2\omega^2/2}$. Portanto, as transformadas de Fourier de f e g são

$$\hat{f}(\omega) = \sqrt{\frac{\pi}{a}}\, e^{-\omega^2/4a} \qquad \text{e} \qquad \hat{g}(\omega) = \sqrt{\frac{\pi}{b}}\, e^{-\omega^2/4b}.$$

Teorema da convolução 375

Portanto, seu produto é dado por

$$\hat{f}(\omega) \times \hat{g}(\omega) = \frac{\pi}{\sqrt{ab}}\, e^{-\omega^2(1/2a+1/2b)/2}\,.$$

Introduzindo a quantidade $\sigma^2 = (1/2a + 1/2b) = (a+b)/2ab$, temos que

$$\hat{f}(\omega) \times \hat{g}(\omega) = \frac{\sqrt{\pi}}{\sigma\sqrt{2ab}}\,\sqrt{2\pi}\,\sigma\, e^{-\sigma^2\omega^2/2}$$

e aplicando a transformada de Fourier de ambos os lados, obtemos

$$\mathscr{F}^{-1}\big[\hat{f}(\omega) \times \hat{g}(\omega)\big] = \frac{\sqrt{\pi}}{\sigma\sqrt{2ab}}\,\mathscr{F}^{-1}\left[\sqrt{2\pi}\,\sigma\, e^{-\sigma^2\omega^2/2}\right]\,,$$

onde foi usada a propriedade de linearidade. Aplicando o teorema da convolução obtemos

$$f(x) * g(x) = \frac{\sqrt{\pi}}{\sigma\sqrt{2ab}}\, e^{-x^2/2\sigma^2}\,.$$

Por fim, introduzindo $c = 1/2\sigma^2$, obtemos o resultado desejado.

$$e^{-ax^2} * e^{-bx^2} = \sqrt{\frac{\pi}{a+b}}\, e^{-cx^2}\,,$$

onde $c = ab/(a+b)$.

Devido à similaridade entre as integrais da transformada direta e inversa de Fourier, há uma versão dual do teorema da convolução, no domínio espectral. Isto é, também vale que a transformada de Fourier do produto de duas funções é a convolução das transformadas das funções.

Teorema 13.6 (Teorema da convolução no domínio espectral)

Sejam $f(t)$ e $g(t)$ duas funções absolutamente integráveis, de modo que existam suas transformadas de Fourier, $\hat{f}(\omega)$ e $\hat{g}(\omega)$, respectivamente. Se a função $h(t)$ é o produto de f e g, isto é, se

$$h(t) = f(t) \times g(t)\,,$$

então a sua transformada de Fourier é dada por

$$\hat{h}(\omega) = \frac{1}{2\pi}\hat{f}(\omega) * \hat{g}(\omega)\,. \tag{13.61}$$

Em outras palavras, a transformada de Fourier do produto é a convolução das transformadas de Fourier, isto é,

$$\mathscr{F}\{f(t) \times g(t)\} = \frac{1}{2\pi}\mathscr{F}\{f(t)\} * \mathscr{F}\{g(t)\}. \qquad (13.62)$$

A prova deste teorema é similar à prova do Teorema 13.5, isto é, também pode ser feita aplicando-se diretamente as definições da convolução e integral de Fourier e também é deixada como exercício.

Exercícios

13.12 Prove o teorema da convolução e o teorema da convolução no domínio espectral, usando diretamente as definições da transformada de Fourier e da convolução.

13.7 Transformada de Fourier de funções generalizadas

No Capítulo 13 vimos que existem condições suficientes para que funções tenham suas transformadas de Fourier, tipicamente devem ser suave por partes e absolutamente integráveis. Entretanto, como podemos perceber, tais condições, especialmente a segunda, são altamente restritivas, pois uma grande classe de funções elementares, tais como as funções constantes, de Heaviside, sinal, seno e cosseno não são absolutamente integráveis. Enfim, se dependêssemos exclusivamente das condições suficientes, tais funções não possuiriam suas transformadas de Fourier.

O que acontece, portanto, é que as condições são suficientes, apenas. Isto quer dizer que se uma função as cumpre, então certamente ela possui transformada de Fourier. Porém nada impede que uma outra função que não as cumpra também possua transformada de Fourier. Com efeito, este é o caso das funções mencionadas, cujas transformadas estão listadas na Tabela 13.2.

Nas seções que se seguem detalharemos a obtenção da transformada de Fourier de tais funções. Porém para que se atinja este objetivo, deve-se estender o conceito de funções para o que se denomina *funções generalizadas*, das quais a mais notável é a função *delta de Dirac*, apresentada a seguir.

Transformada de Fourier de funções generalizadas 377

Tabela 13.2: Transformada de Fourier de funções generalizadas.

	Função	$f(x)$	$\hat{f}(\omega)$
(a)	Delta de Dirac	$\delta(x)$	1
(b)	Constante	c	$2\pi c\,\delta(\omega)$
(c)	Sinal	$\mathrm{sgn}(x)$	$\dfrac{2}{i\omega}$
(d)	VP$(1/x)$	$1/x$	$-i\pi\,\mathrm{sgn}(\omega)$
(e)	Heaviside	$h(x)$	$\pi\left[\delta(\omega) + \dfrac{1}{i\pi\omega}\right]$
(f)	Seno	$\mathrm{sen}(\alpha x)$	$i\pi\left[\delta(\omega + \alpha) - \delta(\omega - \alpha)\right]$
(g)	Cosseno	$\cos(\alpha x)$	$\pi\left[\delta(\omega + \alpha) + \delta(\omega - \alpha)\right]$

13.7.1 Delta de Dirac

A base para a construção das transformadas de Fourier das funções generalizadas, tais como função constantes, sinal e de Heaviside, entre outras, passa pela definição e estudo da função conhecida como *delta de Dirac*, denotada por $\delta(x)$.

Podemos aplicar a transformada de Fourier em (9.49) e, usando a propriedade dada pelo teorema da convolução, obtemos

$$\hat{\delta}(\omega)\hat{\phi}(\omega) = \hat{\phi}(\omega)\,, \tag{13.63}$$

onde $\hat{\delta}(\omega) = \mathscr{F}[\delta](\omega)$ e $\hat{\phi}(\omega) = \mathscr{F}[\phi](\omega)$. A equação (13.63) dá origem à seguinte equação a ser resolvida

$$\hat{\phi}(\omega)\left[\hat{\delta}(\omega) - 1\right] = 0\,, \tag{13.64}$$

cujas soluções são $\hat{\phi}(\omega) = 0$ ou $\hat{\delta}(\omega) = 1$, para todo $\omega \in \mathbb{R}$. Como a função $\phi(x)$ é uma função teste qualquer, não é garantido que $\hat{\phi}(\omega) = 0$, portanto, resta como solução $\hat{\delta}(\omega) = 1$. Portanto, a transformada de Fourier da função delta de Dirac $\delta(x)$ é dada por

$$\mathscr{F}[\delta(x)] = 1\,, \tag{13.65}$$

que pode também pode ser interpretada como a aplicação da propriedade filtrante da função delta à função $e^{-i\omega x}$ (veja Exercício 13.13). Veja na Figura 13.10 a função delta de Dirac e sua transformada de Fourier.

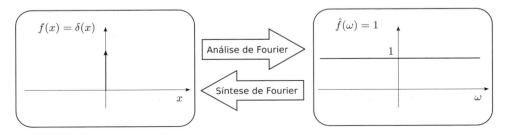

Figura 13.10: A função delta de Dirac (esquerda) e sua transformada de Fourier (direita).

Por outro lado, aplicando a transformada de Fourier inversa, temos $\delta(x) = \mathscr{F}^{-1}[1]$ e, portanto,

$$\delta(x) = \frac{1}{2\pi} \int_{-\infty}^{\infty} e^{ikx} \, dk, \tag{13.66}$$

que pode ser entendida como uma definição alternativa para a função delta de Dirac. A interpretação da equação (13.66) é que a função delta é sintetizada com todas as senoides com pesos iguais.

13.7.2 Função constante

Uma função constante não é absolutamente integrável na reta. No entanto, assumindo que a transformada de Fourier de uma função constante exista, podemos interpretá-la como uma distribuição no domínio espectral. Isto é, dada $c(x) = a$ para todo x, então vamos interpretar $\hat{c}(\omega) = \mathscr{F}[c](\omega)$ como uma distribuição. Aplicando diretamente a definição da transformada de Fourier de uma função, temos

$$\hat{c}(\omega) = \int_{-\infty}^{\infty} c(x) e^{-i\omega x} \, dx \tag{13.67}$$

$$= a \int_{-\infty}^{\infty} e^{-i\omega x} \, dx. \tag{13.68}$$

Observe o formato do lado direito de (13.67) e compare com o lado direito de (13.66). Podemos dizer que ambas são muito similares e é justamente essa similaridade que nos ajuda a computar a transformada de Fourier de uma constante.

Multiplicando ambos os lados de (13.68) por $1/2\pi a$ e introduzindo a mudança de variável $k = -x$, obtemos

$$\frac{\hat{c}(\omega)}{2\pi a} = \frac{1}{2\pi} \int_{-\infty}^{\infty} e^{i\omega x} d\omega$$

Contudo, por (13.66), o lado direito desta equação é igual a $\delta(\omega)$, portanto

$$\frac{\hat{c}(\omega)}{2\pi a} = \delta(\omega),$$

fazendo com que a transformada de Fourier da função constante seja

$$\hat{c}(\omega) = 2\pi a\, \delta(\omega). \tag{13.69}$$

Em particular, quando $a = 1$, temos que

$$\hat{c}(\omega) = 2\pi \delta(\omega). \tag{13.70}$$

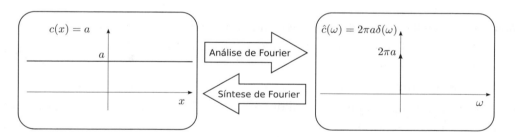

Figura 13.11: A função constante (esquerda) e sua transformada de Fourier (direita).

A representação integral da função constante $c(x) = 1$ é dada por meio da transformada inversa de Fourier de $\hat{c}(\omega) = 2\pi\delta(\omega)$, isto é, $1 = \mathscr{F}^{-1}[\delta(\omega)]$, ou ainda,

$$1 = \int_{-\infty}^{\infty} \delta(\omega)\, e^{i\omega x}\, d\omega. \tag{13.71}$$

A interpretação da equação (13.71) é que a função constante é sintetizada somente com a senoide de frequência nula.

380   *Capítulo 13. Transformada de Fourier*

13.7.3   Função sinal

Para computarmos a transformada de Fourier da função sinal, a estratégia é computar a transformada de Fourier da função $r(x) = 1/x$ e usar a propriedade da dualidade. Observando que $r(x)$ é ímpar, a transformada de Fourier, dada por $\hat{r}(\omega) = \mathscr{F}[1/x]$, é imaginário puro, portanto

$$\hat{r}(\omega) = -i \int_{-\infty}^{\infty} \frac{\operatorname{sen}(\omega x)}{x} \, dx$$

Para computar tal integral, introduzimos a mudança de variável $u = \omega x$, que acaba por gerar três casos, cada qual dependente do sinal de ω. Em primeiro lugar, se $\omega = 0$ então $\hat{r}(\omega) = 0$. Caso ω seja positivo, então

$$\hat{r}(\omega) = -i \int_{-\infty}^{\infty} \frac{\operatorname{sen}(u)}{u} \, du = -i\pi \,,$$

onde foi usado o fato de que a área sob a função sinc não normalizada vale π. Por outro lado, se ω é negativo, temos que

$$\hat{r}(\omega) = -i \int_{\infty}^{-\infty} \frac{\operatorname{sen}(u)}{u} \, du = i\pi \,.$$

Portanto, os três casos podem ser resumidos da seguinte forma

$$\mathscr{F}[1/x] = -i\pi \operatorname{sgn}(\omega) \,. \tag{13.72}$$

onde $\operatorname{sgn}(\omega)$ é a função sinal.

Usando a propriedade da dualidade em (13.72), obtemos a transformada de Fourier da função sinal, dada por

$$\mathscr{F}[\operatorname{sgn}(x)] = \frac{2}{i\omega} \,. \tag{13.73}$$

Observe na Figura 13.12 a funções sinal e sua transformada de Fourier.

13.7.4   Função de Heaviside

A função de Heaviside não é par nem ímpar, portanto certamente sua transformada de Fourier deve conter tanto a parte real quanto a imaginária. Para computarmos sua transformada de Fourier, em primeiro lugar consideramos a sua decomposição em uma soma de uma função par e ímpar, isto é $h(x) = h_p(x) + h_i(x)$

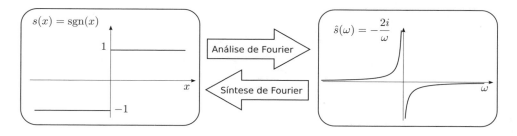

Figura 13.12: A função sinal (esquerda) e sua transformada de Fourier (direita).

onde h_p e h_i são definidas por

$$h_p(x) = [h(x) + h(-x)]/2$$
$$h_i(x) = [h(x) - h(-x)]/2.$$

Não é difícil mostrar que $h_p(x) = 1/2$ e $h_i(x) = \text{sgn}(x)/2$, cuja dedução fica como exercício.

Portanto usando a linearidade temos que

$$\hat{h}(\omega) = \frac{1}{2}\mathscr{F}[1] + \frac{1}{2}\mathscr{F}[\text{sgn}(x)].$$

Observando que no lado direito desta equação estão as transformadas de Fourier da função constante e função sinal, abordadas nas seções anteriores, obtemos

$$\hat{h}(\omega) = \pi \left[\delta(\omega) + \frac{1}{i\pi\omega} \right], \qquad (13.74)$$

que é a transformada de Fourier da função de Heaviside, cujo gráfico pode ser conferido pela Figura 13.13.

13.7.5 Funções seno e cosseno

As funções seno e cosseno não são absolutamente integráveis, então não satisfazem as condições do Teorema 13.2. Contudo, ao serem interpretadas como funções generalizadas, passam a ter suas respectivas transformadas.

Para computarmos a transformada de Fourier da função seno $\text{sen}(\alpha x)$, para $\alpha \in \mathbb{R}$, aplicamos diretamente a definição.

$$\hat{s}(\omega) = \int_{-\infty}^{\infty} \text{sen}(\alpha x) e^{-i\omega x} \, dx$$

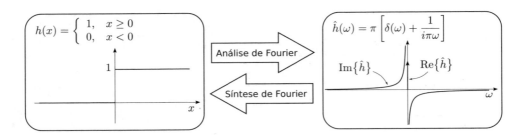

Figura 13.13: A função de Heaviside (esquerda) e sua transformada de Fourier (esquerda).

Neste ponto, lançamos mão da representação alternativa para o seno, $\text{sen}(\alpha x) = (e^{i\alpha x} - e^{-i\alpha x})/2$, chegando a

$$\hat{s}(\omega) = \frac{1}{2} \int_{-\infty}^{\infty} \left(e^{i\alpha x} - e^{-i\alpha x} \right) e^{-i\omega x} \, dx \, .$$

Separando a integral do lado direito em duas, obtemos

$$\hat{s}(\omega) = \frac{1}{2i} \int_{-\infty}^{\infty} e^{i(-\omega+\alpha)x} \, dx - \frac{1}{2i} \int_{-\infty}^{\infty} e^{i(-\omega-\alpha)x} \, dx \, .$$

Contudo comparando as integrais do lado direito com (13.66), concluímos que são as expressões alternativas para a função delta com deslocamento

$$\hat{s}(\omega) = -i\pi\delta(-\omega + \alpha) + i\pi\delta(-\omega - \alpha)$$
$$= i\pi \left[-\delta(\omega - \alpha) + \delta(\omega + \alpha) \right] .$$

onde, na segunda igualdade, foi usado o fato de que a função delta é par. Portanto a função $\text{sen}(\alpha x)$ é associada a duas funções delta deslocadas, dispostas simetricamente com relação à origem, como se pode observar com auxílio da Figura 13.14.

Fica como exercício mostrar que a transformada de Fourier do cosseno $\cos(\beta x)$ é dada por

$$\hat{c}(\omega) = \pi \left[\delta(\omega - \beta) + \delta(\omega + \beta) \right] .$$

duas funções delta deslocadas, dispostas simetricamente com relação à origem, como se pode observar com auxílio da Figura 13.14.

Por fim, concluímos que as transformadas de Fourier do seno e do cosseno são somas de duas funções delta transladadas no domínio espectral. Além disso, são funções real e imaginária pura, respectivamente.

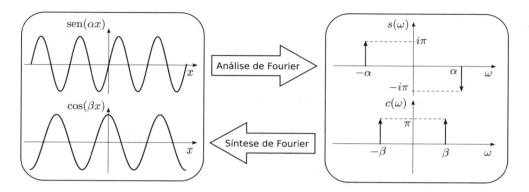

Figura 13.14: As funções seno e cosseno (esquerda) e suas transformadas de Fourier (direita).

Exercícios

13.13 Assumindo que a função $f(x) = e^{-ikx}$, mostre que $\mathscr{F}\delta(x) = 1$, usando a propriedade filtrante da função δ.

13.14 Mostre que
$$\hat{c}(\omega) = \pi\left[\delta(\omega - \beta) + \delta(\omega + \beta)\right],$$
onde $\hat{c}(\omega) = \mathscr{F}[\cos(\beta t)]$.

Exercícios adicionais

13.15 Calcule a transformada de Fourier na forma real da função causal $f_+(t) = h(t)f(t)$ e mostre que
$$\hat{f}_+(\omega) = \frac{1}{2}\left[\hat{f}_c(\omega) + \hat{f}_s(\omega)\right].$$

13.16 Mostre que a transformada de Fourier de uma função é uma função hermitiana, isto é,
$$\hat{f}(-\omega) = \bar{\hat{f}}(\omega),$$
onde $\hat{f}(\omega)$ é dada por (13.10) e $\bar{\hat{f}}(\omega)$ é o conjugado de $\hat{f}(\omega)$.

13.17 Usando a definição, calcule a transformada de Fourier das funções abaixo:

384   *Capítulo 13. Transformada de Fourier*

(a) $f(x) = \begin{cases} x^2, & \text{se } x \in (-a, a), \\ 0, & \text{caso contrário}. \end{cases}$ (d) $i(x) = \begin{cases} \mathrm{e}^{-ax}, & \text{se } x \geq 0, \\ 0, & \text{se } x < 0. \end{cases}$

(b) $g(x) = \begin{cases} -1, & \text{se } x \in [-a, 0), \\ 1, & \text{se } x \in [0, a], \\ 0, & \text{caso contrário}. \end{cases}$ (e) $j(x) = \begin{cases} \text{sen}(x), & \text{se } 0 < x < \pi, \\ 0, & \text{caso contrário}. \end{cases}$

(f) $k(x) = \begin{cases} \cos(x), & \text{se } |x| < \pi/2, \\ 0, & \text{caso contrário}. \end{cases}$

(c) $h(x) = \begin{cases} \pi + x, & \text{se } x \in [-\pi, 0), \\ \pi - x, & \text{se } x \in [0, \pi], \\ 0, & \text{caso contrário}. \end{cases}$ (g) $\ell(x) = \mathrm{e}^{-a|x|}$

onde a é uma constante positiva.

13.18 Calcule a transformada de Fourier das funções abaixo:

(a) $f_1(x) = \begin{cases} -x, & \text{se } x \in [-a, 0), \\ 0, & \text{caso contrário}. \end{cases}$ (b) $f_2(x) = \begin{cases} -x, & \text{se } x \in (0, a), \\ 0, & \text{caso contrário}. \end{cases}$

onde a é uma constante positiva. Em seguida, compare os resultados.

13.19 (Bracewell, 2000) Seja f uma função periódica com período p, isto é, $f(x + p) = f(x)$ para todo x. Aplique a transformada de Fourier em ambos os lados e use a propriedade do deslocamento para chegar à equação: $\mathrm{e}^{-ip\omega}\hat{f}(\omega) = \hat{f}(\omega)$. O que pode ser deduzido sobre a transformada de Fourier de uma função periódica?

13.20 Considere as seguintes funções

(i) $f(x) = b_\ell(x - \ell) - b_\ell(x + \ell)$

(ii) $g(x) = t_\ell(x - \ell) - t_\ell(x + \ell)$

(iii) $h(x) = p_\ell(x) - p_\ell(x + \ell)$

onde ℓ é um número positivo e $b_\ell(x)$, $t_\ell(x)$ e $p_\ell(x)$ são as funções caixa, triângulo e parabólica truncada, definidas nas Seções 13.2.1, 13.2.3 e 13.2.4, respectivamente. Resolva os seguintes itens:

(a)   Esboce as funções f, g e h;

(b)   Mostre que as funções f, g e h são ímpares;

(c)   Calcule as transformadas de Fourier de f, g e h, usando as propriedades da linearidade e deslocamento.

13.21 Usando os teoremas da convolução, mostre que se $\psi(t) = \big(f(t) * g(t)\big) \times \big(h(t) * j(t)\big)$, então

$$\hat{\psi}(\omega) = \big(\hat{f}(\omega)\hat{g}(\omega)\big) * \big(\hat{h}(\omega)\hat{j}(\omega)\big).$$

Exercícios adicionais

13.22 Usando as propriedades da transformada do deslocamento e da mudança de escala mostre que, se $h(x) = f(ax - b)$, então

$$\hat{h}(\omega) = \frac{1}{|a|} e^{i\omega b\omega/a} \hat{f}(\omega/a).$$

13.23 Use a propriedade da transformada da derivada para computar a transformada de Fourier de $f(x) = xe^{-\pi x^2}$.

13.24 (Vretblad, 2003) Usando as propriedades da transformada de Fourier, ache uma solução f para as equações integrais

(a) $\displaystyle\int_{-\infty}^{\infty} f(x - \xi)e^{-|\xi|} \, d\xi = \frac{4}{3}e^{-|t|} - \frac{2}{3}e^{-2|t|};$

(b) $\displaystyle\int_{-\infty}^{\infty} f(x - \xi)e^{-\xi^2/2} \, d\xi = e^{-t^2/4};$

(c) $\displaystyle\int_{-1}^{\infty} f(x - \xi) \, d\xi = e^{-|t-1|} - e^{-|t+1|},$

observando que as integrais do lado esquerdo são convoluções.

13.25 (Hsu, 1973) Usando o teorema da convolução, ache

$$f(t) = e_1(t) * e_2(t)$$

onde $e_1(t) = h(t)e^{-t}$, $e_2(t) = h(t)e^{-2t}$ e $h(t)$ é a função de Heaviside.

13.26 (Hsu, 1973) Uma função f tem *banda limitada*, quando existe um número $\omega_0 > 0$ tal que $\hat{f}(\omega) = 0$ sempre que $|\omega| > \omega_0$. Mostre que se f tem banda limitada, então

$$f(t) * \frac{\text{sen}(at)}{\pi t} = f(t)$$

para todo $a \geq \omega_c$.

13.27 Sabendo que a função caixa pode ser reescrita como a subtração de duas funções de Heaviside deslocadas da seguinte forma

$$b(x) = h(x + 1) - h(x - 1),$$

calcule a transformada de b a partir da expressão acima, onde a transformada de Fourier de h é dada por (13.74).

13.28 Mostre que $\delta(t) = \dfrac{1}{\pi} \displaystyle\int_0^{\infty} \cos(\omega t) \, d\omega$.

13.29 (Hsu, 1973) Mostre que, se $g(t) = \int_{-\infty}^{t} f(x)\,dx$, então

$$\hat{g}(\omega) = \frac{1}{i\omega}\hat{f}(\omega) + \pi\hat{f}(0)\delta(\omega)\,.$$

Para isso, reescreva a definição de g como a convolução de f com a função de Heaviside h e use o teorema da convolução.

Apêndice

A Identidades trigonométricas

Dados os escalares x e y, são válidas as seguintes identidades, que dizem respeito ao seno e cosseno de soma (e subtração) de dois ângulos:

$$\text{sen}(x + y) = \text{sen}(x)\cos(y) + \text{sen}(y)\cos(x)\,, \tag{A-1}$$

$$\text{sen}(x - y) = \text{sen}(x)\cos(y) - \text{sen}(y)\cos(x)\,, \tag{A-2}$$

$$\cos(x + y) = \cos(x)\cos(y) - \text{sen}(y)\,\text{sen}(x)\,, \tag{A-3}$$

$$\cos(x - y) = \cos(x)\cos(y) + \text{sen}(y)\,\text{sen}(x)\,. \tag{A-4}$$

A partir de tais identidades, fazendo-se $x = y$, obtemos as chamadas identidades de arco duplo.

$$\text{sen}(2x) = 2\,\text{sen}(x)\cos(y)\,, \tag{A-5}$$

$$\cos(2x) = \cos^2(x) - \text{sen}^2(x)\,. \tag{A-6}$$

Dados os escalares ϕ e θ, são válidas as seguintes identidades de produto de senos e cossenos

$$2\,\text{sen}(\phi)\cos(\theta) = \text{sen}(\phi + \theta) + \text{sen}(\phi - \theta)\,, \tag{A-7}$$

$$2\cos(\phi)\,\text{sen}(\theta) = \text{sen}(\phi + \theta) - \text{sen}(\phi - \theta)\,, \tag{A-8}$$

$$2\cos(\phi)\cos(\theta) = \cos(\phi + \theta) + \cos(\phi - \theta)\,, \tag{A-9}$$

$$2\,\text{sen}(\phi)\,\text{sen}(\theta) = \cos(\phi - \theta) - \cos(\phi + \theta)\,. \tag{A-10}$$

A partir destas identidades, é possível estabelecer identidades para produtos de tangentes e cotangentes

$$\tan(\phi)\tan(\theta) = \frac{\cos(\phi - \theta) - \cos(\phi + \theta)}{\cos(\phi + \theta) + \cos(\phi - \theta)}\,, \tag{A-11}$$

$$\tan(\phi)\cot(\theta) = \frac{\text{sen}(\phi + \theta) + \text{sen}(\phi - \theta)}{\text{sen}(\phi + \theta) - \text{sen}(\phi - \theta)}\,. \tag{A-12}$$

Vale observar que as identidades acima transformam produtos em somas de senos e cossenos. Contudo, escolhendo valores adequados para ϕ e θ, podemos

390

reescrever essas pripriedades de forma inversa, isto é, podemos transformar somas de senos e cossenos em produtos.

Com efeito, para transformar as somas $\operatorname{sen}(a) + \operatorname{sen}(b)$ e $\cos(a) + \cos(b)$ em produtos, basta impor $a = \phi + \theta$ e $b = \phi - \theta$, para obtermos $\phi = (a+b)/2$ e $\theta = (a-b)/2$. Sendo assim, ao aplicarmos as equações (A-7), (A-8) e (A-9), obtemos as identidades

$$
\begin{aligned}
\operatorname{sen}(a) + \operatorname{sen}(b) &= 2\operatorname{sen}\big((a+b)/2\big)\cos\big((a-b)/2\big), & \text{(A-13)}\\
\cos(a) + \cos(b) &= 2\cos\big((a+b)/2\big)\cos\big((a-b)/2\big), & \text{(A-14)}\\
\cos(a) - \cos(b) &= -2\operatorname{sen}\big((a+b)/2\big)\operatorname{sen}\big((a-b)/2\big). & \text{(A-15)}
\end{aligned}
$$

Exercícios

A.1 Usando as propriedades do seno da soma de dois ângulos, mostre que:

(a) $\cos(x) = \operatorname{sen}(x + \pi/2)$;

(b) $\operatorname{sen}(x) = \cos(x - \pi/2)$.

A.2 Usando as identidades trigonométricas (A-1)-(A-2), mostre as identidades do arco duplo, (A-5) e (A-6).

A.3 Usando a identidade trigonométrica fundamental e a fórmula do cosseno do arco duplo, deduza a fórmula

$$
\cos(x) = \sqrt{\frac{1 + \cos(2x)}{2}}
\tag{A-16}
$$

para $x \in [-\pi/2, \pi/2]$.

A.4 Usando as identidades do arco duplo, deduza as seguinte identidades

$$
\begin{aligned}
\cos(x) &= 1 - 2\operatorname{sen}^2(x/2), & \text{(A-17)}\\
\operatorname{sen}(x) &= 2\operatorname{sen}(x/2)\cos(x/2). & \text{(A-18)}
\end{aligned}
$$

A.5 Fazendo $\phi = \theta = 2x$ na expressão (A-11), deduza a identidade

$$
\tan(2x) = \sqrt{\frac{1 - \cos(x)}{1 + \cos(x)}}.
$$

B Análise do erro da aproximação de Taylor

Neste apêndice, vamos mostrar que os polinômios de Taylor aproximam efetivamente uma função dada $f(x)$. Para chegar a tal conclusão, precisamos analisar o erro cometido por tais aproximações.

Teorema B-1 (Desigualdade de Taylor)

Suponha que f seja diferenciável até a ordem $n+1$ no intervalo $(x_0 - c, x_0 + c)$, centrado no ponto x_0. Seja $R_n(x) = f(x) - T_n(x)$ o erro cometido pela aproximação de Taylor. Então, vale a seguinte desigualdade:

$$|R_n(x)| \leq \frac{M_{n+1}}{(n+1)!}|x - x_0|^{n+1},$$

onde M_{n+1} é uma constante que limita os valores absolutos de $f^{(n+1)}$, isto é,

$$\left|f^{(n+1)}(x)\right| \leq M_{n+1}$$

em todo o intervalo $(x_0 - c, x_0 + c)$.

Para provar essa desigualdade, primeiramente, devemos mostrar o seguinte resultado preliminar.

Lema B-2 *Suponha que $f(0) = f'(0) = \cdots = f^{(n)}(0) = 0$. Então*

$$|f(x)| \leq \frac{M_{n+1}}{(n+1)!}|x|^{n+1}.$$

Prova A prova é por indução. Vamos provar para o caso $n = 1$. Nesse caso, temos $|f''(s)| \leq M_2$ para todo $s \in [0, x]$. Então, para qualquer $t \in [0, x]$, temos

$$|f'(t)| = \left|\int_0^t f''(s)\,ds\right| \leq \int_0^t |f''(s)|\,ds \leq M_2 \int_0^t ds \leq M_2 t.$$

Porém, por outro lado,

$$|f(x)| = \left|\int_0^x f'(t)\,dt\right| \leq \int_0^x |f'(t)|\,dt \leq \int_0^x M_2 t\,dt \leq \frac{M_2 x^2}{2}.$$

É claro que o mesmo argumento vale para x negativo, somente prestando atenção ao sinal.

Suponha que o resultado seja válido para o caso $(n-1)$, então aplicamos o lema à função derivada f'. Portanto, sabemos que

$$|f'(t)| \leq \frac{M_{n+1}}{n!}|t|^n, \quad \text{para todo } t \in [0, x].$$

Observe que temos a constante M_{n+1} porque a n-ésima derivada de f' é a $(n+1)$-ésima derivada de f.

Agora, podemos argumentar independentemente em cada um dos lados da equação anterior, para $x > 0$:

$$|f(x)| = \left| \int_0^x f'(t)\, dt \right| \leq \int_0^x |f'(t)|\, dt \leq \int_0^x \frac{M_{n+1}}{n!}\, t^n\, dt = \frac{M_{n+1}}{(n+1)!}|x|^{n+1}.$$

O que finaliza a demonstração do lema para o caso em que $x > 0$. Para o caso em que $x < 0$ a argumentação é similar, somente tendo o cuidado com os sinais.

Prova do Teorema B-1 Para provar o Teorema B-1 sobre a desigualdade de Taylor, consideramos a função auxiliar $g(x) = f(x) - p_n(x)$ que mede o erro da aproximação de Taylor de ordem n. Podemos notar que

$$g(0) = f(0) - p_n(0) = 0, \tag{B-1}$$

$$g'(0) = f'(0) - p_n'(0) = 0, \tag{B-2}$$

$$\vdots$$

$$g^{(n)}(0) = f^{(n)}(0) - p_n^{(n)}(0) = 0, \tag{B-3}$$

isto é, $g(x)$ satisfaz as hipóteses do Lema B-2.

Além disso, uma vez que p_n é um polinômio de grau n, sua derivada de ordem $(n+1)$ é identicamente nula. Assim $g^{(n+1)}$ tem o mesmo limitante que $f^{(n+1)}$, isto é,

$$|g^{(n+1)}(x)| \leq M_{n+1}$$

para todo x no intervalo.

Aplicando o lema à função g, obtemos o resultado

$$|f(x) - T_c^{(n)} f| \leq \frac{M_{n+1}}{(n+1)!}\, |x|^{n+1},$$

finalizando a demonstração do teorema.

B.1 Exemplos de aproximação

Nos dois exemplos seguintes mostraremos como utilizar a aproximação de Taylor para alcançar uma aproximação de uma função com erro inferior a um erro máximo pré-estabelecido.

Antes de passar aos exemplos, vamos revisar como será o procedimento. Para usar os polinômios de Taylor para encontrar aproximações da função, devemos encontrar limitantes M_n para as suas sucessivas derivadas. Então calculamos os valores de

$$\frac{M_n}{n!} \, |x - c|^n$$

para sucessivos valores de n até que encontremos um que esteja abaixo do erro desejado. Então, calculamos o polinômio de Taylor de grau $n - 1$, que certamente apresentará um erro inferior ou igual ao erro desejado.

Aproximação de $\sqrt{e}$

O objetivo deste exemplo é determinar o valor de $\sqrt{e}$ com erro de 10^{-4}. Esse número pode ser escrito como $e^{1/2}$, então consideramos a função $f(x) = e^x$. Como $f^{(n)}(x) = e^x$ para todo n e o valor de $x = 1/2$ está entre zero e um, podemos usar o polinômio de Taylor centrado em zero, dado por

$$p_n(x) = 1 + x + \frac{1}{2}x^2 + \frac{1}{6}x^3 + \cdots + \frac{1}{n!}x^n \, .$$

Além disso, podemos tomar o limitante $M_n = e^1$, porém, como o número 3 é mais fácil de manipular do que o número e, tomamos $M_n = 3$.

Podemos estimar, portanto, o erro no passo n, aqui definido por $E(n)$:

$$E(n) = \frac{3}{n!} \left(\frac{1}{2} \right)^n \, .$$

Vamos analisar o comportamento de $E(n)$ para sucessivos valores de n, até acharmos

n tal que $E(n) < 10^4$. Portanto,

$$n = 1: \quad E(1) \;=\; \frac{3}{2}$$

$$n = 2: \quad E(2) \;=\; \frac{3}{2}\frac{1}{4}$$

$$n = 3: \quad E(3) \;=\; \frac{3}{6}\frac{1}{8} = \frac{3}{48}$$

$$n = 4: \quad E(4) \;=\; \frac{3}{24}\frac{1}{16} = \frac{3}{384}$$

$$n = 5: \quad E(5) \;=\; \frac{3}{120}\frac{1}{32} = 7.8 \times 10^{-4}$$

$$n = 6: \quad E(6) \;=\; \frac{3}{720}\frac{1}{64} < 10^{-4}$$

Sendo assim, para $n = 6$, temos que $E(6) < 10^{-4}$.

Então, obtemos a nossa estimativa, com erro abaixo de 10^{-4}, tomando como aproximação o polinômio de quinta ordem:

$$p_5(1/2) = 1 + \frac{1}{2} + \frac{1}{2}\frac{1}{4} + \frac{1}{6}\frac{1}{8} + \frac{1}{24}\frac{1}{16} + \frac{1}{120}\frac{1}{32} = 1,6487\,.$$

Aproximação de $\ln(x + 1)$

O polinômio de Taylor de grau n, centrado em $x_0 = 0$, da função $f(x) = \ln(x + 1)$ é dado por

$$p_n(x) = \sum_{k=1}^{n} \frac{(-1)^{k+1}}{k} x^k\,.$$

Mostraremos como estimar $\ln(1 + a)$ para $a > 0$ com uma precisão de quatro casas decimais.

Primeiro calculamos as derivadas sucessivas de $f(x) = \ln(1 + x)$ para obter os limitantes M_n. Temos que

$$f^{(n)}(x) = \frac{(-1)^{n-1}(n - 1)!}{(1 + x)^n}\,,$$

então, podemos tomar o limitante superior da n-ésima derivada como sendo $M_n = (n - 1)!$. Assim, precisamos achar n tal que

$$E(n) = \frac{(n - 1)!}{n!}\, a^n = \frac{a^n}{n} < 10^{-4}$$

Análise do erro da aproximação de Taylor

para $x = a$.

Se $a = 1/10$, então a estimativa ocorre em $n = 3$, e o polinômio de grau três é o bastante para alcançar a precisão. Porém, se $a = 1/2$, só obtemos a desigualdade quando $n = 12$, então precisaremos de um polinômio de grau 11.

Este exemplo mostra que algumas aproximações de Taylor convergem muito lentamente para fornecerem valores abaixo da precisão requerida somente com poucos termos. Uma regra prática diz que, se os termos constantes da aproximação possuem fatorial no seu denominador, então a técnica de aproximação será eficiente, caso contrário, não.

Exercícios

B.1 Calcule o valor de $\operatorname{sen}(\pi/8)$ com erro de aproximação de 10^{-4}.

B.2 Calcule o polinômio de Taylor de ordem dois da seguinte função:

$$P(x) = \int_{f(x)}^{g(x)} \ln(t)\, dt\,,$$

onde f e g são definidas pelas seguintes expressões:

$$f(x) = \int_{2x+1}^{x+3} \ln(t)\, dt\,, \qquad g(x) = \int_{2x+1}^{x+3} \cos(t)\, dt\,.$$

C Funções gama e beta

As funções gama e beta aparecem com frequência em métodos matemáticos aplicados em fenômenos físicos regidos por equações diferenciais. Mais detalhes sobre ambas funções podem ser encontrados em Tygel & de Oliveira (2005) e Oldham & Spanier (1974).

C.1 Função gama

A definição usual da *função gama* é dada pela integral imprópria

$$\Gamma(x) \stackrel{\text{def}}{=} \int_0^\infty t^{x-1}\mathrm{e}^{-t}\,dt \tag{C-1}$$

para x positivo. A partir desta definição é possível deduzir (fica como exercício) a sua principal propriedade

$$\Gamma(x+1) = x\,\Gamma(x)\,, \tag{C-2}$$

válida para $x > 0$. Além disso, usando a própria relação (C-2), podemos estender a definição da função gama para valores negativos, da seguinte forma

$$\Gamma(x) \stackrel{\text{def}}{=} \begin{cases} \dfrac{\Gamma(x+1)}{x} & \text{para } x \in (-1,0) \\[2mm] \dfrac{\Gamma(x+2)}{x(x+1)} & \text{para } x \in (-2,-1) \\[2mm] \quad\vdots \\[2mm] \dfrac{\Gamma(x+n)}{x(x+1)\cdots(x+n-1)} & \text{para } x \in (-n,-n+1) \end{cases} \tag{C-3}$$

Com auxílio da Figura C-1, podemos observar o gráfico da função gama (estendida) restrita ao intervalo $[-4,4]$. Repare que no zero e inteiros negativos, a função gama diverge.

Talvez a principal característica da função gama é que ela pode ser interpretada como uma extensão da função fatorial, pois

$$\Gamma(n+1) = n!\,, \tag{C-4}$$

para todo n inteiro não negativo. Com efeito, pela própria definição da função gama, obtemos dois resultados

(i) $\quad \Gamma(1) = 1$, (C-5)

(ii) $\quad \Gamma(n+1) = n\,\Gamma(n)$, (C-6)

os quais são elementos para a demonstração de (C-4), por meio da técnica de prova por indução (veja Exercício C.1).

Para alguns valores notáveis, a função gama assume também valores interessantes, como pode ser conferido na Tabela 3, onde n é um inteiro positivo.

Tabela 3: Valores notáveis para a função gama, para $n > 0$

x	$1/2$	$n + 1/2$	$-n + 1/2$
$\Gamma(x)$	$\sqrt{\pi}$	$\dfrac{(2n)!\sqrt{\pi}}{4^n n!}$	$\dfrac{(-4)^n n!\sqrt{\pi}}{(2n)!}$

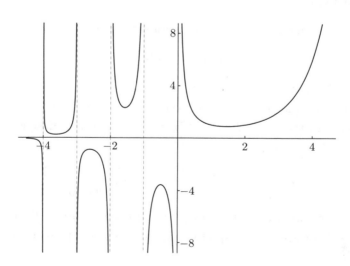

Figura C-1: Gráfico da função gama: para $x \geq 0$ é usada a definição (C-1) e para $x < 0$ é usada a extensão da definição dada por (C-3).

398

C.2 Função beta

A função *beta* é uma função de duas variáveis que aparece com frequência em análise matemática e aplicações de funções especiais, muitas vezes acompanhado da função gama. A sua definição pode ser feita por meio da seguinte integral imprópria

$$B(x,y) \overset{\text{def}}{=} \int_0^1 t^{x-1}(1-t)^{y-1}\, dt\,, \tag{C-7}$$

para x e y positivos. É possível mostrar a seguinte relação entre a função beta e a função gama:

$$B(x,y) = \frac{\Gamma(x)\Gamma(y)}{\Gamma(x+y)}\,. \tag{C-8}$$

Além disso, a função beta pode ser alternativamente definida por meio da seguinte integral imprópria do primeiro tipo

$$B(x,y) = \int_0^\infty \frac{t^{x-1}}{(1+t)^{x+y}}\, dt\,, \tag{C-9}$$

para $x > 0$ e $y > 0$.

C.3 Cálculo de $\Gamma(1/2)$

Com ajuda da função beta, podemos mostrar que

$$\Gamma(1/2) = \sqrt{\pi}\,, \tag{C-10}$$

que é um resultado clássico da análise matemática utilizado em variados contextos. Para isso, usando a equação (C-8), observamos que $B(1/2, 1/2) = \Gamma(1/2)^2$, sendo assim, temos que mostrar que $B(1/2, 1/2) = \pi$. Usando a definição da função beta, temos que

$$B(1/2, 1/2) = \int_0^1 t^{1/2-1}(1-t)^{1/2-1}\, dt = \int_0^1 \frac{1}{\sqrt{t}\,\sqrt{1-t}}\, dt\,.$$

Podemos resolver a integral do lado direito, utilizando substituição trigonométrica do tipo I, mas antes devemos completar o quadrado da expressão dentro da raiz da seguinte maneira

$$B(1/2, 1/2) = \int_0^1 \frac{1}{\sqrt{t-t^2}}\, dt = \int_0^1 \frac{1}{\sqrt{1/4 - (t-1/2)^2}}\, dt\,.$$

Funções gama e beta 399

Procedendo com a subsituição trigonométrica, introduzimos implicitamente θ por meio da substituição $t - 1/2 = \mathrm{sen}(\theta)/2$, fazendo com que a integral se transforme em

$$B(1/2, 1/2) = \int_{-\pi/2}^{\pi/2} \frac{2}{\cos(\theta)} \frac{1}{2} \cos(\theta)\, d\theta \,,$$

a qual é facilmente computada, chegando a

$$B(1/2, 1/2) = \int_{-\pi/2}^{\pi/2} d\theta = \pi \,,$$

como esperávamos.

Apesar deste resultado ter sido obtido de maneira relativamente simples, não devemos nos esquecer que o ponto de partida foi a relação (C-8), que certamente é muito mais difícil de ser demonstrada. Para maiores detalhes consulte Tygel & de Oliveira (2005).

Exercícios

C.1 A função gama é conhecida como a extensão da função fatorial, pois quando $x = n+1$ (número natural), vale a equação (C-4). Resolva os itens abaixo e veja o porquê:

(a) Usando a definição da função gama (C-1) e com a ajuda do método de integração por partes, mostre sua principal propriedade

$$\Gamma(x + 1) = x\,\Gamma(x) \,,$$

para todo número real $x > 0$;

(b) Usando a definição da função gama (C-1), mostre que

$$\Gamma(1) = 1 \,.$$

(c) Usando o resultado dos itens (a) e (b), mostre por indução que, quando $x = n$, um número natural, teremos a seguinte propriedade

$$\Gamma(n + 1) = n! \,.$$

C.2 Usando as propriedades das funções gama e beta, bem como os valores notáveis listados na Tabela 3, calcule os seguintes valores:

400

(a) $\Gamma(3/2)$

(b) $\Gamma(3/2)\Gamma(-3/2)$

(c) $B(1/2, 1/2)$

(d) $B(3/2, 3)$

C.3 (Widder, 1959) Usando a definição alternativa da função beta (C-9), calcule as integrais impróprias abaixo.

(a) $\displaystyle\int_0^1 \frac{t^3}{(1+t)^7}\,dt$

(b) $\displaystyle\int_0^1 \frac{1}{\sqrt{t}(1+t)}\,dt$

(c) $\displaystyle\int_0^1 \frac{t}{(1+t)^3}\,dt$

C.4 (Widder, 1959) Usando a definição da função beta (C-7) e sua relação com a função gama (C-8), calcule as integrais abaixo.

(a) $\displaystyle\int_0^1 t^2(1-t)^3\,dt$

(b) $\displaystyle\int_0^1 \left[t(1-t)\right]^{1/3}\,dt$

(c) $\displaystyle\int_0^1 \left(1-\frac{1}{t}\right)^{3/2}\,dt$

D   Números complexos

A concepção dos números complexos trouxe grandes vantagens para a matemática, pois vários problemas considerados, até então, insolúveis, passaram a ter solução. Historicamente, sua existência se deve às tentativas de se obter raízes de equações polinomiais de terceiro grau através de operações algébricas, que culminam nas fórmulas de Tartaglia-Cardano do século XVI. De fato, os algebristas desta época se renderam ao fato de que existia "algo" que quando fosse elevado ao quadrado era igual número -1. Entretanto, muitas vezes no desenvolvimento das expressões algébricas para calcular as raízes polinomiais, este número perturbador acabava sumindo das expressões. Com efeito, mesmo que um polinômio de terceiro grau tenha três raizes reais e distintas, as fórmulas de Tartaglia-Cardano envolvem números complexos.

Na prática, podemos encarar os números complexos como uma ponte para se achar soluções de problemas que envolvem números reais. Isso quer dizer que muito freqüentemente começamos a estudar um problema físico, onde as quantidades são todas reais, em seguida estendemos para os números complexos, entendemos mais sobre o problema, chegamos a conclusões e finalmente convertemos tudo novamente para o "mundo" dos números reais, chegando à resposta desejada.

D.1   Definições e propriedades

O *número imaginário*, denotado por i, é definido por

$$i \stackrel{\text{def}}{=} \sqrt{-1} \, ,$$

também chamado de *unidade imaginária*. Um número complexo x pode ser representado por um par de número reais (a, b) ou pela forma algébrica

$$x = a + ib \, ,$$

onde a e b são chamados *parte real* e *parte imaginária* do número complexo, denotados respectivamente por

$$a = \text{Re}(x) \, ,$$
$$b = \text{Im}(x) \, .$$

Dado um número complexo qualquer $x = a + ib$, o seu conjugado, é o número denotado por $\bar{x}$, definido por

$$x = a - ib.$$

Dado um número complexo $x = a + ib$, o seu *módulo* é definido por

$$r = |x| \stackrel{\text{def}}{=} (a^2 + b^2)^{1/2}$$

e o seu *argumento* é dado por

$$\theta = \arg(x) = \begin{cases} \arctan(b/a), & \text{se } a > 0, \\ \arctan(b/a) + \pi, & \text{se } a < 0. \end{cases}$$

Para os números complexos $x = a + ib$ e $y = c + id$, são definidas as seguintes operações:

(a) soma: $\quad x + y = (a + c) + i(b + d)$;

(b) subtração: $\quad x - y = (a - c) + i(b - d)$;

(c) multiplicação: $\quad xy = (ac - bd) + i(ad + bc)$;

(d) divisão $\quad \dfrac{x}{y} = \dfrac{x\bar{y}}{|y|^2} = \left(\dfrac{ac + bd}{c^2 + d^2} \right) + i \left(\dfrac{-ad + bc}{c^2 + d^2} \right)$;

(e) igualdade $\quad x = y$ se, e somente se, $a = c$ e $b = d$.

D.2 Forma polar

Dado um número complexo $x = a + ib$, a sua representação polar é dada por

$$x = r \big[\cos(\theta) + i \operatorname{sen}(\theta) \big],$$

onde r é o seu módulo e θ é e argumento principal. Para converter um número complexo na forma polar para a forma algébrica, basta fazer $a = r\cos(\theta)$ e $b = r\operatorname{sen}(\theta)$.

As operações de multiplicação e divisão e igualdade, definidas anteriormente na forma algébrica, têm uma interpretação interessante na forma polar Para os números complexos $x = r_x \big[\cos(\theta) + i \operatorname{sen}(\theta) \big]$ e $y = r_y \big[\cos(\phi) + i \operatorname{sen}(\phi) \big]$, as operações são:

Números complexos 403

(c) multiplicação: $xy = r_x r_y \left[\cos(\theta + \phi) + i\,\text{sen}(\theta + \phi) \right]$;

(d) conjugação: $\bar{x} = r_x \left[\cos(\theta) - i\,\text{sen}(\theta) \right] = r_x \left[\cos(-\theta) + i\,\text{sen}(-\theta) \right]$;

(e) divisão: $\dfrac{x}{y} = \dfrac{r_x}{r_y} \left[\cos(\theta - \phi) + i\,\text{sen}(\theta - \phi) \right]$;

(f) igualdade: $x = y$ se, e somente se, $r_x = r_y$ e $\arg(x) = \arg(y) + 2k\pi$;

Sendo assim, temos as seguintes regras para a multiplicação e divisão de dois números complexos na forma polar:

(a) multiplicação: multiplicamos seus módulos e somamos seus argumentos;

(b) divisão: dividimos seus módulos e subtraímos seus argumentos.

D.3 Forma exponencial

Temos que a série de Taylor para a função exponencial é

$$\text{e}^x = 1 + x + \frac{x^2}{2} + \frac{x^3}{6} + \frac{x^4}{24} + \cdots \frac{x^n}{n!} + \cdots .$$

Ao substituirmos $x = it$ e reordenarmos a série de modo a agrupar os termos par e ímpar obtemos

$$\text{e}^{it} = 1 + \frac{t^2}{2!} + \frac{t^4}{4!} + \frac{t^6}{6!} \cdots + it + i^3 \frac{t^3}{3!} + i^5 \frac{t^5}{5!} + i^7 \frac{t^7}{7!} + \cdots ,$$

ou ainda,

$$\text{e}^{it} = 1 + \frac{t^2}{2!} + \frac{t^4}{4!} + \frac{6!}{6!} \cdots + i\left(t - \frac{t^3}{3!} + \frac{t^5}{5!} - \frac{t^7}{7!} + \cdots \right).$$

Identificando a primeira parte como a expansão do cosseno e a segunda parte como a extensão do seno, obtemos a fórmula de Euler[3]

$$\text{e}^{it} = \cos(t) + i\,\text{sen}(t) . \tag{D-1}$$

---

[3]Dizem que um caso particular da fórmula de Euler dá origem à mais bela fórmula matemática, conhecida por *identidade de Euler*. Para chegar a ela, basta fazer $t = \pi$, obtendo

$$\text{e}^{i\pi} + 1 = 0 ,$$

que é a fórmula que contém os sete símbolos mais importantes da matemática.

404

Sendo assim, utilizando a fórmula de Euler na forma polar, concluímos que o número complexo x, pode ser representado por

$$x = re^{i\theta}\,, \tag{D-2}$$

onde r e θ são o seu módulo e argumento, respectivamente.

Uma observação interessante é que se considerarmos o conjugado do número e^{it}, podemos calcular a seguinte expressão

$$e^{it} + e^{-it} = \cos(t) + i\,\text{sen}(t) + \cos(-t) + i\,\text{sen}(-t) = 2\cos(t)$$

como também

$$e^{it} - e^{-it} = \cos(t) + i\,\text{sen}(t) - \cos(-t) - i\,\text{sen}(-t) = 2i\,\text{sen}(t)\,,$$

levando, portanto, às seguintes expressões alternativas para as funções seno e cosseno

$$\text{sen}(t) \;=\; \frac{e^{it} - e^{-it}}{2i}\,, \tag{D-3}$$

$$\cos(t) \;=\; \frac{e^{it} + e^{-it}}{2}\,. \tag{D-4}$$

D.4 Representação geométrica

O número complexo $a + ib$ pode ser representado no plano cartesiano, como o ponto $P = (a, b)$. Neste caso o plano cartesiano é chamado plano complexo, o eixo x é chamado eixo real e o eixo y é chamado eixo imaginário.

Por exemplo, podemos representar no plano complexo os números complexos $3 + 2i$, $-2 + i$, $-3 - 3i$ e $3 - 4i$. (Veja a Figura D-1)

Geometricamente, o módulo de um número complexo é a distância do ponto $P = (a, b)$ até a origem e o argumento principal é o ângulo (em radianos) que a reta OP faz com a horizontal.

Usando a forma polar e com o auxílio do plano complexo, é possível entender o significado da multiplicação e divisão de números complexos. A multiplicação de um número complexo por outro equivale a uma rotação no sentido anti-horário, seguida de uma expansão (ou contração), e a divisão equivale a uma rotação no sentido horário, seguida de uma contração (ou expansão).

Números complexos 405

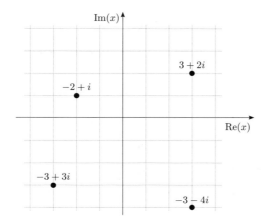

Figura D-1: Representação gráfica de quatro números complexos.

Observe que um número complexo possui somente um módulo, mas infinitos argumentos $\theta + 2k\pi$. Por isso, quando $k = 0$ chamamos o argumento de *argumento principal*.

D.5 Potências

Aplicando a regra da multiplicação várias vezes, obtemos a regra para a potência de um número complexo (expoente natural)

$$x^n = r^n[\cos(n\theta) + i\,\text{sen}(n\theta)],$$

também conhecida como *fórmula de De Moivre*.

Por exemplo, para calcular $(1+i)^5$, primeiro transformamos x para a forma polar. Nesse caso, temos que o módulo é

$$r = \sqrt{1+1} = \sqrt{2}$$

e o argumento é

$$\theta = \arctan(1/1) = \frac{\pi}{4}.$$

Portanto, a potência $(1+i)^5$ é

$$(1+2i)^5 = 2^{5/2}[\cos(5\pi/4) + i\,\text{sen}(5\pi/4)] = 2\sqrt{2}\,[\cos(\pi + \pi/4) + i\,\text{sen}(\pi + \pi/4)]$$

e usando as propriedades trigonométricas, temos que

$$(1 + 2i)^5 = 2\sqrt{2}\,[-\cos(\pi/4) - i\,\mathrm{sen}(\pi/4)] = -2 + 2i\,.$$

D.6 Raízes

O problema de se achar as raízes de um número complexo pode ser enunciado como:

Dado um número complexo qualquer $c = \rho\big[\cos(\varphi) + i\,\mathrm{sen}(\varphi)\big]$, *deseja-se saber qual é o número complexo* x *tal que*

$$x^n = c\,.$$

Para se resolver tal problema, primeiramente assumimos que a raiz procurada x esteja representada na forma polar, isto é, $x = r(\cos\theta + i\,\mathrm{sen}\,\theta)$. Usando a fórmula de De Moivre, obtemos a expressão

$$x^n = r^n[\cos(n\theta) + i\,\mathrm{sen}(n\theta)]\,,$$

que, quando substituída na equação acima, resulta em

$$r^n[\cos(n\theta) + i\,\mathrm{sen}(n\theta)] = \rho\big[\cos(\varphi) + i\,\mathrm{sen}(\varphi)\big]\,.$$

Usando a definição da igualdade para números complexos, temos que

$$r = \rho^{1/n}$$

e

$$\theta = \varphi + 2k\pi\,,$$

para $k = 0, 1, \ldots, n - 1$.

Sendo assim, as n raízes do número complexo c são

$$x_k = \rho^{1/n}\left[\cos(\varphi/n + 2k\pi/n) + i\,\mathrm{sen}(\varphi/n + 2k\pi/n)\right]\,,$$

para $k = 0, 1, \ldots, n - 1$. Observe que todas as raízes têm o mesmo módulo.

Exercícios

D.1 Obtenha a parte real x e a parte imaginária y dos seguintes números complexos:

Números complexos

(a) $a = (1+i)i(1-3i)$

(b) $b = (1+i)[(1-i)+(1-2i)]$

(c) $c = \dfrac{1+i}{1-i}$

(d) $d = \dfrac{1}{(1-i)} + \dfrac{2}{1+i}$

D.2 Sabendo que $z = 1 + i$, calcule e represente graficamente no plano complexo

(a) $a = z^2$

(b) $b = i\,z$

(c) $c = z^3$

(d) $d = i\,z^2$

(e) $e = i\,z^3$

(f) $f = (iz)^3$

D.3 Dados os seguintes números complexos $x = 1+i$, $y = 2-3i$, $z = 2$, $w = -2i$ e $t = -2+3i$, resolva os seguintes itens:

(a) Represente graficamente no plano complexo os números: x, y, z, w e t.

(b) Calcule e represente graficamente no plano complexo os números:

$$p = x + y, \quad q = xy, \quad r = xt/y \quad \text{e} \quad s = (2x+y)/(w+t).$$

(c) Calcule os módulos e argumentos de p, q, r e s.

D.4 Com o auxílio da representação gráfica, ache a forma polar dos seguintes números complexos

(a) $a = 1 + i$

(b) $b = -\sqrt{3} + i$

(c) $c = 1 - \sqrt{8}\,i$

(d) $d = -2 - 2\sqrt{3}\,i$

D.5 (a) Sabendo que $x = 1 + 2i$, calcular x^5.

(b) Sabendo que $x = 1 - i$, calcular x^4.

D.6 Para $x = -1 + i$, represente graficamente e ache forma polar de x, x^2, $x/\bar{x}$, ix e x^{100}.

D.7 Para $x = 1 + i$, represente graficamente e ache forma polar de x, x^2, $\bar{x}/x$, $(ix)^2$ e x^{21}.

D.8 Calcule o conjugado do seguinte número complexo

$$x = \left(\frac{a+bi}{a-bi}\right)^2 + \left(\frac{a-bi}{a+bi}\right)^2,$$

onde a e b são números reais.

D.9 Converta os números complexos

(a) $x = \dfrac{1 - 2i}{4 + i}$

(b) $y = 2[\cos(\pi/3) + i\,\text{sen}(\pi/3)]$

(c) $z = (2 + i)[\cos(\pi/3) + i\,\text{sen}(\pi/3)]$

(d) $w = \dfrac{\cos(\pi/4) + i\,\text{sen}(\pi/4)}{1 - i}$

para a forma "algébrica" $a + ib$.

D.10 Ache as raízes complexas das seguintes equações do segundo grau:

(a) $x^2 + 2x + 10 = 0$

(b) $x^2 + 2x + 5 = 0$

(c) $x^2 + 6x + 25 = 0$

(d) $x^4 + 8x^2 + 25 = 0$

D.11 Seguindo o seguinte roteiro, encontre todas as soluções complexas das seguintes equações polinomiais:

(a) $x^3 - 1 = 0$, (são três)

(b) $x^3 - i = 0$, (são três)

(c) $x^4 + 16 = 0$, (são quatro)

(d) $x^4 - i + \sqrt{2} = 0$, (são quatro)

Roteiro: (i) transforme a equação em algo do tipo $x^n = a$, (ii) converta tanto o lado esquerdo quanto o lado direito na forma polar e (iii) resolva separadamente para o módulo e o argumento.

Referências Bibliográficas

APOSTOL, T. M. (1967a). *Calculus. Mlulti Variable Calculus and Linear Algebra, with Applications to Differential Equations and Probability*, volume II. Second edition. John Wiley & Sons, New York.

APOSTOL, T. M. (1967b). *Calculus. One-Variable Calculus with Introduction to Linear Algebra*, volume I. Second edition. John Wiley & Sons, New York.

BARRET, P. (1980). The shape of rock particles, a critical review. *Sedimentology*, 27: 291–303.

BENDER, C. M. & ORSZAG, S. A. (1999). *Advanced Mathematical Methods for Scientists and Engineers: Asymptotic Methods and Perturbation Theory*. Springer.

BLEISTEIN, N. (1984). *Mathematical Methods for Wave Phenomena*. Academic Press, Inc., New York.

BLEISTEIN, N. (1986). Two-and-one-half dimensional in-plane wave propagation. *Geophysical Prospecting*, 34: 686–703.

BOYCE, W. E. & DiPRIMA, R. C. (2002). *Equações Diferenciais Elementares e Problemas de Valores de Contorno*. Livros Técnicos e Científicos, Rio de Janeiro, seventh edition.

BRACEWELL, R. N. (2000). *The Fourier transform and its applications*. Third edition. McGraw-Hill, New York.

COURANT, R. (1936). *Differential and Integral Calculus - Vols I and II*. Interscience Publishers, New York.

CUNHA, C. (2003). *Métodos Numéricos para as Engenharias e Ciências Aplicadas*. Segunda edição. Campinas: Editora da Unicamp.

DEFFEYS, K. S. (2001). *Hubbert's Peak: The impending world oil shortage*. Princeton University Press.

DMA (1987). *Supplement to the department of defense world geodetic system 1984, technical report*.

EHRLICH, R. & WEINBERG, B. (1970). An exact method for characterization of grain shape. *Journal of Sedimentary Petrology*, 40: 205–212.

FAUST, L. Y. (1953). Seismic velocity as a function of depth and geologic time. *Geophysics*, 18: 271–288.

FELLER, W. (1976). *Introdução a Teoria da Probabilidade e suas Aplicações – Parte 1*. São Paulo: Editora Edgar Blücher.

FOLLAND, G. B. (1995). *Introduction to partial differential equations*. Second edition. Princeton University Press, Princeton, New Jersey.

GABOR, D. (1946). Theory of communication. *J. IEE*, 93: 429–427.

GARDNER, G.; GARDNER, L.; GREGORY, A. R. (1974). Formation velocity and density: The diagnostics for stratigraphic traps. *Geophysics*, 39: 770–780.

GEARHART, W. B. & SHULTZ, H. S. (1990). The function $\dfrac{\sin(x)}{x}$. *The College Mathematics Journal*, 21(2): 90–99.

GEMAEL, C. (1999). *Introdução à Geodésica Física*. Number 43 em Série Pesquisa. Curitiba: Editora da UFPR.

GNEDENKO, B. V. (1962). *Elementary Introduction to the Theory of Probability*. Dover, New York.

GUIDORIZZI, H. L. (2002). *Um Curso de Cálculo, Vols. I, II e III*. Quinta edição. São Paulo: LTC.

HILDEBRAND, F. H. (1962). *Advanced Calculus for Applications*. Third edition. Prentice Hall.

Referências Bibliográficas

HSU, H. P. (1973). *Análise de Fourier*. Rio de Janeiro: Livros Técnicos e Científicos Editora Ltda.

JACOBY, W. & SMILDE, P. L. (2009). *Gravity Interpretation: Fundamentals and Application of Gravity Inversion and Geological Interpretation*. Springer-Verlag, New York.

KNOPP, K. (1956). *Infinite Sequences and Series*. Dover, New York.

MAVKO, G.; MUKERJI, T.; DVORKIN, J. (2003). *The rock physics handbook: tools for seismic analysis in porous media*. Cambridge University Press, Cambridge.

MORITZ, H. (1980). Geodetic reference system 1980. *Bulletin Géodésique*, 54(3): 388–398.

OLDHAM, K. B. & SPANIER, J. (1974). *The Fractional Calculus: Theory and Applications of Differentiation and Integration of Arbitrary Order*. Second edition. Academic Press, San Diego.

RAINVILLE, E. D. (1943). *An Intermediate Course in Differential Equations*. John Wiley and Sons, New York.

REYNOLDS, J. M. (1998). *Introduction to Applied and Environmental Geophysics*. First edition. John Wiley & Sons, West Sussex, England.

RUGGIERO, M. A. G. & LOPES, V. L. R. (1997). *Cálculo Numérico*. Segunda edição. São Paulo: Pearson Education do Brasil.

SPIEGEL, M. R. (1972). *Análise Vetorial, Coleção Schaum*. Editora McGraw-Hill.

TELFORD, W. M.; GELDART, L. P.; SHERIFF, R. E. (1990). *Applied Geophysics*. Second edition Cambridge University Press, Cambridge.

TOLSTOV, G. P. (1976). *Fourier Series*. Dover, New York.

TYGEL, M. & DE OLIVEIRA, E. C. (2005). *Métodos Matemáticos para Engenharia*. Rio de Janeiro: Sociedade Brasileira de Matemática.

VRETBLAD, A. (2003). *Fourier analysis with applications*. Springer.

WIDDER, D. V. (1959). *Advanced Calculus*. Second edition. Dover, New York.

WREDE, R. & SPIEGEL, M. R. (2002). *Theory and Problems of Advanced Calculus*. Second edition. McGraw-Hill, New York.

YILMAZ, Ö. (2001). *Seismic Data Analysis: Processing, Inversion, and Interpretation of Seismic Data*. Society of Exploration Geophysicists, Tulsa, Oklahoma.

Índice Remissivo

Afim, função, 8
Alternada, série, 276
Análise
    de Fourier, 308
    granulométrica, 330
Antiderivada, 157, 172
    da secante, 172
Aproximação
    de Taylor, 125, 393
      erro da, 389
    hiperbólica, 145, 146
    parabólica, 141, 146
Área, cálculo de, 159
Autocorrelação, 236

Báskara, fórmula de, 10
Bernoulli, equação de, 248, 263, 265
Bessel, equação de, 121
Beta, função, 220, 396

Cálculo fracionário, 215–223
Caixa, função, 24, 210, 235
    transformada de Hilbert, 215
Cauchy, valor principal de, 203, 213
Chèzy, fórmula de, 88
Coeficiente
    angular, 8
    de reflexão, 148, 228, 229

de Rugosidade, 335
de transmissão, 229
Comparação, teste da, 277
Compressão, de funções, 41
Concavidade, 11
Condições de interpolação, 126
    de Hermite, 127
    pura, 126, 127
Continuidade, 28
Contradomínio, 2
Convergência
    absoluta, 199
    absoluta de integrais, 199
    condicional, 199
    de séries de potências, 282
Convergente
    integral imprópria, 196
    série, 273
    sequência, 270
Convolução, 204
    de duas funções de Heaviside, 215
    de duas gaussianas, 212
    interpretação geométrica, 206
    propriedades, 205
    teorema da, 371
Correlação, 236
Cosseno, 20

do arco duplo, 387
hiperbólico, 56
transformada de Hilbert, 215
Curva
de Hubbert, 67, 84, 258
pontos críticos, 122
em forma estrelada, 331
Curvatura, 10, 263
de frente de onda, 259
raio de, 260

De Moivre, fórmula de, 403
Decaimento radioativo, 72
Deconvolução, 205
Delta de Dirac, 224, 230
propriedade filtrante, 232
transformada de Fourier, 375
Densidade, 89, 228
Derivada, 92
aplicada ao estudo de funções, 108
de funções elementares, 96
de funções inversas, 101
de ordem fracionária, 220
da função de Heaviside, 221
de ordens superiores, 98
de segunda ordem, 98
do arcosseno, 102
interpretação geométrica, 93
propriedades, 96
regra da cadeia, 99, 182
semi-, 223
Descontinuidade, 28
de salto, 29, 50
essencial, 29
removível, 29
Descritores de forma, 334
Diferenciação, 96
Dilatação, de funções, 41
Dipolo

campo elétrico de um, 133
momento do, 135
Dirichlet, núcleo de, 336
Discriminante, 11
Divergente
integral imprópria, 196
série, 273
sequência, 270
Domínio, 2

EDO, *veja* Equação diferencial ordinária
Elétrico
campo de um dipolo, 133
potencial, 134
Elipsoide de referência, 74
Equação diferencial ordinária
autônoma, 241
de Bernoulli, 248, 263, 265
de Bessel de ordem zero, 121
de Malthus, 289
de Riccati, 250, 265, 266
forma geral, 240
forma padrão, 241
homogênea, 245, 264
linear, 246, 252, 265
método
da série de Taylor, 291
dos coeficientes indeterminados, 289
problema de valor inicial, 241
separável, 243, 292
Erro
da aproximação de Taylor, 389
Estudo de funções, 108
Euler, número de, 17, 278
Exponencial
série de Taylor, 284
Extensão
ímpar, 49, 80
par, 49, 80

Índice Remissivo

periódica, 45

Faust, lei de, 69, 184
Fermat, princípio de, 114
Fibonacci, sequência de, 269
Filtrante, propriedade, 224, 232
Forma
    descritores, 334
    estrelada, 331
    geral de uma EDO, 240
Fórmula
    de Báskara, 10
    de Chèzy, 88
    de De Moivre, 403
    de Somigliana-Pizzetti, 74
    DSR (*Double Square Root*), 115
Fourier
    análise de, 308
    periodização, 310
    síntese de, 302
    série de, 301, 307, 341
    séries de, 309
    transformada de, 339
Frente de onda, 259
Fresnel, integral de, 287
Função, 2
    absolutamente integrável, 199, 340
    afim, 8
    analítica, 284
    arco-seno, 160
    arco-tangente, 160
    beta, 220, 396
    caixa, 24, 210, 215, 235
    causal, 51
    co-tangente, 160
    composta, 37, 182
    condicionalmente integrável, 199
    constante, 160, 213
    contínua, 28

cosseno, 160, 215
cosseno hiperbólico, 56
crescente, 108
de Heaviside, 23, 186, 209, 215, 217, 223, 235, 237
    derivada, 225
    derivada de ordem fracionária, 221
    transformada de Fourier, 379
de Hubbert, 67, 84
de Shannon, 84
decrescente, 108
definida por integral, 182
definida por partes, 22
delta de Dirac, 224, 230
dente-de-serra, 324
derivada, 92
descontinuidade de, 28
exponencial, 17, 160
    série de Taylor, 284
exponencial truncada, 209
gama, 216, 394, 397
gaussiana, 58, 199, 212
    derivada, 106, 121
generalizada, 224
grau de suavidade de uma, 185
ímpar, 46
indicadora, 24
inversa, 38
limite, 26
linear, 8
logarítmica, 18, 160
módulo, 24
normal, 59
normal padrão, 59
onda quadrada, 313
ondaleta, 60
par, 46
parabólica truncada, 318

418   *Índice Remissivo*

periódica, 44, 302, 309, 310, 332, 340
polinomial, 4
   forma canônica, 4
   forma canônica centrada, 6
   forma de Newton, 6
   forma explícita, 6
potência, 14, 160, 219
quadrática, 10
racional, 16
   imprópria, 170
   própria, 169
rampa, 218
secante, 172
seno, 160, 214
   série de Taylor, 285
seno co-hiperbólico, 160
seno hiperbólico, 56, 160
seno-cardinal, 64
seno-integral, 286
sinal, 23, 186, 378
sinc, 64, 215, 286
   derivada, 121
suave por partes, 309
tangente, 160
tangente hiperbólica, 102, 160
tempo de trânsito, 77
teste, 224
trigonométrica, 20
zeta de Riemann, 281
Função generalizada
   delta de Dirac, 224, 230
Funções
   combinação de, 36
   composição de, 37
   elementares, 160
   operações morfológicas, 40
      compressão/dilatação, 41
      compressão/reflexão, 42

   translação, 40
   trigonométricas inversas, 103
Fundamentais, limites, 27

Gabor, ondaleta de, 62
   área, 235
Gama, função, 216, 394, 397
Gardner, relação de, 71
Gaussiana, função, 58, 199, 212
   área, 199
   derivada, 121
   derivadas, 106
Geométrica, série, 275
Grau de suavidade, 185
Gravidade
   absoluta, 131
   normal, 74, 131
   residual, 131, 132

Harmônica, série, 276
Heaviside, função de, 23, 25, 186, 209, 215,
     217, 223, 235, 237
   integral de ordem fracionária, 217
   derivada, 225
   transformada de Fourier, 379
Hilbert, transformada de, 212
   propriedades, 212
   da função caixa, 215
   da função constante, 213
   da função cosseno, 215
   da função seno, 214
   da função sinc, 215
Hipérbole, 77
Horner, método de, 5
Hubbert, curva de, 67, 84, 258
   pontos críticos, 122

Imprópria, integral, 196
Inflexão, ponto de, 109

Índice Remissivo

Integral
- de ordem fracionária
  - núcleo, 217
- antiderivada, 157
- da convolução, 204
- de Fresnel, 287
- de ordem fracionária, 216
  - da função potência, 219
  - da função de Heaviside, 217
  - da função rampa, 218
- de Riemann, 161, 162
- definida, 159
- imprópria, 196
  - absolutamente convergente, 199
  - condicionalmente convergente, 199
  - convergente, 196
  - divergente, 196
- indefinida, 157, 158
- método da substituição, 190
- pelas frações parciais, 169
- por partes, 168
- por substituição, 166
- por substituição trigonométrica, 174
- própria, 196
- propriedades básicas, 164
- semi-, 222
- técnicas de integração, 166
- teste da, 280

Intercepto, 8

Interpolação, 126

Intervalo
- de convergência, 282
- partição, 161

Lamé, parâmetros de, 89

Lei
- de Faust, 69, 184
- de Malthus, 252
- de Snell-Descartes, 116, 149

- do decaimento radioativo, 253
- do resfriamento de Newton, 255

Leibniz, regra de, 183

Limite, 26
- de uma função, 26
- lateral, 26
- lateral à direita, 26
- lateral à esquerda, 26

Limites fundamentais, 27

Logístico, modelo, 256

Mínimo local, 109

Máximo local, 109

Método
- da composição gráfica, 139
- da série de Taylor, 291
- de Horner, 5
- dos coeficientes indeterminados, 289

Método de integração
- frações parciais, 169
- integral por partes, 168
- substituição, 166
- substituição trigonométrica, 174

Módulo
- de incompressibilidade, 89
- função, 24

Malthus
- equação de, 289
- lei de, 252

Modelo
- convolucional, 227
  - equação, 232
- erosional, 85
- logístico, 256

Monotonicidade, 108
- função crescente, 108
- função decrescente, 108

Núcleo

Índice Remissivo

da integral de ordem fracionária, 217
da semi-integral, 222
de Dirichlet, 336
de Poisson, 304

Número
de Euler, 17, 278
imaginário, 399

Números complexos, 399
forma exponencial, 401
forma polar, 400
número imaginário, 399
potência de, 403
raízes de, 404
representação geométrica, 402

Ondaleta, 60
de Gabor, 62
área, 235
de Ricker, 60, 202
pontos críticos, 121
sinc, 64

Ordem de convergência
de séries de Fourier, 329

Parábola
concavidade da, 11
curvatura da, 10
discriminante da, 11
vértice da, 11

Parâmetro do raio, 137, 149
Parcial, série, 272
Partição de um itervalo, 161
Período, 44
fundamental, 44

Periódica
extensão, 45
função, 44, 302, 309, 310, 332

Periodização, 310
Poisson

núcleo, 304
razão de, 89

Polinômio
de Taylor, 128, 129

Ponto
crítico, 109
de inflexão, 109
de mínimo local, 109
de máximo local, 109
estacionário, 108
classificação, 110

Ponto crítico
mínimo, 109
máximo, 109
sela, 110

Potencial elétrico, 134, 293
total, 293

Própria, integral, 196
Princípio de Fermat, 114
Problema de valor inicial, 241
Projeção ortogonal, 20
Propriedade filtrante, 224, 232

Radioativo, decaimento, 72

Raio
de convergência, 282
de curvatura, 260
de Fermat, 114
hidráulico, 87
parâmetro do, 137, 149
refletido, 116
sísmico, 136
trajetória, 187
trajetória circular, 189
transmitido, 118

Raiz
teste da, 279

Razão
da série geométrica, 275

Índice Remissivo

421

de Poisson, 89
teste da, 278, 294
Reduzida, série, 272
Refletividade, 228, 229
Reflexão
coeficiente de, 148, 228, 229
de funções, 42
Regra
da cadeia, 166, 182
para derivada, 99
de Leibniz, 183
Relação
de Gardner, 71
iterativa, 268
Reta tangente, 94, 106
Riccati, equação de, 250–252, 265, 266
Ricker, ondaleta de, 60, 202
pontos críticos, 121
Riemann
-Liouville, integral fracionária de, 216
função zeta de, 281
integral de, 161, 162
soma de, 161, 262
Rugosidade, coeficiente de, 335

Sísmico, traço, 153, 233
Série, 272
alternada, 276
convergente, 273
propriedades, 273
cosseno de Fourier, 321
de cossenos de Fourier, 322
de Fourier, 301, 302, 307, 309, 341
análise granulométrica, 330
convergência, 323
decaimento dos coeficientes, 329
função dente-de-serra, 324
função onda quadrada, 313
função parabólica truncada, 318

onda triangular, 315
ordem de convergência, 329
de potências, 282
convergência, 282
intervalo de convergência, 282
para solução de EDO, 289
de senos de Fourier, 322
de Taylor, 283
divergente, 273
geométrica, 275
harmônica, 276
parcial, 272
reduzida, 272
seno de Fourier, 321
teste de convergência
da comparação, 277
da integral, 280
da raiz, 279
da razão, 278
trigonométricas, 302
Salinidade, 88
Seção sísmica, 145, 146
Sela, ponto de, 110
Semi-integral, 222
núcleo, 222
Semiderivada, 223
Seno, 20
do arco duplo, 387
hiperbólico, 56
série de Taylor, 285, 286
transformada de Hilbert, 214
Seno-cardinal, *veja* Sinc
Sequência, 268
convergente, 270
condições, 271
de Fibonacci, 269
divergente, 270
limitada, 269

monotônica, 269
  teorema do confronto, 271
Shannon, função de, 84
Sinal, função, 23
  transformada de Fourier, 378
Sinc, função, 64, 286
  derivadas, 121
  transformada de Hilbert, 215
Snell-Descartes, lei de, 116, 149
Soma de Riemann, 161
Suavidade, grau de, 185
Substituição, método da, 190

Técnicas de integração, 172
  frações parciais, 169, 173
  integral por partes, 168
  substituição, 166, 173
  substituição trigonométrica, 174
Tangente
  função, 21
  reta, 94, 106
Taylor
  aproximação de, 125
    erro da, 389
  polinômio de, 128, 129, 393
  séries de, 283
Tempo de trânsito
  aproximação hiperbólica, 144, 145
  aproximação parabólica, 141, 143
  de afastamento nulo, 138
  de ondas sísmicas, 135
  método da composição, 139
  total da reflexão sísmica, 137
Teorema
  da convolução, 371
  do confronto
    para sequências, 271
  Fundamental do Cálculo, 162
Teste

da comparação, 277
da integral , 280
da raiz, 279
da razão, 278, 294
Traço sísmico, 153, 233
Trajetória
  circular, 189
  de raio, 187
Transformada
  de Fourier, 339
    convolução, 371
    na forma complexa, 346
    propriedades, 360
  de Hilbert, 212
    da função caixa, 215
    da função constante, 213
    da função cosseno, 215
    da função seno, 214
    da função sinc, 215
    propriedades, 212
Translação de funções, 40
Transmissão, coeficiente de, 229
Transmissibilidade, 229
Tsunami, 86

Valor principal de Cauchy, 203
Velocidade
  da onda cisalhante, 89
  da onda compressional, 89, 228
  intervalar, 184
  RMS (*Root Mean Square*), 144, 147
  RMS (Root Mean Squared), 183
Verhulst, modelo de, *veja* Logístico, modelo
Viète, François, 65

Wavelet, *veja* Ondaleta

Zenão, paradoxo de, 275
Zeta, de Riemann, 281